affectueux hommage
J. Gravereaux

ROSERAIE DE L'HAŸ
(SEINE)

4° Z. Le Senne
1656

ROSERAIE DE L'HAŸ (Seine)

Les Roses
cultivées à L'Haÿ
en 1902

ESSAI DE CLASSEMENT

AVANT-PROPOS
DE
ANDRÉ THEURIET
de l'Académie Française

AQUARELLES ET DESSINS
DE
S. HUGARD

LIBRAIRIES

Pierre COCHET, *Journal des Roses*, Grisy-Suisnes, (S.-et-M.)
Jules ROUSSET, 36, Rue Serpente, Paris.

1902

A

MONSIEUR ANDRÉ THEURIET,

de l'Académie Française,

AMI DES ROSES.

En souvenir de sa première visite à L'Haÿ

J. GRAVEREAUX.

> *Tandis qu'il m'entretenait des secrets de l'hybridation, je contemplais avec délices ce vaste jardin de roses dont les teintes blanches ou cramoisies ressortaient mieux encore sur le vert profond des futaies. Et je me réjouissais de ce qu'en cette fin de siècle tapageuse et stérile, en dépit des politiciens, des rhéteurs et des cuistres, il y eût encore des coins de verdure et de soleil, des retraites ignorées et pacifiques où d'honnêtes gens demeuraient épris des beautés naturelles et se trouvaient heureux en faisant croître et fleurir des roses.*
>
> ANDRÉ THEURIET.

Extrait du *Journal*, 30 juin 1899.

AVANT-PROPOS

Cette roseraie, dont le propriétaire et le créateur, — M. Gravereaux, — raconte ici l'histoire illustrée, cette roseraie est une des merveilles de la banlieue parisienne. Enfouie dans les antiques frondaisons d'un grand parc dont les murs bordent la route de l'Haÿ, elle ressemble à l'admirable princesse du conte de la Belle au bois dormant. Il faut franchir une épaisse ceinture de verdoyantes futaies pour pénétrer jusqu'au domaine où elle repose dans sa prestigieuse beauté. Mais aussi, lorsqu'on a percé les fourrés pleins d'ombre, traversé les pelouses encloses dans les taillis, et qu'on arrive au seuil du plateau ensoleillé, quel enchantement!

La généreuse floraison des roses étale ses chatoyantes couleurs au ras du sol; elle s'élance en guirlandes, en arcades et en portiques le long des armatures de fer; elle décore à perte de vue la voûte des spacieuses et profondes tonnelles. Toutes les blancheurs s'y épanouissent depuis la molle neige des Banks jusqu'à la pâleur carnée des *Souvenirs de la Malmaison*; tous les jaunes aussi : les nuances saumonées des *Gloires de Dijon*, les pétales soufrés du *Maréchal Niel*, le safran foncé des *Rêves d'or*, l'or mat des *Chromatelles*. Le rose tendre et chiffonné de la *France* y voisine avec le rouge cramoisi de la *Gloire de Bourg-la-Reine*, le rouge cerise des *Marie-Henriette*, le rose vif de la *Coupe d'Hébé*, la pourpre foncée du *Lion des Batailles* et de l'*Empereur du Maroc*. De toutes ces corolles à demi ouvertes ou pleinement écloses s'exhalent des parfums aussi variés que les formes et les tonalités de chaque espèce : odeurs musquées qui rappellent l'Orient, odeurs mourantes et alanguies, haleines suaves comme celle de la vigne en fleurs, voluptueuses comme des baisers, légères comme le premier souffle du printemps. L'œil et l'odorat sont grisés ; et dans la vibrante clarté estivale, un confus murmure d'abeilles, de bourdons et de cétoines dorées fait un harmonieux accompagnement à la musique chantante des aromes et des couleurs.

En ce vaste terrain admirablement approprié à la culture des roses, chaque série est artistement groupée. D'abord, à fleur du sol, les espèces rampantes, puis les buissons, les rosiers à hautes tiges et enfin sur les arceaux prolongés des tonnelles toute la tribu des roses grimpantes. Il y a le coin des roses-thé, celui des roses remontantes, celui des rosiers de l'Inde, du Japon ou de la Chine, et aussi la plate-bande réservée pieusement aux rosiers aimés de nos pères et maintenant presque démodés : — roses à cent feuilles, roses moussues, roses de Damas ou de Provins. Enfin tout un espace est consacré aux églantiers destinés aux greffes et dont les espèces indigènes ou exotiques offrent une infinie variété de formes, de feuillages et de fleurs. A côté de la collection horticole, il y a la collection botanique, infiniment curieuse et riche, aménagée en vue des études de croisements et d'hybridations.

Le propriétaire de ce paradis des roses, M. Gravereaux, est un sage. Après s'être retiré des affaires, il a voulu utiliser royalement ses loisirs et s'est voué au culte de la reine des fleurs. Sur le tard, il s'est mis à piocher sérieusement la botanique et à grands frais il a créé cette roseraie, maintenant en pleine prospérité, où il a rassemblé plus de 6000 espèces provenant de toutes les parties du globe. Comme l'a dit si justement le président de la Société nationale d'Horticulture, M. Viger, ancien ministre de l'Agriculture, « on ne peut que féliciter le commerçant intelligent et laborieux qui sait faire un aussi gracieux emploi de sa fortune et qui limite son ambition à inscrire son nom dans un chapitre utile et charmant de l'histoire de la République des Roses ».

Chargé en 1901 par le ministre de l'Agriculture d'une mission ayant pour objet l'étude des roses des Balkans, M. Gravereaux a parcouru la Serbie, la Bulgarie, les environs de Constantinople et une partie de l'Asie Mineure. Dans ces régions où depuis un temps immémorial on s'est livré à la culture des rosiers à parfum et à la production de l'essence de roses, il a recueilli une importante collection des plantes sauvages du genre *Rosa* et il a rapporté de précieux documents sur les procédés employés dans les Balkans pour la distillation de l'essence. L'étude à laquelle il s'est livré lui a permis de divulguer certains procédés spéciaux de culture, qui favoriseront, il y a lieu de l'espérer, le succès de cette industrie en France et dans nos colonies. Il semble, en effet, que le moment est venu pour la France de s'assurer la fabrication d'un produit dont elle fait elle-même la plus grande consommation.

Après tant de généreux efforts, suivis de si féconds résultats, M. Gravereaux a voulu aujourd'hui mettre sous les yeux des collectionneurs et des horticulteurs les résultats de ses études et de ses recherches ainsi qu'un catalogue détaillé de ses magnifiques collections. L'ouvrage, enrichi de fraîches aquarelles, de lavis, et de dessins à la plume, se divise en trois parties. La première comprend la description et la nomenclature des *rosiers sauvages*; — la seconde contient le catalogue raisonné de la collection horticole des *roses de jardin*; — la troisième enfin a trait aux *rosiers sarmenteux* (sauvages et horticoles). L'auteur a bien voulu me charger de présenter au public ce précieux et intéressant florilège de roses. Cette mission m'est d'autant plus douce qu'elle me donne l'occasion d'acquitter un devoir de gratitude. Si, comme on l'a dit, celui qui plante un arbre est un bienfaiteur de l'humanité; il nous faut placer au même rang celui qui crée une rose, car il nous donne la sensation rare de la Beauté. M. Gravereaux est un de ces créateurs et de ces initiateurs, et à ce titre je suis heureux de lui témoigner ici la reconnaissance des poètes et des artistes.

15 octobre 1901.

ANDRÉ THEURIET
de l'Académie Française.

 *Lettre adressée par M. Viger, ancien Ministre de l'Agriculture, Président de la Société nationale d'Horticulture de France, à propos du premier Catalogue de la Roseraie de L'Haÿ publié en 1900.*

Monsieur et cher Collègue,

Je vous remercie bien cordialement de la délicate pensée qui vous a inspiré en me dédiant le catalogue de votre merveilleuse roseraie du château de l'Haÿ.

Vous avez réalisé près de cette gracieuse vallée de Fontenay, au milieu d'une région qui est comme la seconde Patrie des roses, une œuvre des plus intéressantes.

Vous avez été le créateur du *Muséum des Roses*, en réunissant plusieurs milliers d'espèces connues, dans un parterre dessiné avec un goût exquis et un art incomparable.

Là, dans cet état que vous gouvernez avec autant de dévouement que de compétence, vous soignez vos sujets, vous les élevez, vous mariez leurs enfants. Par des unions bien assorties, vous cherchez à obtenir des générations nouvelles, plus belles encore que leurs devancières.

Enfin, non content de réunir, de conserver, de multiplier, de transformer les roses de nos jardins, vous tenez également à donner à la science pure une intelligente assistance. En installant une collection botanique du genre *Rosa* dont les espèces sont si nombreuses, vous permettez au savant comme au praticien d'élargir le cercle de leurs études, de compléter l'étendue de leur expérience.

Votre président ne saurait donc rester indifférent à votre aimable dédicace en présence de pareils services rendus à l'art horticole et à la science botanique.

Il est aussi particulièrement heureux de saisir cette occasion, pour féliciter le commerçant intelligent et laborieux qui sait faire un aussi gracieux emploi de sa fortune. Heureux, a dit le sage, l'homme sans ambition. Heureux aussi, dirais-je, l'amateur modeste et instruit qui, comme vous, Monsieur, limite la sienne à inscrire son nom dans un chapitre utile et charmant de l'histoire de la République des Roses.

Recevez, Monsieur et cher Collègue, l'expression de mes sentiments sympathiques et dévoués.

VIGER.

Paris, le 24 Janvier 1900.

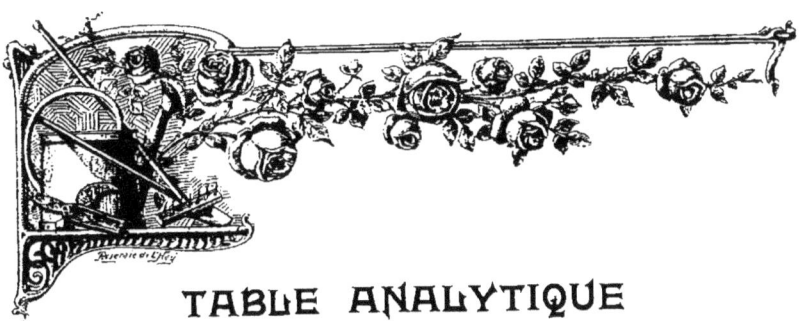

TABLE ANALYTIQUE
des Roses cultivées à L'Haÿ

SOMMAIRE

I. COLLECTION BOTANIQUE. — II. COLLECTION HORTICOLE

III. ROSIERS SARMENTEUX

PREMIÈRE PARTIE

COLLECTION BOTANIQUE
(Roses Sauvages)

Classées en **sections** et **espèces**
d'après **F. CRÉPIN**. Directeur du Jardin Botanique de Bruxelles
et subdivisées par nous en **sous-espèces** et **variétés**, **hybrides** et **sous-genres**

SECTION I. — **SYNSTYLÆ**, de Candolle. PAGES

Rosa	anemoneflora	R. sauvages.	23
—	arvensis. *ses variétés et ses hybrides*.	—	23
—	Colletti.	—	24
—	Luciæ	—	24
—	microcarpa	—	24
—	moschata, *ses variétés et ses hybrides*	—	24
—	multiflora, — —	—	24
—	phœnicia *et sa variété*	—	25
—	sempervirens. *ses variétés et ses hybrides*.	—	25
—	setigera. —	—	25
—	Soulieana	—	26
—	tunquinensis.	—	26
—	Watsoniana	—	26
—	Wichuraiana, *sa variété et ses hybrides*.	—	26

Section II. — **STYLOSÆ**, *Crépin*.

		PAGES
Rosa stylosa *et ses variétés*	R. sauvages.	26

Section III. — **INDICÆ**. *Thory*.

Rosa gigantea	R. sauvages.	27
— indica *et ses hybrides*	—	27
— semperflorens, *ses variétés et ses hybrides*	—	27

Section IV. — **BANKSIÆ**, *Crépin*.

Rosa Banksiæ, *ses variétés et ses hybrides*	R. sauvages.	28

Section V. — **GALLICÆ**, *Crépin*.

Rosa gallica, *ses variétés et ses hybrides*	R. sauvages.	28

Section VI. — **CANINÆ**. *Crépin*.

Rosa agrestis, *ses variétés et ses hybrides*	R. sauvages.	30
— canina, — —	—	31
— — *sous-genres* Chabertia	—	32
— — — Chavinia	—	32
— — — Crepinia	—	32
— — — Graveræa	—	34
— — — Pugetia	—	34
— — — Ripartia	—	34
— coriifolia, *ses sous-espèces et ses variétés*	—	34
— dumetorum, — —	—	35
— elymaitica	—	35
— ferruginea, *ses variétés et ses hybrides*	—	35
— glauca, — —	—	36
— glutinosa, — —	—	36
— iberica	—	36
— Jundzilli, *ses variétés et ses hybrides*	—	36
— micrantha, — —	—	37
— omissa	—	37
— rubiginosa, *ses variétés et ses hybrides*	—	37
— Serafini	—	38
— sicula *et sa variété*	—	38
— tomentella, *ses variétés et ses hybrides*	—	38
— tomentosa, —	—	38
— villosa, *ses variétés et ses hybrides*	—	39
— Zalana	—	39

Section VII. — **CAROLINÆ**, *Crépin*.

Rosa carolina, *ses variétés et ses hybrides*	R. sauvages.	40
— foliolosa	—	40
— humilis, *ses variétés et ses hybrides*	—	40
— nitida	—	40

Section VIII. — **CINNAMOMEÆ**, *Crépin*.

Rosa acicularis, *ses variétés et ses hybrides*	R. sauvages.	41
— Alberti	—	41
— alpina, *ses variétés et ses hybrides*	—	41
— arkansana *et sa variété*	—	42
— Beggeriana *et ses variétés*	—	42
— blanda, *ses variétés et ses hybrides*	—	42
— californica *et ses variétés*	—	43
— cinnamomea, *ses variétés et ses hybrides*	—	43
— dahurica	—	44
— gymnocarpa *et sa variété*	—	44

		PAGES
Rosa laxa . . . . R. sauvages.		44
— macrophylla *et ses variétés* . . . . —		44
— nipponensis . . . . —		44
— nutkana . . . . —		44
— oxyodon *et ses variétés*. . . . . —		44
— pisocarpa — — . . . . —		45
— rugosa, *ses variétés et ses hybrides*. . . . . —		45
— Webbiana *et sa variété*. . . . . —		46
— Woodsii — — . . . . —		46

SECTION IX. — **PIMPINELLIFOLIÆ**, *de Candolle*.

Rosa pimpinellifolia, *ses variétés et ses hybrides*. . . . . R. sauvages.	47
— xanthina *et ses variétés*. . . . . —	47

SECTION X. — **LUTEÆ**, *Crépin*.

Rosa lutea, *ses variétés et ses hybrides* . . . . R. sauvages.	48
— sulphurea *et ses variétés*. . . . . —	48

SECTION XI. — **SERICEÆ**, *Crépin*.

Rosa sericea *et ses variétés* . . . . R. sauvages	49

SECTION XII. — **MINUTIFOLIÆ**, *Crépin*.

Rosa minutifolia. . . . . R. sauvages.	49

SECTION XIII. — **BRACTEATÆ**, *Thory*.

Rosa bracteata, *sa variété et son hybride* . . . . R. sauvages.	50
— clinophylla, *ses variétés et ses hybrides* . . . . —	50

SECTION XIV. — **LÆVIGATÆ**, *Thory*.

Rosa lævigata *et ses variétés*. . . . . R. sauvages.	51

SECTION XV. — **MICROPHYLLÆ**, *Crépin*.

Rosa microphylla, *ses variétés et ses hybrides*. . . . . R. sauvages.	51

SECTION XVI. — **SIMPLICIFOLIÆ**, *Lindley*.

Rosa berberifolia . . . . R. sauvages.	52

ADDENDÆ.

Espèces nommées et non encore classées. . . . . R. sauvages.	52

JARDIN D'ESSAI.

Espèces non déterminées. . . . . R. sauvages.	53

ROSES A PARFUM.

ROSIERS à parfum de l'Orient.	54
COLLECTION des ROSES à essence, de Bulgarie.	57

Deuxième Partie

COLLECTION HORTICOLE
(Roses cultivées)

ESSAI DE CLASSIFICATION HORTICOLE
par sections, espèces, races et groupes

SECTION I. — **SYNSTYLÆ.**
Espèce : R. **polyantha**, *Sieb. et Zucc.*

PAGES

Race des Polyantha	Groupe A *Polyantha* nains remontants	Nains.	61
—	B Hybrides de *Polyantha* nains	—	63
—	C Rosiers de Léonard Lille	—	63

SECTION III. — **INDICÆ.**
1re Espèce : R. **indica fragrans**, *Red.*

Race des Thé non sarmenteux	Groupe A Safrano (*Beauregard* 1839)	Nains.	64
— —	B C^{sse} de Labarthe (*Bernède* 1857)	—	65
— —	C *Thé* divers et non encore classés	—	67
— Hybrides de Thé non sarmenteux		—	84
— Noisette non sarmenteux	Groupe A *Noisette* ordinaires	—	90
— —	B Hybrides de *Noisette*	—	91
— Ile Bourbon non sarmenteux	A *Ile Bourbon* ordinaires	—	92
— —	B Louise Odier (*Margottin* 1852)	—	95
— —	C Hybrides d'*Ile Bourbon*	—	96

2e Espèce : R. **semperflorens**, *Curt.*

Race des Bengale non sarmenteux	Groupe A *Bengale* ordinaires	Nains.	97
— —	B Hybrides de *Bengale*	—	98
— Chinensis		—	99
— Miss Lawrence		—	100

SECTION V. — **GALLICÆ.**
Espèce unique : R. **gallica**, *Lin.*

Race des Provins		Nains.	101
— Parvifolia		—	104
— Cent-feuilles	Groupe A *Cent-feuilles* ordinaires	—	104
— —	B — moussus	—	105
— —	C — remontants	—	107
— —	D — pompons	—	108
— Alba		—	109
— Damas		—	109
— Portland		—	110
— Hybrides remontants	Groupe A La Reine (*Laffay* 1842)	—	111
— —	B Baronne Prévost (*Desprez* 1842)	—	113
— —	C Géant des Batailles (*Nérard* 1845)	—	113
— —	D Victor Verdier (*Lacharme* 1851)	—	114
— —	E Général Jacqueminot (*Rousselet* 1854)	—	116
— —	F Jules Margottin (*Margottin* 1852)	—	127
— —	G Madame Récamier (*Lacharme* 1852)	—	129
— —	H Triomphe de l'Exp^{on} (*Margottin* 1855)	—	130
— —	I Mme Victor Verdier (*E. Verdier* 1859)	—	131
— —	J Charles Lefebvre (*Lacharme* 1861)	—	134
— —	K B^{sse} de Rothschild (*Lacharme* 1862)	—	135
— —	L Hybrides remontants non classés	—	136

TABLE ANALYTIQUE

SECTION VIII. — CINNAMOMEÆ.
ESPÈCE : R. **rugosa**, Thunb.

Race des Rugueux du Japon............................ Nains. 146
— Hybrides de Rugosa............................ — 147

SECTION IX. — PIMPINELLIFOLIÆ.
1ʳᵉ ESPÈCE : R. **pimpinellifolia**, Lind.

Race des Pimprenelle................................ Nains. 150
— Hybrides de Pimprenelle........................ — 151

2ᵉ ESPÈCE : R. **xanthina**, [Lind.

Race du R. Xanthina................................. Nains. 151

SECTION X. — LUTEÆ.
ESPÈCE : R. **lutea**, Mill.

Race des Capucine................................... Nains. 152

TROISIÈME PARTIE

COLLECTION SPÉCIALE DE ROSIERS SARMENTEUX
(Rosiers sauvages et horticoles)

Dans cette TROISIÈME PARTIE, il nous a paru intéressant de joindre aux rosiers sarmenteux horticoles, certains rosiers sauvages sarmenteux bien caractérisés et pouvant être utilisés avec avantage pour l'ornement des jardins bien que n'ayant pas donné de descendance horticole.

SECTION I. — SYNSTYLÆ.   PAGES

1ʳᵉ ESPÈCE : R. **multiflora**, Thunb.
Rosa multiflora, *ses variétés et ses hybrides*............... Sarmenteux. 155

2ᵉ ESPÈCE : R. **sempervirens**, Curt.
Rosa sempervirens, *ses variétés et ses hybrides*............. Sarmenteux. 157

3ᵉ ESPÈCE : R. **arvensis**, Huds.
Rosa arvensis, *ses variétés et ses hybrides*................. Sarmenteux. 158

4ᵉ ESPÈCE : R. **moschata**, Herrm.
Rosa moschata, *ses variétés et ses hybrides*................. Sarmenteux. 159

5ᵉ ESPÈCE : R. **setigera**, Mich.
Rosa setigera, *ses variétés et ses hybrides*................. Sarmenteux. 159

6ᵉ ESPÈCE : R. **Wichuraiana**, Crép.
Rosa Wichuraiana, *ses variétés et ses hybrides*.............. Sarmenteux. 160

7ᵉ ESPÈCE : R. **phœnicia**, Boiss.
Rosa phœnicia, *et sa variété*................................ Sarmenteux. 162

8ᵉ ESPÈCE : R. **anemoneflora**, Fort.
Rosa anemoneflora... Sarmenteux. 162

SECTION II. — STYLOSÆ.
ESPÈCE UNIQUE : R. **stylosa**, Desv.
Rosa stylosa *et ses variétés*................................ Sarmenteux. 163

Section III. — INDICÆ.
1ʳᵉ Espèce : R. **indica fragrans**, *Red*.

Race des Thé sarmenteux... Sarmenteux.	164
— Hybrides de Thé sarmenteux....................... —	165
— Noisette sarmenteux.... Groupe A *Noisette* ordinaires..... ..	166
— — — .... — B Hybrides de *Noisette* .. .. —	167
— Ile-Bourbon sarmenteux.. — A *Ile Bourbon* ordinaires........ —	168
— — .. — B Hybrides *Ile Bourbon*........ —	168

2ᵉ Espèce : R. **semperflorens**, *Curt*.

Race des Bengale sarmenteux .... Groupe A *Bengale* ordinaires............ Sarmenteux.	169
— — — .... — B Hybrides de *Bengale* .... —	169

3ᵉ Espèce : R. **gigantea**, *Coll*.

Rosa gigantea *et son hybride* .... Sarmenteux. 169

Section IV. — BANKSIÆ.
Espèce unique : R. **Banksiæ**, *R. Br.*

Rosa Banksiæ, *ses variétés et ses hybrides*.............. Sarmenteux. 170

Section V. — GALLICÆ.
Espèce unique : R. **gallica**, *Lind*.

Race des Hybrides remontants sarmenteux.......................... Sarmenteux.	171
— — non remontants sarmenteux.................. —	171

Section VI. — CANINÆ.
Espèce : R. **canina**, *Lind*.

Rosa canina, *et espèces-types de la section* .... Sarmenteux. 172

Espèce : R. **rubiginosa**, *Lind*.

Rosa rubiginosa, *ses variétés et ses hybrides*............. Sarmenteux. 172

Section VII. — CAROLINÆ.
Espèce : R. **carolina**, *Lind*.

Rosa carolina, *et espèces-types de la section* .... Sarmenteux. 174

Espèce : R. **humilis**, *Marsh*.

Rosa humilis, *ses variétés et ses hybrides*................ Sarmenteux. 174

Section VIII. — CINNAMOMEÆ.
Espèce : R. **cinnamomea**, *Lind*.

Rosa cinnamomea, *et espèces-types de la section* .... Sarmenteux. 175

Espèce : R. **alpina**, *Lind*.

Rosa alpina, *ses variétés et ses hybrides* .... Sarmenteux. 175

Section X. — LUTEÆ.
Espèce unique : R. **lutea**, *Mill*.

Rosa lutea, *sa variété et son hybride* .... Sarmenteux. 177

Section XI. — SERICEÆ.
Espèce unique : R. **sericea**, *Lind*.

Rosa sericea, *et ses variétés*........................... Sarmenteux. 178

Section XIII. — BRACTEATÆ.
1ʳᵉ Espèce : R. **bracteata**, *Wendl*.

Rosa bracteata, *sa variété et son hybride* .... Sarmenteux. 179

2ᵉ Espèce : R. **clinophylla**, *Thory*.

Rosa clinophylla, *ses variétés et ses hybrides*............ Sarmenteux. 179

Section XIV. — LÆVIGATÆ.
Espèce unique : R. **lævigata**, *Mich*.

Rosa lævigata, *et ses variétés*.......................... Sarmenteux. 180

Section XV. — MICROPHYLLÆ.
Espèce unique : R. **microphylla**, *Roxb*.

Rosa microphylla, *ses variétés et ses hybrides*........... Sarmenteux. 181

PLAN

du

JARDIN DES COLLECTIONS

~~~~~~~~~~~~~~~~~~

La **plantation** de tous nos rosiers a été faite récemment selon le classement nouveau que nous présentons ici. Ils ont été groupés par plate-bande ayant à leur tête le type de l'espèce, de la **race** ou du **groupe** auxquels ils appartiennent.

Chaque arbuste porte une **médaille de sûreté** en plomb.

ROSERAIE DE L'HAŸ. —

COLLECTION BOTA[nique]

— ROSIERS SAUVAGE[S]

Plate-bande Nº 1. SYN
— — 2. STY
— — 3. IND
— — 4. BAN
— — 5. GAL
— — 6. CAN
— — 7. CAR
— — 8. CIN
— — 9. PIM
— — 10. LUT
— — 11. SER
— — 12. MIN
— — 13. BRA
— — 14. LÆV
— — 15. MIC
— — 16. SIM

Roseraie de l'Haÿ (Seine)

RDIN DES COLLECTIONS

LÉGENDE

COLLECTION HORTICOLE

— HYBRIDES REMONTANTS —

- N° 17. Groupe A. La Reine.
- — 18. — B. Baronne Prévost.
- — 19. — C. Géant des Batailles.
- — 20. — D. Victor Verdier.
- — 21. — E. Général Jacqueminot.
- — 22. — F. Jules Margottin.
- — 23. — G. Madame Récamier.
- — 24. — H. Triomphe de l'Exposition.
- — 25. — I. Madame Victor Verdier.
- — 26. — J. Charles Lefebvre.
- — 27. — K. Baronne de Rothschild.
- — 28. — L. Hybrides remontants.

— THÉ —

- — 29. Groupe A. Safrano.
- — 30. — B. Comtesse de Labarthe.
- — 31. — C. Thé divers.

- — 32. **— HYBRIDES DE THÉ —**

— NOISETTE —

- — 33. Groupe A. Noisette.
- — 34. — B. Hybrides de Noisette.

— ILE BOURBON —

- — 35. Groupe A. Ile Bourbon.
- — 36. — B. Louise Odier.
- — 37. — C. Hybrides de l'Ile Bourbon.

— BENGALE —

- N° 38. Groupe A. Bengale.
- — 39. — B. Hybrides de Bengale.
- — 40. — C. Chinensis.
- — 41. — D. Miss Lawrence.

— CENT-FEUILLES —

- — 42. Groupe A. Cent-feuilles.
- — 43. — B. Moussus.
- — 44. — C. Moussus-remontants.
- — 45. — D. Cent-feuilles pompons.

— POLYANTHA —

- — 46. Groupe A. Polyantha remontants.
- — 47. — B. Hybrides de Polyantha.
- — 48. — C. Léonard Lille.

— RUGOSA —

- — 49. Groupe A. Rugosa.
- — 50. — B. Hybrides de Rugosa.

- — 51. **— PROVINS —**
- — 52. **— ALBA —**
- — 53. **— DAMAS —**
- — 54. **— PORTLAND —**
- — 55. **— PIMPRENELLE —**
- — 56. **— CAPUCINE —**

COLLECTION DES GRIMPANTS
Rosiers SARMENTEUX

Pylônes . . . ←→   Portiques . . . ↓↑

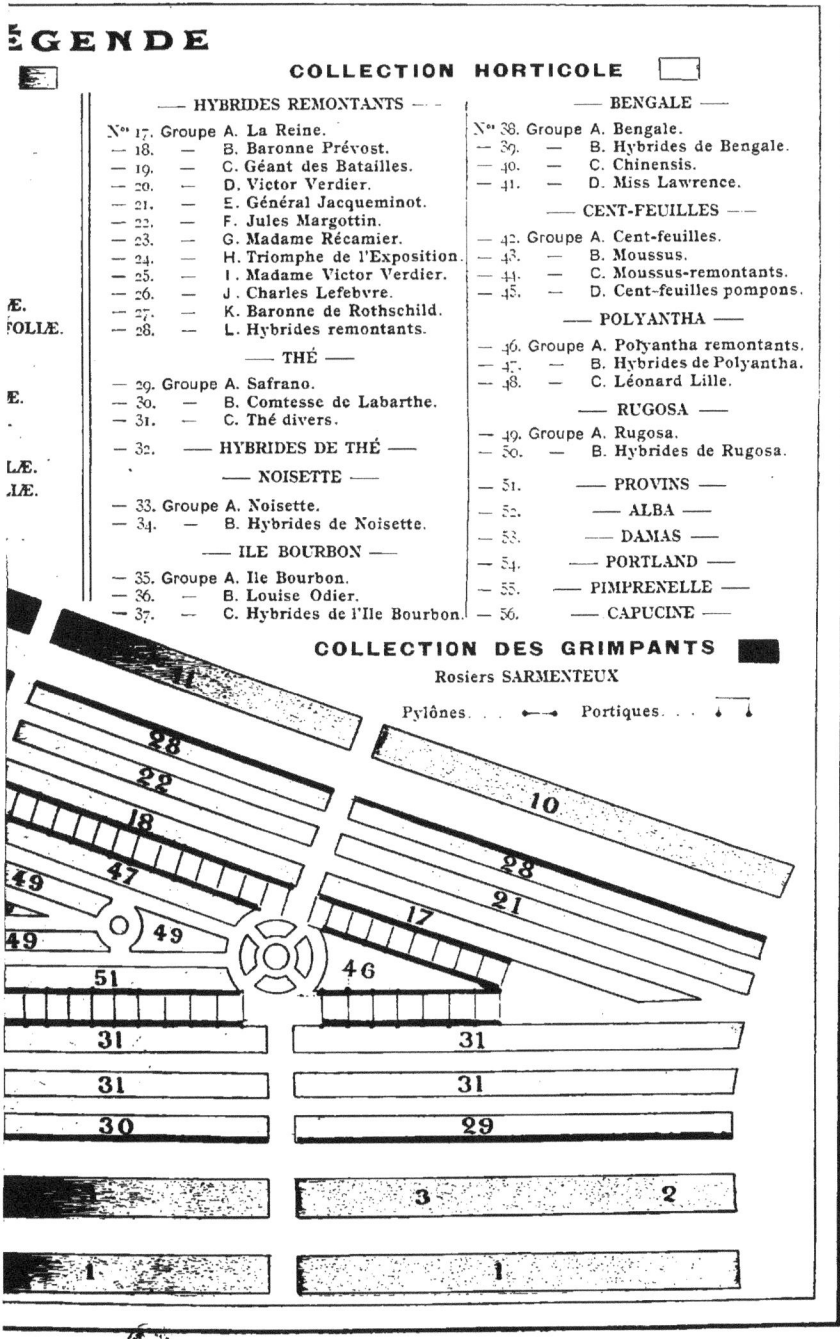

Nous mettons gracieusement à la disposition des Établissements scientifiques et des amateurs

des greffes, rameaux, graines

ou des jeunes pieds (lorsque nous les possédons en double exemplaire)

de toute la Collection Botanique.

PREMIÈRE PARTIE

COLLECTION BOTANIQUE

(Roses sauvages)

La collection botanique de la Roseraie de L'Hay comprend tous les arbustes vivants du genre **Rosa** qui lui ont été adressés par les Jardins Botaniques du monde entier : quelques savants, quelques grands amateurs ou horticulteurs rosiéristes, ont également bien voulu contribuer à l'augmenter.

Les désignations de cette nomenclature sont celles sous lesquelles nous avons reçu chaque sujet. Nous avons même conservé certains rosiers sous des appellations différentes habituellement reconnues comme s**ynonymes** : nous les éliminerons au fur et à mesure que nous en aurons fait la preuve.

Cette **classification** a été faite d'après les remarquables travaux de M. F. Crépin, directeur du Jardin botanique de Bruxelles, selon les **sections** de sa « Nouvelle classification des Roses ». Nous avons ensuite divisé ces sections en **espèces, scus-espèces et variétés, hybrides** et **sous-genres**.

L'**identification** de ces rosiers a été commencée, et, grâce au savant concours de MM. F. Crépin, directeur du Jardin botanique de Bruxelles, Bois, professeur à l'École coloniale, Cochet-Cochet, horticulteur rosiériste, à Coubert (Seine-et-Marne), M. de Vilmorin, etc..., nous espérons la mener bientôt à bonne fin.

En vue d'une prochaine **édition corrigée** que nous ferons paraître **en 1904**, nous serions reconnaissant aux botanistes, aux horticulteurs-rosiéristes et aux amateurs, de vouloir bien nous signaler les erreurs commises, et contribuer également par leurs envois de greffons, à augmenter notre collection de **roses sauvages**.

TABLEAU SYNOPTIQUE des SECTIONS du GENRE ROSA

d'après la classification de M. F. Crépin,
permettant le groupement des espèces dans les diverses sections.

Dressé par M. J. GÉROME
CHEF DE CULTURE AU MUSÉUM, PROFESSEUR A L'ÉCOLE D'HORTICULTURE DE VERSAILLES [1].

Ier GROUPE — Styles libres.

Styles agglutinés, saillants au-dessus du disque en une colonne grêle égalant environ les étamines intérieures :

- Inflorescence souvent multiflore ; tiges sarmenteuses, grimpantes ou rampantes . . . . I. **Synstylæ**.
  ex. : R. *arvensis, sempervirens, moschata, multiflora, anemoneflora, Luciæ, Wichuraiana, Watsoniana, setigera*.

- Inflorescence ordinairement pauciflore ; tiges légèrement sarmenteuses . . . . II. **Stylosæ**.
  ex. : R. *stylosa*.

Saillants au-dessus du disque, égalant environ la moitié de la longueur des étamines intérieures ; sépales réfléchis ; inflorescence ordinairement pluriflore. III. **Indicæ**.
  ex. : R. *indica* (Thé) ; R. *semperflorens* (Bengale).

Tiges sarmenteuses grimpantes.

Inflorescence multiflore, en fausse ombelle ; stipules libres caduques ; sépales caducs avant la maturité du réceptacle. . IV. **Banksiæ**.
  ex. : R. *Banksiæ*.

Sépales réfléchis après l'anthèse.

Inflorescence uniflore, rarement pluriflore ; stipules adnées, les supérieures non dilatées ; aiguillons entremêlés d'acicules et de glandes pédicellées ; sépales caducs avant la maturité du réceptacle, les extérieurs fortement appendiculés latéralement. . . . V. **Gallicæ**.
  ex. : R. *gallica* (Provins, Cent-feuilles).

Tiges dressées.

Inflorescence ordinairement pluriflore ; stipules adnées, les supérieures plus larges que les inférieures ; aiguillons très rarement droits, non entremêlés d'acicules et de glandes pédicellées . . VI. **Caninæ**.
  ex. : R. *canina, ferruginea, rubiginosa, tomentosa, villosa, micrantha*, etc.

Sépales étalés. INCLUS A STIGMATE RECOUVRANT L'ORIFICE DU RÉCEPTACLE.

Ovaires insérés exclusivement, au fond du réceptacle ; inflorescence ordinairement pluriflore ; stipules adnées ; tiges dressées ; feuilles à 7-9 folioles ; aiguillons droits ou arqués, régulièrement géminés sous les feuilles, très rarement tous alternes. . . . VII. **Carolinæ**.
  ex. : R. *carolina, humilis*, etc.

Sépales redressés après l'anthèse couronnant le réceptacle pendant la maturation, et persistants ; tiges dressées.

Inflorescence ordinairement pluriflore, rarement multiflore ; stipules adnées ; tiges dressées ; aiguillons droits (rarement crochus ou arqués), ordinairement régulièrement géminés sous les feuilles, très rarement nuls ou alternes. . . . . VIII. **Cinnamomeæ**.
  ex. : R. *cinnamomea, rugosa, alpina, laxa*, etc.

Inflorescence presque toujours uniflore, sans bractées ; stipules adnées, toutes étroites, à oreillettes brusquement dilatées et divergentes ; feuilles moyennes ordinairement à 9 folioles ; tiges dressées ; aiguillons droits, épars, entremêlés ou non d'acicules. IX. **Pimpinellifoliæ**.
  ex. ; R. *pimpinellifolia*.

Inflorescence souvent uniflore, sans bractées ; fleurs jaunes ; bords du réceptacle dépassés par une épaisse collerette de poils ; stipules adnées, les supérieures peu dilatées, à oreillettes divergentes ; aiguillons alternes, entremêlés ou non de glandes. . . . X. **Luteæ**.
  ex. : R. *lutea, sulphurea*.

---

(1). Ce tableau est extrait d'une note publiée dans le *Journal de la Société d'Horticulture de France* (Année 1901, p. 100).

TABLEAU SYNOPTIQUE

2ᵉ GROUPE — *Fleurs pentamères, styles libres, inclus.*

Fleurs **tétramères**; styles libres, **saillants**; inflorescence uniflore; sépales redressés après l'anthèse, persistants sur le réceptacle; tiges dressées; aiguillons droits, régulièrement géminés sous les feuilles. . . . . XI. **Sericeæ**.

ex. : R. *sericea*.

Feuilles moyennes 7-foliolées; sépales redressés, entiers, persistants; ovaires insérés exclusivement au fond du réceptacle; inflorescence uniflore, sans bractées; stipules supérieures à oreillettes très dilatées et divergentes; tiges dressées; aiguillons grêles, droits, alternes, entremêlés de nombreuses acicules . . . . XII. **Minutifoliæ**.

ex. : R. *minutifolia*.

Feuilles moyennes 9-foliolées; sépales réfléchis, entiers, caducs; disque très large; étamines très nombreuses; inflorescence pluriflore à bractées larges et incisées; stipules brièvement adnées, profondément pectinées; tiges dressées, un peu sarmenteuses; aiguillons crochus ou droits, régulièrement géminés sous les feuilles, entremêlés ou non d'acicules. . . . . XIII. **Bracteatæ**.

ex. : R. *bracteata, clinophylla*.

Feuilles trifoliolées; sépales redressés; disque large; étamines nombreuses; inflorescence uniflore, sans bractées; stipules presque libres, à la fin caduques; tiges longuement sarmenteuses, grimpantes ou rampantes. . . . . XIV. **Lævigatæ**.

ex. : R. *lævigata* (Rose Camellia).

Feuilles moyennes 11-13-15 foliolées; sépales redressés, persistants, les extérieurs fortement appendiculés; ovaires insérés exclusivement sur un mamelon au fond du réceptacle; inflorescence ordinairement pluriflore; tiges dressées; aiguillons droits, régulièrement géminés sous les feuilles. . . . . XV. **Microphyllæ**.

ex. : R. *microphylla*.

Feuille simple, au lieu d'être constituée par plusieurs folioles, sans stipules (l'espèce unique de cette section constitue pour les botanistes le genre *Hulthemia*, nom peu employé en Horticulture). . . . . XVI. **Simplicifoliæ**.

ex. : R. *berberifolia*.

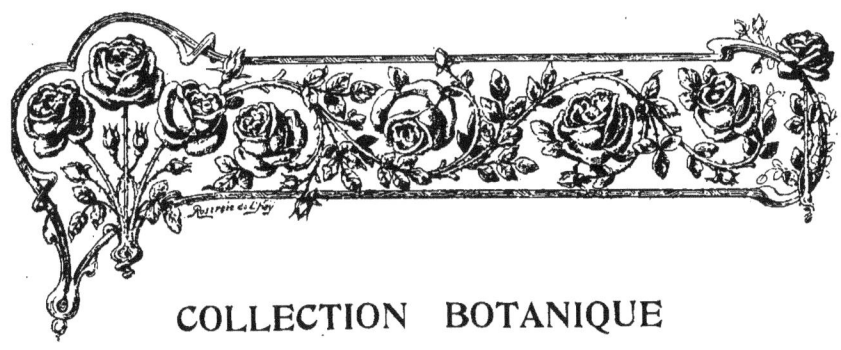

COLLECTION BOTANIQUE
(Roses Sauvages)

Section I. — **SYNSTYLÆ**, *de Candolle.*

Styles agglutinés, saillants au-dessus du disque en une colonne grêle égalant environ les étamines intérieures ; **sépales** réfléchis après l'anthèse, caducs avant la maturité du réceptacle, les extérieurs latéralement appendiculés, rarement entiers, **inflorescence** souvent multiflore, à bractées peu ou point dilatées ; **stipules** adnées, rarement libres ou presque libres, les supérieures étroites comme les inférieures ; **feuilles** moyennes des ramuscules florifères 3, 5 ou 7-foliolées, rarement 9-foliolées, **tiges** sarmenteuses, grimpantes ou rampantes ; **aiguillons** crochus ou arqués, alternes, très rarement régulièrement géminés sous les feuilles (1).

DONATEURS

ESPÈCE TYPE

1. Rosa **anemoneflora**, *Fortune* (1847) . . . . F. Jamin, B^d-la-Reine.
   Hab. : Asie (Chine).

ESPÈCE TYPE

2. Rosa **arvensis**, *Hudson* (1762). . . . . Cochet-Cochet.
   Syn. : R. sylvestris, *Herrmann* (1762).
   R. repens, *Scopoli.*
   Hab. : Europe.

SOUS-ESPÈCES et VARIÉTÉS du R. arvensis, Huds.

3. Rosa Andersoni, *Hort.* . . . . Europe . . . . . W. Paul, Londres.
4. — ayrshiræa, *Niel* . . . . — . . . . . Muséum de Paris.
5. — baldensis, *Kerner* . . . . — . . . . . Späth, Berlin.
6. — Berleana gracilis, *Hort.* . . . . — . . . . . M. de Vilmorin.
7. — erronea, *Ripart* . . . . Angleterre . . . . . Ac^{ie} f^{re} Münden.
8. — repens, *Scopoli* . . . . Europe . . . . . Strassheim, Francf.
9. — repens v. flore pleno, *Hort.* . . . . — . . . . . Royal gardens Kew.
10. — repens variegata, *Hort.* . . . . — . . . . . —

---

(1) L'explication de quelques mots employés dans la description des sections est nécessaire pour les personnes peu au courant de la terminologie botanique. — **Réceptacle** : renflement supérieur du pédicelle sous le calice renfermant les ovaires, qui deviennent autant de fruits distincts (**akènes** : graines des horticulteurs). Le réceptacle, à la maturité, devient charnu, et prend l'apparence d'un fruit. **Disque** : partie circulaire, plane ou conique, située autour de l'orifice du réceptacle et s'étendant jusqu'à la base des pétales. **Anthèse** : se dit de l'épanouissement complet d'une fleur. — **Inflorescence** : l'ensemble ou la disposition des fleurs au sommet d'un ramuscule florifère. **Stipules adnées** : stipules adhérentes au pétiole dans la plus grande partie de leur longueur. — **Acicules** : aiguillons très grêles, sétacés, souvent terminés par une glande.

SECTION I. — SYNSTYLÆ

HYBRIDES du R. arvensis, *Huds.*

				DONATEURS
11. Rosa arvensis×gallica, *Schlechtend.*		France		Allard, Angers.
12. — adenoclada, *abbé Hy.*	(arv.×rubiginosa)	Europe		Arb. Zoëschen.
13. — bibracteata, *Bastard.*	(arv.×sempervirens)	Angleterre		— —
14. — capreolata Amandii, *ex-Segrez.*	(arv.×gallica)	Europe		M. de Vilmorin.
15. — Dufforti, *Pons et Coste.*	(arv.×sempervirens)	France		Duffort, Gers.
16. — pervirens, *Grenier.*	(arv.×sempervirens)	—		— —
17. — Rouyana, *Duffort.*	(arv.×tomentella)	—		— —

ESPÈCE TYPE

18. Rosa **Colletti**, *Crépin* (1889) . . . . Jard. Alp., Genève.
    Hab. — Birmanie.

ESPÈCE TYPE

19. Rosa **Luciæ**, *Franch. et Rochebr.* (1871) . . . . Muséum de Paris.
    Hab. — Asie (Japon et Chine).

ESPÈCE TYPE

20. Rosa **microcarpa** *Lindley* (1820) . . . . Jard. Alp., Genève.
    Syn. : R. indica, *L.*
    Hab. — Chine.

ESPÈCE TYPE

21. Rosa **moschata**, *Herrmann* (1762), *Miller* (1768) . . . . F. Jamin. Bᵗᵉ-la-Reine.
    Syn. : R. Brunonii, *Lind.* (1820).
    R. abyssinica, *R. Br.* (1820).
    R. Leschenaultiana, *Wight et Arn.* (1834).
    R. longicuspis, *Bertol* (1861).
    Hab. : Asie et Abyssinie.

SOUS-ESPÈCES ou VARIÉTÉS du R. moschata, *Herrm.*

22. Rosa Brunonii, *Lindley.*		Asie		O. Frœbel, Zurich.
23. — Leschenaultiana, *Redouté.*		Inde		La Mortola, Italie.
24. — moschata alba, *Hort.*		Europe		Lambert, Trèves.
25. — — var., *Hort.*		—		Allard, Angers.
26. — — semis 84.		—		M. de Vilmorin.
27. — Pissardi, *Carrière.*		Perse		Muséum de Paris.
28. — polyantha grandiflora, *Bernaix*		France		Cochet-Cochet.
29. — umbrella, *Hort.*		—		Allard, Angers.

HYBRIDES du R. moschata, *Herrm.*

30. Rosa Dupontii, *Déséglise.*	(gallica×moschata)	France		Allard, Angers.
31. — Champney, *Hort.*	(mosch.×bengalensis)	Amérique		E. Metz, Friedberg.

ESPÈCE TYPE

32. Rosa **multiflora**, *Thunberg* (1781) . . . . Cochet-Cochet.
    Syn. : R. polyantha, *Sieb. et Zucc.* (1844), *non Hort.*
    Hab. — Asie (Chine, Corée, Japon, Iles Formose et de Luçon).

ROSERAIE DE L'HAŸ

ROSIER SAUVAGE

N° 850. — Rosa lutea (*Miller*, 1768).

SECTION I. — SYNSTYLÆ

SOUS-ESPÈCES et VARIÉTÉS du R. multiflora, *Thunb*.

		DONATEURS
33. Rosa multiflora, *Hort*. . . . . Chine		Royal gardens, Kew.
34. — var. flore pleno, *Hort*. . . . . —		Strassheim, Francf.
35. — — var. rosea plena, *Hort* . . . . —		M. de Vilmorin.
36. — platyphylla, *Redouté* . . . . —		Cochet-Cochet.
37. — thyrsiflora, *Leroy* . . . . Japon		Arb. Zoeschen.

HYBRIDES du R. multiflora, *Thunb*.

38. Rosa Dawsoniana, *Dawson*. . . . . (mult.×G¹ Jacqueminot) Amérique . . . O. Frœbel, Zurich.
39. — multiflora×indica, *Hort*. . . . . Europe . . . . . M. de Vilmorin,
40. — — ×lucida, *Hort* . . . . — . . . . . —
41. — — ×Wichuraiana, *Hort*. . . . . — . . . . . Lambert, Trèves.
42. — polyantha×semperflorens, *Hort*. . . . . — . . . . . Späth, Berlin.

ESPÈCE TYPE

43. Rosa **phœnicia,** *Boissier* (1849), ... Späth, Berlin.
    Hab. : Asie (Asie Mineure, Syrie).

VARIÉTÉ du R. phœnicia, *Bois*.

44. Rosa chlorocarpa, *Braün* . . . . Autriche . . . . Arb. Zoeschen.

ESPÈCE TYPE

45. Rosa **sempervirens,** *Linné* (1753). . . . . O. Frœbel, Zurich.
    Hab. : Europe et nord de l'Afrique (Maroc, Algérie, Tunisie).

SOUS-ESPÈCES et VARIÉTÉS du R. sempervirens, *L*.

46. Rosa inaperta, *Duffort* . . . . France . . . . . Duffort, Gers.
47. — scandens, *Miller* . . . . Europe . . . . . Allard, Angers.
48. — subgallicoides, *Duffort* . . . . France . . . . . Duffort, Gers.
49. — tenuicarpa, *ex-Segrez* . . . . Europe . . . . . M. de Vilmorin.
50. — Wallichii, *Sabin* . . . . — . . . . . O. Frœbel, Zurich.

HYBRIDES du R. sempervirens, *L*.

51. Rosa vituperabilis, *Duffort* . . . . . (semperv.×micrantha) . France . . . . . Duffort, Gers.

ESPÈCE TYPE

52. Rosa **setigera,** *Michaux* (1803). . . . . Späth, Berlin.
    Syn. : R. rubifolia, *R. Br*. (1811).
    Hab. : Amérique du Nord (partie orientale).

VARIÉTÉS du R. setigera, *Mich*.

53. Rosa setigera v. fl. pleno, *Michaux*. . . . . Amérique . . . . Royal gardens, Kew.
54. — — variegata, *Hort*. . . . . — . . . . Muséum de Paris.

HYBRIDES du R. setigera, *Mich*.

55. Rosa rubifolia×Noisettiana, *Hort*. . . . . Europe . . . . . M. de Vilmorin.
56. — — ×stylosa, *Hort*. . . . . — . . . . . —

ESPÈCE TYPE

DONATEURS

57. Rosa **Soulieana**, *Crépin* . . . . M. de Vilmorin.
Hab. : Chine.

ESPÈCE TYPE

58. Rosa **tunquinensis**, *Crépin* (1887) . . . . Jard. Alp., Genève.
Hab. : Tonkin.

ESPÈCE TYPE

59. Rosa **Watsoniana**, *Crépin* (1887) . . . . Späth, Berlin.
Hab. : Japon.

ESPÈCE TYPE

60. Rosa **Wichuraiana**, *Crépin* (1887) . . . . F. Jamin, Bᵗ-la-Reine.
Hab. : Asie (Japon).

VARIÉTÉ du R. Wichuraiana, *Crép.*

61. Rosa Wichuraiana foliis var., *Hort.* . . . . Japon . . . . . M. de Vilmorin.

HYBRIDES du R. Wichuraiana, *Crép.*

62. Rosa Wichuraiana×bracteata, *Hort.* . . . . Europe . . . . . O. Frœbel, Zurich.
63. — — ×Gᵗ Jacqueminot, *Hort.* . . . . W. Paul, Londres.
64. — — × rugosa, *Hort.* . . . . — . . . . . Roseraie de l'Hay.

Section II. — STYLOSÆ, *Crépin*.

Styles agglutinés, un peu saillants au-dessus du disque en une colonne grêle beaucoup plus courte que les étamines intérieures ; **sépales** réfléchis après l'anthèse, caducs avant la maturité du réceptacle, les extérieurs latéralement appendiculés ; **inflorescence** ordinairement pauciflore, à bractées étroites un peu dilatées ; **stipules** adnées, les supérieures à peu près aussi étroites que les inférieures ; **feuilles** moyennes des ramuscules florifères, 7-foliolées ; **tiges** légèrement sarmenteuses ; **aiguillons** crochus, alternes.

DONATEURS

ESPÈCE TYPE

70. Rosa **stylosa**, *Desvaux* (1809) . . . . Jard. Bot. de Lyon.
Syn. : R. systyla, *Bastard*.
R. leucochroa, *Desv.*
Hab. : Sud-Ouest de l'Europe, Algérie.

SOUS-ESPÈCES et VARIÉTÉS du R. stylosa, *Desv.*

71. Rosa leucochroa, *Desvaux* . . . . Algérie . . . . . M. de Vilmorin.
72. — massilvanensis, *Ozanon* . . . . France . . . . . Duffort, Gers.
73. — rusticana, *Déséglise* . . . . — . . . . . Simon, Vouneuil.

Section III. — **INDICÆ**, *Thory*.

Styles libres, saillants au-dessus du disque, égalant environ la moitié de la longueur des étamines intérieures; **sépales** réfléchis après l'anthèse et probablement caducs avant la maturité du réceptacle, les extérieurs un peu appendiculés latéralement ou entiers; **inflorescence** ordinairement pluriflore, à bractées étroites; **stipules** adnées, les supérieures étroites, à oreillettes étroites et divergentes; **feuilles** moyennes des ramuscules florifères 5-foliolées, rarement 7-foliolées; **tiges** dressées dans les cultures, mais probablement plus ou moins sarmenteuses à l'état sauvage; **aiguillons** crochus ou arqués, alternes.

DONATEURS

ESPÈCE TYPE

80. Rosa **gigantea**, *Collett* (1888) . . . . Royal gardens, Kew.
    Hab. : Birmanie.

ESPÈCE TYPE

81. Rosa **indica**, *Lindley* (1820) . . . *non Linné* . . . . Miss Willmott, Essex.
    Hab. : Asie (Chine).

HYBRIDES du R. indica. *Lind.*

82. Rosa declinata, *Redouté* . . . . . . (indica×alpina) . . . . **Europe** . . . . . Jard. Bot. de Vienne.
83. — indica var. Miss Lowe, *Hort.* . . (indica×?) . . . . . . **Angleterre** . . . Miss Willmott, Essex.
84. — — Miss Willmott, *Hort.* (indica×?) . . . . . . — . . . —
85. — Noisettiana, *Hort.* . . . . (indica×moschata) . . . **Amérique** . . . —
86. — una, *Hort.* . . . . (indica×canina) . . . . **Angleterre** . . . —

ESPÈCE TYPE

87. Rosa **semperflorens**, *Curtis* (1794) . . . . Muséum de Paris.
    Syn. : R. diversifolia, *Vent* (1799).
           R. chinensis, *Jacq.* (1768).
           R. bengalensis, *Pers.*
    Hab. : Asie (Chine).

SOUS-ESPÈCES et VARIÉTÉS du R. semperflorens, *Curtis.*

88. Rosa bengalensis, *Pers.* . . . . **Bengale** . . . . Cochet-Cochet.
89. — chinensis, *Jacquin* . . . . **Chine** . . . . . Jard. Alpin, Genève.
90. — diversifolia, *Vent.* . . . . — . . . . . Muséum de Paris.
91. — indica major, *Hort.* . . . . — . . . . . O. Frœbel, Zurich.
92. — — minima, *Hort.* . . . . Inst. de Vallombrosa.
93. — — sanguinea, *Hort.* . . . . — . . . . . —
94. — longifolia, **Willdenow** . . . . — . . . . . Barbey-Boissier.

HYBRIDES du R. semperflorens, *Curt.*

95. Rosa Borboniana, *Redouté* . . . . . (semperflorens×gallica) **Ile Bourbon** . . Cochet-Cochet.
96. — Manetti, *Hort.* . . . . (semperflor.×moschata) **Italie** . . . . . Muséum de Paris.

Section IV. — **BANKSIÆ**, *Crépin*.

Styles libres. inclus. à stigmates recouvrant l'orifice du réceptacle ; **sépales** entiers, réfléchis après l'anthèse, caducs avant la maturité du réceptacle ; **inflorescence** pluriflore ou multiflore en fausse ombelle, à bractées très petites, caduques, **stipules** libres, subulées, caduques ; **feuilles** moyennes des ramuscules florifères 5, 7-foliolées ; **tiges** sarmenteuses grimpantes ; **aiguillons** crochus, alternes.

DONATEURS

ESPÈCE TYPE

100. Rosa **Banksiæ**, *R. Brown* (1811) . . . . Cochet-Cochet.
     Hab. : Asie (Chine).

VARIÉTÉS du R. Banksiæ, *R. Br.*

101. Rosa Banksiæ var. lutea, *Hort.* . . . . Chine . . . . . O. Frœbel, Zurich.
102. — — var. Constantinop., *Hort.* . . . . **Constantinople** Cochet-Cochet.

HYBRIDES du R. Banksiæ, *R. Br.*

103. Rosa Fortuneana, *Lindley* . . . . . (Banksiæ×lævigata) . . Asie . . . . . . F. Jamin, Bg-la-Rein

Section V. — **GALLICÆ**, *Crépin*.

Styles libres, inclus (1), à stigmates recouvrant l'orifice du réceptacle (dont les bords sont ordinairement dépassés par des poils tapissant l'intérieur) ; **sépales** réfléchis après l'anthèse, caducs avant la maturité du réceptacle, les extérieurs fortement appendiculés latéralement ; **inflorescence** uniflore avec ou sans bractées, rarement pluriflore et à bractées étroites ; **stipules** adnées, les supérieures non dilatées ; **feuilles** moyennes des ramuscules florifères 5-foliolées ; **tiges** dressées ; **aiguillons** ordinairement crochus, entremêlés d'aciculés et de glandes pédicellées

DONATEURS

ESPÈCE TYPE

110. Rosa **gallica**, *Linné* (1753) . . . . Muséum de Paris.
     Syn. ; R. pumila, *L. fils.*
           R. austriaca, *Crantz.*
           R. provincialis, *Ait.*
           R. centifolia, *L.*
           R. muscosa, *Mill.*
     Hab. ; Europe, (Asie Min., Arménie et Transcaucasie Occid.).

(1) Dans l'unique espèce de cette section, les styles sont parfois. par accident, saillants en une fausse colonne stylaire.

SECTION V. — GALLICÆ

SOUS-ESPÈCES et VARIÉTÉS du R. gallica, L.

				DONATEURS
111.	Rosa austriaca, *Crantz*	Europe	Jard. Bot. de Moscou.
112.	— burgundica, *Roëssig*	—	Strassheim, Francf.
113.	— centifolia, *Linné*	—	Muséum de Paris.
114.	— — alba, *Hort.*	—	Späth, Berlin.
115.	— — major, *Hort.*	—	—
116.	— — media, *Hort.*	—	W. Pfitzer, Berlin.
117.	— — minor, *Hort.*	—	Späth, Berlin.
118.	— — muscosa, *Miller*	—	Kieffer, Bourg-la-R.
119.	— conditorum, *Dieck*	Asie Mineure	Arb. Zoeschen.
120.	— cordata, *Cariot*	France	F⁽ʳᵉˢ⁾ Morel, Lyon.
121.	— eminens, *Hort.*	—	M. de Vilmorin.
122.	— gallica flore pleno, *Hort.*	Europe	Strassheim, Francf.
123.	— — grandiflora, *Hort.*	—	O. Frœbel, Zurich.
124.	— glandulosa, *Hort.*	—	F⁽ʳᵉˢ⁾ Morel, Lyon.
125.	— gutensteinensis, *Jacq.*	Allemagne	Jard. Bot. de Vienne.
126.	— incarnata, *Miller*	France	F⁽ʳᵉˢ⁾ Morel, Lyon.
127.	— livescens, *Besser*	Arménie	Strassheim, Francf.
128.	— muscosa japonica, *Hort.*	Japon	Cochet-Cochet.
129.	— oleifolia, *Dieck*	Asie Mineure	Arb. Zoeschen.
130.	— parvifolia, *Lindley*	Europe	M. de Vilmorin.
131.	— prolifera, *Hort.*	—	—
132.	— provincialis, *Aiton*	Italie	Strassheim. Francf.
133.	— proxima, *Collett.*	Auvergne	—
134.	— pumila, *Linné fils.*	Italie	Inst. de Vallombrosa.
135.	— rhodanica, *Hort.*	France	M. de Vilmorin.
136.	— sancta, *Richard*	Abyssinie	O. Frœbel, Zurich.

HYBRIDES du R. gallica, L.

137.	Rosa alba, *Linné*	(gallica×canina)	Europe	Cochet-Cochet.
138.	— proxima typo, *Linné*	(— × —)	—	Strassheim, Francf.
139.	— carnea, *Linné*	(— × —)	—	—
140.	— Boræana, *Béraud*	(— ×arvensis)	France	Muséum de Paris.
141.	— byzantina, *Dieck*	(— ×phœnicia)	Asie Mineure	Strassheim, Francf.
142.	— cannabifolia, *H. Braun*	(— ×canina)	Europe	Cochet Cochet.
143.	— centifolia×gallica, *Hort.*	—	—	Jard. Bot. de Moscou.
144.	— Chaberti, *Déséglise*	(gallica×canina)	France	Strassheim, Francf.
145.	— — gracilis, *Hort.*	(— × —)	—	—
146.	— — var., *Hort.*	(— × —)	Allemagne	—
147.	— cæsia, *Smith*	(— × —)	Angleterre	—
148.	— collina, *Jacquin*	(— ×obtusifolia)	Europe	—
149.	— damascena, *Miller*	(— ×canina)	Asie Mineure	Muséum de Paris.
150.	— erythrantha, *Bor.*	(— ×dumetorum)	France	Strassheim, Francf.
151.	— Friedlanderiana, *Bess.*	(— ×canina)	Europe	Jard. Bot. d'Angers.
152.	— gallica×canina, *Hort.*	—	Anjou	Allard, Angers.
153.	— — ×pumila, *Hort.*	—	Europe	Strassheim, Francf.
154.	— — ×repens, *Hort.*	—	France	F⁽ʳᵉˢ⁾ Morel, Lyon.
155.	— — ×setigera, *Hort.*	—	Europe	Strassheim, Francf.
156.	— Guepini, *Desvaux*	(gallica×canina)	France	Muséum de Paris.
157.	— heterophylla, *Hort.*	(— ×multiflora)	Europe	Späth, Berlin.
158.	— hybrida, *Schleicher*	(— ×arvensis)	—	Muséum de Paris.
159.	— Kosinsciana, *Bess*	(— ×canina)	Hongrie	Strassheim, Francf.
160.	— — f. versus, *Hort.*	(— × —)	—	—
161.	— Marcyana, *Boullu*	(— ×cinerascens)	France	—
162.	— — ramis pubescentibus, *Hort.*	(— × —)	—	—
163.	— maxima, *Hort.*	(— × ?)	Europe	Muséum de Paris
164.	— mirabilis, *Déséglise*	(— ×canina)	France	F⁽ʳᵉˢ⁾ Morel, Lyon.
165.	— Mygindi, *H. Braun*	(— × —)	Autriche	Strassheim, Francf.
166.	— myriodonta, *Christ*	(— × —)	Suisse	—
167.	— nemcensis, *Kmet*	(— × —)	Autriche	—
168.	— psilophylla, *Rau*	(— × —)	France	Muséum de Paris.

SECTION VI. — CANINÆ

				DONATEURS
169. Rosa pumila×repens, *Hort*.		France.		Strassheim, Francf.
170. — ×Reuteri, *Hort*.		—		—
171. — subgallicana, *Borbas*.	(gallica×tomentosa).	Hongrie		—
172. — sublævis, *Boullu*.	(— ×arvensis).	France.		M. de Vilmorin.
173. — sylvatica, *Gatteau*	(× —)	—		Allard, Angers.
174. — transmota, *Crépin*	(— ×canina).	—		Jard. Bot. d'Angers.
175. — trigintipetala, *Dieck*	(×damascena).	Bulgarie		Lambert, Trèves.
176. — turbinata, *Aiton*	(— ×cinnamomea).	Europe.		Späth, Berlin.
177. — — francofurtana, *Munch*.	(×).	—		Strassheim, Francf.
178. — venustula, *Duffort*.	(×tomentella).	France.		Duffort, Gers.
179. — Zochasula, *Hort*.	(— ×arvensis).	Europe.		M. de Vilmorin.

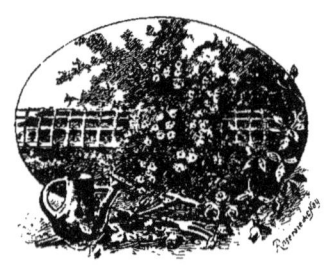

Section VI. — **CANINÆ**, *Crépin*.

Styles libres, inclus, à stigmates recouvrant l'orifice du réceptacle; **sépales** réfléchis après l'anthèse, ou redressés couronnant le réceptacle, jusqu'à la maturité, caducs ou persistants, les extérieurs appendiculés latéralement, très rarement entiers; **inflorescence** ordinairement pluriflore, à bractées plus ou moins dilatées, **stipules** adnées, les supérieures plus larges que les inférieures; **feuilles** moyennes des ramuscules florifères 7-foliolées, très rarement 9-foliolées; **tiges** dressées; **aiguillons** crochus, arqués, très rarement droits, alternes.

DONATEURS

ESPÈCE TYPE

200. Rosa **agrestis**, *Savi* (1798). . . . . Strassheim, Francf.
    Syn. : R. sepium, *Thuillier* (1798-1799).
    Hab. : Europe.

SOUS-ESPÈCES et VARIÉTÉS du R. agrestis, *Sav*.

201. Rosa albiflora, *Opitz*.	Europe.		Strassheim, Francf.
202. — arvatica, *abbé Puget*.	France.		M. de Vilmorin.
203. — briacensis, *H. Braün*.	Autriche.		Strassheim, Francf.
204. — graveolens, *Grenier*.	Europe.		Acl fre de Münden
205. — inodora, *Fries*.	—		Arb. Zœschen.
206. — mentita, *Déséglise*.	France.		Acl fre de Münden
207. — pseudo-sepium, *Callay*.	—		—
208. — pubescens, *Rapin*.	Europe.		Jard. Bot. Munich.
209. — sepium, *Thuillier*.	—		Muséum de Paris.
210. — sepium, *Thuillier*, var.	—		Abbé Gandoger.
211. — vinodora, *Kerner*.	—		Inst. de Vallombrosa.
212. — virgultorum, *Ripart*.	France.		Strassheim, Francf.

SECTION VI. — CANINÆ

HYBRIDES du R. agrestis, Sav.

DONATEURS

213. Rosa Costei, *Duffort*. . . . . (synstylæ×sepium) . . France . . . . . Duffort, Gers.
214. — præstans, *Duffort* . . . . . . (agrestis×rubiginosa). — . . . . . —
215. — pulverulenta, *Bieberstein* . . . (sepium×rubiginosa). Caucase . . . . Jard. Bot. Belgrade.

ESPÈCE TYPE

216. Rosa **canina**, *Linné* (1753). . . . . Kieffer, Bg.-la-Reine.
Hab. : Europe (Nord Afrique. Asie occidentale).

SOUS-ESPÈCES et VARIÉTÉS du R. canina, *L*.

217. Rosa aciphylla, *Rau* . . . . Pyrén-Orient. . Ac^{te} f^{re} de Münden.
218. — andegavensis, *Bastard*. . . . . Rhône . . . . . Abbé Gandoger
219. — — var., *Bastard*. . . . . — . . . . . —
220. — arietina, *Cornaz* . . . . France . . . . . Arb. Zœschen.
221. — arnassensis, *Gandoger*. . . . . Rhône . . . . . Abbé Gandoger.
222. — belgradensis, *Pancic*. . . . . Macédoine. . . Inst. de Vallombrosa.
223. — Bellavalis, *Puget*. . . . . France . . . . . Strassheim, Francf.
224. — biserrata, *Mérat*. . . . . — . . . . . Inst. de Vallombrosa
225. — Blokiana, *Borbas*. . . . . Autriche . . . . —
226. — brachyata, *Déséglise*. . . . . Asie . . . . . Strassheim, Francf.
227. — calophylla, *Ravaud*. . . . . France . . . . . —
228. — campicola, *H. Braün*. . . . . Autriche . . . . Arb. Zœschen.
229. — Chaboissæi, *Grenier*. . . . . France . . . . . Muséum de Paris.
230. — cladocampta, *Gandoger*. . . . . — . . . . . Abbé Gandoger.
231. — condensata, *Puget*. . . . . Savoie . . . . . Jard. Bot. de Vienne.
232. — corymbifera, *Borck*. . . . . Europe. . . . . Strassheim, Francf.
233. — Deseglisei, *Boreau*. . . . . — . . . . . —
234. — — var., *Boreau*. . . . . — . . . . . Abbé Gandoger.
235. — dumalis, *Bechstein*. . . . . — . . . . . Inst. de Vallombrosa.
236. — exilis, *Crépin*. . . . . — . . . . . Späth, Berlin.
237. — — gracillima, *Hort*. . . . . — . . . . . Strassheim, Francf.
238. — falcata, *Puget* . . . . France. . . . . —
239. — filiformis, *Oz*. . . . . Europe. . . . . Ac^{te} f^{re} Münden.
240. — firma, *Puget* . . . . France . . . . . Arb. Zœschen.
241. — Frœbeli, *Christ*. . . . . Asie Centrale. . O. Frœbel, Zurich.
242. — glaberrima, *Dumortier*. . . . . — . . . . . Ac^{te} f^{re} de Münden.
243. — glaucescens, *Desvaux*. . . . . Europe, ... Strassheim, Francf.
244. — Haberiana, *Puget* . . . . Haute-Savoie. . M. de Vilmorin.
245. — hirtella, *Ripart*. . . . . Europe. . . . . Ac^{te} f^{re} de Münden.
246. — hispidissima . . . . — . . . . . —
247. — hispidula, *Ripart*. . . . . — . . . . . Strassheim, Francf.
248. — kurdistana, *H. Braün*. . . . . Autriche . . . . Jard. Bot. de Vienne.
249. — laxa, *Hort*. . . . . Asie Centrale. . Späth, Berlin.
250. — luporum, *Kmet*. . . . . Europe. . . . . Strassheim, Francf.
251. — lutetiana, *Leman*. . . . . — . . . . . —
252. — macrantha, *Desportes*. . . . . France. . . . . W. Paul, Londres.
253. — macrocarpa, *Mérat*. . . . . — . . . . . Muséum de Paris.
254. — montivaga, *Déséglise*. . . . . — . . . . . Strassheim, Francf.
255. — nana abscharica, *Dieck*. . . . . Caucase . . . . Jard. Alp., Genève.
256. — nitidula, *Besser*. . . . . Europe. . . . . Strassheim, Francf.
257. — — v. festa, *Kmet*. . . . . — . . . . . —
258. — nobleriana, *Hort*. . . . . — . . . . . M. de Vilmorin.
259. — nuda, *Woods*. . . . . — . . . . . Jard. Bot. de Vienne
260. — obscura, *Puget*. . . . . France . . . . . M. de Vilmorin.
261. — œnensis, *Kerner*. . . . . Europe. . . . . Arb. Zœschen.
262. — podolica, *Tratt*. . . . . — . . . . . Jard. Bot. Moscou.
263. — præcox, *Christ*. . . . . France . . . . . Strassheim, Francf
264. — principis, *Kmet*. . . . . Europe. . . . . —
265. — ramealis, *Puget*. . . . . France . . . . . Jard. Bot. de Vienne.

SECTION VI. — CANINÆ

			DONATEURS
266. Rosa recondita, *Puget*.	Alpes.	M. de Vilmorin.
267. — Souperti, *Soupert*.	Allemagne.	Strassheim, Francf.
268. — spuria, *Puget*.	France.	Act^s f^{re} Münden.
269. — squarrosa, *Rau*.	Europe.	Strassheim, Francf.
270. — subcanina, *Christ*.	—	—
271. — subsystylis, *Borbas*.	—	—
272. — — proxima typo, *Kmet*.	—	—
273. — subtrichophylla, *Borbas*.	—	—
274. — sulcata, *Hort*.	—	Jard. Bot. Moscou.
275. — surculosa, *Wierzb*.	—	Strassheim, Francf.
276. — — v. edita, *Wierzb*.	—	Arb. Zœschen.
277. — thyraica, *Bloki*.	Galicie.	Inst. de Vallombrosa.
278. — transylvanica, *Schw*.	Europe.	Strassheim, Francf.
279. — trichoneura, *Ripart*.	France.	—
280. — turkestanica, *Hort*.	Turkestan.	—
281. — uncinella, *Besser*.	Savoie.	M. de Vilmorin.
282. — — grandiflora, *Besser*.	France.	Jard. Bot. Moscou.
283. — uralensis, *Hort*.	Europe.	Lambert, Trèves.
284. — urbica, *Leman*.	—	Strassheim, Francf.

HYBRIDES du R. canina, *L*.

285. Rosa nitidula × montivaga, *Kmet*. . . . Europe. . . . Strassheim, Francf.
— etc., voir SECTION V. GALLICÆ.

SOUS-GENRES du R. canina, *L*.

286. Rosa acanthothamnos, *Gandoger*. (Sous-gen^{re} **Chabertia**)	France.	Abbé Gandoger.
287. — apocarpa,	—	—	—	—
288. — Berthetiana,	—	—	—	—
289. — Chambionii,	—	—	—	—
290. — chenocaulis,	—	—	—	—
291. — Costæana,	—	—	—	—
292. — dicranodendron,	—	—	—	—
293. — heteromorpha,	—	—	—	—
294. — Lemanii, *Boreau*.	—	—	—	—
295. — myrtifolia, *Haller*.	—	—	—	—
296. — parviceps, *Gandoger*.	—	—	—	—
297. — rufidula,	—	—	—	—
298. — Seguræ,	—	—	—	—
299. — sepicola, *Déséglise*.	—	—	—	—
300. — stenocarpa, *Ripart*.	—	—	—	—
301. — stenorhyncha, *Gandoger*.	—	—	—	—
302. — tassinensis,	—	—	—	—
303. — tenuispina,	—	—	—	—
304. — volubilis,	—	—	—	—
305. — decursiva, *Gandoger*. (Sous-genre **Chavinia**)	France.	Abbé Gandoger.
306. — agrestina, *Gandoger*. (Sous-genre **Crepinia**)	France.	Abbé Gandoger.
307. — apiccacuta,	—	—	—	—
308. — adornata,	—	—	—	—
309. — asturica,	—	—	—	—
310. — Bakeri,	—	—	—	—
311. — Berheri,	—	—	—	—
312. — Braunii,	—	—	—	—
313. — Carrae,	—	—	—	—
314. — catalaunica,	—	—	—	—
315. — dasystyla,	—	—	—	—
316. — dedolata,	—	—	—	—
317. — detracta,	—	—	—	—
318. — diachylon,	—	—	—	—
319. — dumalioides, *Puget*.	—	—	—	—

SECTION VI. — CANINÆ

							DONATEURS
320. Rosa duriuscula,	Gandoger.	. . .	(Sous-genre **Crepinia**)	France.	. . . .	Abbé Gandoger.
321. — exoptata.	—	. . .	—	—	. . . .	—	—
322. — eucharis.	—	. . .	—	—	. . . .	—	—
323. — eudoxa,	—	. . .	—	—	. . . .	—	—
324. — expallens.	—	. . .	—	—	. . . .	—	—
325. — fissidens.	—	. . .	—	—	. . . .	—	—
326. — Guilloti,	—	. . .	—	—	. . . .	—	—
327. — gymnophlœa,	—	. . .	—	—	. . . .	—	—
328. — isodes,	—	. . .	—	—	. . . .	—	—
329. — Jacquiniana.	—	. . .	—	—	. . . .	—	—
330. — Kitaibeliana,	—	. . .	—	—	. . . .	—	—
331. — læviramea,	—	. . .	—	—	. . . .	—	—

Arceaux de rosiers sauvages sarmenteux.

332. — leptoclada,	Gandoger.	. . .	(Sous-genre **Crepinia**)	France.	. . . .	Abbé Gandoger.
333. — Martini,	—	. . .	—	—	. . . .	—	—
334. — microcalyx,	—	. . .	—	—	. . . .	—	—
335. — microclada,	—	. . .	—	—	. . . .	—	—
336. — multivaga.	—	. . .	—	—	. . . .	—	—
337. — oblongicalyx,	—	. . .	—	—	. . . .	—	—
338. — orthodon,	—	. . .	—	—	. . . .	—	—
339. — Palomet.	— forma I.	—	—	—	. . . .	—	—
340. —	— II.	—	—	—	. . . .	—	—
341. — pentecostes.	—	. . .	—	—	. . . .	—	—
342. — pervicina,	—	. . .	—	—	. . . .	—	—
343. — raripes.	—	. . .	—	—	. . . .	—	—
344. — rarispina,	—	. . .	—	—	. . . .	—	—
345. — rigidiramea.	—	. . .	—	—	. . . .	—	—
346. — semihirta,	—	. . .	—	—	. . . .	—	—
347. — spissa,	—	. . .	—	—	. . . .	—	—
348. — stenodes.	—	. . .	—	—	. . . .	—	—
349. — trepida,	—	. . .	—	—	. . . .	—	—
350. — ulicicola.	—	. . .	—	—	. . . .	—	—

SECTION VI. — CANINÆ

					DONATEURS
351.	Rosa agricola,	*Gandoger*.	(Sous-gen** Graveræa**)	France.	Abbé Gandoger.
352.	— amphoricarpa,	—		—	—
353.	— anacampseros,	—		—	—
354.	— apaloxylon,	—		—	—
355.	— brachyacantha,	—		—	—
356.	— camptomorpha.			—	—
357.	— cantalica,	—		—	—
358.	— capnotricha,	—		—	—
359.	— cerino alba.			—	—
360.	— cincinnata,	—		—	—
361.	— Collieri.	—		—	—
362.	— conizoides,	—		—	—
363.	— elisophora.	—		—	—
364.	— Forsteri. *Smith*.			—	—
365.	— gossypina, *Gandoger*			—	—
366.	— hypochionæa.	—		—	—
367.	— inflata,	—		—	—
368.	— latifolia,	—		—	—
369.	— megalostigma.	—		—	—
370.	— megastyla,	—		—	—
371.	— ovatipetala,	—		—	—
372.	— Peyronii,	—		—	—
373.	— pilosiuscula, *Opiz*			—	—
374.	— platypetala, *Gandoger*.			—	—
375.	— platystephana,	—		—	—
376.	— proacutata,	—		—	—
377.	— semiglabra, *Ripart*.			—	—
378.	— Templetoniana, *Gandoger*.			—	—
379.	— Vapillonii,	—		—	—
380.	— Verax,	—		—	—
381.	— ianthinochlora,	*Gandoger*.	(Sous-genre **Pugetia**)	France.	Abbé Gandoger.
382.	— rosella,	—		—	—
383.	— ianthicantha,	*Gandoger*.	(Sous-genre **Ripartia**)	France.	Abbé Gandoger.
384.	— myriolepis,	—		—	—
385.	— ovato-cordata,	—		—	—

ESPÈCE TYPE

386. Rosa **coriifolia**, *Fries*. . . . . Royal gardens Kew.
Hab. : Europe.

SOUS-ESPÈCES et VARIÉTÉS du R. coriifolia, *Fr.*

387.	Rosa albida, *Kmet*.		Autriche.	Strassheim. Francf.
388.	— archetypica, *Hort*.		Europe.	Act f**. Münden.
389.	— Bakeri, *Déséglise*.		Angleterre.	Inst. de Vallombrosa.
390.	— Bovernieriana. *Christ*.		Europe.	Strassheim. Francf.
391.	— frutetorum, *Besser*.		—	Jard. Bot. de Moscou
392.	— granensis, *Kmet*.		Hongrie	Strassheim. Francf.
393.	— v. glandulosa		—	—
394.	— v. præcipua.		—	—
395.	— v. sepalis valde glandulosis		—	—
396.	— heterocarpa, *Borbas*.		Autriche.	Arb. Zœschen.
397.	— incana, *Kitaibel*.		Hongrie	—
398.	— Kmetiana, *Borbas*		—	—
399.	— minutifolia, *Keller*.		Europe.	Strassheim. Francf.
400.	— ornatiflora. *Gremli*.			Act f**. Münden.

		DONATEURS
401. Rosa patens, *Kmet*.	Hongrie	Strassheim, Francf.
402. — schemnitziensis, *Christ*.	Autriche	Arb. Zœschen.
403. — subcollina, *Christ*.	Europe	Ac^{te} f^{re} Münden.
404. — tristis, *Kerner*.	—	Strassheim, Francf.
405. — uniserrata, *Fries*.	—	Arb. Zœschen.
406. — venosa, *Schwartz*.	—	O. Frœbel, Zurich.

ESPÈCE TYPE

407. Rosa **dumetorum**, *Thuillier*. . . . . Muséum de Paris.
   Hab. : Europe.

SOUS-ESPÈCES et VARIÉTÉS du R. dumetorum, *Th*.

408. Rosa ciliata foliis subserratis, *Borbas*	Europe	Strassheim, Francf.
409. — conglobata, *H. Braün*	—	—
410. — dumetorum, var. pedunculis glandulosis, *Kmet*.	—	—
411. — glabra, *H. Braün*.	—	Jard. Bot. de Vienne.
412. — hirtifolia, var. hortensis, *H. Braün*.	—	Strassheim, Francf.
413. — implexa, *Grenier*.	—	—
414. — lanceolata, *Opiz*.	—	—
415. — lapidophila, *H. Braün*.	—	—
416. — opaca, *Grenier*.	France	—
417. — orogenes, *H. Braün*.	Europe	—
418. — Reussii, *H. Braün*.	Autriche	—
419. — syngenoides, *Leman*.	Europe	Jard. Bot. de Vienne.

ESPÈCE TYPE

420. Rosa **elymaitica**, *Boissier et Haussk* (1872). . . . . Späth, Berlin.
   Hab. : Asie (Perse).

ESPÈCE TYPE

421. Rosa **ferruginea**, *Willdenow* (1779). . . . . F. Jamin, B^d-la-Reine.
   Syn. : R. rubrifolia, *Villars* (1789).
   Hab. : Europe (Alpes).

SOUS-ESPÈCES et VARIÉTÉS du R. ferruginea, *Willd*.

422. Rosa glandulosa, *Déséglise*.	Europe	Muséum de Paris.
423. — Ilseana, *Crépin*.	—	Strassheim, Francf.
424. — — v. coronaria, *Kmet*.	—	—
425. — livida, *Hort*.	—	Jard. Bot. Belgrade.
426. — montana, *Chaix*.	Alpes	Ac^{te} f^{re} Münden.
427. — romana, *Hort*.	Europe	Royal gardens Kew.
428. — rubrifolia, *Villars*	Vosges	Raout, Raon-l'Étape.
429. — sanguisorbella, *Christ*.	Suisse	Ac^{te} f^{re} Münden.
430. — sembrancheriana, *De la Soie*.	Alpes	—

HYBRIDES du R. ferruginea, *Willd*.

431. Rosa Chavini, *Rapin*.	(montana × canina)	Jura	Strassheim, Francf.
432. — rubrifolia × alpina, *Hort*.		Europe	Jard. Bot. de Moscou.
433. — — × canina, *Hort*.		—	Arb. Zœschen.
434. — — × glauca, *Hort*.		—	Jard. Bot. de Moscou.

ESPÈCE TYPE

435. Rosa **glauca**, *Villars* . . . . Arb. Zoeschen.
    Hab. : Europe.

SOUS-ESPÈCES et VARIÉTÉS du R. glauca, *Vill*.

436. Rosa caryophyllacea. *Besser*	Hongrie	Späth. Berlin.
437. — — v. francoana, *Besser*	—	Ac¹ᵉ f¹ᵉ Münden.
438. — — v. floribus dilute roseis, *Kmet*	. . .	Strassheim. Francf.
439. — — v. fructibus globosis, *Besser* . . .	—	—
440. — — v. glauca, *Kmet*	—	Jard. Bot. de Munich.
441. — complicata, *Grenier* . . . . . . :	France	O. Frœbel, Zurich.
442. — crabonica, *Kmet*	Caucase . . .	Strassheim. Francf.
443. — Delasoici, *Lag. et Pug.*	Europe	Ac¹ᵉ f¹ᵉ Münden.
444. — glauca, v. petiolis valde aculeatis. *Kmet*	Caucase . . .	Strassheim. Francf.
445. — globularis, *Franchet*	France	Ac¹ᵉ f¹ᵉ Münden.
446. — imponens, *Ripart*.	Europe	—
447. — inclinata, *Kerner*	—	Strassheim. Francf.
448. — pennina, *de la Soie*.	—	Ac¹ᵉ f¹ᵉ Münden.
449. — pilosula, *Christ*.	Caucase . . .	Strassheim. Francf.
450. — Reuteri, *Godet*.	Jura	Jard. Bot. de Moscou.
451. — — var. hispida, *Christ*.	Europe . . .	Ac¹ᵉ f¹ᵉ Münden.
452. — Schottiana, *Seringe*.	Suisse	Strassheim. Francf.
453. — subbiserrata, *Borbas*.	Hongrie . . .	Borbas, Budapest.

HYBRIDES du R. glauca, *Vill*.

454. Rosa alpestris, *Rapin* . . . . (glauca×omissa) . . . Suisse . . . . . . Arb. Zoeschen
455. — amiliavensis, *Coste et Simon*. (— ×Pouzini) . . . Aveyron . . . . Simon. Vouneuil.

ESPÈCE TYPE

456. Rosa **glutinosa**, *Sibthorp et Smith* (1806) . . . . Inst. de Vallombrosa.
    Hab. : Sud-Europe, Asie Mineure, Arménie, Syrie, Caucase, Perse.

VARIÉTÉS et HYBRIDES du R. glutinosa, *Sibt. et Sm*.

457. Rosa cretica, *Trattinick* . . . . Crète . . . . . . Jard. Bot. de Vienne.
458. — dalmatica, *Kerner* . . . . Monténégro . . — —
459. — glutinosa×rubiginosa, *Hort*. . . . . Europe . . . . Strassheim. Francf.

ESPÈCE TYPE

460. Rosa **iberica**, *Steven* . . . . Arb. Zoeschen.
    Hab. : Caucase.

ESPÈCE TYPE

461. Rosa **Jundzilli**, *Besser* (1816) . . . . Muséum de Paris
    Syn. : R. trachyphylla, *Rau*.
    Hab. : Europe, Arménie, Caucase.

SOUS-ESPECES et VARIÉTÉS du R. Jundzilli, *Bess*.

462. Rosa amœna, *Kerner* . . . . Europe . . . . Strassheim. Francf.
463. — flexuosa, *Déséglise* . . . . — . . . . Jard. Bot. Budapest.
464. — Hampeana, *Griesb*. . . . . — . . . . Inst. de Vallombrosa.
465. — heteracantha, *Gremli* . . . . Suisse . . . . Ac¹ᵉ f¹ᵉ Münden.
466. — Pugeti, *Borbas*. . . . . Europe . . . . Jard. Bot. Budapest.
467. — trachyphylla, *Rau*. . . . . — . . . . Jard. Bot. de Munich.

SECTION VI. — CANINÆ

HYBRIDES du R. Jundzilli, *Bess.*

DONATEURS

468. Rosa Jundzilli × canina. *Duffort*. . . . . Jura. . . . . . Duffort, Gers.

ESPÈCE TYPE

469. Rosa **micrantha**, *Smith* (1812.). . . . . J. Bot. de St-Pétersb.
Hab. : Europe, Nord de l'Afrique, Asie Mineure, Arménie.

SOUS-ESPÈCES et VARIÉTÉS du R. micrantha, *Sm.*

470.	Rosa calvescens, *Burnat et Gremli*.	Afrique.	Arb. Zœschen.
471.	— Lusseri, *Lag. et Pug*.	Suisse	Ac^{te} f^{re} Münden.
472.	— parvula, *Grenier*.	Europe.	Lambert, Trèves.
473.	— permixta, *Déséglise*.	France.	Ac^{te} f^{re} Münden.
474.	— Pouzini, *Trattinick*.	Aveyron	Abbé Coste.
475.	— salevensis, *de la Soie*.	Europe.	Ac^{te} f^{re} Münden.
476.	— sphærocarpa, *Ripart*.	France.	— —
477.	— valesiaca, *Lag. et Pug*.	Suisse	— —

HYBRIDE du R. micrantha, *Sm.*

478. Rosa bigeneris, *Duffort* . . . . . . (micrantha×rubiginosa) Gers. . . . . . Duffort, Gers.

ESPÈCE TYPE

479. Rosa **omissa**, *Déséglise*. . . . . Muséum de Paris.
Hab. : Savoie.

ESPÈCE TYPE

480. Rosa **rubiginosa**, *Linné* (1767). . . . . F. Jamin, B^g-la-Reine.
Hab. : Europe.

SOUS-ESPÈCES et VARIÉTÉS du R. rubiginosa, *L.*

481.	Rosa altaica, *H. Braün*.	Europe.	Strassheim, Francf.
482.	— annomana, *Puget*.	France.	— —
483.	— apricorum, *Ripart*.	Côte-d'Or. . . .	Ac^{te} f^{re} Münden.
484.	— cheriensis, *Déséglise*	France.	— —
485.	— comosa, *Ripart*.	Auver^{gne}, Orient.	Strassheim, Francf.
486.	— decipiens, *Sagel*	France.	— —
487.	— echinocarpa, *Ripart*.	—	Ac^{te} f^{re} Münden.
488.	— elongata, *Gandoger*.	—	— —
489.	— flagellaris, *Gremli*	Suisse	Barbey-Boissier.
490.	— grandiflora, *Wallroth*	Europe.	Späth, Berlin.
491.	— Jordani, *Déséglise*	France.	Ac^{te} f^{re} Münden.
492.	— leptopoda, *Puget*.	Europe.	— —
493.	— lugdunensis, *Déséglise*	Suisse	— —
494.	— paucifoliata, *Gandoger*.	Europe.	— —
495.	— rotundifolia, *Reichkb*.	France.	Inst. de Vallombrosa.
496.	— rubiginella, *H. Braün*	Autriche. . . .	Strassheim, Francf.
497.	— suaveolens, *Pursh*	Europe.	Späth, Berlin.
498.	— Syaboi, *Borbas*.	Hongrie	Jard. Bot. de Vienne.

HYBRIDE du R. rubiginosa, *L.*

499. Rosa Timbali. *Crépin* . . . . . . (rubigin.×tomentosa). Haute-Garonne Duffort, Gers.

SECTION VI. — CANINÆ

ESPÈCE TYPE

DONATEURS

500. Rosa **Serafini**, *Viviani*. Muséum de Paris.
     Hab. : Espagne, Corse, Sicile.

ESPÈCE TYPE

501. Rosa **sicula**, *Trattinick* . . . . Inst. de Vallombrosa.
     Hab. : Algérie.

VARIÉTÉ du R. sicula, *Tratt.*

502. Rosa Thureti, *Burnat et Gremli*. . . . . Grèce . . . . . Jard. Bot. Belgrade.

ESPÈCE TYPE

503. Rosa **tomentella**, *Léman* . . . . Muséum de Paris.
     Hab. : Europe.

SOUS-ESPÈCES et VARIÉTÉS du R. tomentella, *Lém.*

504. Rosa abietina, *Grenier*. . . . . Suisse . . . Ac¹⁸ f⁹ Münden.
505. — — variegata, *Hort*. . . . . — . . . . . Arb. Zœschen.
506. — Belænsis, *Kmet*. . . . . Europe. . . Strassheim, Francf.
507. — Blondæna, *Ripart* . . . . France. . . Ac¹⁸ f⁹ Münden.
508. — bohemica, *H. Braün*. . . . . Autriche. . . . Strassheim, Francf.
509. — capnoides, *Kerner*. . . . . Europe. . . Arb. Zœschen.
510. — caucasica, *Bieberstein*. . . . . Asie . . . . . . — —
511. — leucantha, *Loisel* . . . . Europe. . . . . . Muséum de Paris.
512. — Marcyana, *Borkh*. . . . . — . . . . Strassheim, Francf.
513. — obtusifolia, *Desvaux* . . . . France. . . . Muséum de Paris.
514. — scabrata, *Crépin*. . . . . Europe. . . . . Strassheim, Francf.
515. — tomentella fructibus maximis, *Hort*. . . . . — . . . . — —
516. — — — setosis, *Hort*. . . . . — . . . . — —
517. — — var. . . . . — . . . . Jard. Bot. de Vienne.
518. — tomentelloides, *H. Braün*. . . . . — . . . . Arb. Zœschen.

HYBRIDES du R. tomentella, *Léman.*

519. Rosa Kluckii, *Besser*. . . . . (toment.×caryophyll.) . Europe. . . . . Strassheim, Francf.
520. — obtusifolia×canina, *Hort*. . . . . France. . . . . Allard, Angers.

ESPÈCE TYPE

521. Rosa **tomentosa**, *Smith* (1800) . . . . Muséum de Paris.
     Hab. : Europe, Asie Mineure, Caucase.

SOUS-ESPÈCES et VARIÉTÉS du R. tomentosa, *Sm.*

522. Rosa cuspidata, *Bieberstein* . . . . Caucase . . . . Strassheim, Francf.
523. — dimorpha, *Déséglise* . . . . France. . . . Ac¹⁸ f⁹ Münden.
524. — dumosa, *Puget*. . . . . — . . . . . —
525. — flaccida, *Déséglise* . . . . Europe. . . . . Strassheim, Francf.
526. — fœtida, *Bastard*. . . . . France. . . . . Allard, Angers.
527. — glabrescens, *Déséglise* . . . . Suisse . . . . . Ac¹⁸ f⁹ Münden.

Guirlandes de rosiers grimpants.

SECTION VI. — CANINÆ

		DONATEURS
528. Rosa Hedwigæ, *Bloki*	Galicie	Inst. de Vallombrosa.
529. — pseudomicans, *Déséglise*	Pologne	Jard. Bot. Budapest.
530. — scabriuscula, *Smith*	France	Ac^{ie} f^{re} Münden.
531. — subglobosa, *Smith*	—	Späth, Berlin.
532. — umbellifera, *Swartz*	Europe	Strassheim, Francf.
533. — velutina, *Clairville*	—	Muséum de Paris.
534. — Zabelii, *Crépin*	—	Späth, Berlin.

ESPÈCE TYPE

535. Rosa **villosa**, *Linné* (1753) . . . . Späth, Berlin.
    Syn. : R. pomifera, *Herrm.* (1762).
        R. mollis, *Sm.* (1812).
        R. mollissima, *Fries* (1828), *non Willdenow.*
    Hab. : Europe, Asie Mineure, Arménie, Caucase, Perse.

SOUS-ESPÈCES et VARIÉTÉS du R. villosa, L.

536. Rosa Andrzejowskii, *Stew.*	Europe	Ac^{ie} f^{re} Münden.
537. — arduennensis, *Crépin*	Belgique	Inst. de Vallombrosa.
538. — — v. Conradiana	Bosnie	Jard. Bot. Belgrade.
539. — ciliatopetala, *Besser*	Europe	Jard. Bot. Lemberg.
540. — innocua, *Ripart*	—	Strassheim, Francf.
541. — mollis, *Smith*	Caucase	Jard. Bot. de Moscou.
542. — mollissima, *Fries, non Willdenow*	Europe	Strassheim, Francf.
543. — obovata, v. Grenieri, *Lag. et Pug.*	Alpes	—
544. — orientalis, *Dupont*	Arménie	Inst. de Vallombrosa.
545. — pomifera, *Hermann*	Europe	O. Frœbel, Zurich.
546. — — v. laggeroides	—	Arb. Zœschen.
547. — — v. engadinensis	—	—
548. — spinescens, *Déséglise*	France	Strassheim, Francf.

HYBRIDES du R. villosa, L.

549. Rosa australis, *Kerner* (pomifera×pendulina)	Europe	Ac^{ie} f^{re} Münden.
550. — mollissima × alpina, *Hort.*	France	Strassheim, Francf.
551. — pomifera × semperflorens, *Viv. Morel*	—	Viviand-Morel, Lyon.
552. — villosa × alpina, *Hort.*	Europe	Jard. Bot. de Moscou.
553. — — × canina, *Hort.*	—	—
554. — — × pimpinellifolia, *Hort.*	—	—

ESPÈCE TYPE

555. Rosa **zalana**, *Wiesbach* . . . . Strassheim, Francf.
    Hab. : Hongrie.

Section VII. — **CAROLINÆ**, *Crépin*.

Styles libres, inclus, à stigmates recouvrant l'orifice du réceptacle ; **ovaires** insérés exclusivement au fond du réceptacle ; **sépales** étalés après l'anthèse ou un peu relevés, caducs avant la maturité du réceptacle, les extérieurs un peu appendiculés latéralement ou entiers ; **inflorescence** ordinairement pluriflore, à bractées étroites ou dilatées ; **stipules** adnées, les supérieures souvent étroites, rarement plus larges que les inférieures ; **feuilles** moyennes des ramuscules florifères, 7 ou 9-foliolées ; **tiges** dressées ; **aiguillons** droits ou arqués, régulièrement géminés sous les feuilles ; très rarement tous alternes.

DONATEURS

ESPÈCE TYPE

600. Rosa **carolina,** *Linné* (1753) . . . . Späth, Berlin.
 Hab. : Amérique du Nord (partie orientale).

SOUS-ESPÈCES et VARIÉTÉS du R. carolina.

601. Rosa corymbosa, *Ehrhardt* . . . . Amérique . . . Royal gardens, Kew.
602. — glandulosa rugosis affinior, *Bell*. . . . . — . . . —
603. — Nuttalliana, *Parry* . . . . — . . . M. de Vilmorin.

HYBRIDE du R. carolina.

604. Rosa carolina × rugosa, *Hort*. . . . . Europe . . . . . Arb. Zoeschen.

ESPÈCE TYPE

605. Rosa **foliolosa,** Nuttall (1840) . . . . Späth, Berlin.
 Hab. : Amérique du Nord (Arkansas, Indian Territory, Texas).

ESPÈCE TYPE

606. Rosa **humilis,** Marshall (1785) . . . . Royal gardens, Kew.
 Syn. : R. parviflora, *Ehrh.* (1789).
  R. lucida, *Ehrh.* (1789).
 Hab. : Amérique du Nord (partie orientale).

SOUS-ESPÈCES et VARIÉTÉS du R. humilis, *Marsh.*

607. Rosa baltica, *Roth* . . . . Amérique . . . Royal gardens, Kew.
608. — lucida, *Ehrhardt* . . . . — . . . Späth, Berlin.
609. — — flore pleno, *Hort*. . . . . — . . . Allard, Angers.
610. — microcarpa, *Hort*. . . . . — . . . Royal gardens, Kew.
611. — parviflora, *Ehrhardt* . . . . — . . . Späth, Berlin.
612. — pensylvanica, *Hort*. . . . . — . . . Levavasseur, Orléans.
613. — Rapa, *Bosc*. . . . . — . . . Muséum de Paris.

HYBRIDE du R. humilis, *Marsh.*

614. Rosa humilis × rugosa, *Hort*. . . . . France . . . . . M. de Vilmorin.

ESPÈCE TYPE

615. Rosa **nitida,** Willdenow (1809) . . . . O. Froebel, Zurich.
 Hab. : Amérique du Nord (partie orientale).

Section VIII. — **CINNAMOMEÆ**, *Crépin*.

Styles libres, inclus, à stigmates recouvrant l'orifice du réceptacle ; **ovaires** à insertion baso-pariétale ; **sépales** entiers, redressés après l'anthèse, couronnant le réceptacle pendant sa maturation et persistants ; **inflorescence** ordinairement pluriflore, rarement multiflore, à bractées ordinairement plus ou moins dilatées ; **stipules** adnées, les supérieures plus ou moins dilatées ; **feuilles** moyennes des ramuscules florifères 7 ou 9-foliolées ; **tiges** dressées ; **aiguillons** droits, rarement crochus ou arqués, ordinairement régulièrement géminés sous les feuilles, très rarement nuls ou alternes.

DONATEURS

ESPÈCE TYPE

625. Rosa **acicularis**, *Lindley* (1820). . . . . O. Frœbel, Zurich.
Hab. : Europe et Asie boréale, Amérique du Nord (partie boréale et Montagnes Rocheuses).

SOUS-ESPÈCES et VARIÉTÉS du R. acicularis, *Lindl.*

626. Rosa baicalensis, *Turczaninow*.		Sibérie.	Strassheim, Francf.
627. — Bourgeauiana, *Crépin*		Amérique	Arb. Zœschen.
628. — carelica, *Fries*		Europe.	Strassheim, Francf.
629. — Engelmanni, *Watson*.		Amérique	Cochet-Cochet.
630. — ossetica, *Dieck*.		Levant.	Jard. alpin, Genève.
631. — — v. nana, *Dieck*		—	F. Jamin, B^{te}-la-Reine.

HYBRIDES du R. acicularis, *Lindl.*

632. Rosa acicularis × blanda, *Hort*. . . . . Europe. . . . . Strassheim, Francf.
633. — — × cinnamomea, *Hort*. . . . . — —
634. — — × rugosa, *Hort* . . . . — —

ESPÈCE TYPE

635. Rosa **Alberti**, *Regel* (1883). . . . . Späth, Berlin.
Hab. : Asie (Altaï, Dzoungarie et Turkestan).

ESPÈCE TYPE

636. Rosa **alpina**, *Linné* (1753). . . . . Muséum de Paris.
Hab. : Europe (Alpes et peut-être Caucase).

SOUS-ESPÈCES et VARIÉTÉS du R. alpina, *L.*

637. Rosa aculeata, *Seringe*. . . . . Europe. . . . . Strassheim, Francf.
638. — adenophora, *Waldt. Kitaibel*. . . . . . Hongrie . . . . Arb. Zœschen.
639. — adenosepala, *Borbas*. . . . . Europe. . . . . —
640. — alpina gracilis, *Hort*. . . . . Angleterre . . . Lambert, Trèves.
641. — — grandiflora, *Hort*. . . . . . . Europe. . . . . Jard. Bot. de Moscou.
642. — — microcarpa, *Hort*. . . . . . . — . . . . . Ac^{ie} f^{re} Münden.
643. — — rosea, *Hort*. . . . . — . . . . . Späth, Berlin.
644. — balsamea, *W. Kitaibel*. . . . . — . . . . . Strassheim, Francf.
645. — coccialba, *Kmet*. . . . . Hongrie . . . . — —
646. — lagenaria, *Villars*. . . . . Alpes-Maritim. Jard. Bot. de Moscou.
647. — Malyi, *Kmet*. . . . . Europe. . . . . O. Frœbel, Zurich
648. — monspeliaca, *Gouan*. . . . . France. . . . . — —
649. — partheniodora, *Kmet*. . . . . Europe. . . . . Strassheim, Francf.
650. — pendulina, *Aiton*. . . . . — . . . . . Muséum de Paris.
651. — petiolata, *Kmet*. . . . . — . . . . . Strassheim, Francf.
652. — pseudo-alpina, *Hort*. . . . . . . — . . . . . Jard. Bot. de Vienne.
653. — pubescens, *Kmet*. . . . . — . . . . . Strassheim, Francf.

			DONATEURS
654. Rosa pyrenaica, *Gouan*		Auvergne	O. Frœbel, Zurich.
655. — semi-simplex, *Borbas*		Europe	Strassheim, Francf.
656. — setosa, *Besser*		—	Späth, Berlin.
657. — spherica, *Grenier*		—	Jard. Bot. de Moscou
658. — subinermis, *Besser*		—	O. Frœbel, Zurich.
659. — stenodonta, *Borbas*		—	Strassheim, Francf

HYBRIDES du R. alpina, L.

660. Rosa alpina×cinnamomea, *Hort.*			Europe	Jard. Bot. de Moscou.
661. — ×rubrifolia, *Hort*			—	Barbey-Boissier.
662. — ×spinosissima, *Hort.*			—	Strassheim, Francf.
663. — gentilis, *Sternberg*	(alpina×spinosissima)	France	Jard. Bot. de Vienne.
664. — Hawrana, *Kmet*	(— ×tomentosa)	Hongrie	Arb. Zœschen.
665. — Heriticranea, *Redouté*	(— ×indica)	Europe	Jard. Bot. de Vienne.
666. — jurana, *Déséglise*	(— ×tomentosa)	Jura	Strassheim, Francf.
667. — ochroleuca, *Smith*	(— ×spinosissima)	Europe	— —
668. — paradysica, *Hort.*	(— ×tomentosa)	Hongrie	— —
669. — Perrieri, *Sagel*	(— ×glauca)	Savoie	— —
670. — reversa, *Waldstein*	(— ×pimpinellifol.)	Europe	Arb. Zœschen.
671. — rubella, *Smith*	(— × —)	—	Späth, Berlin.
672. — salevensis, *Rapin*	(— ×canina)	Suisse	Ac¹ᵉ f¹ᵉ Münden.
673. — spinulifolia, *Dematra*	(— ×tomentosa)	Europe	Strassheim, Francf.
674. — sytnensis, *Kmet*	(— × —)	Hongrie	Arbor. Zœschen.
675. — vestita, *Godet*	(— × —)	Europe	Strassheim, Francf.
676. — — ad alpinam rediens	(— × —)	—	— —
677. — — fructibus maximis	(— × —)	—	— —

ESPÈCE TYPE

678. Rosa **arkansana,** *Porter Coult.* . . . . Inst. de Vallombrosa.
Hab. : Amérique.

VARIÉTÉ du R. arkansana, Port.

679. Rosa Sayi, *Schwein.* . . . . Amérique . . . O. Frœbel. Zurich.

ESPÈCE TYPE

680. Rosa **Beggeriana,** *Schrenk* (1841) . . . . Späth, Berlin.
Syn. : R. anserinæfolia, *Boissier* (1845).
Hab. : Asie (Altaï, Dzoungarie, Turkestan, Afghanistan, Montagnes boréo-orientales de la Perse).

SOUS-ESPÈCES et VARIÉTÉS du R. Beggeriana, *Schr.*

681. Rosa Beggeriana, v. fructu rubro minimo, *Hort.*	Asie	Arb. Zœschen.
682. — — v. jaune de Bokhara, *Hort.*	—	M. de Vilmorin.
683. — — v. nigrescens, *Hort.*	—	Späth, Berlin.
684. — Kotschyana, *Boissier*	Perse	Inst. de Vallombrosa.
685. — Lehmanniana, *Bunge*	Turkestan	Inst. de Vallombrosa.
686. — Regelii, *Reuter*	Asie	Jard. Bot. de Moscou.
687. — Silverhjelmii, *Schrenk*	—	Jard. Bot. de Vienne.

ESPÈCE TYPE

688. Rosa **blanda,** *Aiton* (1789) . . . . Späth, Berlin.
Syn. : R. virginiana, *Mill.*
Hab. : Amérique du Nord (partie orientale et australe), naturalisé sur quelques points en Europe.

SECTION VIII. — CINNAMOMEÆ

SOUS-ESPÈCES et VARIÉTÉS du R. blanda, *Ait.*

			DONATEURS
689. Rosa fraxinifolia, *Gremli*.		Amérique	Muséum de Paris.
690. — glabra, *Crépin*		—	Strassheim, Francf.
691. — luxurians, *Crépin*.		—	—
692. — pubescens, *Hort*.		—	—
693. — Solandri, *Trattinick*.		—	Arb. Zœschen.
694. — virginiana, *Michaux*.		—	Strassheim, Francf.

HYBRIDES du R. blanda, *Ait.*

695. Rosa blanda × alpina. *Hort*.		Europe	Jard. Bot. de Moscou.
696. — — × indica, *Hort*.		—	—
697. — — × pimpinellifolia, *Hort*.		—	—

ESPÈCE TYPE

698. Rosa **californica**, *Chamisso* (1827) . . . . F. Jamin, B^d-la-Reine.
Hab. : Amérique du Nord (partie occidentale).

SOUS-ESPÈCES et VARIÉTÉS du R. californica, *Ch.*

699. Rosa californica, v. fl. pleno, *Hort*.		Amérique	M. de Vilmorin.
700. — — v. nana, *Hort*.		—	Arb. Zœschen.
701. — ultramonta, *Chamisso*.		—	M. de Vilmorin.

ESPÈCE TYPE

702. Rosa **cinnamomea**, *Linné* (1762). . . . . Cochet-Cochet.
Hab. : Europe, nord de l'Asie, Arménie, Caucase.

SOUS-ESPÈCES et VARIÉTÉS du R. cinnamomea, *L.*

703. Rosa Bretschneideri, *Hort*.		Arménie	M. de Vilmorin.
704. — Ciesielskii, *Bloki*.		Carpentras	Inst. de Vallombrosa.
705. — dorpatensis, *Hort*.		Arménie	Lambert, Trèves.
706. — Fischeriana, *Link*.		Sibérie	Strassheim, Francf.
707. — fœcundissima, *Munch*.		Arménie	Cochet-Cochet.
708. — fulgens, *Christ*.		Suisse	Barbey-Boissier.
709. — glabrifolia, *Ruprecht*		Russie	Arb. Zœschen.
710. — glabriuscula, *Hort*.		Arménie	Strassheim, Francf.
711. — gorenkensis, *Besser*.		Autriche	—
712. — lacerans, *Boissier*.		Amérique	Arb. Zœschen.
713. — majalis, *Lindley*.		Suède	—
714. — — *Hort*.		—	Strassheim, Francf.
715. — nepalensis, *Hort*.		Europe	M. de Vilmorin.
716. — obconica, *Hort*.		Arménie	O. Frœbel, Zurich.
717. — persicina, *Hort*.		—	Strassheim, Francf.
718. — Prjzewalski, *Hort*.		Europe	M. de Vilmorin.
719. — Saultheri, *H. Braün*		Autriche	Arb. Zœschen.
720. — Schrenkiana, *Crépin*		Europe	M. de Vilmorin.
721. — stricta, *Don*		Arménie	Strassheim, Francf.
722. — Teplouchovi, *Hort*.		—	Jard. Bot. de Moscou.

HYBRIDES du R. cinnamomea, *L.*

723. Rosa cinnamomea, v. hybrida, *Hort*.		Europe	O. Frœbel, Zurich.
724. — — × lucida, *Schrœder*.		—	Strassheim, Francf.
725. — — × mollissima, *Hort*.		—	—
726. — — × rugosa, *Hort*.		—	Jard. Bot. de Moscou.

	ESPÈCE TYPE	DONATEURS

727. Rosa **dahurica**, *Pallas* . . . . Muséum de Paris.
    Hab. : Asie.

ESPÈCE TYPE

728. Rosa **gymnocarpa**, *Nuttall* (1840) . . . . Inst. de Vallombrosa.
    Hab. : Amérique du Nord (partie occidentale).

VARIÉTÉ du R. gymnocarpa, N.

729. Rosa gymnocarpa, v. foliis interdum 13 foliolatis. . . . . . Amérique . . . . Strassheim, Francf.

ESPÈCE TYPE

730. Rosa **laxa**, *Retzius* (1803) . . . . F. Jamin, B^g-la-Reine.
    Hab. : Turkestan.

ESPÈCE TYPE

731. Rosa **macrophylla**, *Lindley* (1820) . . . . Cochet-Cochet.
    Hab. : Asie (Himalaya), Thibet et Chine occidentale et boréale.

SOUS-ESPÈCES et VARIÉTÉS du R. macrophylla, Lind.

732. Rosa calcuttensis, *Hort.* . . . . Himalaya . . . . M. de Vilmorin.
733. — Korolkowii, *Hort.* . . . . — . . . . —
734. — macrophylla, crasse aculeata . . . . — . . . . —
735. — glaucophylla . . . . — . . . . —
736. — (inermis superius) . . . . — . . . . —

ESPÈCE TYPE

737. Rosa **nipponensis**, *Crépin* . . . . Strassheim, Francf.
    Hab. : Japon.

ESPÈCE TYPE

738. Rosa **nutkana**, *Presl.* (1851) . . . . F. Jamin, B^g-la-Reine.
    Hab. : Amérique du Nord (partie occidentale).

ESPÈCE TYPE

739. Rosa **oxyodon**, *Boissier* . . . . Späth, Berlin.
    Hab. : Caucase.

SOUS-ESPÈCES et VARIÉTÉS du R. oxyodon, Bois.

740. Rosa hæmatodes, *Boissier* . . . . Asie . . . . . . Späth, Berlin.
741. — persica, *H. Braün* . . . . Suède . . . . . Jard. Bot. de Vienne.

SECTION VIII. — CINNAMOMEÆ

	ESPÈCE TYPE		DONATEURS
742.	Rosa **pisocarpa**, *A. Gray* (1872)		Spath, Berlin.
	Hab. : Amérique du Nord (partie occidentale).		

SOUS-ESPÈCES et VARIÉTÉS du R. pisocarpa, *A. Gray*.

743.	Rosa myriantha, *Carrière*	Californie	M. de Vilmorin.
744.	— pisocarpa, flore pleno, *A. Gray*	Amérique	Arb. Zœschen.
745.	— — fructibus oblongis, *Hort.*	—	Strassheim, Francf.

Webbiana — Anemonefloria — Watsoniana — Wichuraiana — Lævigata

Groupe de rosiers sauvages greffés sur grandes tiges.

ESPÈCE TYPE   DONATEURS

746. Rosa **rugosa**, *Thunberg* (1784) . . . . Cochet-Cochet.

    Syn. : R. Regeliana, *Lind. et André* (1871).
          R. Andræa, *Lange* (1875).

    Hab. : Asie boréo-orientale (Nord de la Chine, Mandchourie,
        Corée, Ile Sakhalin, Kamtschatka, îles Kouriles, Japon).

SOUS-ESPÈCES et VARIÉTÉS du R. rugosa, *Th.*

747.	Rosa coruscans, *Link*	Chine, Japon.	Allard, Angers.
748.	— ferox, *Lawr.*	—	Royal gardens, Kew.
749.	— glabriuscula, *Regel.*	—	M. de Vilmorin.
750.	— kamtschatica, *Vent.*	—	Strassheim, Francf.
751.	— latifolia, *Regel.*	—	—
752.	— Lindleyana, *Meyer.*	—	—
753.	— nitens, v. oligotricha, *Don.*	Europe	Jard. Bot. de Vienne.

SECTION VIII. — CINNAMOMEÆ

DONATEURS

754. Rosa Regeliana, *André*. . . . . Chine, Japon. . Strassheim, Francf.
755. — rugosa foliis angustioribus. . . . . — — —
756. — — — undulatis . . . . — — —
757. — thibetiana, *Hort*. . . . . — — —
758. — Thunbergiana, *Meyer*. . . . . — — —
759. — Zuccarinii, *Hort*. . . . . — — —

HYBRIDES du R. rugosa, *Th*.

760. Rosa acantha, *Waitz*. . . . . . . (cinnamomea×rugosa). Arménie . . . . Strassheim, Francf.
761. — heterophylla, *Cochet* . . . . (rugosa×lutea) . . . . France . . . . Cochet-Cochet.
762. — Iwara, *Siebold* . . . . — ×multiflora . . Japon . . . . — —
763. — malmundariensis, *ex Segrez*. . . . . M. de Vilmorin.
764. — Margheritæ, *Hort*. . . . .
765. — rugosa ×cinnamomea, *Hort*. . . . . Europe . . . . Jard. Bot. de Moscou.
766. — — ×gallica, *Hort*. . . . . L'Hay . . . . Roseraie de l'Hay.
767. — — ×Hermosa, *Hort*. . . . . Europe . . . . Lambert, Trèves.
768. — — ×indica, *Hort*. . . . . L'Hay . . . . Roseraie de l'Hay.
769. — — ×lutea, *Hort*. . . . . — . . . . —
770. — — ×Noisettiana, *Hort*. . . . . — . . . . —
771. — — ×nutkana, *Hort*. . . . . — . . . . —
772. — — ×pimpinellifolia, *Hort*. . . . . — . . . . —
773. — — ×pomifera, *Hort*. . . . . — . . . . —
774. — — ×rubrifolia, *Hort*. . . . . — . . . . —
775. — — ×rubiginosa, *Hort*. . . . . Europe . . . . Jard. Bot. de Moscou.
776. — — ×virginiana fructibus subpurpureis. *Hort*. — . . . . Strassheim, Francf.
777. — — × — repens, *Hort* . . . . . — . . . . —
778. — — × — sterilis, *Hort* . . . . . — . . . . —

ESPÈCE TYPE

779. Rosa **Webbiana**, *Wallich* (1839). . . . . Royal gardens, Kew.
   Syn. : unguicularis, *Bertol* (1861).
   Hab. : Asie (Turkestan, Boukharie orientale, Afghanistan et extrême occident des chaînes de l'Himalaya).

VARIÉTÉ du R. Webbiana, *Wall*.

780. Rosa Fedtschenkoana, *Regel* . . . . Turkestan . . . Strassheim, Francf.

ESPÈCE TYPE

781. Rosa **Woodsii**, *Lindley* (1820). . . . . Inst. de Vallombrosa.
   Hab. : Amérique.

VARIÉTÉ du R. Woodsii, *Lind*.

782. Rosa Fendleri, *Crépin* . . . . Californie . . . Allard, Angers.

Section IX. — **PIMPINELLIFOLIÆ**, *de Candolle.*

Styles libres, inclus, à stigmates recouvrant l'orifice du réceptacle ; **sépales** entiers, redressés après l'anthèse, couronnant le réceptacle après sa maturation et persistants ; **inflorescence** presque toujours uniflore, sans bractées ; **stipules** adnées, toutes étroites à oreillettes brusquement dilatées et très divergentes ; **feuilles** moyennes des ramuscules florifères ordinairement 9-foliolées ; **tiges** dressées ; **aiguillons** droits, entremêlés ou non d'aciculés.

DONATEURS

ESPÈCE TYPE

800. Rosa **pimpinellifolia**, *Linné* (1762) . . . . Fd. Jamin.
   Syn. : R. spinosissima, *Linné* (1753).
   Hab. : Europe, Asie, Asie Mineure, Arménie, Caucase, Boukharie, Turkestan, Dzoungarie, prov. du Kansen en Chine, Mandchourie, Islande.

SOUS-ESPÈCES ou VARIÉTÉS du R. pimpinellifolia, *L.*

801. Rosa altaica, *Wildenow* . . . . Europe . . . . . W. Paul, Londres.
802. — Cavallii, *Kmet* . . . . Hongrie . . . Arb. Zœschen.
803. — flava, *Wickstroëm* . . . . Tauride . . . . Ac¹⁰ f⁰ Münden.
804. — hispida, *Sims* . . . . Orient . . . . . Royal gardens, Kew.
805. — marmorata, *Hort.* . . . . Écosse . . . . . Lambert, Trèves.
806. — morica, *Hort.* . . . .   —   —
807. — myriacantha, *de Candolle* . . . . Europe . . . . . Muséum de Paris.
808. —   —   v. albida, *Hort* . . . .   —   . Strassheim, Francf.
809. — pimpinellifolia, v. flore albo pleno, *Hort.* . .   —   . M. de Vilmorin.
810. —   —   v. flore luteo pleno, *Hort* . . .   —   . Strassheim, Francf.
811. —   —   v. chlorocarpa, *Hort* . . . . . .   —   . M. de Vilmorin.
812. —   —   v. maxima, *Hort.* . . . .   —   ..
813. —   —   v. rubro pleno . . . .   —   . Lambert, Trèves.
814. —   —   v. sulphurea . . . .   —   —
815. — Ripartii, *Déséglise* . . . . Ardennes . . . Ac¹⁰ f⁰ Münden.
816. — rubricarpa, *Hort* . . . . Europe . . . . Lambert, Trèves.
817. — scotica, *Miller* . . . .   —   . Royal gardens, Kew.
818. — wallensis, *Hort* . . . .   —   . Lambert, Trèves.

HYBRIDES du R. pimpinellifolia, *L.*

819. Rosa Braunii, *Keller* . . . . (pimpinel.×tomentosa) Autriche . . . . Strassheim Francf.
820. — coronata, *Crépin* . . . . (—   ×tomentosa) Europe . . . .   —   —
821. — flava×pimpinellifolia, *Hort* . . . . Tauride . . . . Ac¹⁰ f⁰ Münden.
822. — hibernica, *Smith* . . . . (×canina) . . Angleterre . . Jard. Alpin, Genève.
823. — holikensis, *Kmet* . . . . (— ×tomentosa) Europe . . . . Strassheim, Francf.
824. — oxyacantha, *Bieb.* . . . . (×acicularis). Asie . . . . . Allard, Angers.
825. — pinnatifolia, *Andrews* . . . . .   — ×'alpina) . . Europe . . . . M. de Vilmorin.
826. — Ravellæ, *Christ* . . . . (— ×tomentosa) Suisse . . . . Strassheim, Francf.
827. — Sabini, *Woods* . . . . (— ×tomentosa) Europe . . . .   —   —
828. — Simkowicsii, *Kmet* . . . . × ?) — . . Ac¹⁰ f⁰ Münden.
829. — pimpinellifolia×alpina, *Kmet* . . . . Autriche . . . Strassheim, Francf.

ESPÈCE TYPE

830. Rosa **xanthina**, *Lindley* (1820) . . . . Fd Jamin.
   Syn. : R. platyacantha, *Schrenk* ; R. Ecæ, *Aitch* (1880).
   Hab. : Asie.

SOUS-ESPÈCES et VARIÉTÉS du R. xanthina, Lind.

			DONATEURS
831. Rosa Ecæ, *Aitch, Hemsl*	Afghanistan		Royal gardens, Kew.
832. — platyacantha, *Schrenk*	Asie		Jard. Bot. Moscou.
833. — xanthina, v. duplex *Hort.*	—		Marc Micheli, Genève.

Section X. — LUTEÆ, *Crépin*.

Styles libres, inclus, à stigmates recouvrant l'orifice du réceptacle (dont les bords sont dépassés par une épaisse collerette de poils); **sépales** redressés après l'anthèse, couronnant le réceptacle après sa maturation et persistants. les extérieurs un peu appendiculés latéralement ou entiers; **inflorescence** sans bractée à la base du pédicelle primaire, souvent uniflore, plus rarement bi ou pluriflore; **stipules** adnées, les supérieures peu dilatées, à oreillettes divergentes; **tiges** dressées; **aiguillons** droits ou crochus, alternes, entremêlés ou non de glandes.

DONATEURS

ESPÈCE TYPE

850. Rosa **lutea,** *Miller* (1768) . . . . Cochet-Cochet.
 Syn. : R. Eglanteria, *L.* (1753); R. fœtida, *Herrm.* (1762).
 Hab. : Asie (Asie Mineure, Arménie, Perse).

SOUS-ESPÈCES et VARIÉTÉS du R. lutea, *Mill.*

851. Rosa atropurpurea, *Hort*	Asie		O. Frœbel, Zurich.
852. — chlorophylla, *Ehrhardt*	—		Royal gardens, Kew.
853. — Harrisoni, *Harrison*	Europe		Späth, Berlin.
854. — — v. *Allard*	Angers		Allard, Angers.
855. — lutescens, *Pursh*	Asie		Späth, Berlin.
856. — — flore pleno, *Hort*	—		Strassheim, Francf.
857. — ochroleuca, *Swarts*	—		M. de Vilmorin.
858. — punicea, *Miller*	—		Cochet-Cochet.

HYBRIDES du R. lutea, *Mill.*

859. Rosa lutescens × pimpinellif. *Hort*	Europe		Jard. bot. Moscou.
860. — pulverulenta eriocarpa, *Hort*	—		Allard, Angers.

ESPÈCE TYPE

861. Rosa **sulphurea,** *Aiton* (1789) . . . . Cochet-Cochet.
 Hab. : Perse.

VARIÉTÉ du R. sulphurea, *Ait.*

862. Rosa hemisphærica, *Hermann*	Perse		Arb. Zœschen.
863. — lutea flore pleno, *Hort*	Europe		Strassheim, Francf.
864. — Rapini, *Boissier*	Perse		M. de Vilmorin.

Section XI. — **SERICEÆ**, *Crépin*.

Fleurs tétramères; **styles** libres, saillants, égalant presque les étamines intérieures; bords de l'orifice du réceptacle dépassés par des poils; **sépales** entiers, redressés après l'anthèse, couronnant le réceptacle pendant sa maturation et persistants; **inflorescence** uniflore, sans bractées; **stipules** adnées, les supérieures étroites, à oreillettes dilatées et dressées; **feuilles** moyennes des ramuscules florifères, 9-foliolées; **tiges** dressées; **aiguillons** droits, régulièrement géminés sous les feuilles, accompagnés ou non d'aciculés.

DONATEURS

ESPÈCE TYPE

875. Rosa **sericea**, *Lindley* (1820). . . . . F. Jamin, B^{té}-la-Reine
    Syn. : R. Wallichii, *Tratt.* (1823); R. inerma, *Bertol.*
    Hab. : Asie (Chaîne de l'Himalaya, Provinces du Yunnan, du
        Sz. Tschwan et du Kansou, en Chine).

VARIÉTÉS du R. sericea, *Lindl.*

876. Rosa sericea aculeis decurrentibus. . . . . Himalaya . . . M. de Vilmorin.
877. —   —   — rubris. . . . . —   . . .   —
878. —   — fructu croceo. . . . . —   . . .   —
879. —   — ramis pubescentibus. . . . . —   . . .   —
880. —   — tetrapetala. . . . . —   . . .   —

Section XII. — **MINUTIFOLIÆ**, *Crépin*.

Styles libres, inclus, à stigmates recouvrant l'orifice du réceptacle; **ovaires** insérés exclusivement au fond du réceptacle; **sépales** redressés après l'anthèse, couronnant le réceptacle pendant sa maturation et persistants; les extérieurs appendiculés latéralement: **inflorescence** uniflore, sans bractées; **stipules** supérieures à oreillettes très dilatées et divergentes; **feuilles** moyennes des ramuscules florifères 7-foliolées, à folioles incisées; **tiges** dressées; **aiguillons** grêles, droits, alternes, entremêlés de nombreuses aciculés.

DONATEUR

ESPÈCE TYPE

885. Rosa **minutifolia**, *Engelmann* (1882). . . . . Späth, Berlin.
    Hab. : Amérique du Nord (midi de la Californie).

Section XIII. — **BRACTEATÆ**, *Thory*.

Styles libres, inclus, à stigmates recouvrant l'orifice du réceptacle ; **disque** très large ; **étamines** très nombreuses ; **sépales** entiers, réfléchis après l'anthèse, caducs ; **inflorescence** pluriflore, à bractées larges et incisées ; **stipules** brièvement adnées, profondément pectinées ; **feuilles** moyennes des ramuscules florifères 9-foliolées ; **tiges** dressées ou un peu sarmenteuses ; **aiguillons** crochus ou droits, régulièrement géminés sous les feuilles, entremêlés ou non d'aciculés.

DONATEURS

ESPÈCE TYPE

890. Rosa **bracteata**, *Wendland* (1797) . . . . Cochet-Cochet.
    Syn. : R. Macartnea, *Dum.-Courset* (1811).
    Hab. : Asie (Sud-Est de Chine, Ile Formose).

VARIÉTÉ et HYBRIDE du R. bracteata, *Wend.*

891. Rosa alba odorata, *Hort.* . . . . Europe . . . . . W. Paul, Londres.
892. — Maria Leonida, *Hort.* . . . . (bract.×moscha.×ind.) — . . . . Kieffer, Bourg-la-R.

ESPÈCE TYPE

893. Rosa **clinophylla**, *Thory* (1817) . . . . Cochet-Cochet.
    Syn. : R. involucrata, *Roxburgh* (1820).
    Hab. : Asie (Inde, bassin du Gange).

SOUS-ESPÈCES et VARIÉTÉS du R. clinophylla, *Th.*

894. Rosa clinophylla, v. duplex, *Hort.* . . . . Asie . . . . . W. Paul, Londres.
895. — involucrata, *Roxburgh* . . . . — . . . . . Cochet-Cochet.
896. — palustris, *Hamilton* . . . . — . . . . . Royal gardens, Kew.

HYBRIDES du R. clinophylla, *Th.*

897. Rosa Hardyi, *Paxton* . . . . (clinoph.×berberifolia) Asie . . . . . Muséum de Paris.
898. — Lyellii, *Lindley* . . . . (— ×moschata) . —   Inst. de Vallombrosa.

Section XIV. — LÆVIGATÆ, *Thory.*

Styles libres, inclus. à stigmates recouvrant l'orifice du réceptacle ; **disque** large ; **étamines** nombreuses ; **sépales** entiers, redressés après l'anthèse, couronnant le réceptacle pendant sa maturation et persistants ; **inflorescence** uniflore, sans bractées ; **stipules** presque libres, a la fin caduques ; **feuilles** trifoliolées ; **tiges** longuement sarmenteuses. grimpantes ou rampantes ; **aiguillons** crochus ou arqués, alternes, entremêlés ou non d'acicules.

DONATEURS

ESPÈCE TYPE

905. Rosa **lævigata**, *Michaux* (1803). Cochet-Cochet.
    Syn. : R. sinica, *Ait.*
        R. ternata, *Poiret* (1804).
        R. nivea, *D C.* (1813).
        R. cherokeenensis, *Donn* (1815).
        R. hystrix, *Lind.* (1820).
    Hab. : Asie (Chine, Japon, Ile Formose).

VARIÉTÉS du R. lævigata, *Mich.*

906. Rosa anemonenrose, *Schmidt* . . . . Chine . . . . . Cochet-Cochet.
907. — Camellia, *Schmidt* . . . . — . . . . . Lambert, Trèves.
908. — sinica, *Murray*. . . . . — . . . . . Cochet-Cochet.

Section XV. — MICROPHYLLÆ, *Crépin.*

Styles libres, inclus, a stigmates recouvrant l'orifice du réceptacle ; **ovaires** insérés exclusivement sur un mamelon au fond du réceptacle ; **disque** large ; **étamines** nombreuses ; **sépales** redressés après l'anthèse, couronnant le réceptacle pendant sa maturation et persistants, les extérieurs fortement appendiculés latéralement ; **inflorescence** ordinairement pluriflore, à bractées petites et très promptement caduques ; **stipules** très étroites, à oreillettes subulées, divergentes ; **feuilles** moyennes des ramuscules florifères 11, 13 ou 15-foliolées ; **tiges** dressées ; **aiguillons** droits. régulièrement géminés sous les feuilles.

DONATEURS

ESPÈCE TYPE

915. Rosa **microphylla**, *Roxburgh* (1820). . . . . Royal gardens, Kew.
    Hab. : Asie (Chine et Japon).

VARIÉTÉS du R. microphylla, *Roxb.*

916. Rosa microphylla, v. pourpre ancien, *Roxburgh* . . . . . Chine . . . . . Cochet-Cochet.
917. —   —   v. chlorocarpa, *Regel*. . . . . — . . . . . Royal gardens, Kew.
918. —   —   v. fourreau de châtaigne, *Hort*. . . . — . . . . . M. de Vilmorin.

HYBRIDES du R. microphylla, *Roxb.*

919. Rosa microphylla, Hybride N° 1. . . . . L'Hay . . . . . Roseraie de l'Hay.
920. —   —   —   N° 2. . . . . — . . . . . —
921. —   —   —   N° 3. . . . . — . . . . . —
922. — microphylla × rugosa, *Hort*. . . . . Europe. . . . . Cochet-Cochet.

Section XVI. — **SIMPLICIFOLIÆ**, Lindley.

Section caractérisée par les feuilles simples (au lieu d'être constituées par plusieurs folioles réunies sur un pétiole commun, et dépourvues de stipules).

DONATEUR

ESPÈCE TYPE

930. Rosa **berberifolia**, Pallas . . . . Marc Micheli, Genève.
Hab. : Perse.

ADDENDÆ

Roses sauvages ou obtenues dans les cultures, dont l'identité est obscure, et espèces non classées.

DONATEURS

935.	Rosa ætnensis.		Inst. de Vallombrosa.
936.	— afghanica.		F. Jamin, Bs-la-Reine.
937.	— Albof.	Caucase	Barbey-Boissier.
938.	— Allioni	Europe	La Mortala, Italie.
939.	— ariana	Alg., Tunis. . .	Jard. d'essai (Tunisie).
940.	— Bayerii.		Jard. Bot. de Vienne.
941.	— Beckii	Autriche. . . .	
942.	— Borbasiana.	—	Strassheim, Francf.
943.	— Brunoniana, Kmet.		Jard. Bot. Belgrade.
944.	— coloradensis, Wierzb	Amérique. . .	Sargent, Boston.
945.	— Colorado.	—	Leuchtein, Baden.
946.	— ditrichopoda, Borbas		Jard. Bot. de Vienne.
947.	— fissispina, Wierzb.		—
948.	— Fittelboichi, Hort.		— Moscou.
949.	— Gisellæ, Borbas	Hongrie. . . .	— Vienne.
950.	— glaucedina, Bloki.	Autriche. . . .	— Lemberg.
951.	— gypsicola, Bloki	Hongrie. . . .	— —
952.	— iranica, H. Braün.		Lambert, Trèves,
953.	— kalksburgensis. Wierzb	Autriche. . . .	Jard. Bot. de Vienne.
954.	— Lindleyi, Duck.		Arb. Zœschen.
955.	— lucana, Gaspard		Inst. de Vallombrosa.
956.	— Morawkii, Bloki		Jard. Bot. Lemberg.
957.	— nastarana, Christ.		— Vienne.
958.	— oxyacanthoides.		Inst. de Vallombrosa.
959.	— Pancici, Kmet		— —
960.	— petrella, Kmet		O. Frœbel, Zurich.
961.	— Rostafinski, Bloki		Inst. Vallombrosa.
962.	— Roxolanica, Bloki		— —
963.	— sincoviensis, Bastard.		— —
964.	— (species von dem Thibet).	Thibet	M. de Vilmorin.
965.	— tæda.		Inst. de Vallombrosa.
966.	— terebinthacea, ex Segrez		M. de Vilmorin.
967.	— Valleyres.	Suisse	Barbey-Boissier.
968.	— venusta pendula		Lambert, Trèves.
969.	— Valesica f. termalis		Arb. Zœschen.

Jardin d'essai.

JARDIN D'ESSAI

Espèces non nommées, récoltées par nous ou reçues de nos correspondants, et dont l'étude est à faire.

Provenant de

ESPAGNE	Les Asturies.
PORTUGAL	Pedras Salgadas.
ÉCOSSE	Glasgow.
ITALIE	Val Fellina.
—	Bocchegiano, Province de Grosseto (Toscane).
—	Robbio.
RUSSIE	Moscou.
HONGRIE	Semlin.
—	Temesvar.
SERBIE	Topschider.
—	Tchouprya.
—	Négotine.
—	Niche.
—	Kralyevo.
BULGARIE	Bellova.
—	Slivnitza.
—	Dermenderé.
—	Stanimaka.
—	Philippopoli.
—	Mont Rilo.
—	Tchoukourti.
—	Bania.
—	Karlovo.
—	Sopot.
—	Kalofer.
—	Malko-Selo.
—	Golemo-Selo.
—	Kazanlik.
—	Chipka.
—	Enina.
—	Magliche.
—	Stara-Zagora.
—	Tchirpan.
—	Varna.
MACÉDOINE	Uskub.
—	Badicka.
ALBANIE	Prisren.
—	Vallée de Kiskalé.
—	Mont Velika.
—	Smolevo.
—	Verisovitz Ljubotin (Shar Dagh).
TURQUIE	Andrinople.
TURQUIE	Constantinople.
CAUCASE	Tiflis.
—	Mulach et Béjo.
—	Latbari.
—	Hochsnanetian.
—	Province d'Ossetia.
—	Borchom.
—	Vladikavkaz.
—	Leutechi.
—	Zagheri Lischkum.
—	Aobani.
—	Artwin-Posten.
GRÈCE	Olympe.
—	Mont Faygetos.
ASIE-MINEURE	Amasia.
—	Château de Trapezunt.
—	Olympe asiatique.
—	Smyrne.
—	Yarmala.
—	Cantchesmès.
—	Tankmat.
—	Arabdère, etc...
SYRIE	Mont du Liban.
—	Damas.
PERSE	Sultanabad.
—	Luristan.
ILE de CHYPRE	Nicosia.
SIBÉRIE occid^{le}	Wiernoye.
— orient^{le}	Nerhchinks.
ASIE	Indes.
—	Thibet.
CHINE	Shanghaï.
—	Tien-Shan.
JAPON	Yokohama.
AFRIQUE	Iles Canaries.
—	Tlemcen.
ÉGYPTE	Alexandrie.
AMÉR. du NORD	Colombie anglaise.
—	Colorado.
—	Rathrum.
—	New-Jersey.
CANADA	Edenwald.
—	Toronto.
AUSTRALIE	Charters Torvers.

ROSES A PARFUM

Un hectare de terrain a été réservé à la **Roseraie de l'Hay** à tous nos essais de culture des rosiers à parfum ; nous y avons réuni les variétés de roses les plus odorantes, celles qui possèdent le parfum bien caractérisé dénommé « odeur de rose », en ayant soin de rechercher surtout celles qui sont le plus florifères et le plus rustiques, en un mot celles qui se prêteraient

Distillation des pétales de roses (Alambic Bulgare).

le mieux à une culture intensive. Une collection authentique de toutes les variétés cultivées en Bulgarie, qui nous a été donnée par le Jardin Botanique de l'Université de Sofia, ainsi que quelques types des rosiers cultivés pour la production d'eau de roses en Asie Mineure, dans l'île de Chypre, en Algérie, nous sont les plus précieux éléments de comparaison.

Des études sont également faites sur divers modes de plantation. Enfin pour tous les essais chimiques, M. Roux, chimiste, assistant au Muséum d'Histoire Naturelle de Paris, a bien voulu nous assurer de son savant concours, et nous espérons pouvoir faire connaître bientôt d'utiles conclusions de nos travaux.

À propos d'une de nos nouvelles obtentions, résultat d'hybridations multiples faites par nous dans le but d'améliorer la rose à parfum, la *Revue Horticole* publiait, dans son numéro du 1ᵉʳ février 1902, un article de M. E. André sur la « Rose à parfum de l'Hay », que nous sommes heureux de reproduire ici :

Après avoir formé, à force de soins, de temps et d'argent, la plus importante collection de Rosiers — à la fois botanique et horticole — qui soit actuellement au monde ; ayant poursuivi l'étude des Roses au double point de vue scientifique et esthétique, M. Gravereaux a été inspiré par une ambition plus haute.

Il a pensé que la Roseraie de l'Hay peut et doit servir aussi le commerce et l'industrie.

Laboratoire d'essais sur les produits odorants des roses.

Tributaire de l'étranger pour la fabrication et l'achat de l'essence de roses, la France serait en mesure de se soustraire à cette lourde contribution. Plusieurs fabriques de parfumerie, à Paris, dépensent chacune de deux à trois cent mille francs par an pour ces acquisitions à l'étranger, principalement en Bulgarie, en Turquie et dans d'autres pays d'Orient. Ce qui se distille en France, à Grasse, par exemple, et en Algérie, entre pour une part trop faible dans la consommation des usines à parfums.

Partout c'est la même variété, la Rose de Damas ou de Provins, qui est employée, et la période de sa floraison printanière est si brève que la distillation au jour le jour doit s'accomplir avec la plus grande célérité, sous peine de voir les précieux pétales perdre leur valeur et devenir inutilisables.

En Orient, il en va de même. A Kazanlik, au pied des Balkans, la même difficulté se présente ;

de plus, la culture des Rosiers à parfum y est d'une simplicité par trop primitive, et les procédés de distillation des plus rudimentaires.

Quel remède, quel perfectionnement apporter à cet état de choses?

La question se résume en trois *desiderata* :

1° Trouver une ou plusieurs variétés nouvelles, à parfum égal ou supérieur à l'ancienne et *remontantes*;

2° En perfectionner la culture et le rendement en essence;

3° Développer cette production sur le territoire de la France et de ses colonies.

C'est à cette tâche que M. Gravereaux consacre, depuis plusieurs années, une très notable partie de ses efforts de cultivateur et de semeur. Je les ai déjà signalés à nos lecteurs en décrivant pour eux la Roseraie de l'Hay [1].

Sa persévérance commence à être couronnée de succès.

Parmi ses meilleures obtentions, vient se placer la jolie et précieuse Rose que nous figurons aujourd'hui et que nous nommerons *Rose à parfum de l'Hay*.

Voici brièvement son histoire :

En 1894, M. Gravereaux féconda le Rosier *de Damas* par la variété bien connue *Général Jacqueminot*. Il mêlait ainsi deux odeurs déjà très suaves. Le produit, fécondé à son tour par la Rose *rugosa germanica*, reçue du docteur Mueller, qui l'avait obtenue de *R. rugosa alba flore pleno*, donna une plante qui fleurit à l'Hay pour la première fois en 1900.

Cette plante était jolie, multiflore, délicieusement odorante; et elle était *remontante*, c'était là le point capital.

Le 12 août dernier, j'ai pu en prendre la description suivante sur plusieurs rameaux bien fleuris :

Arbuste dressé, touffu, vigoureux. Vieux bois épineux, aiguillons droits, gris, inégaux comme dans *Rosa rugosa*; jeunes rameaux verts à aiguillons étalés, comprimés, largement empâtés, décurves, rosés; feuilles trijuguées, bien étalées, à stipules allongées et larges, à oreillettes aiguës divergentes, à pétiole rose vers la base, tomenteux-glanduleux et armé d'aiguillons rétrorses, à folioles ovales-aiguës finement serrulées, sessiles, glabres, glaucescentes en dessous, les adultes vert foncé en dessus, fortement nervées-réticulées un peu bullées (influence de *R. rugosa*); inflorescence en corymbe pauci — ou pluriflore (comme *Général Jacqueminot*), à pédoncules poilus, glanduleux, rougeâtres, longs de 3 à 5 centimètres; calice glabre ou un peu hispide, longuement turbiné à la partie ovarienne, à sépales réfléchis à l'anthèse, triangulaires, entiers, à pointe sétacée, un peu hispides et verts à l'extérieur, soyeux et rosés à la face interne; fleur bien double, globuleuse-aplatie, à pétales obcordés, échancrés ou mucronés, d'un beau rouge cerise carminé glacé, plus éclairé au bord, à onglet blanc; pétales du centre recroquevillés; étamines à filets incurvés, blancs, à anthères jaune foncé; styles très courts, à stigmates saillants, jaune pâle. Parfum d'une exquise suavité, rappelant le mélange de l'odeur des Roses *de Damas* et *Général Jacqueminot*.

Ce nouveau Rosier est aussi rustique, aussi résistant au froid que les *R. rugosa* et *Général Jacqueminot*, et d'une multiplication facile par boutures et par greffes. M. Gravereaux en poursuit la propagation par les moyens les plus rapides. Dès l'année prochaine, la culture productive pourra en être tentée.

On voit immédiatement tout le parti qui pourra être tiré, pour l'industrie et la parfumerie, d'une Rose dont la production sera incessante pendant toute la belle saison, permettant de distiller à loisir, par des procédés délicats qui sont dès maintenant à l'étude. Et je ne parle que pour mémoire des perfectionnements qui pourront être introduits dans la culture par trop simple et grossière que les Rosiers à parfum ont subie jusqu'ici.

Nous pouvons donc féliciter M. Gravereaux d'avoir mis au jour la Rose *à parfum de l'Hay* et prédire à cette nouveauté un brillant avenir.

Ed. ANDRÉ.

1. Voir *Revue horticole*, 1889 (pages 229 à 234).

COLLECTION des ROSES à ESSENCE, de BULGARIE

<small>DONNÉE PAR LE JARDIN BOTANIQUE DE L'UNIVERSITÉ DE SOFIA</small>

Rosiers provenant de :

DISTRICT de YATAR PAZARDJICK	Bratzigovo.
DISTRICT de KAZANLIK	Kazanlik.
— —	Golemoselo.
— —	Echovo.
— —	Magliche.

Herbier de rosiers sauvages.
Fruits de rosiers sauvages conservés et graines sèches.

DISTRICT de KAZANLIK	Lahanli.
— —	Kozlondja.
DISTRICT de NOVA ZAGORA	Ivrditza.
— —	Zanpalnya.
DISTRICT de TCHIRPAN	Ala-gun.
DISTRICT de KARLOVO	Karlovo.
— —	Rahmanlare.
— —	Srednya Mahala.

HERBIER DE ROSIERS SAUVAGES

Notre herbier se compose d'environ 5000 échantillons récoltés autrefois par les rhodologues *Déséglise, Puget, Baker, Chabert, Schentz, Boreau,* ou plus récemment par *Backley, Gandoger, Borbas,* ainsi que d'autres provenant de l'*herbier Boissier,* de l'*herbier Burnat et Gremli,* et de l'*Herbarium Rosarum du Dr Coste et abbé Pons.*

Un jeu de fiches par lettre alphabétique en permet les recherches immédiates.

FRUITS DE ROSIERS CONSERVÉS

Des échantillons de tous nos fruits de rosiers sauvages sont conservés dans du bi-formol en flacons hermétiquement bouchés. Nos travaux d'identification se trouvent ainsi très facilités, car nous pouvons avoir à tout moment sous les yeux les fruits dans leur forme et leur couleur naturelles.

GRAINES DE ROSIERS

Des graines sèches de nos rosiers sauvages *déterminés* sont mises sous enveloppes, pour être distribuées à tous les Établissements scientifiques et les amateurs qui voudront bien nous en faire la demande.

FICHES D'IDENTITÉ

Tous nos rosiers ont une fiche d'identité sur laquelle sont inscrites, au fur et à mesure, les **descriptions** qui en ont été faites, ainsi que nos **observations**.

DEUXIÈME PARTIE

COLLECTION HORTICOLE

(Roses cultivées)

La Collection Horticole de la Roseraie de L'Haÿ se compose de toutes les variétés de roses, anciennes et nouvelles, qu'il nous a été possible de recueillir, tant en France qu'à l'Étranger, et cela dans le but d'en faire une étude comparative.

Nous avons fait ce premier essai de classification par **sections, espèces, races** et **groupes**, avec la collaboration de M. Cochet-Cochet, horticulteur-rosiériste à Coubert (S.-et-M.).

Les hybrides et les métis ont été rapportés autant que possible à l'espèce ou à la race dont ils dérivent, et avec laquelle ils semblent avoir le plus d'affinité; exemple : les Hybrides Remontants issus du R. *gallica* et du rosier de l'Inde trouvent leur place dans la Section V : GALLICÆ.

Ce premier travail est loin de prétendre à la perfection; nous rectifierons, dans l'avenir, bien des erreurs, nous éliminerons bien des synonymes et nous continuerons à nous assurer de l'identité absolue de nos rosiers, grâce au concours de MM. Cochet-Cochet, Jupeau et Pierre Cochet.

En vue d'une prochaine **édition corrigée** que nous ferons paraître en **1904**, nous serions reconnaissant aux horticulteurs-rosiéristes et aux amateurs, de vouloir bien nous signaler les erreurs commises, compléter certains renseignements, et contribuer par leurs envois de plantes ou greffons, à enrichir cette collection qui devra comprendre toutes les variétés anciennes et modernes actuellement existantes.

COLLECTION HORTICOLE
(Roses cultivées)

Section I. — SYNSTYLÆ

Race des Rosiers POLYANTHA nains

(Syn. : Rosiers multiflores nains.)

Nous verrons à la collection spéciale des **Rosiers sarmenteux** que le R. polyantha, Sieb. et Zucc., est synonyme du R. **multiflora**, Thunb. Au point de vue horticole, le terme de " **polyantha nains** " sert à désigner une race hybride, provenant probablement du croisement du R. **multiflora**, Thunb., avec des variétés horticoles remontantes de la section des **Indicæ**.

L'origine de cette race est assez obscure. On admet généralement qu'elle résulte de l'action spontanée du pollen de roses remontantes sur des fleurs du R. **multiflora**, introduit de graines du Japon, semées à Lyon vers 1875 (?).

Ce qui est certain, c'est que les Rosiers **polyantha nains** ont comme souche ancestrale maternelle le R. **multiflora**, Thunb., et que cette espèce très sarmenteuse et non remontante, a donné naissance à des arbustes absolument nains, et fleurissant abondamment pendant toute la belle saison.

Les variétés de cette race atteignent au plus quelques décimètres de hauteur, et forment de minuscules buissons à **rameaux** grêles, divergents, portant de petits **aiguillons**, crochus, bruns, épars; **feuilles** 5, 7-foliolées, à folioles petites, ovales arrondies, a serrature très variable, les folioles de la première paire plus petites et souvent plus profondément dentées que les autres ; ces folioles largement espacées sur le pétiole commun ; **stipules** profondément pectinées, couvertes de poils et de glandes; **fleurs** extrêmement nombreuses, réunies en faux corymbes, très petites, semi-pleines, variant avec les variétés, du blanc pur au rouge et au jaune.

Groupe A. — POLYANTHA nains remontants

1000.	**Rosa multiflora nana**	(multiflora × indica)	sauvage.
1001.	Amélie Suzanne Morin	(Soupert 1899)	blanc jaunâtre.
1002.	Anna Benary		blanc rosé.
1003.	Anne-Marie de Montravel	(Ve Rambaux 1880)	blanc pur.
1004.	Archiduchesse Élisabeth-Marie	(Soupert 1898)	jaune nuancé.
1005.	Bébé Leroux	(Soupert 1901)	blanc; centre jaune.
1006.	Bellina Guillot	(Ve Schwartz 1899)	blanc verdâtre.
1007.	Blanche Rebatel	(Bernaix 1889)	rouge et blanc.
1008.	Bouquet de Neige	(R. Vilin 1900)	blanc légèrement carné.
1009.	Charles Métroz	(Ve Schwartz 1901)	rose de Chine.

SECTION I. — POLYANTHA

1010.	Clara Pfitzer	(Soupert 1888)	carmin.
1011.	Clothilde Pfitzer	(Soupert 1899)	blanc pur.
1012.	Colibri	(Lille 1898)	blanc cuivré.
1013.	Comtesse Antoinette d'Oultremont	(Soupert 1900)	blanc centre jaune.
1014.	Émilie Potin	(Mlle Toussaint 1901)	jaune orange.
1015.	Étoile de Mai	(Gamon 1893)	jaune paille.
1016.	Étoile d'Or	(Dubreuil 1889)	jaune nuancé.
1017.	Eugénie Lamesch	(P. Lambert 1900)	jaune ocre.
1018.	Filius Strassheim	(Soupert 1892)	rose et jaune.
1019.	Flocon de Neige	(Knapper 1900)	blanc pur.
1020.	Floribunda	(Dubreuil 1885)	rose pourpre.
1021.	Georges Pernet	(Pernet Ducher 1887)	rose et jaune.
1022.	Gloire des Charpennes	(Lille 1898)	pourpre nuancé.
1023.	Gloire des Polyantha	(Guillot et f. 1887)	rose.
1024.	Golden Fairy	(Bennett 1888)	chamois.
1025.	Gypsi	(Lille 1899)	rose violet.
1026.	Hermine Madelé	(Soupert 1888)	crème.
1027.	Jeanne Drivon	(Schwartz 1883)	rose et blanc.
1028.	Joséphine Morel	(Alégatière 1891)	rose vif.
1029.	Katharina Zeimet	(P. Lambert 1901)	blanc pur.
1030.	Kleine Prinzess	(Schmidt 1897)	rose clair.
1031.	Kleiner Liebling	(Schmidt 1895)	carmin nuancé.
1032.	La plus belle des Panachées		rose strié.
1033.	Le Bourguignon	(Buatois 1901)	jaune d'œuf clair.
1034.	Léonie Lamesch	(P. Lambert 1900)	rouge cuivré.
1035.	Lilliput	(G. Paul 1899)	carmin cerise.
1036.	Little Dot	(Bennett 1888)	rose pourpre.
1037.	Little White Pet	(Henderson 1879)	blanc.
1038.	Madame E. A. Nolte	(Bernaix 1892)	rose pâle.
1039.	— Frédéric Weiss	(Bernaix 1892)	carmin nuancé.
1040.	Mademoiselle Anaïs Molin	(Molin 1895)	rose puis blanc.
1041.	— Camille de la Rochetaillée	(Bernaix 1896)	blanc strié carmin.
1042.	— Cécile Brunner	(Vᵉ Ducher 1880)	rose.
1043.	— Fernande Dupuy	(Vigneron 1899)	rose groseille.
1044.	— Joséphine Burland	(Bernaix 1896)	blanc puis rose.
1045.	— Marthe Cahuzac	(Ketten 1902)	blanc jaunâtre.
1046.	Ma Fillette	(Soupert 1895)	pêche, jaune et cuivre.
1047.	Magdeleine de Chatelier	(Dubreuil 1894)	jaune pâle.
1048.	Ma petite Andrée	(Chauvry 1899)	rouge foncé carminé.
1049.	Marie Pavié	(Alégatière 1888)	blanc et rouge.
1050.	Maxime Buatois	(Buatois 1901)	jaune cuivre feu.
1051.	Mélina Peyrusson	(Ketten 1901)	rose pêche, carmin.
1052.	Mignonette	(Guillot f. 1881)	rose foncé.
1053.	Miniature	(Alégatière 1885)	rouge et blanc.
1054.	Miss Kate Schultheis	(Soupert 1887)	blanc saumoné.
1055.	Pâquerette	(Guillot 1875)	blanc.
1056.	Pauline Nodet	(Vᵉ Schwartz 1892)	jaune soufre.
1057.	Perle des Rouges	(Dubreuil 1896)	cramoisi reflet cerise.
1058.	Perle d'Or	(Dubreuil 1896)	jaune citron.
1059.	Petit Constant	(Soupert 1900)	rouge capucine.
1060.	Petite Léonie	(Soupert 1893)	blanc rosé.
1061.	Petite Madeleine	(Schwartz 1900)	rose tendre.
1062.	Pink Soupert	(Dingee 1896)	rose et rouge.
1063.	Primula	(Soupert 1900)	rose de Chine luisant.
1064.	Princesse Élisabeth Lancellotti	(Soupert 1893)	jaune.

SECTION I. — HYBRIDES DE POLYANTHA

1065. Princesse Henriette de Flandre	(Soupert 1883)	crème.
1066. — Joséphine de Flandre	(Soupert 1888)	saumon.
1067. — Marie-Adél. de Luxembourg.	(Soupert 1896)	blanc et rose.
1068. — Wilhelmine des Pays-Bas.	(Soupert 1885)	blanc.
1069. Prinzessin Viktoria Luise von Preussen.	(Strassheim 1899)	rose œillet.
1070. Rotkappchen	(Geschwindt 1889)	rouge vif.
1071. Schneewitchten	(P. Lambert 1901)	blanc ivoire.
1072. Sisi Ketten	(Ketten 1901)	rose pêche, carmin jaune
1073. Souvenir de Blanche Rameau	(Rose Vilin 1901)	blanc mat.
1074. — d'Élise Chatelard	(Bernaix 1891)	rouge carmin frais.
1075. White Pet	(Henderson 1879)	blanc.

Groupe B. — HYBRIDES DE POLYANTHA nains remontants.

Groupe très voisin du précédent (**Polyantha nains remontants**) et provenant très certainement du métissage des variétés de cette race par d'autres variétés horticoles, appartenant soit au R. **indica**, soit à des formes voisines.

Les **rameaux** sont généralement assez forts ainsi que les aiguillons. Les **folioles** sont plus grandes, elliptiques, lancéolées ; à pétiole souvent glanduleux. Enfin, les fleurs sont beaucoup plus grandes dans la majorité des cas.

Fleurit abondamment pendant toute la belle saison.

1076. Clothilde Soupert	(Soupert 1889)	rose nuancé.
1077. Dr Raimont	(Alegatière 1888)	cramoisi violet.
1078. Georges Schwartz	(Vve Schwartz 1889)	rose carminé.
1079. Jeanne Corbœuf	(Corbœuf 1899)	rouge pur.
1080. Mme Alegatière	(Alegatière 1888)	rose vif.
1081. Mlle Bertha Ludi	(P. Ducher 1891)	blanc carné.
1082. Mosella	(P. Lambert 1895)	blanc et jaune.

Groupe C. — ROSIERS DE LÉONARD LILLE

Les minuscules rosiers appartenant à ce groupe peuvent être cultivés comme plantes annuelles, car la germination des graines se produit en quelques jours, et les plantes qui en naissent fleurissent trois ou quatre mois après le semis. La plante atteint deux ou trois décimètres la première année dans un bon sol, et devient légèrement plus haute les années suivantes. Les **fleurs** simples ou doubles varient du blanc au rouge. Quant à l'origine, nous ne croyons mieux faire que de reproduire les renseignements que son obtenteur, M. Léonard Lille, veut bien nous communiquer.

« Les premières graines de R. **polyantha** me furent envoyées du Japon en 1879 par M. le docteur Benon, médecin du Mikado. Comme bien on pense, je m'empressai de les semer avec le plus grand soin. Ce qui m'intéressa d'abord dans cette plante, ce fut la facilité de sa germination. Mes jeunes semis furent plantés tout à côté d'une collection de roses lyonnaises, et ne fleurirent que la troisième année.

« D'autre part, rien ne fut anormal dans la floraison ; toutes les plantes se ressemblaient : mais, à mon insu, un phénomène de fécondation se produisit probablement entre les roses lyonnaises et les **Polyantha**, phénomène qui, du reste, ne m'échappa pas dans la suite, par les fruits qui présentèrent des différences assez sensibles, tant dans leurs formes que dans leurs couleurs.

« Ce fut au printemps 1887 que je fis le second semis de **Polyantha**. Dans ce semis qui me donna des sujets assez variés, se trouvèrent quelques plantes qui fleurirent la première année de semis, et grainèrent seulement la seconde.

« Néanmoins j'étais fixé, et, par des semis successifs et une sélection raisonnée, j'arrivai bientôt à créer une race de roses nouvelle qui, bien que très vivace, peut, si on le désire, comme les plantes annuelles, germer, fleurir et grainer en moins d'un an. »

1083. Plate-bande. Rosiers de Léonard Lille.		couleurs variées.

Section III. — INDICÆ

1ʳᵉ Espèce : R. INDICA FRAGRANS, Red.

Syn. : R. indica odoratissima, *Lind.* — Syn. : Rosiers à odeur de Thé, *Vulg.* Thé.

Rameaux parfois courts, souvent longs, ou même sarmenteux, dans certaines variétés probablement métissées, par le R. Noisettiana, généralement glabres et lisses, sans soies ni glandes, parsemés de quelques aiguillons rouges, crochus, plus ou moins faibles ou forts, épars, quelquefois cependant géminés sous les feuilles.
Feuilles 5, 7-foliolées ; à **folioles** de formes variant beaucoup suivant les variétés, le plus souvent elliptiques-lancéolées, d'un beau vert tendre, presque toujours pourprées ou pourpres sur les jeunes rameaux, lesquels revêtent eux-mêmes *cette teinte très caractéristique*.
Pétiole parsemé souvent de glandes pédicellées, armé d'aiguillons crochus et fins.
Serrature variable, mais jamais pubescente, et très rarement glanduleuse. **Pédoncule** quelquefois fort, mais le plus souvent trop faible pour maintenir la fleur droite, laquelle par suite s'incline alors vers le sol.
Fleurs doubles ou pleines, jamais simples dans les formes actuellement connues et même dans celles d'introduction. A couleurs et à formes extrêmement variées, possédant les coloris les plus riches de toutes les formes du genre Rosa.
Fruits glabres, dilatés, à base parfois ventrue même, brusquement élargie, plus rarement pyriforme. Chez cet organe encore, la forme varie beaucoup, comme celle des autres parties de la plante, avec les variétés.
Sépales réfléchis après l'épanouissement, puis se redressant généralement ensuite.
Floraison et végétation continuelles, pendant le cours de la belle saison. Les yeux portés par les jeunes rameaux se développent presque toujours avant la complète lignification de ceux-ci.
Introduit sous deux formes très affinées, en 1809 et 1824. C'est du mélange de la sève des rosiers thé avec nos rosiers européens (R. *gallica* et sa forme *damascena*) que sont nés les Hybrides Remontants.
Culture assez difficile dans les pays du Nord et même sous le climat séquanien, à cause du manque de résistance au froid, des formes dérivées de cette espèce.
Butter les nains en couvrant préalablement le pied de feuilles mortes. Les tiges sont plus difficiles à préserver.
Les formes introduites étaient à rameaux courts, et, comme nous le disons au début de cette note, il est probable que les rameaux de certaines variétés ne sont devenus sarmenteux que par hybridation.

Nota. — Pour les *Rosiers Thé grimpants*, se reporter à la IIIᵉ Partie (Collection spéciale de Rosiers sarmenteux).

Race des Rosiers THÉ non sarmenteux

Groupe A. — SAFRANO

Rameaux minces, rougeâtres, à **aiguillons** petits et espacés ; **feuille** petite, feuillage maigre ; **fleur** à bouton presque toujours solitaire, allongé, coloris variant du jaune paille au jaune foncé. Toutefois quelques variétés sont rose et rouge clair. Ex. : *Safrano à fleurs rouges*.

1100.	**Safrano**.	(Beauregard 1839)		beurre frais.
1101.	Ajax.	(Oger 1853)		jaune.
1102.	Amazone.	(Ducher 1873)		jaune b. et rose.
1103.	Annette Seaut.	(Level 1870)		or et chamois.
1104.	Aureus.	(Ducher 1874)		jaune d'or.
1105.	Beauté Inconstante.	(Pernet-Ducher 1893)		rouge et jaune.
1106.	Canari.	(Guillot père 1852)		jaune.
1107.	Château des Bergeries	(Vve Ledéchaux 1886)		jaune paille.
1108.	Conte de Taverna	(Ducher 1872)		jaune.
1109.	Comtesse de Frigneuse.	(Guillot et f. 1885)		jaune.
1110.	— Lily Kinsky.	(Soupert 1896)		blanc jaunâtre.
1111.	Coquette de Lyon.	(Ducher 1872)		jaune.
1112.	Duchesse de Bragance	(Dubreuil 1886)		jaune.
1113.	Étoile de Lyon	(Guillot f. 1881)		jaune vif.
1114.	Grossherzog E. Ludwig.	(Dʳ Müller 1897)		rouge.
1115.	Ida.	(Vᵉ Ducher 1876)		paille.
1116.	Isabelle Nabonnand.	(Nabonnand 1873)		rose chamois.
1117.	Isabella Sprunt.	(Verschafeldt 1866)		jaune.
1118.	Jaune Nabonnand.	(Nabonnand 1890)		jaune.
1119.	Jean Pernet.	(Pernet père 1867)		jaune.

SECTION III. — THÉ

1120.	Le Mont-Blanc	(Ducher 1870)	jaune blanchâtre.
1121.	Luciole	(Guillot et f. 1881)	jaune et carmin.
1122.	Lutea flora	(Touvais 1874)	jaune et rose.
1123.	Madame Agathe Nabonnand	(Nabonnand 1886)	jaune pâle.
1124.	— Azélie Imbert	(Levet 1870)	jaune saumon.
1125.	— Bernard	(Levet 1875)	jaune cuivré.
1126.	— Charles	(Damaizin 1864)	jaune.
1127.	— Chédane Guinoisseau	(Levet 1886)	jaune vif.
1128.	— Delaville	(Oger 1873)	blanc soufré.
1129.	— Devoucoux	(Vve Ducher 1874)	jaune.
1130.	— Falcot	(Guillot f. 1858)	nankin.
1131.	— Honoré Defresne	(Levet 1886)	jaune.
1132.	— John Taylor	(Nabonnand 1876)	blanc cuivré.
1133.	— Joséphine Mühle	(Mühle 1888)	vermillon cuivré.
1134.	— Louis Levêque	(Lévêque 1892)	rose et jaune.
1135.	— Margottin	(Guillot f. 1866)	jaune citron.
1136.	— Margottin	(?)	rose et jaune.
1137.	Mademoiselle Adèle Jourgant	(Ledéchaux 1863)	jaune clair.
1138.	— Lazarine Poizeau	(Levet 1876)	jaune or.
1139.	— Marie Arnaud	(Levet 1873)	jaune pur.
1140.	Marie-Louise Puyravaud	(Puyravaud 1895)	jaune strié.
1141.	Marie Rambaux	(Rambaux 1880)	jaune.
1142.	Marquise de Pontoi-Pontcarré	(Lévêque 1894)	rose et jaune.
1143.	Monsieur Perrier	(Tesnier 1894)	jaune.
1144.	Perle de Lyon	(Ducher 1873)	abricot.
1145.	Perle des Jardins	(Levet 1874)	jaune paille.
1146.	Reine Emma des Pays-Bas	(Nabonnand 1879)	jaune cuivré.
1147.	Safrano à fleurs rouges	(Oger 1867)	rouge cuivré.
1148.	Sapho	(W. Paul 1889)	jaune abricot.
1149.	Souvenir de Ferike d'Antunovics	(Soupert 1895)	blanc laiteux.
1150.	Souvenir de George Sand	(Vve Ducher 1876)	rose saumon.
1151.	Sulfureux	(Ducher 1869)	jaune.
1152.	Sunset	(Henderson 1883)	orange.
1153.	Vicomtesse d'Hautpoul	(Brassac 1881)	saumon.

Groupe B. — Rosiers Thé, genre COMTESSE DE LABARTHE

Rameaux minces, presque pas d'aiguillons : **feuille** petite ; **fleur** petite, coloris variant du rose tendre au rouge, jamais de jaune pur. Très florifère.

1170.	**Comtesse de Labarthe**	(Bernède 1857)	rose tendre.
1171.	à bouquets	(Liabaud 1873)	blanc strié.
1172.	Aline Sisley	(Guillot f. 1874)	pourpre et violet.
1173.	André de Garnier des Garets	(Buatois 1899)	rose et cuivré.
1174.	Belle Fleur d'Anjou	(Touvais 1873)	carné.
1175.	Capitaine Lefort	(Bonnaire 1888)	rose pourpre.
1176.	Claudius Levet	(Levet 1886)	groseille velouté.
1177.	Comtesse Horace de Choiseul	(Lévêque 1886)	rose et jaune

1178. Comtesse Riza du Parc	(Schwartz 1876)		rose fr. cuivré.
1179. Denise de Reverseaux	(Lévêque 1895)		blanc et jaune.
1180. Docteur Berthet	(Pernet père 1879)		cerise.
1181. Edmond de Biauzat	(Levet père 1885)		pêche saumoné.
1182. Edmond Sablayrolles	(Bonnaire 1888)		jaune rose et carmin.
1183. Flavien Budillon	(Nabonnand 1885)		rose tendre
1184. Général Billot	(Dubreuil 1896)		amarante et pourpre.
1185. Général Schablikine	(Nabonnand 1878)		rouge cuivré.
1186. Georges Farber	(Bernaix 1890)		rouge nuancé.
1187. Héroïque Commandant Marchand	(Buatois 1899)		jaune capucine.
1188. Ingegnoli prediletta	(Bernaix 1892)		rose vif.
1189. Jeanne Abel	(Guillot 1882)		rose tendre.
1190. Joseph Teyssier	(Dubreuil 1892)		carmin et jaune.
1191. La tulipe	(Ducher 1869)		rosé.
1192. Laure de Saint-Martin	(Pradel 1863)		rose tendre.
1193. L'Élégante	(Guillot 1882)		rose cuivré.
1194. Madame Adolphe de Tarlé	(Tesnier 1889)		blanc et jaune.
1195. — A. Étienne	(Bernaix 1887)		rose vineux.
1196. — Cusin	(Guillot f. 1881)		rouge nuancé.
1197. — David	(Pernet père 1895)		rose tendre.
1198. — Desseilligny	(Pradel 1873)		carné saumoné.
1199. — de Watteville	(Guillot fils 1883)		rose tendre.
1200. — Émilie Charrin	(Perrier 1895)		rose de Chine.
1202. — Granla	(Lartay 1860)		rouge nuancé.
1203. — Joseph Schwartz	(Schwartz 1871)		rose tendre.
1204. — Ph. Kuntz	(Bernaix 1890)		cerise.
1205. — Rosine Cavène	(Reboul 1891)		blanc et saumon.
1206. — Victor Caillet	(Bernaix 1891)		rose nuancé.
1207. Marguerite Ramet	(Levet 1886)		rose de Chine.
1208. Marie Page	(Perrier 1891)		rose centre jaune.
1209. Marie Sisley	(Guillot 1868)		blanc jaunâtre.
1210. Marquise de Vivens	(Dubreuil 1886)		carmin et paille.
1211. Maud Little	(Dingée 1891)		rose de Chine.
1212. Maurice Rouvier	(Nabonnand 1890)		rose tendre.
1213. Natascha Mestchersky	(Nabonnand 1878)		blanc saumoné.
1214. Paul Floret	(Nabonnand 1881)		mauve.
1215. Président Constant	(Nabonnand 1886)		aurore et rouge.
1216. Princesse Anna Loewenstein	(Soupert 1897)		chair centre carmin.
1217. — Marie Dagmar	(Lévêque 1893)		jaune légt. rose.
1218. — Ouroussof	(Soupert 1895)		rose de Chine.
1219. Rovelli Charles	(Pernet père 1876)		rose.
1220. Souvenir de Madame Levet	(Levet 1891)		cuivré.
1221. — de Madame Pernet	(Pernet 1876)		rose et jaune.
1222. — de Rose Terrel des Chênes	(Vve Schwartz 1899)		blanc jaunâtre.
1223. — de S. A. Prince	(Prince 1889)		blanc.
1224. — du Rosiériste Rambaux	(Dubreuil 1883)		rose et jaune.
1225. — d'un ami	(Belot 1848)		rose tendre.
1226. Thérèse Loth	(Liabaud 1874)		rose.
1227. Valentine Gaunet	(Nabonnand 1894)		rose clair.
1228. Vicomtesse de Wauthier	(Bernaix 1890)		rose et jaune.
1229. — Dulong de Rosnay	(Nabonnand 1886)		rose vif.

Groupe C. — THÉ (Divers ou non encore classés)

Dans ce dernier groupe, nous avons fait rentrer **provisoirement** tous les **Rosiers Thé nains** n'appartenant pas aux groupes précédents et ceux que nous n'avons pu encore classer.

1250.	Abbé Roustan.	(*Nabonnand* 1878).	carné violet.
1251.	— Thomasson.	(*Vve Schwartz* 1888)	saumon.
1252.	Abricotée.	(*Dupuis* 1843).	jaune abricot.
1253.	Adam.	(*Adam* 1833).	rose.
1254.	Adèle Pavie.	(*Robert* 1857).	blanc centre rose.

Gaston Chandon, cultivés en nains, tiges et grimpants.

1255.	Adèle de Bellabre.	(*Pernet* 1888).	rouge et jaune.
1256.	Adèle Pradel.	(*Guillot* 1850).	saumon.
1257.	Adrienne Christophle.	(*Guillot f.* 1868).	jaune cuivre.
1258.	Aimé Colcombet.	(*Guillot père* 1891).	rouge carmin.
1259.	Alba.	(*Pradel* 1863).	blanc pur.
1260.	Alba Rosea.	(*Lartay* 1862).	blanc et rose.
1261.	Albert Fourès.	(*Bonnaire* 1899).	blanc saumoné.
1262.	Albert Stopford.	(*Nabonnand* 1899).	rose f. centre cuivré.
1263.	Albertine Borguet.	(*Soupert* 1894).	jaune et mauve.
1264.	Alexandra.	(*W. Paul et Son* 1901).	jaune abricoté.
1265.	Alliance Franco-Russe.	(*Goinard* 1900).	jaune éclatant.
1266.	Alphonse Karr.	(*Nabonnand* 1879).	cramoisi.
1267.	Alphonse Mortelmans.	(*Vve Ducher* 1876).	rose lilas.
1268.	Amabilis.	(*Touvais* 1857).	rose brillant.
1269.	Amanda Casado.	(*Pries* 1891).	jaune, rose et blanc.
1270.	Amélie Pollonnais.	(*Nabonnand* 1896).	rose glacé.
1271.	American Banner.	(*Cartwright* 1877).	rose et lilas.
1272.	Ami Stecher.	(*Weber* 1899).	cerise vif.
1273.	André Nabonnand.	(*Nabonnand* 1879).	carmin.

SECTION III. — THÉ

1274.	André Schwartz.............	(Schwartz 1884).....	cramoisi strié blanc.
1275.	André Sibourg..............	(Reboul 1894).......	rose et jaune.
1276.	Anna Hilzer...............	(Hilzer 1892)........	rose hortensia.
1277.	Anna Ollivier..............	(Ducher 1873).......	chair nuancé.
1278.	Annie Cook................	(Cook 1883).........	blanc rosé.
1279.	Anthérose.................	(Lepage 1838).......	blanc et jaune.
1280.	Antoine Gaunet.............	(Reboul 1892).......	saumon.
1281.	Antoine Weber..............	(Weber 1899).......	rose hortensia.
1282.	Antoinette Durieu...........	(Godard 1891).......	jaune.
1283.	Archiduc Joseph............	(Nabonnand 1892)...	rose cuivré.
1284.	Archiduchesse Marie-Immaculata...	(Soupert 1887).....	chamois et vermeil.
1285.	— Thérèse-Isabelle....	(Barbot 1834).......	blanc jaunâtre.
1286.	Arthur Chiggiato...........	(Ketten 1899).......	rose orangé.
1287.	Auguste Comte.............	(Soupert 1896)......	rose nuancé.
1288.	Auguste Oger..............	(Oger 1855).........	rose cuivré.
1289.	Auguste Vacher.............	(Lacharme 1853)....	jaune.
1290.	Auguste Wattinne...........	(Soupert 1896)......	brique fond jaune.
1291.	Barbot....................	(Barbot 1834).......	jaune carné.
1292.	Bardon....................	(Hort. 1829)........	rose tendre.
1293.	Baron de Saint-Trivier.......	(Nabonnand 1882)...	carné.
1294.	Baronne Ada...............	(Soupert 1898)......	crème centre chrome.
1295.	— Berge.............	(Pernet 1892).......	jaune et rose.
1296.	— C. de Rochetaillée.....	(Dubreuil 1901).....	jaune soufre saumoné.
1297.	— Ch. Taube..........	(Ketten 1896).......	jaune et rose.
1298.	— de Fonvielle.........	(Gonod 1886).......	jaune et rouge.
1299.	— de Hoffmann........	(Nabonnand 1887)...	rouge cuivré.
1300.	— d'Erlanger..........	(Levêque 1892).....	rose et jaune.
1301.	— Fanny Van der Noot.....	(Ketten 1896).......	jaune reflets roses.
1302.	— Gaston Chandon.....	(Levêque 1894).....	jaune et pêche.
1303.	— Henriette de Loew.....	(Nabonnand 1888)...	rose et jaune.
1304.	— Henriette Snoy.......	(Bernaix 1897)......	rose de Chine.
1305.	— J.-B. de Morand.......	(Vve Schwartz 1892)...	carné et jaune.
1306.	— M. de Tornaco.......	(Soupert 1897).....	blanc doré.
1307.	— M. Werner..........	(Nabonnand 1884)...	rose cuivré.
1308.	Bella......................		blanc jaunâtre.
1309.	Belle Chartronnaise.........	(Lartay 1861).......	jaune canari foncé.
1310.	— Mâconnaise...........	(Ducher 1872).......	rose pourpre.
1311.	Belle Panachée.............	(Gamon 1901).......	rouge cramoisi.
1312.	Berthe Thouvenot...........	(Ketten 1898).......	jaune orange saumoné
1313.	Béryl.....................	(Al. Dickson 1899)...	jaune d'or foncé.
1314.	Bianqui...................	(Ducher 1871).......	blanc pur.
1315.	Bignonia...................	(?)........	jaune orange.
1316.	Billard et Barré.............	(Pernet-Ducher 1899)...	jaune d'or.
1317.	Blanca Werner.............	(Pries 1894)........	crème et rose vif.
1318.	Blanche de Forco............	(Dubreuil 1891).....	crème.
1319.	Blanche de Solleville........	(Pradel 1854).......	blanc et cerise.
1320.	Blanche Nabonnand.........	(Nabonnand 1893)...	blanc.
1321.	Boadicea..................	(W. Paul 1902).....	pêche teinté rose et viol.
1322.	Bon Silène.................	(Hardy 1835).......	rose centre aurore.
1323.	Bougère...................	(Maréchal 1832).....	rose hortensia.
1324.	Boule d'Or.................	(Margottin 1860)....	jaune d'or.
1325.	Bourbon...................	(Laffay 1825).......	carné centre vert.
1326.	Bouton d'Or................	(Guillot f. 1866).....	jaune.
1327.	Bride.....................	(?)........	blanc rosé
1328.	Bridesmaid.................	(May 1893).........	rose.

SECTION III. — THÉ

1329.	Buret	(*Buret d'Angers*)	rouge.
1330.	Camille Roux	(*Nabonnand* 1885)	rouge vif.
1331.	Capitaine A. Malibran	(*Tesnier* 1894)	rose cuivré.
1332.	— Millet	(*Ketten* 1902)	rouge capucine.
1333.	Captain Philip Green	(*Nabonnand* 1900)	rose crème.
1334.	Caroline	(*Guérin* 1836)	rose vif.
1335.	Caroline Fochier	(*Liabaud* 1896)	carné et saumon.
1336.	Catharina Gerchen Freundlich	(*Ketten* 1896)	carmin et cuivré.
1337.	Catherine Mermet	(*Guillot f.* 1869)	rose lilas.
1338.	Cels multiflore	(*Cels* 1836)	carné.
1339.	Cerise pourpre	(*Robert* 1851)	rouge cerise foncé.
1340.	Chamois	(*Ducher* 1870)	jaune.
1341.	Charles de Franciosi	(*Soupert* 1890)	jaune.
1342.	Charles de Legrady	(*Pernet-Ducher* 1884)	rose de Chine.
1343.	Charles de Thézillat	(*Nabonnand* 1888)	jaune aurore.
1344.	Charles Lévêque	(*Nabonnand* 1884)	rouge bord rose.
1345.	Charles Reboult		rose tendre.
1346.	Charles Reybaud	(*Mor. Rob.* 1887)	rose vif.
1347.	Château d'Ourout	(*Ketten* 1896)	carmin et mauve.
1348.	Chevalier Angelo Ferraro	(*Bernaix* 1895)	pourpre cramoisi.
1349.	Christine Mester	(*Soupert* 1861)	jaune isabelle.
1350.	Claire Godard	(*Godard* 1894)	blanc pur.
1351.	Clara Pries	(*Pries* 1887)	crème.
1352.	Clara Sylvain	(*Hort.* 1838)	blanc jaunâtre. ?
1353.	Clara Watson	(*G. Prince* 1894)	blanc rosé.
1354.	Clémence Marchix	(*Bernaix* 1900)	blanc cochenille.
1355.	Clément Nabonnand	(*Nabonnand* 1878)	crème et lilas.
1356.	Cléopatra	(*Bennett* 1889)	rouge bord rose.
1357.	Cléopâtre		jaune.
1358.	Clothilde	(*Rolland* 1867)	rose hortensia.
1359.	Colonel Juffé	(*Liabaud* 1893)	pourpre noir.
1360.	Commandant Marchand	(*Puyravaud* 1900)	jaune.
1361.	Comte Amédée de Foras	(*Gamon* 1901)	rose de Chine.
1362.	— Chandon	(*Soupert* 1895)	jaune luisant.
1363.	— de Paris	(*Hardy* 1839)	rose clair.
1364.	— de Sembuy	(*Vve Ducher* 1875)	saumon.
1365.	— François de Thun	(*Soupert* 1893)	amarante acajou.
1366.	— G. de Roquette-Buisson	(*Nabonnand* 1877)	rose vif.
1367.	— Henri Plantagenet d'Anjou	(?)	rose de Chine.
1368.	Comtesse Alban de Villeneuve	(*Nabonnand* 1881)	cuivre et rouge.
1369.	— Anna Thun	(*Soupert* 1888)	jaune nuancé.
1370.	— Bardi	(*Soupert* 1896)	jaune cuir.
1371.	— Caroline Radzinski	(*Soupert et N.* 1886)	rose garance.
1372.	— de Bardi	(*Nabonnand* 1900)	jaune canari.
1373.	— de Breteuil	(*Pernet-Ducher* 1892)	rose et jaune.
1374.	— de Brossard	(*Oger* 1863)	canari clair.
1375.	— de Caraman	(*Godard* 1893)	cerise nuancé.
1376.	— de Caserta	(*Nabonnand* 1877)	rouge nuancé.
1377.	— de Grailly	(*Puyravaud* 1895)	blanc et rose argenté.
1378.	— de Leusse	(*Nabonnand* 1878)	rose reflet aurore.
1379.	— de Limerick	(*Nabonnand* 1878)	blanc rosé.
1380.	— de Ménon	(*Liabaud* 1890)	blanc jaunâtre.
1381.	— de Nadaillac	(*Guillot* 1871)	chair et cuivre.
1382.	— de Panisse	(*Nabonnand* 1878)	aurore.
1383.	— de Rosemont Chabot de Lussay	(*Chauvry* 1886)	rose cuivré.

SECTION III. — THÉ

1384.	Comtesse d'Eu	(*Lévêque* 1893)	blanc soufré.
1385.	— de Vitzthum	(*Soupert* 1891)	jaune.
1386.	— de Waranzoff		rose cramoisi.
1387.	— Dusy	(*Soupert* 1894)	blanc.
1388.	— Eugénie de Zogheb	(*Lévêque* 1901)	jaune clair.
1389.	— Eva Starhemberg	(*Soupert* 1891)	jaune crème.
1390.	— Festatics Hamilton	(*Nabonnand* 1892)	rouge nuancé.
1391.	— G. de Clermont-Tonnerre	(*Soupert* 1897)	brique et pêche.
1392.	— Julie Hunyadi	(*Soupert* 1888)	jaune.
1393.	— Laure Saurma	(*Nabonnand* 1900)	rose tendre.
1394.	— Livia Zichy	(*Soupert* 1894)	jaune et rose.
1395.	— O'Gorman	(*Nabonnand* 1892)	rose doré.
1396.	— Olivier de Lorgeril	(*Bernaix* 1900)	rose fleur de pêcher.
1397.	— Ouwaroff	(*Margottin* 1861)	rose ombré.
1398.	— René de Mortemart	(*Godard* 1893)	crème.
1399.	— Théodore Ouwaroff	(*Soupert* 1897)	rose et jaune.
1400.	— Vitali	(*Nabonnand* 1899)	blanc crème.
1401.	Concha Bolin	(*Pries* 1887)	blanc et rose.
1402.	Corinna	(*W. Paul* 1893)	rose et jaune.
1403.	Cornélia Cook	(*Cook* 1855)	blanc lavé jaunâtre.
1404.	Countess of Limerik	(*Nabonnand* 1878)	blanc rosé.
1405.	Curiace	(*Bernède* 1860)	jaune et blanc.
1406.	Curth Schultheis	(*Nabonnand* 1881)	rouge cuivré.
1407.	Dahliensis		rose cuivré.
1408.	Danzille	(*Guillot p.* 1848)	blanc rosé.
1409.	David Pradel	(*Pradel* 1851)	rose lilas.
1410.	Devoniensis	(*Forester* 1838)	blanc jaunâtre.
1411.	Directeur René Gérard	(*Pelletier* 1892)	jaune et rose.
1412.	Docteur Abel Duncan	(*Chauvry* 1899)	blanc pur.
1413.	— Albert Moulonguet	(*Ketten* 1901)	jaune et corail.
1414.	— A. Schlumberger	(*Soupert* 1894)	saumon et rose.
1415.	— Dusillet	(*Reboul* 1890)	saumon bord rose.
1416.	— Eug. Teixeira Leita	(*Ketten* 1899)	rose carminé saumoné.
1417.	— Favre	(*Gamon* 1900)	rouge magenta.
1418.	— Félix Guyon	(*Mari* 1900)	orange abricot.
1419.	— Granvilliers	(*Perny* 1893)	chamois.
1420.	— Grill	(*Bonnaire* 1885)	rose cuivré.
1421.	— Gueillot	(*Ketten* 1901)	carmin foncé.
1422.	— Jules Lisnard	(*Nabonnand* 1883)	rose tendre.
1423.	— Lande	(*Chauvry* 1902)	rose saumoné.
1424.	— Pouleur	(*Ketten* 1897)	aurore et cuivre.
1425.	— Dorothea Soffker	(*Welter* 1900)	blanc jaunâtre.
1426.	Duc de Caylus	(*Vve Schwartz* 1896)	rose lavé jaune.
1427.	— de Grammont	(*Laffay* 1825)	lilas rosé.
1428.	— de Magenta	(*Margottin* 1859)	rose saumon.
1429.	Duchesse de Vallombrosa	(*Nabonnand* 1880)	rose cuivré.
1430.	— Hilda de Bade	(?)	jaune.
1431.	— Marie Salviati	(*Soupert* 1890)	or.
1432.	— Mathilde	(*Vogler* 1861)	blanc verdâtre.
1433.	— Mathilde Rosa		rose.
1434.	Duchess of Edinburgh	(*Nabonnand* 1874)	rouge lilas.
1435.	Dulce Bella	(*Benett* 1890)	rose cuivré.
1436.	Édouard Gautier	(*Pernet-Ducher* 1894)	jaune.
1437.	Édouard Littaye	(?)	rose carmin.
1438.	Édouard Pailleron	(*Nabonnand* 1897)	groseille carminé.

Parterre de rosiers rampants (*Madame Jules Gravereaux*).

SECTION III. — THÉ

1439. Édouard Von Ladé. . . . . (Soupert 1895). . . . . . rose et jaune.
1440. Élaine Greffulhe . . . . (Cochet 1899) . . . . . . blanc centre soufre.
1441. Élisa Fugier. . . . . (Bonnaire 1890). . . . . blanc et jaune.
1442. Élisa Reboul . . . . (Nabonnand 1880). . . . blanc.
1443. Élisabeth Barbenzien. . . ., ... (Stammler 1883). . . . . jaune.
1444. Élise Heymann . . . . (Strassheim 1891). . . . jaune cuivré.
1445. Ella May . . . . (May 1890) . . . . abricot.
1446. Émilie Gonin . . . . (P. Guillot 1896) . . . . or bordé rose.
1447. Emmanuel Geibel. . . . . , ... (Hedlund 1897) . . . . . jaune d'or.
1448. Empress Alexandra of Russia. . . . (W. Paul 1897). . . . . rouge saumon.
1449. Enchantress. . . . . (W. Paul 1896). . . . . crème et chamois.
1450. Enfant de Lyon. . . . . (Avoux 1859). . . . . . jaune.
1451. Erbprinzessin Marie von Ratibor . . . (Türke 1893) . . . . . . rouge et jaune.
1452. Ernestine Tavernier . . . . (Pradel 1861). . . . . . chamois.
1453. Ernest Metz. . . . . (Guillot et fils 1888) . . rose nuancé.
1454. Erzherzog Franz Ferdinand . . . . . (Soupert 1893) . . . . . rouge et jaune.
1455. Esther Pradel. . . . . (Pradel 1861). . . . . . chamois.
1456. Ethel Brownlow . . . . (Dickson 1888) . . . . . rose saumoné.
1457. Étendard de Jeanne d'Arc . . . . . . (Garçon 1883). . . . . . crème.
1458. Étoile d'Angers. . . . . (Tesnier 1890) . . . . . cuivre et pêche.
1459. Étoile Polaire. . . . . (Tesnier 1891). . . . . . jaune rose et rouge.
1460. Eugène Meynadier . . . . (Nabonnand 1884). . . . violet.
1461. Eugène Patette . . . . (Nabonnand 1883). . . . rouge violacé.
1462. Eugénie Desgaches . . . . (Plantier 1835) . . . . . rose tendre.
1463. E. V. Kessel-Statt. . . . . (Lambert 1898). . . . . carmin brillant.
1464. Exadelphé. . . . . (Nabonnand 1885) . . . jaune.
1465. Fata Morgana. . . . . (Droegmüller 1893). . . rose satiné.
1466. Fiametta Nabonnand. . . . . (Nabonnand 1894). . . . blanc, rose et jaune.
1467. Flora Nabonnand. . . . . (Nabonnand 1877). . . . rose cuivré.
1468. Florence de Colquhoune. . . . . . . (Nabonnand 1880). . . . rouge lilas.
1469. F.-L. Segers. . . . . (Ketten 1899). . . . . . écarlate, rose et crème.
1470. F.-M. dos Santos Vianna. . . . . . (Nabonnand 1881). . . . rose lilas.
1471. Francisca Pries. . . . . (Pries 1888). . . . . . . rose saumoné.
1472. Francis Dubreuil . . . . (Dubreuil 1894). . . . . rouge nuancé.
1473. Françoise de Kerjegu. . . . . (Lévèque 1894) . . . . . blanc lavé rose.
1474. Frau Geheimrat von Boch. . . . . . (Lambert 1898). . . . . cerise et jaune.
1475. Frau Thérèse Glück . . . . (Glück 1896). . . . . . . rouge centre rose.
1476. Frères Soupert et Notting . . . . . . (Level 1871). . . . . . . rose de Chine.
1477. Frl Halske . . . . (?   ) . . . . hortensia rose incarnat.
1478. Fürst Bismarck. . . . . (Droegmüller 1888). . . jaune d'or.
1479. Fürstin Bismarck. . . . . (Droegmüller 1888). . . cerise.
1480. Fürstin von Hohenzollern Infantin . . (Brauer 1898). . . . . . lilas fond jaune.
1481. Fusion. . . . . (Croibier 1901) . . . . . jaune chamois.
1482. Garden Robinson. . . . . (Nabonnand 1901). . . . rouge carminé pourpré.
1483. Général D. Mertschansky . . . . . . (Nabonnand 1890). . . . carné.
1484. — Galliéni . . . . (Nabonnand 1899). . . . rouge ponceau.
1485. — Tartas . . . . (?   ) . . . . cramoisi.
1486. Georges Schwartz . . . . (Vve Schwartz 1899). . . jaune canari.
1487. Gigantesque. . . . . (Odier 1849). . . . . . rose frais.
1488. Gloire de Deventer. . . . . (Soupert 1897) . . . . . crème et rose.
1489. Gloire de Puy d'Auzun. . . . . (Nabonnand 1894). . . . carmin.
1490. Gloire des cuivrées. . . . . (Tesnier 1889). . . . . . cuivré, reflets vineux.
1491. G. Nabonnand. . . . . (Nabonnand 1888). . . . rose et jaune.
1492. Golden Gate . . . . (Dingee 1891). . . . . . crème et or.
1493. Goldquelle . . . . (P. Lambert 1899). . . . jaune d'or et rouge.

1494.	Goubault	(*Goubault* 1843)	rouge centre aurore.
1495.	Gracieuse	(*Perny* 1888)	rose et saumon.
1496.	Gd-Duc hérit' Guillaume de Luxembourg.	(*Soupert* 1892)	saumon nuancé.
1497.	— Pierre de Russie	(*Perny* 1895)	rose.
1498.	Gde-Dsse A. de Luxembourg	(*Soupert* 1892)	jaune tendre.
1499.	— Anastasie	(*Nabonnand* 1899)	rose foncé doré.
1500.	— héritière A. M. de Luxembourg.	(*Soupert* 1895)	rose et jaune.
1501.	— héritière Hilda de Bade	(*Soupert* 1892)	nankin.
1502.	— Olga	(*Lévêque* 1896)	crème.
1503.	Graziella	(*Dubreuil* 1893)	rose pâle.
1504.	Grossherzogin Mathilde	(*Vogler* 1861)	blanc verdâtre.
1505.	Guillot		rose.
1506.	Gustave Nadaud	(*Soupert* 1889)	vermillon nuancé.
1507.	Hardy		rose tendre.
1508.	Harry Laing	(*Soupert* 1895)	rose et aurore.
1509.	Hatchik Effendi	(*Ketten* 1897)	jaune pêche.
1510.	Hélène Puyravaud	(*Puyravaud* 1893)	jaune et carmin.
1511.	Héloïse Mantin	(*Lévêque* 1895)	jaune nuancé.
1512.	Helvetia	(*Ducher* 1873)	saumon.
1513.	Henri Lecocq	(*Ducher* 1872)	rose et jaune.
1514.	Henri Meynadier	(*Nabonnand* 1885)	rose.
1515.	Henri M. Stanley	(*Dingee* 1891)	rose et abricot.
1516.	Henriette Thiel	(*Ketten* 1899)	jaune de Naples.
1517.	Henry Bennett	(*Level* 1872)	rose et jaune.
1518.	Hermance Louisa de la Rive	(*Nabonnand* 1882)	carné.
1519.	Herzogin M. von Ratibor	(*Lambert* 1898)	crème.
1520.	Homère	(*Robert, Moreau* 1858)	rose centre carné.
1521.	Honorable Edith Gifford	(*Guillot f.* 1882)	blanc centre carné.
1522.	Hortus Tolosanus	(*Brassac* 1881)	blanc jaunâtre.
1523.	Hovyn de Tronchère	(*Puyravaud* 1899)	rouge fond or.
1524.	H. Plantagenet, comte d'Anjou	(*Tesnier* 1892)	rose de Chine.
1525.	Hyménée	(*Hardy*)	jaune clair et or.
1526.	Impératrice Eugénie	(*Pradel* 1853)	jaune soufre.
1527.	Impératrice Maria Feodorowna	(*Nabonnand* 1884)	jaune et rose.
1528.	Innocente Pirola	(*Vve Ducher* 1878)	blanc teinté.
1529.	Isaac Demole	(*Nabonnand* 1895)	carmin liséré blanc.
1530.	Isabelle Rivoire	(*Dubreuil* 1897)	rose saumon.
1531.	Ivory	(*Dingee-Conard* 1901)	blanc ivoire.
1532.	Janet Lord	(*Nabonnand* 1899)	rose de Chine.
1533.	Jaune d'Or	(*Oger* 1863)	or et cramoisi.
1534.	J.-B. Varonne	(*Guillot et f.* 1889)	rose et jaune.
1535.	Jean André	(*Pelletier* 1893)	or.
1536.	Jean Ducher	(*Vve Ducher* 1874)	jaune nuancé.
1537.	Jeanne d'Arc	(*Ducher* 1870)	jaune clair.
1538.	Jeanne de Nègre	(*Perny* 1888)	rose saumone.
1539.	Jeanne Forgeot	(*Forgeot, Tardy* 1897)	jaune et rose.
1540.	Jeanne Massop	(*Nabonnand* 1879)	blanc carné.
1541.	Jeanne Naudin	(*Nabonnand* 1879)	rose.
1542.	Jenny Dauzac	(*Reboul* 1891)	jaune clair.
1543.	Joao Borges Vieira	(*Ketten* 1900)	rouge cuivre.
1544.	Joseph Métral	(*Bernaix* 1889)	magenta nuancé.
1545.	Joseph Raby		rose.
1546.	Joséphine Dauphin	(*Liabaud* 1896)	blanc et jaune.
1547.	Jules Bourquin	(*Chauvry* 1892)	jaune et lilas.
1548.	Jules Finger	(*Vve Ducher* 1880)	rouge et jaune.

SECTION III. — THÉ

1549. Julie Mansais. . . . . (*Mansais* 1834) . . . . . crème.
1550. J. Vandermerch-Merstens . . . . (*Nabonnand* 1881). . . . blanc jaunâtre.
1551. Kaiser Wilhelm. . . . . (*Droegmüller* 1889). . . rose et jaune.
1552. Kaiserin Augusta. . . . . (*Soupert* 1879) . . . . . jaune nuancé.
1553. Kaiserin Augusta. . . . . (*Else* 1872) . . . . pourpre.
1554. Karl Maria von Weber. . . . . (*Türke* 1893) . . . . . . carmin fond jaune.
1555. Katharine G. Waren . . . . (*Bernaix* 1895) . . . . . cramoisi pur.
1556. Krimhilde. . . . . (*Droegmüller* 1893). . . cramoisi et rose.
1557. La Caleta. . . . . (*Pries* 1893). . . . . . . saumon.
1558. La Chanson. . . . . (*Nabonnand* 1890). . . rose nacré.
1559. Lachskonigin. . . . . (*J.-C. Schmidt* 1900). . . saumoné.
1560. Lady Castlereagh. . . . . (*Dickson* 1888) . . . . . rose jaune.

Rosiers rampants et hautes tiges, greffés en plusieurs variétés.

1561. Lady Dorothea . . . . (*Amérique*) . . . . jaune et rose.
1562. — Mary Corry. . . . . (*Dickson* 1901) . . . . . jaune d'or.
1563. — Stanley . . . . (*Nabonnand* 1887). . . . lilas et jaune.
1564. — Warander. . . . . (*Clary Syl.* 1888) . . . . blanc jaune.
1565. — Zoë Brougham . . . . (*Nabonnand* 1886). . . . chamois.
1566. La Grandeur . . . . (*Nabonnand* 1878). . . . rose violet.
1567. La Lune. . . . . (*Nabonnand* 1878). . . . crème.
1568. L'Ami Boisset. . . . . (*Puyravaud* 1898). . . . rouge reflet jaune.
1569. La Mignonne. . . . . (*Nabonnand* 1879). . . . carné.
1570. La Nuancée. . . . . (*Guillot f.* 1876) . . . . saumon.
1571. La Princesse Véra . . . . (*Nabonnand* 1878). . . . blanc cuivré.
1572. Laure de Fénelon. . . . . (*Nabonnand* 1884). . . . rouge.
1573. Laurette. . . . . (*Robert* 1854) . . . . . . jaune saumon.
1574. Le Bignonia. . . . . (*Level* 1873) . . . . or.
1575. Le Florifère. . . . . (*Ducher* 1872) . . . . . . saumon.

1576.	Le Nankin	(Ducher 1871)	jaune nankin.
1577.	Léon de Bruyn	(Soupert 1896)	jaune.
1578.	Léon XIII	(Soupert 1893)	jaune pur.
1579.	Léonie Osterrieth	(Soupert 1893)	blanc et jaune.
1580.	Léontine Laporte	(Pradel 1855)	chamois.
1581.	Le Pactole	(Miellez 1847)	jaune.
1582.	Le Soleil	(Dutreuil 1891)	jaune pâle.
1583.	Letty Coles	(Keynes 1876)	rose tendre.
1584.	Louis Barlet	(Vve Ducher 1876)	blanc saumoné.
1585.	Louis de Lapoyade	(Puyravaud 1899)	blanc et carmin.
1586.	Louis Gigot	(Ducher 1871)	blanc lavé rose.
1587.	Louis Gontier	(Nabonnand 1883)	cramoisi.
1588.	Louis Guillaud	(Nabonnand 1883)	rose et jaune.
1589.	Louis Lévêque	(Lévêque 1894)	jaune et rouge.
1590.	Louis Neyret	(Reboul 1894)	jaune et rose.
1591.	Louis Richard	(Vve Ducher 1877)	rose cuivré.
1592.	Louise Bourbonnaud	(Nabonnand 1892)	rose frais doré.
1593.	Louise de Savoie	(Ducher 1854)	jaune.
1594.	Lucy Carnégie	(Nabonnand 1898)	rose cuivré.
1595.	Ma Capucine	(Levet 1871)	jaune.
1596.	M. Ada Carmody	(W. Paul 1898)	rose centre jaune.
1597.	Madame Adolphe Dahair	(J. Puyravaud 1901)	blanc nuancé crème.
1598.	— Albert Bleunard	(Tesnier 1893)	blanc jaunâtre.
1599.	— Albert Patel	(Godard 1893)	blanc et carné.
1600.	— Alexandre Bruel	(Levet 1884)	blanc ivoire.
1601.	— Alexandrine Danowski	(Soupert 1894)	jaune et rose.
1602.	— Amadieu	(Pernet père 1880)	carmin et blanc.
1603.	— Angèle Jacquier	(Veyssel 1890)	rose strié.
1604.	— Anthérieu Périer	(Vve Schwartz 1899)	rose saumon cuivré.
1605.	— Anthoine Mari	(Anthoine Mari 1900)	rose panaché de blanc.
1606.	— Anthoine Rébé	(Laperrière 1900)	rouge vif étincelant.
1607.	— Antony Choquens	(Bernaix 1900)	rouge amarante.
1608.	— Auguste Guillaud	(Guillaud 1900)	rouge pourp. amarante.
1609.	— Augustine Bardiaux	(Lévêque 1893)	jaune et rose.
1610.	— Badin	(Croibier 1897)	carmin violet.
1611.	— Barillet Deschamps	(Bernède 1853)	blanc et jaune.
1612.	— Barthélémy-Levet	(Levet 1879)	jaune.
1613.	— Benoît Desroches	(Nabonnand 1877)	rose cuivré.
1614.	— Benoît Rivière	(Liabaud 1891)	abricot.
1615.	— Berkeley	(Bernaix 1899)	saumon lavé rose.
1616.	— Bernède	(Bernède 1856)	rose cuivré.
1617.	— Bessonneau	(Mor. Rob. 1891)	jaune clair.
1618.	— Blachet	(Boyeau 1859)	rose hortensia.
1619.	— Bonnet Aymard	(Pernet 1875)	blanc centre jaune.
1620.	— Bonnet des Claustres	(Reboul 1891)	crème.
1621.	— Borriglione	(Nabonnand 1895)	rose cuivré.
1622.	— Bravy	(Guillot père 1846)	blanc rosé.
1623.	— Brémont	(Guillot père 1846)	pourpre.
1624.	— Camille	(Guillot fils 1871)	aurore veiné.
1625.	— Carnot	(Pernet père 1893)	blanc jaunâtre.
1626.	— Caro	(Levet 1880)	saumon.
1627.	— Catherine Fontaine	(Liabaud 1896)	rose et crème
1628.	— Cécile Berthod	(Guillot f. 1871)	jaune.
1629.	— Célina Noirey	(Guillot f. 1868)	saumon.
1630.	— Chabanne	(Liabaud 1896)	jaune et crème.

SECTION III. — THÉ

1631.	Madame	Charles Franchet.	(Liabaud 1894)	rose et jaune.
1632.	—	Chavaret.	(Levet 1872).	jaune nankin.
1633.	—	Claire Jaubert.	(Nabonnand 1887).	jaune brique.
1634.	—	Claudius Gaze.	(Godard 1894).	rose satiné.
1635.	—	Clémence Marchix	(Bernaix 1899)	cochenille et rose.
1636.	—	C. Liger.	(R. Berland 1899).	rose tendre.
1637.	—	C.-P. Strassheim	(Soupert 1898)	jaune pâle.
1638.	—	Crombez.	(Nabonnand 1882).	jaune nuancé.
1639.	—	Croz Cini	(Ketten 1901).	carmin blanc.
1640.	—	Damaizin	(Damaizin 1858).	saumon.
1641.	—	Daru.	(Morlet 1858).	rose vif nuancé.
1642.	—	de Chalonge.	(Miellez 1847).	jaune.
1643.	—	Dellespaul.	(Vve Schwartz 1886).	blanc jaunâtre.
1644.	—	de Loisy.	(Buatois 1900).	rose saumoné.
1645.	—	de Moidrey	(Vve Schwartz 1896).	carmin et saumon.
1646.	—	de Narbonne	(Pradel 1872).	jaune cuivré.
1647.	—	Denis.	(Gonod 1872).	blanc rosé.
1648.	—	Derepas-Matrat.	(Buatois 1897).	jaune et carmin.
1649.	—	de Reynies	(Pradel).	blanc.
1650.	—	de Saint-Joseph.	(? 1846)	saumon clair.
1651.	—	de Selves.	(Levêque 1902).	jaune clair.
1652.	—	Désir Vincent.	(Chauvry 1896).	jaune, rose et violet.
1653.	—	de Tartas.	(Bernède 1859).	rose clair.
1654.	—	de Vatry.	(Guérin 1855).	rose foncé.
1655.	—	Docteur Jutté.	(Levet 1872).	jaune grenade.
1656.	—	Dorgère.	(Tesnier 1890).	carné.
1657.	—	Dubroca.	(Nabonnand 1882).	rose tendre.
1658.	—	Ducher.	(Ducher 1869).	jaune.
1659.	—	Durand	(Mor. Rob. 1890)	jaune cuivré.
1660.	—	Durieu.	(Godard 1889).	rose.
1661.	—	Edmond Cavaignac.	(Pradel)	rose glacé.
1662.	—	Édouard Helfenbein.	(Guillot 1893).	chamois.
1663.	—	Élie Lambert.	(Lambert 1890).	incarnat fond blanc.
1664.	—	Élisa Stchegoleff.	(Nabonnand 1881).	rose clair.
1665.	—	Élise Reboul.	(Reboul 1887).	blanc et jaune.
1666.	—	Émilie Vloeberghs	(Soupert 1889).	rose et jaune.
1667.	—	Ernest Perrin.	(Vve Schwartz 1900)	abricoté nuancé jaune.
1668.	—	Ernestine Verdier.	(Perny 1894)	rose nuancé.
1669.	—	Errera.	(Soupert 1899).	jaune saumoné.
1670.	—	Eugène Verdier.	(Levet 1882).	chamois.
1671.	—	Fanny Pauwels.	(Soupert 1885)	jaune.
1672.	—	Fayolle	(Levêque 1900)	rose de Chine.
1673.	—	François Brassac.	(Nabonnand 1884).	rouge vif.
1674.	—	François Janin	(Levet 1872).	or.
1675.	—	Frédéric Daupias.	(Chauvry 1899).	jaune lavé rose.
1676.	—	Freulon.	(Moreau 1892).	blanc rosé.
1677.	—	Gaillard.	(Ducher 1870).	saumon.
1678.	—	Gaston Allard.	(Cailleau 1893).	blanc jaunâtre.
1679.	—	Georges Bouland.	(Levêque 1894)	or.
1680.	—	Georges Durrschmitt.	(Pelletier 1894).	rose nuancé.
1681.	—	Georges Halphen.	(Levêque 1900)	saumoné.
1682.	—	Gevelot	(Levêque 1897)	saumon nuancé.
1683.	—	G. Mazuyer.	(Vve Schwartz 1899)	jaune crème.
1684.	—	Grenville Gore Langton	(Nabonnand 1896).	rose cuivré.
1685.	—	Gustave Henry.	(Buatois 1900)	rose vif cuivré.

SECTION III. — THÉ

1686.	Madame	H. de Potworowska	(Bernaix 1899)	amarante nuancé rose.
1687.	—	Henri Berger	(J. Bonnaire 1901)	rose de Chine.
1688.	—	Henri de Vilmorin	(Nabonnand 1881)	jaune reflet jaune.
1689.	—	Henri Graire	(Lévêque 1895)	chamois et rose.
1690.	—	Henri Gréville	(Tesnier 1892)	jaune et rose.
1691.	—	Hippolyte Jamain	(Guillot f. 1869)	blanc jaunâtre.
1692.	—	Hoste	(Guillot f. 1877)	blanc jaunâtre.
1693.	—	Husson	(Reboul 1899)	blanc or et chamois.
1694.	—	Isabelle Gomel-Pujos	(Ketten 1902)	rouge laque.
1695.	—	Jacqueminot		blanc jaune.
1696.	—	Jacques Charreton	(Bonnaire 1898)	blanc saumoné.
1697.	—	Jean André	(Pelletier 1894)	rose foncé.
1698.	—	Jean Bansillon	(Godard 1893)	jaune paille.
1699.	—	Jeanne Cuvier	(Nabonnand 1887)	hortensia.
1700.	—	Jessie Fremont	(Dingée 1891)	rose chair foncé.
1701.	—	Joseph Godier	(Pernet-Ducher 1887)	rose et jaune.
1702.	—	Joseph Halphen	(Margottin 1858)	aurore.
1703.	—	Joseph Laperrière	(Laperrière 1899)	rose de Chine.
1704.	—	Jules Cambon	(Bernaix 1889)	carmin nuancé.
1705.	—	Jules Graveraux	(Soupert et Notting 1900)	jaune chamois.
1706.	—	Jules Janin		orange cuivré.
1707.	—	Jules Margottin	(Levet 1871)	rose et jaune.
1708.	—	Jules Siegfried	(Nabonnand 1894)	carné.
1709.	—	la Générale Gourko	(Soupert 1892)	rose soyeux.
1710.	—	Lombard	(Lacharme 1877)	rose.
1711.	—	la Princesse de Radziwill	(Nabonnand 1886)	rouge cuivré.
1712.	—	Laurent Simons	(Lévêque 1894)	rose et jaune.
1713.	—	Lehardelay	(Oger 1852)	jaune.
1714.	—	Léon Février	(Nabonnand 1883)	carné.
1715.	—	Léon de Saint-Jean	(Levet 1875)	lilas et saumon.
1716.	—	Longeron	(Schmitt 1889)	jaune vif.
1717.	—	Louis Gaillard,	(Liabaud 1892)	blanc et jaune.
1718.	—	Louis Gravier	(Gamon 1896)	saumon et rose.
1719.	—	Louis Laurans	(Bonnaire 1894)	rouge feu.
1720.	—	Louis Patry	(Tesnier 1891)	rose onglet jaune.
1721.	—	Louis Poncet	(P. Guillot 1900)	rouge capucine.
1722.	—	Louise Mulson	(Lévêque 1897)	blanc soufré.
1723.	—	Lucien Duranthon	(Bonnaire 1899)	blanc crème saumon.
1724.	—	Lucien Linden	(Soupert 1897)	jaune centre capucine.
1725.	—	Lucile Coulon	(Schwartz 1899)	carné teinté d'aurore.
1726.	—	Marguerite Large	(Nabonnand 1886)	rose et jaune nuancé.
1727.	—	Marie Calvat	(Dubreuil 1899)	groseille et blanc.
1728.	—	Marie Pavic	(Nabonnand 1888)	rose reflet blanc.
1729.	—	Marthe Dubourg	(Bernaix 1890)	blanc lavé carmin.
1730.	—	Martin Cahuzac	(Lévêque 1892)	jaune et rose.
1731.	—	Maurice Kuppenheim	(Vve Ducher, 1877)	jaune cuivré.
1732.	—	Maurin	(Guillot p. 1850)	blanc rosé.
1733.	—	Max Singer	(Soupert 1883)	jaune nuancé.
1734.	—	Mélanie Villermoze	(Lacharme 1846)	crème.
1735.	—	Molin	(Liabaud 1893)	carné jaune.
1736.	—	Moreau	(Mor. Rob. 1889)	jaune et abricot.
1737.	—	Mulson	(Bernaix 1895)	jaune nuancé.
1738.	—	Nabonnand	(Nabonnand 1878)	carné.
1738bis.	—	Niphetos	(Bougère 1843)	blanc.
1739.	—	Ocker Ferencz	(Bernaix 1892)	jaune et rose.

SECTION III. — THÉ

1740. Madame	Olga.............	(*Lévêque* 1889)	jaune nuancé.
1741. —	Pauline Labonté........	(*Pradel* 1852).......	saumon.
1742. —	Pelisson............	(*Brosse* 1891).......	citron clair.
1743. —	Perny.............	(*P. Nabonnand* 1879). .	jaune safran
1744. —	Perrier.............	(*Perrier* 1897).......	jaune.
1745. —	Ph. Cochet..........	(*Sc. Cochet* 1887)....	rose clair
1746. —	Pierre Guillot........	(*Guillot* 1883).......	jaune et rose.
1747. —	Ramet.............	(*Levet p.* 1886)	rose de Chine.
1748. —	Raphaël de Smet	(*Nabonnand* 1885)...	rose foncé.
1749. —	Rémond............	(*Lambert* 1882)......	jaune.
1750. —	René Gérard.........	(*P. Guillot* 1897)	citron bord capucine.
1751. —	Renée de Saint-Marceau.	(*P. Guillot* 1899)	jaune carminé.

Pergola de rosiers sarmenteux (*Reine Marie-Henriette*).

1752. Madame	Rose Romarin.........	(*Nabonnand* 1888)....	rouge et jaune.
1753. —	Roussin............	(*Nabonnand* 1888)....	jaune chrome.
1754. —	Scipion Cochet	(*Bernaix* 1887)	rose et jaune pur.
1755. —	Simon..............	(*Mor. Rob.* 1890)....	jaune.
1756. —	Solignac............	(*Schmidt* 1889)	crème.
1757. —	Sougeron	(*Schmidt* 1889)	jaune très vif.
1758. —	Teyssier............	(*Pernet p.* 1876).....	saumon.
1759. —	Th. Cattier..........	(*Bernard* 1900)......	jaune serin.
1760. —	Thérèse Deschamps.....	(*Nabonnand* 1888)....	rouge reflet blanc
1761. —	Thirion.............	(*Puyravaud* 1894)...	rose nuancé.
1762. —	Tixier	(*Tixier* 1886).......	rose tendre.
1763. —	Trievoz	(*Vve Schwartz* 1894) . .	jaune nuancé.
1764. —	Tronel.	(*Oger* 1876)........	carmin jaunâtre.
1765. —	Vermorel	(*Anthoine Mari* 1901). .	rose et jaune cuivré.

1766.	Madame Von Siemens	(Nabonnand 1895)	carné.
1767.	— Welche	(Vve Ducher 1878)	jaune et rose.
1768.	— Madeleine d'Aoust	(Bernaix 1890)	chamois.
1769.	— Madeleine de Garnier des Garets	(Buatois 1899)	rose cuivré.
1770.	— Madeleine Guillaumez	(Bonnaire 1892)	saumon.
1771.	— Mademoiselle Adeline Outrez	(Nabonnand 1889)	jaune et rose.
1772.	— Amanda	(Lartay 1861)	cerise.
1773.	— Anna Chartron	(Vve Schwartz 1896)	crème et carmin.
1774.	— Anna Viger	(Puyravaud 1901)	jaune nuancé de rose vif
1775.	— Annette Gamon	(Godard 1889)	carné et rose.
1776.	— Antonia Decarli	(Level 1874)	jaune.
1777.	— Antonine Veysset	(Veysset 1894)	jaune et rouge.
1778.	— Cécilie Sergent	(Weber 1899)	blanc crème teinté.
1779.	— Christine de Nouë	(Guillot f. 1890)	pourpre nuancé.
1780.	— Claire Merle	(Nabonnand 1895)	rose tendre.
1781.	— Claudine Perreault	(Lambert 1885)	rose.
1782.	— Clothilde Perreau	(Vigneron 1863)	rose pâle nuancé.
1783.	— Denise de Reversaux	(Lévêque 1894)	blanc et jaune.
1784.	— Élisabeth de Grammont	(Cl. Levet 1885)	rose et jaune.
1785.	— Élisabeth Monod	(Liabaud 1897)	carné saumon.
1786.	— Émilie Wlœberghs	(Soupert 1889)	jaune paille.
1787.	— Emma Vercellone	(Schwartz 1902)	rouge cuivré.
1788.	— Francisca Krüger	(Nabonnand 1879)	jaune et rose.
1789.	— Françoise de Kerjégu	(?)	rose argente.
1790.	— Gabrielle Martel	(Level 1874)	rose cuivré.
1791.	— Geneviève Goujon	(Vve Schwartz 1891)	crème et rose.
1792.	— Germaine Molinier	(Vve Schwartz 1896)	abricot et rose.
1793.	— Germaine Raud	(Raud 1894)	blanc.
1794.	— Jeanne Guillaumez	(Bonnaire 1889)	rouge et jaune.
1795.	— Jeanne Philippe	(Godard 1899)	nankin bord carmin.
1796.	— Juliette Doucet	(Bernède 1881)	crème.
1797.	— la Princesse de Bourbon	(Nabonnand 1878)	rose cuivré.
1798.	— Louise Oger	(Lévêque 1895)	blanc jaunâtre.
1799.	— Lucie Chauvin	(Mor. Rob. 1893)	jaune abricot.
1800.	— Lucie Faure	(Nabonnand 1893)	ivoire fonds ambré.
1801.	— Lucie Jolicœur	(Soupert 1896)	rose et carmin.
1802.	— Lucile Laffitte	(Pradel 1861)	saumon.
1803.	— Madeleine Delaroche	(Corbœuf 1890)	carné.
1804.	— Magdeleine Beauvillain	(Beauvillain 1887)	cuivre rose.
1805.	— Marguerite de Thesillat	(Nabonnand 1883)	rouge et jaune.
1806.	— Marguerite Fabisch	(Godard 1889)	rose de Chine.
1807.	— Marguerite Preslier	(Ducher f. 1892)	rouge nuancé.
1808.	— Marie Crépey	(Pernet p. 1894)	jaune et rose.
1809.	— Marie Gagnières	(Nabonnand 1879)	jaune et rose.
1810.	— Marie-Thérèse Molinier	(Vve Schwartz 1896)	rose fond jaune.
1811.	— Marie Van Houtte	(Ducher 1871)	rose et jaune.
1812.	— Onofrio	(Ketten 1900)	rose carminé.
1813.	— Polonie Bourdin	(Oger 1854)	saumon.
1814.	— Rachel	(Damaizin 1860)	blanc verdâtre.
1815.	— Yvonne Gravier	(Bernaix 1894)	jaune crème.
1816.	Magonette	(Soupert 1884)	rose et jaune.
1817.	Mai Fleuri	(Tesnier 1892)	blanc.
1818.	Maid of Honour	(Paul et Sons 1899)	rose foncé.
1819.	Maman Cochet	(Scipion Cochet 1892)	rose et saumon.
1820.	Maman Cochet blanche	(Cook 1898)	blanc.

SECTION III. — THÉ

1821. Maman Loiseau............ (Buatois 1899)...... jaune crème.
1822. Marcelin Roda............ (Ducher 1873)...... blanc et jaune.
1823. Maréchal Bugeaud......... (Hort. 1843)...... rose et chamois.
1824. Maréchal Robert.......... (Vve Ducher 1875)... blanc pur.
1825. Margherita di Simone...... (P. Guillot 1893).... jaune et rose.
1826. Marguerite............... (Guillot 1869)...... rouge.
1827. Marguerite de Fénelon..... (Nabonnand 1883).... rose soufré.
1828. Marguerite Ketten......... (Ketten 1897)...... pêche or jaune.
1829. Marguerite Marchais....... (Nabonnand 1879).... cuivre ref. rouge.
1830. Maria-Christina, reine d'Espagne... (Perny 1894)...... ponceau.
1831. Maria Duckhardt.......... (Ketten 1897)...... blanc et rouge.
1832. Maria Scholtz............ (Pries 1891)...... rose foncé.
1833. Mariano Vergara.......... (P. Guillot 1893).... magenta et vermillon.
1834. Marie Bret............... (Nabonnand 1899).... chamois centre rose.
1835. Marie-Caroline de Sartoux... (Nabonnand 1881)... blanc pur.
1836. Marie de Beaux........... (Guillot 1846)...... blanc rose carné.
1837. Marie d'Orléans.......... (Nabonnand 1883).... rose vif.
1838. Marie Ducher............. (Ducher 1869)...... rose clair.
1839. Marie Guillot............ (Guillot f. 1874).... blanc verdâtre.
1840. Marie Husser............. (Nabonnand 1887).... rouge carné foncé.
1841. Marie Jaillet............. (Vve Ducher 1879)... rose.
1842. Marie Lambert............ (Lambert 1887)...... blanc pur.
1843. Marie-Louise Oger........ (Lévêque 1896)...... blanc et jaune.
1844. Marie Maid. of Honour..... (Haffmeister 1899)... rose œillet foncé.
1845. Marie Opoix.............. (Schwartz 1874)...... blanc jaunâtre.
1846. Marie Soleau............. (Nabonnand 1895).... rose argenté.
1847. Mariette de Besobrazoff.... (Nabonnand 1879)... carmin et cuivre.
1848. Marion Dingée............ (Cook 1894)...... carmin brillant.
1849. Marquès de Aledo......... (Nabonnand 1899).... rubis noir fond doré.
1850. Marquis de la Garde....... (Chauvry 1896)...... rouge violet.
1851. — de Sanina............. (Vve Ducher 1876)... jaune cuivré.
1852. Marquise de Chaponnay.... (Bernaix 1897)...... saumon onglet carné.
1853. — de Forton............. (Charreton 1889).... jaune et rose.
1854. — de l'Aigle............. (Lévêque 1902)...... blanc centre rose.
1855. — de Querhoënt.......... (Godard 1902)...... rose de Chine.
1856. Mary Cory............... (A. Dickson 1901).... jaune d'or foncé.
1857. Mathilde................. (Granger 1877)...... blanc.
1858. Mansais................. (Mansais 1838)...... jaune rose clair.
1859. Max Buntzel.............. (Soupert 1899)...... rose fond pêche.
1860. May Rivers............... (Rivers 1899)...... crème.
1861. Médéa................... (W. Paul 1891)...... citron.
1862. Mélanie Oger............. (Oger 1851)...... blanc centre jaune.
1863. Mériame de Rothschild..... (P. Cochet 1897).... rose.
1864. Meta.................... (Al. Dickson 1899)... fraise teinté jaune.
1865. Mirabile................. (?)...... jaune aurore.
1866. Mirabilis................ (Boyeau)...... jaune.
1867. Miss Agnès C. Sherman.... (Nabonnand 1901)... rose tendre brillant.
1868. — Ethel Brownlow........ (Dickson 1887)...... rouge et jaune.
1869. — Katerine G. Warren.... (Bernaix 1894)...... carmin nuancé.
1870. — Lizzie................ (Nabonnand 1887)... blanc et saumon.
1871. — Marston.............. (Pries 1890)...... rose et jaune.
1872. — May Paul............. (Levet 1862)...... rouge et lilas.
1873. — Wenn................. (Guillot et f. 1890).. rose de Chine.
1874. — Wilmott.............. (W. Paul)...... rouge cuivré.
1875. Mistress Edward Mawley.... (A. Dickson 1901)... carmin et saumon.

SECTION III. — THÉ

1876. Mistress James Wilson . . . . (*Dickson* 1889) . . . . . citron bord rose.
1877. — John Taylor . . . . (*Bennett* 1887) . . . . . . rosaline.
1878. — Mirabel Gray . . . . (*Nabonnand* 1894) . . . carmin foncé.
1879. — Pierpont-Morgan . . . . (*Dingée* 1896) . . . . . . cerise nuancé.
1880. — R.-B. Cant . . . . (*Anglais* 1901) . . . . . rose vif.
1881. — Reynols Hole . . . . (*Nabonnand* 1901) . . . rose pourpre foncé.
1882. — S. Treseder . . . . (*Paul et Sons* 1889) . . . jaune citron.
1883. Moiret . . . . (*Moiret* 1843) . . . . . . jaune et rose.
1884. Monseigneur Touchet . . . . (*Corbœuf* 1895) . . . . blanc crème.
1885. Monsieur Aimé Colcombet . . . . . , . . (*Bernaix* 1891) . . . . . carmin rose et blanc.
1886. — Albert Patel . . . . (*Godard* 1895) . . . . . brique nuancé.
1887. — Chabaud de Saint-Mandrier . (*Nabonnand* 1883) . . . pourpre foncé.
1888. — Curth Schultheis . . . . (*Nabonnand* 1891) . . . rouge cuivré.
1889. — Dorier . . . . (*Croibier* 1897) . . . . . carmin.
1890. — Édouard Littaye . . . . (*Bernaix* 1891) . . . . . carmin nuancé.
1891. — François Ménard . . . . (*Tesnier* 1892) . . . . . cramoisi.
1892. — Furtado . . . . (*Laffay* 1866) . . . . . . jaune.
1893. — Pierre Mercadier . . . . (*Ducher f.* 1892) . . . . jaune et rose.
1894. — Pierre Migron . . . . (*Chauvry* 1899) . . . . . jaune chamois.
1895. — Tillier . . . . (*Bernaix* 1891) . . . . . carmin et brique.
1896. Mont Rosa . . . . (*Ducher* 1873) . . . . . . aurore.
1897. Muriel Graham . . . . (*Dickson* 1896) . . . . . crème et rose tendre.
1898. Mystère . . . . , . . . (*Nabonnand* 1878) . . . rose nuancé.
1899. Namenlose Schoene . . . . (*Deegen* 1886) . . . . . blanc.
1900. Nancy Lee . . . . (*Bennett* 1879) . . . . . rose vif.
1901. Nankin nouvelle . . . . nankin.
1902. Narcisse . . . . (*Avoux* 1859) . . . . . . jaune.
1903. Nathalie Imbert . . . . (*Nabonnand* 1884) . . . saumon.
1904. Noël Jourdain . . . . (*Preslier* 1901) . . . . jaune clair.
1905. Olympe Frecinay . . . . (*Damaizin* 1861) . . . . blanc jaunâtre.
1906. Papa Gontier . . . . (*Nabonnand* 1883) . . . carmin vif.
1907. Paul Ginouillac . . . . (*Puyravaud* 1902) . . . . blanc carné.
1908. Paul Nabonnand . . . . (*Nabonnand* 1878) . . . hortensia.
1909. Pauline Plantier . . . . (*Plantier* 1835) . . . . . blanc.
1910. Pearl Rivers . . . . (*Dingée* 1890) . . . . . . blanc ivoire.
1911. Pellonia . . . . (*Touvais* 1874) . . . . . crème.
1912. Perfection de Montplaisir . . . . (*Level* 1871) . . . . . . jaune.
1913. Perle de Feu . . . . (*Dubreuil* 1893) . . . . . jaune cuivré.
1914. Perle de la Thuringe . . . . jaune abric. omb. rouge.
1915. Pilar Domedel . . . . (*Pries* 1891) . . . . . . rose vif.
1916. Pink Perle des Jardins . . . . (*Nantz* 1891) . . . . . . rose.
1917. Préfet Monteil . . . . (*Bernaix* 1902) . . . . . jaune canari.
1918. Président . . . . (*W. Paul* 1860) . . . . . rose.
1919. Président de Lestrade . . . . (*Puyravaud* 1892) . . . . ponceau et ardoise.
1920. Primerose Dame . . . . (*Bennett* 1887) . . . . . jaune et rose.
1921. Prince Esterhazy . . . . (*Hardy* 1840) . . . . . . pourpre violet.
1922. — Hussein Kamil Pacha . . . . (*Soupert* 1893) . . . . . aurore.
1923. — Riffaut . . . . (*Nabonnand* 1888) . . . rose transparent.
1924. — Théodore Galitzine . . . . . (*Ketten* 1899) . . . . . or très vif.
1925. — Wassiltchikoff . . . . (*Nabonnand* 1874) . . . rouge et carmin.
1926. Princesse Adélaïde . . . . (*Hardy* 1840) . . . . . . jaune pâle.
1927. — Alice de Monaco . . . . . . (*Weber* 1894) . . . . . . crème teinté.
1928. — Béatrix . . . . (*Bennett* 1888) . . . . . jaune doré.
1929. — de Bassaraba de Brancovan . (*Bernaix* 1891) . . . . . rose et jaune.
1930. — de Bourbon . . . . (*Nabonnand* 1877) . . . rose cuivré.

SECTION III. — THÉ

1931. Princesse de Hohenzollern. . . . . . . (*Nabonnand* 1886) . . . rouge éblouissant.
1932. — de Monaco. . . . . (*Dubreuil* 1892). . . . . jaune et rose.
1933. — de Naples. . . . . (*Gaetano* 1897) . . . . . rose pâle fond crème.
1934. — de Sagan. . . . . (*Dubreuil* 1887). . . . . rouge nuancé.
1935. — de Sarsina . . . . (*Soupert* 1891) . . . . . jaune et rose.
1936. — de Venosa . . . . (*Dubreuil* 1895). - . . . jaune rosé.
1937. — Étienne de Croy. . . . . . . (*Ketten* 1899). . . . . . rose de Chine.
1938. — Hélène du Luxembourg. . . . . crème.
1939. — Ma . . . . (*Ketten* 1899). . . . . . crème blanc rosé.
1940. — Marguerite d'Orléans . . . . (*Nabonnand* 1891) . . . rose nuancé.
1941. — Marie de Roumanie . . . . . (*Soupert* 1895) . . . . . blanc et rose.
1942. — Mathilde . . . . (?) . . . . . . blanc pur.
1943. — N. Troubetskoï. . . . . (*Ketten* 1899). . . . . . or brillant écarlate.
1944. — Olga Altieri . . . . (*Lévêque* 1897) . . . . . jaune verdâtre.
1945. — Radziwill. . . . . (*Nabonnand* 1886) . . . rouge cuivré.
1946. Pr^{sse} Stéphanie et Archiduc Rodolphe. (*Levet* 1881). . . . . . . jaune saum. orange.
1947. Princesse Théodore Ouvaroff . . . . rose tendre.
1948. — Thérèse Thurn et Taxis. . . (*Soupert* 1897) . . . . . rose reflet rouge.
1949. — Vera. . . . . (*Nabonnand* 1878) . . . blanc cuivré.
1950. Princess of Wales . . . . (*Bennett* 1882) . . . . . jaune rosé.
1951. Principessa di Napoli. . . . . (*Brauër* 1899). . . . . . rouge fond crème.
1952. Prinzessin Egon von Ratibor. . . . . (*Geissler* 1897) . . . . . rouge sang.
1953. — Luise von Sachsen . . . . (*Zemisch* 1898) . . . . . carné pourpre.
1954. Professeur Ganiviat. . . . . (*Perrier* 1900) . . . . . rouge feu.
1955. Queen Olga of Grèce. . . . . (*W. Paul* 1900). . . . . rose d'œillet.
1956. Queen Victoria. . . . . (*Labruyère* 1872). . . . rose tendre.
1957. Rainbow. . . . . (*Sievers* 1889). . . . . . rose panaché.
1958. Raoul Chauvry . . . . (*Chauvry* 1896). . . . . jaune nuancé.
1959. Régulus. . . . . (*Moreau Robert* 1860). . rose cuivré.
1960. Reichsgraf E. v. Kesselstatt. . . . . (*Lambert* 1899). . . . . carmin fond blanc.
1961. Reine de Portugal . . . . (*Guillot f.* 1868) . . . . jaune cuivré.
1962. — des Belges. . . . . (*Cochet* 1867). . . . . . blanc.
1963. — des Massifs. . . . . (*Levet* 1874). . . . . . . saumon.
1964. — Maria-Christina . . . . . . (*Aldrufeu* 1895). . . . . or et carmin.
1965. — Olga . . . . (*Nabonnand* 1885) . . . rouge cuivré.
1966. René Denis. . . . . (*Denis* 1898). . . . . . . jaune.
1967. Rheingold. . . . . (*Lambert* 1889). . . . . jaune d'or.
1968. Rosaria Castel . . . . (*Pries* 1892). . . . . . . rose nacré.
1969. Rosea Flora. . . . . (*Lemée*). . . . . rose satiné.
1970. Rose d'Évian . . . . (*Bernaix* 1895) . . . . . rose de Chine.
1971. Rose Nabonnand . . . . (*Nabonnand* 1882). . . . rose tendre.
1972. Rose Romarin. . . . . (*Nabonnand* 1888). . . . rouge vif nuancé.
1973. Rubens. . . . . (*Robert* 1859). . . . . . blanc bord rose.
1974. Rubra. . . . . (*Touvais* 1874) . . . . . rouge et blanc.
1975. Rubygold . . . . (*O'Connor* 1891) . . . . jaune et rose.
1976. Sarah Isabelle Gill . . . . (*Gill* 1897) . . . . jaune pêche.
1977. Scipion Cochet . . . . (*Cochet* 1850). . . . . . rosé.
1978. Secrétaire Noé . . . . (*Nabonnand* 1888). . . . rouge vif.
1979. Sénateur Loubet . . . . (*Reboul* 1891) . . . . . rose et jaune.
1980. Shirley Hibbert . . . . (*Levet* 1874) . . . . . . nankin.
1981. Siegfried . . . . (*Droegmüller* 1893). . . saumon.
1982. Smith's yellow . . . . (*Smith* 1834) . . . . . . jaune.
1983. Socrate . . . . (*Moreau Robert* 1858). . rose et abricot.
1984. Sœur Séverin . . . . (*Reboul* 1892). . . . . . blanc soufré.
1985. Souvenir d'Auguste Legros . . . . . (*Bonnaire* 1889). . . . . rouge feu.

1986. Souvenir	de Belicant-Gibey	(J. Bonnaire 1902)	rose frais.
1987. —	de Camille Godde	(Lapresle 1902).	jaune et rose.
1988. —	de Camille Massat	(Puyravaud 1900).	saum. n. de r. pêche.
1989. —	de Catherine Guillot	(P. Guillot 1895).	jaune nuancé.
1990. —	de Clairvaux	(E. Verdier 1890).	rouge onglet jaunâtre.
1991. —	de David d'Angers	(Robert 1856).	rouge violacé.
1992. —	de Douai	(Soupert 1892).	jaune.
1993. —	de François Gaulain	(Guillot 1889).	cramoisi et violet.
1994. —	de Franz Déak	(Perotti 1894).	blanc pur.
1995. —	de Gabrielle Drevet	(Guillot et f. 1884).	saumon nuancé rose.
1996. —	de G. de Saint-Pierre	(Nabonnand 1882).	pourpre.
1997. —	de J.-B. Guillot	(P. Guillot 1897).	capucine et cramoisi.
1998. —	de Jean Ketten	(Ketten 1900).	saumon et lilas.
1999. —	de Jeanne Cabaud	(P. Guillot 1896).	jaune cuivré abricoté.
2000. —	de Jenny Pernet	(Pernet 1863).	carné.
2001. —	de Jules Godard	(Godard 1894).	carné.
2002. —	de Katia-Mertschersky	(Nabonnand 1884).	blanc rosé.
2003. —	de Lady Ashburton	(Ch. Verdier 1890).	jaune cuivré.
2004. —	de l'Amiral Courbet	(Pernet 1885).	rouge vif.
2005. S^r de la P^{sse} Swiatopolk Cretwertinsky.		(Ketten 1901).	blanc orange.
2006. Souvenir	de Laurent Guillot	(Bonnaire 1894).	rose et jaune.
2007. —	de l'Empereur Maximilien	(Moreau Robert 1867).	carmin nuancé.
2008. —	d'Élisa Vardon	(Marest 1854).	jaune bordé rosé.
2009. —	de Ludovic de Talancé	(Pelletier 1892).	blanc jaunâtre.
2010. —	de L.-Xavier Granger	(Godard 1888).	rose cuivré.
2011. —	de Mme A. Henneveu	(Bernaix 1892).	rose et cuivre.
2012. —	de Mme de Sablayrolles	(Bonnaire 1890).	rose abricoté.
2013. —	de Mme Ludmilla Schulz	(Soupert 1894).	rose, blanc et jaune.
2014. —	de Mme L. Weber	(Ketten 1902).	blanc et jaune.
2015. —	de Mme Marie Detrey	(Vve Ducher 1877).	rose saumoné.
2016. —	de Mlle Gourdin	(Nabonnand 1879).	rose tendre cuivré.
2017. —	de Mlle Victor Caillet	(Bernaix 1892).	blanc crème.
2018. —	de ma petite Andrée	(Chauvry 1901).	blanc nacré.
2019. —	d'Émile Peyrard	(Bonnaire 1900).	blanc nacré.
2020. —	de M. Claude Dupont	(Godard 1893).	rose foncé.
2021. —	de Paul Neyron	(Level 1883).	blanc bordé rosé.
2022. —	de Pierre Clémençon	(Pelletier 1894).	rouge nuancé.
2023. —	de Pierre Magne	(Puyravaud 1896).	rose cuivré.
2024. —	de Pierre Notting	(Soupert 1902).	jaune abricoté.
2025. —	de René Bahaud	(Bahaud 1897).	rose et jaune.
2026. —	de Roubaix		rose.
2027. —	d'Espagne	(Pries 1888).	jaune rose et blanc.
2028. —	de Thérèse Levet	(Levet père 1886).	ponceau.
2029. —	de Victor Hugo	(Bonnaire 1883).	rose, jaune et carmin.
2030. —	de William Robinson	(Bernaix 1900).	rose bigarré.
2031. —	du docteur Passot	(Godard 1889).	cramoisi.
2032. —	du général Charreton	(Reboul 1887).	blanc et rose.
2033. —	du père Lalanne	(Nabonnand 1895).	carminé centre doré.
2034. Sulphurea		(W. Paul 1900).	soufre variable.
2035. Sunrise		(G.-W. Piper 1900).	abricoté.
2036. Suzanne Blanchet		(Nabonnand 1885).	carné.
2037. Suzanne Schultheis		(Nabonnand 1879).	jaune.
2038. Sweet little Queen		(?)	jaune.
2039. Sylph		(W. Paul 1895).	blanc et rose.
2040. Sylphide		(Vibert 1838).	carné jaune.

SECTION III. — THÉ

2041. Sylphide . . . . (*Boyeau* 1842). . . . . . jaune et rose.
2042. Tantine . . . . (*Pradel* 1874). . . . . . cerise.
2043. The Bride . . . . (*May* 1886) . . . . blanc paille.
2044. The Noël Jourdain . . . . (*Aimé Preslier* 1901). . jaune clair.
2045. The Queen . . . . (*Dingee* 1889). . . . . . blanc pur.
2046. Thérèse Barrois. . . . . (*Nabonnand* 1894) . . . rose de Chine.
2047. Thérèse Deschamps. . . . . (?) . . . . rouge veiné rose.
2048. Thérèse Franck . . . . (*Mock* 1901). . . . . . . rose f. centre jaune.
2049. Thérèse Gluck . . . . (*O. Gluck* 1896). . . . . rouge rose foncé.
2050. Thérèse Lambert. . . . . (*Soupert* 1887) . . . . . rose et jaune.
2051. Thérèse Welter. . . . . (*Welter* 1891). . . . . . crème et saumon.
2052. The sweet little Queen of Holland . . (*Soupert et Notting* 1898) jaune narcisse.
2053. Thirion-Montauban. . . . . (*Puyravaud* 1892). . . . rose.
2054. Triomphe de Guillot fils. . . . . . . (*Guillot* 1861). . . . . . chair et jaune.
2055.   —   de Luxembourg . . . . . (*Hardy* 1840) . . . . . . rouge feu aurore.
2056.   —   de Milan. . . . . (*Vve Ducher* 1876) . . . blanc et jaune.
2057. Unique . . . . (*Guillot* 1869). . . . . . rose vif.
2058. Unique blanc. . . . . (*Laffay* 1847). . . . . . blanc.
2059. Valentine Altermann. . . . . (*Nabonnand* 1896) . . . blanc pur.
2060. Valentine Gaunet. . . . . (*Nabonnand* 1894). . . . rose clair.
2061. Vallée de Chamonix . . . . (*Ducher* 1872). . . . . . jaune centre cuivré.
2062. Van der Mersch-Mertens. . . . . . . (*Nabonnand* 1881) . . . blanc jaunâtre.
2063. Vicomtesse de Bernis. . . . . (*Nabonnand* 1883). . . . rose tendre.
2064.   —   Decazes. . . . . (*Pradel* 1844) . . . . . . jaune cuivré.
2065.   —   de Chaffaud . . . . (*Reboul* 1891). . . . . . cuivré.
2066.   —   de Grassin. . . . . (*C. Levrard* 1900). . . . rose panaché.
2067.   —   d'Harcourt. . . . . (*Lévêque* 1899). . . . . . rose aurore.
2068.   —   R. de Savigny . . . . . . (*P. Guillot* 1900) . . . . rose de Chine.
2069. Victor Pulliat. . . . . (*Ducher* 1872). . . . . . jaune.
2070. Virginia. . . . . (*Dingee* 1894). . . . . . jaune et rose.
2071. Viviand Morel. . . . . (*Bernaix* 1887) . . . . . carmin.
2072. V. Vivo E. Hyjos . . . . (*Bernaix* 1894). . . . . . carmin et saumon.
2073. Waban. . . . . (*Wood* 1891) . . . . . . carmin rosé.
2074. White Bon Silène. . . . . (*Morat* 1884) . . . . . . blanc.
2075. White Bougère . . . . (*Américain* 1899). . . . blanc d'ivoire.
2076. White Catherine Mermet. . . . . . . (*Forrest* 1887). . . . . . blanc.
2077. White maman Cochet . . . . (*Cooling* 1898) . . . . . blanc pur centre rose.
2078. White Pearl. . . . . (*Nanz* 1890). . . . . . . blanc.
2079. Wilhelm Hartmann. . . . . (*Dingee-Conard* 1901) . . carmin.
2080. Ye Primrose Dame. . . . . (*Bennett* 1886). . . . . . jaune et rose.
2081. Zéphir. . . . . (*W. Paul* 1895). . . . . jaune.

N. B. — Pour les *Rosiers Thé sarmenteux*, voir à la IIIe Partie (Collection spéciale de Rosiers sarmenteux.

SECTION III. — HYBRIDES DE THÉ

Race des Rosiers HYBRIDES de THÉ

On donne le nom d'Hybrides de thé aux produits obtenus par le croisement de variétés du R. indica, avec des Hybrides-remontants, et inversement. Les Hybrides de thé possèdent, pour la plupart, des caractères différentiels qu'ils tiennent à la fois du R. de l'Inde et des Hybrides remontants.

La longueur des rameaux varie, depuis quelques décimètres, chez les variétés délicates, jusqu'à plusieurs mètres dans les formes sarmenteuses ; mais ces rameaux portent presque toujours de forts aiguillons droits ou légèrement crochus, qui rappellent à première vue, ceux qui garnissent les branches des Hybrides remontants. L'écorce est assez souvent pourprée d'un côté, de même que l'extrémité des rameaux et les jeunes folioles, lesquelles sont moins rudes que celles des Hybrides remontants, et chez lesquelles on sent l'action directe du R. des Indes.

La floraison des variétés d'Hybrides de thé est très abondante et les fleurs solitaires ou en inflorescence, au plus pauciflores, varient du blanc au rouge, en passant par la rose et même le jaune, chez certaines variétés obtenues pendant le cours des dix dernières années.

La "France", de *Guillot fils* 1867, peut-être la plus ancienne, est certainement la plus belle du groupe.

Plus résistantes au froid que les Thé, certaines variétés sont cependant délicates et doivent être préservées des fortes gelées.

2149. **La France** . . . . (*Guillot fils* 1867). . . . rose et blanc argent.
2150. Abbé André Reitter. . . . . (*Welter* 1900). . . . . chair.
2151. — Millot. . . . . (*Bernard* 1900) . . . . . rose argenté.
2152. Adine . . . . (*P. Guillot* 1897) . . . or rosé.
2153. Adolphe van den Heede . . . . . . (*Welter* 1901). . . . . or cuivré.
2154. Aimée Cochet. . . . . (*Soupert* 1901) . . . . rose pêche.
2155. Alexandre Lemaire. . . . . (*Godard* 1897). . . . . jaune bordé carmin.
2156. Amateur Teyssier. . . . . (*Gamon* 1900). . . . . jaune safran.
2157. American Beauty . . . . (*Henderson* 1886). . . . cramoisi.
2158. American Belle . . . . (*Burton* 1893). . . . . cramoisi.
2159. Antoine Mermet. . . . . (*Guillot fils* 1883). . . . rose, lilas, blanc.
2160. Antoine Rivoire. . . . . (?   ) . . . . rouge vin.
2161. Antoine Rivoire. . . . . (*P. Ducher* 1895) . . . . blanc carn
2162. Antonine Verdier. . . . . (*Jamain* 1872) . . . . . carmin clair
2163. Apotheker Georg Hofer . . . . . . (*Welter* 1900). . . . . . pourpre brillant.
2164. Astra . . . . (*Geschwindt* 1899). . . . carné.
2165. Attraction. . . . . (*Dubreuil* 1886). . . . . carmin nuancé.
2166. Aug. Van de Heede. . . . . (?   ) . . . . jaune cuivre.
2167. Augustine Halem. . . . . (*P. Guillot* 1891) . . . . pourpre.
2168. Aurora . . . . (*William Paul* 1898) . . aurore.
2169. Balduin . . . . (*P. Lambert* 1899) . . . carmin pur.
2170. Baron M. de Lostende . . . . (*Puyravaud* 1893). . . . rose violace.
2171. Baronne G. de Noirmont. . . . . . (*Scipion Cochet* 1891). . rose tendre.
2172. Béatrix, comtesse de Buisseret . . . (*Soupert* 1900) . . . . . rose argenté
2173. Beauté de Grange de Héby . . . . (*Ducher* 1890). . . . . . blanc jaune
2174. Beauté Lyonnaise. . . . . (*Pernet Ducher* 1895). . blanc jaune
2175. Beauty of Stapleford . . . . (*Bennet* 1880). . . . . . rose pale
2176. Bedford belle. . . . . (*Laxton* 1884) . . . . . blanc rou
2177. Belle Siebrecht . . . . (*Dickson* 1894) . . . . . rose bril a
2178. Bessie Brown. . . . . (*A. Dickson* 1900). . . . blanc crè e.
2179. Bon Amour . . . . (*Liabaud* 1897) . . . . . carmin b
2180. Bona Weillschott. . . . . (*Soupert* 1889) . . . . . vermeil.
2181. Brunel. . . . . (*J. Pernet* 1900). . . . . rose fle   :her.
2182. Camoens . . . . (*Schwartz* 1881). . . . . rouge fo   e.
2183. Cannes la Coquette. . . . . (*Nabonnand* 1878). . . . rose cuivré
2184. Captain Christy. . . . . (*Lacharme* 1873) . . . . carné t
2185. — Christy blanc . . . . (*Kieffer* 1902). . . . . . blanc.
2186. — Christy panaché. . . . . . . (*Letellier* 1896). . . . . rose str
2187. — Christy rouge . . . . (*Perrier* 1889). . . . . . rouge.
2188. Carmen Silva . . . . (*Heydeker* 1891). . . . . crème c

SECTION III. — HYBRIDES DE THÉ

2189. Chaméléon . . . . (*W. Paul et Sons* 1901). rose pourpre ext. cram.
2190. Charlotte Gillemot . . . . (*P. Guillot* 1894) . . . . blanc ivoire.
2191. Chloris . . . . (*Geschwindt* 1890). . . . cramoisi.
2192. Comte Henri Rignon . . . . (*Pernet Ducher* 1888). . . blanc jaunâtre.
2193. Comtesse de Buisseret. . . . . rose argenté carmin.
2194. Conrad Strassheim. . . . . (*Soupert et Notting* 1902) blanc intérieur rose.
2195. Corallina . . . . (*W. Paul* 1890). . . . . rose vif.
2196. Coronnet . . . . (*Dingée* 1897). . . . . . carmin foncé.
2197. Countess of Caledon . . . . (*A. Dickson* 1879). . . . rose pourpre.
2198. Countess of Pembrocke. . . . . . . (*Bennett* 1882). . . . . . rose satiné.
2199. Daisy . . . . (*A. Dickson* 1899). ; . . fraise teinte jaune.
2200. Danmark . . . . (*Zeiller* 1890) . . . . . . rose clair.
2201. Dawn . . . . (*Paul et Sons* 1899). . . rose tendre.
2202. Directeur Constant Bernard . . . . . (*Soupert* 1887) . . . . . magenta.
2203. Director Graebner-Hofgarten . . . . (?   ) . . . . . jaune orangé cuivré
2204. Distinction . . . . (*Bennett* 1882). . . . . . fleur de pêcher.
2205. Docteur Cazeneuve . . . . (*Dubreuil* 1900). . . . . cramoisi foncé.
2206. — Pasteur . . . . (*Mor. Rob.* 1887) . . . . rose vif.
2207. Duc de Mortemart . . . . (*Godard* 1902). . . . . . rose carmin.
2208. — Engelbert d'Arenberg . . . . (*Soupert* 1899) . . . . . albâtre c. rose.
2209. Duchesse Hedwige d'Arenberg. . . . (*Soupert* 1899) . . . . . rose satiné teinte arg.
2210. Duchess of Albany . . . . (*W. Paul* 1888). . . . . rose foncé.
2211. — of Connaught . . . . (*Bennett* 1880) . . . . . rose argenté.
2212. — of Leeds . . . . (*Mack* 1887) . . . . rose foncé.
2213. — of Portland . . . . (*A. Dickson* 1902). . . . jaune soufre.
2214. — of Westminster . . . . (*Bennett* 1879). . . . . . cerise.
2215. Duke of Connaught. . . . . (*Bennett* 1880). . . . . . cramoisi.
2216. Edmond Deshayes . . . . (*Bernaix* 1902) . . . . . crème centre rose.
2217. Élisabeth von Reuss . . . . (*Soupert* 1901) . . . . . blanc nuancé de rose.
2218. Ellen Willmott . . . . (*Bernaix* 1899) . . . . . incarnat et blanc.
2219. Else Schüle . . . . (*Geissler* 1892) . . . . . cerise transparent.
2220. Erinnerung an Schloss-Scharfenstein. (*Geschwindt* 1892). . . . rouge feu.
2221. Esmeralda. . . . . (*Geschwindt* 1888). . . . rose lilas.
2222. Exquisite . . . . (*W. Paul* 1900) . . . . . cramoisi vif.
2223. Ferdinand Batel. . . . . (*Pernet* 1896) . . . . . . carné jaune.
2224. Ferdinand Jamin . . . . (*Pernet Ducher* 1896) . . rose saumon.
2225. France et Russie . . . . (*Begault Pigni* 1900) . . rouge carmin.
2226. Franz Deegen . . . . (*Hinner* 1901) . . . . . . jaune tendre.
2227. Frau Dr Burghardt . . . . (*Welter* 1900) . . . . . . blanc jaunâtre.
2228. Frédéric Daupias . . . . (*Chauvry* 1900). . . . . blanc crème.
2229. Friedrich Harms . . . . (*Welter* 1901) . . . . . . crème et or.
2230. Gardenia . . . . (*Soupert* 1890) . . . . . blanc gardénia.
2231. Général Henry de Kermartin. . . . . (*Puyravaud* 1902) . . . rose cerise.
2232. Gladys Harkness. . . . . (*Dickson* 1901) . . . . . rose saumoné.
2233. Gloire Lyonnaise . . . . (*Guillot et fils* 1884). . . blanc jaunâtre.
2234. Glush O'Dawn . . . . rose.
2235. Goltfried Keller. . . . . (*Dr Muller* 1902). . . . abricot.
2236. Grace Darling. . . . . *Bennett* 1884) . . . . . crème et rose.
2237. Grand-Duc Adolphe de Luxembourg. (*Soupert* 1892) . . . . . rouge brique.
2238. Grossherzogin Viktoria Melita. . . . (*Lambert* 1897) . . . . . blanc centre jaune.
2239. Gudrum. . . . . (*Jacobs* 1897) . . . . . . rose argenté.
2240. Gustave Regis. . . . . (*Pernet Ducher* 1890). . jaune pâle.
2241. Helen Gould . . . . (*Dingée et Conard* 1900). rose.
2242. Hélène Guillot . . . . (*P. Guillot* 1902) . . . . blanc saumoné.
2243. Henri Brichard . . . . (*Bonnaire* 1891) . . . . . blanc carm. et saum.

SECTION III. — HYBRIDES DE THÉ

2244. Hippolyte Barreau . . . . (*Pernet Ducher* 1893). . rouge orangé.
2245. Hofgarten Director Graebener. . . . . (*Lambert* 1899). . . . . jaune doré.
2246. Honorable George Bancroft. . . . . . (*Bennett* 1880) . . . . . cramoisi nuancé.
2247. Jean Lorthois. . . . . (*Vve Ducher* 1879) . . . rose de Chine.
2248. Jean Sisley. . . . . (*Bennett* 1879). . . . . . rose lilas rouge.
2249. Jeanne Speltinckx . . . . (*Soupert et Notting* 1901) blanc ivoire.
2250. Johanna Sebus. . . . . (*Dr Müller* 1899) . . . . rose cerise.
2251. Johannes Wasselhoft. . . . . (*Welter* 1899). . . . . . jaune.
2252. Joséphine Marot . . . . (*Bonnaire* 1894). . . . . blanc lavé rose.
2253. Joseph Schwartz . . . . (*Vve Schwartz* 1900) . . crème lavé de rose.
2254. Jules Dassonville. . . . . (*Soupert* 1888) . . . . . rose.
2255. Jules Girodit . . . . (*Buatois* 1900) . . . . . rose pêche.
2256. Jules Toussaint. . . . . (*Bonnaire* 1900). . . . . brun fond jaune.
2257. Kaiser-Krone. . . . . , ... (*Welter* 1900). . . . . . rose tendre.
2258. Kaiserin Augusta Viktoria. . . . . . . (*P. Lambert* 1890) . . . blanc.
2259. Kathleen . . . . (*A. Dickson* 1895). . . . rose corail.
2260. Killarney . . . . (*Dickson* 1899) . . . . . rose teinté argent.
2261. Kobold . . . . (*Geschwindt* 1888). . . . cramoisi et violet.
2262. Lady Alice . . . . (*G. Paul* 1888) . . . . . chair.
2263. — Battersea. . . . . (*Amérique* 1901) . . . cramoisi orangé.
2264. — Clanmorris. . . . . (*Dickson* 1901) . . . . . crème.
2265. — Henry Grosvenor. . . . . (*Bennett* 1892) . . . . . rose pâle.
2266. — Mary Fitz-William . . . . (*Bennett* 1882) . . . . . chair.
2267. — Moyra Beauclerc. . . . . (*A. Dickson* 1902). . . . rose reflets argent.
2268. La Favorite. . . . . (*Vve Schwartz* 1900) . . blanc lavé rose.
2269. La Fraîcheur . . . . (*Pernet Ducher* 1891). . blanc et rosé.
2271. La Tosca . . . . (*Vve Schwartz* 1901) . . rose tendre.
2272. Laure Wattinne. . . . . (*Soupert* 1902) . . . . . rose vif.
2273. Léon Robichon . . . . (*Robichon* 1902) . . . . blanc pur.
2274. Liberty . . . . (*Dickson* 1897) . . . . . cramoisi brillant,
2275. L'Innocence. . . . . (*Pernet Ducher* 1897). . blanc pur.
2276. Longworth Rambler . . . . (*Liabaud* 1880). . . . . cramoisi clair.
2277. Louis Liger. . . . . (*R. Berland* 1900). . . . rouge virginal.
2278. Madame Abel Châtenay . . . . (*Pernet Ducher* 1894). . rose nuancé.
2279. — Adolphe Loiseau . . . . (*Buatois* 1897). . . . . . carné.
2280. — Alexandre Bernaix . . . . (*Guillot fils* 1877). . . . . rose liséré blanc.
2281. — Angèle Favre . . . . (*Perny* 1888) . . . . . . rose et saumon.
2282. — Angélique Veysset . . . . (*Veysset* 1890) . . . . . rose strié.
2283. — A. Schwaller . . . . (*Bernaix* 1887) . . . . . rose satiné.
2284. — Augustine Hamont . . . . (*Vigneron* 1897) . . . . chair satiné.
2285. — Bernezat. . . . . (*Puyravaud* 1902). . . . rose argenté.
2286. — Berthe Fontaine. . . . . (*Buatois* 1899). . . . . . rose vif.
2287. — Blondel . . . . (*Veysset* 1900) . . . . . rose vif.
2288. — Cadeau-Ramey . . . . (*Pernet Ducher* 1896). . carné et cuivré.
2289. — Carle. . . . . (*Bernaix* 1887) . . . . . cerise.
2290. — Caroline Testout . . . . (*Pernet Ducher* 1890). . rose strié.
2291. — Charles Monnier . . . . (*Pernet Ducher* 1902). . rose chair.
2292. — Claude Guillemaud . . . . (*Schwartz* 1902). . . . . blanc crème.
2293. — Corbœuf. . . . . (*Corbœuf* 1895). . . . . rouge velouté.
2294. — Cunisset-Carnot. . . . . (*Buatois* 1900) . . . . . rose d'œillet.
2295. — Dailleux. . . . . (*Buatois* 1900) . . . . . rose saumoné.
2296. — de la Collonge . . . . (*Levet* 1889). . . . . . . rose vif.
2297. — de Loeben-Sels . . . . (*Soupert* 1879) . . . . . blanc saumoné.
2298. — Edmée Metz . . . . (*Soupert et Notting* 1901) rose carmin nuancé.
2299. — Émile Metz . . . . (*Soupert* 1893) . . . . . blanc et rose.

SECTION III. — HYBRIDES DE THÉ

2300. Madame Ernest Piard.........	(*Bonnaire* 1887).....	rouge vif argenté.
2301. — Étienne Levet.........	(*Levet* 1878).......	cerise et jaune.
2302. — Eugénie Boullet........	(*Pernet Ducher* 1897)..	rose nuancé jaune.
2303. — Félix Faivre.........	(*Buatois* 1902).....	rose clair.
2304. — Ferdinand Jamain......	(*Ledéchaux* 1875)....	rose vif.
2305. — Frédéric Daupias.......	(*Soupert* 1899).....	rose teinté argent.
2306. — Georges Bénard........	(*Bénard* 1900)......	rose centre jaune.
2307. — Henri.............	(?)....	blanc teinté jaune.

Tonnelle de rosiers sarmenteux (*M*^{me} *de Saucy de Parabère*)

2308. Madame Hermance Conseil.......	(*Chauvry* 1902).....	rose chair.
2309. — Hortense Montefiore.....	(*Soupert* 1899).....	blanc et ocre.
2310. — Jean Favre..........	(*Godard* 1902)......	carmin foncé.
2311. — Jérôme Onof.........	(*Perrier* 1901).....	rouge vif.
2312. — Joseph Bonnaire.......	(*Bonnaire* 1891)....	rose de Chine.
2313. — Joseph Combet........	(*Bonnaire* 1894)....	crème et rose.
2314. — Joseph Desbois........	(*Guillot et fils* 1886)...	saumon.
2315. — J.-P. Soupert........	(*Soupert* 1901).....	blanc lueur jaunâtre.
2316. — Jules Barandon.......	(*Bonnaire* 1901).....	rose de Chine tendre.
2317. — Jules Finger.........	(*P. Guillot* 1893)....	blanc et saumon.
2318. — Jules Girard.........	(*Godard* 1895).....	carné glacé.
2319. — Jules Grolez.........	(*P. Guillot* 1896)....	rose de Chine.

SECTION III. — HYBRIDES DE THÉ

2320. Madame Julie Weidmann . . . . (Soupert 1881) . . . . . rose argenté.
2321. — Léonard Lille . . . . (Nabonnand 1886) . . . . rouge éclatant.
2322. — Marie Croibier . . . . (Croibier 1902) . . . . . rose de Chine.
2323. — Marie Isakof . . . . (Dubreuil 1902) . . . . . jaune abricoté.
2324. — Mina Barbanson . . . . (Soupert 1901) . . . . . rose argenté à l'intér
2325. — Paul Lacoutière . . . . (Buatois 1897) . . . . . jaune bordé carmin.
2326. — Pernet Ducher . . . . (Pernet Ducher 1891) . . . jaune carmin.
2327. — Ravary . . . . (J. Pernet 1899) . . . . jaune orange.
2328. — Robert Garrett . . . . (?) . . . . . rose vif tendre.
2329. — Steffen . . . . (Buatois 1901) . . . . . blanc carné.
2330. — Tony Baboud . . . . (Godard 1895) . . . . . jaune.
2331. — Veuve Ménier . . . . (Vve Schwartz 1891) . . rose nuancé.
2332. — Viger . . . . (Jupeau 1901) . . . . . rose tendre.
2333. Mademoiselle Alice Furon . . . . . . (Pernet Ducher 1895) . . blanc jaunâtre.
2334. — Augustine Guinoisseau . (Guinoisseau 1889) . . . blanc carné.
2335. — Brigitte Violet . . . . . (Level 1879) . . . . . . rose violet.
2336. — de Kerjégu . . . . (Veysset 1900) . . . . . rose argenté.
2337. — de Meux . . . . (Chauvry 1902) . . . . . rose chair.
2338. — Élisa Lemasson . . . . . (Robert) . . . . rose carmin.
2339. — Germaine Caillot . . . . (Pernet Ducher 1887) . . chair et jaune.
2340. — Hélène Cambier . . . . . (Pernet Ducher 1895) . . rose nuancé.
2341. — Pauline Bersey . . . . . (Pernet Ducher 1902) . . blanc crème.
2342. Magnafrano . . . . (Conard 1901) . . . . . rose nuancé.
2343. Maid of the mist . . . . (Bennett 1890) . . . . . blanc.
2344. Mamie . . . . (A. Dickson 1902) . . . rose carmin.
2345. Marguerite Juron . . . . (Dubreuil 1900) . . . . . rose de Chine.
2346. Marguerite Poiret . . . . (Soupert 1902) . . . . . rose de Chine.
2347. Marie Girard . . . . (Buatois 1899) . . . . . blanc saumon.
2348. Marie-Louise Marcenot . . . . (Buatois 1901) . . . . . jaune safran cuivré.
2349. Marie-Louise Poiret . . . . (Soupert 1900) . . . . . rose tendre.
2350. Marie Zahn . . . . (Dʳ Müller 1897) . . . . rose fond jaune.
2351. Marjorie . . . . (Dickson 1895) . . . . . blanc centre rose.
2352. Marquise de Salisbury . . . . (Pernet père 1891) . . . rouge vif velouté.
2353. — J. de la Chataigneraye . . (Soupert 1902) . . . . . blanc argenté.
2354. — Litta de Breteuil . . . . . (Pernet Ducher 1893) . . rose et vermeil.
2355. Ma Tulipe . . . . (Bonnaire 1900) . . . . . rouge cramoisi.
2356. Michael Saunders . . . . (Bennett 1879) . . . . . rose bronzé.
2357. Michel Buchner . . . . (Soupert 1893) . . . . . rose brique.
2358. Mildred Grant . . . . (A. Dickson 1902) . . . blanc argenté.
2359. Miss Ellen Willmott . . . . (Bernaix 1899) . . . . . blanc centre rose.
2360. Mistress Rob. Garret . . . . (Cook 1899) . . . . . . rose tendre.
2361. — W.-C. Whitney . . . . . (J. V. May 1894) . . . . rouge clair.
2362. — W.-J. Grand . . . . . . (A. Dickson 1895) . . . rouge brillant.
2363. Monsieur Bunel . . . . (Pernet Ducher 1899) . . fleur de pêcher.
2364. — Faivre d'Arcier . . . . . (Vve Schwartz 1901) . . rouge carminé.
2365. — Jules Priou . . . . . . (Vve Schwartz 1899) . . rouge et violet.
2366. — Louis Ligier . . . . . . (Berland 1899) . . . . . carmin.
2367. — Tony Baboud . . . . . . (Godard 1895) . . . . . cramoisi reflets feu.
2368. Nymphea Alba . . . . (Droegmüller 1889) . . . blanc satiné.
2369. Palmengarten Director Siebert . . . . (Welter 1899) . . . . . rose fond jaune.
2370. Pan American . . . . (Vve Andersen 1902) . . rose.
2371. Papa Lambert . . . . (P. Lambert 1899) . . . rose pur.
2372. Papa Reiter . . . . (Hinner 1900) . . . . . crème teinté rose.
2373. Paul Marot . . . . (Bonnaire 1892) . . . . . rose de Chine.
2374. Pearl . . . . (Bennett 1879) . . . . . carné.

SECTION III. — HYBRIDES DE THÉ

2375.	Pharisaër	(Hinner 1901)	rose blanchâtre.
2376.	Pierre Cuillerat	(Buatois 1900)	blanc carné.
2377.	Pierre Guillot	(Guillot fils 1879)	rouge éclatant.
2378.	Pierre Wattinne	(Soupert 1902)	rose cerise.
2379.	Preciosa	(Vieweg 1899)	carmin foncé.
2380.	Prince de Bulgarie	(Pernet Ducher 1902)	rose et saumon.
2381.	Princess Bonnie	(Dingée 1897)	cramoisi velouté.
2382.	— May	(W. Paul 1893)	œillet.
2383.	Princesse Impériale du Brésil	(Soupert 1881)	carmin.
2384.	Progress	(Droegmüller 1899)	carmin nuancé jaune.
2385.	Reine Nathalie de Serbie	(Soupert 1886)	incarné centre crème.
2386.	Richard Wagner	(Türke 1892)	jaune et carné.
2387.	Robert Scott	(Scott 1902)	rose clair.
2388.	Rosette de la Légion d'Honneur	(Bonnaire 1897)	incurvé nuancé.
2389.	Rosomane Alix Hugier	(Bonnaire 1894)	blanc et saumoné.
2390.	Rosomane Gravereaux	(Soupert et Notting 1900)	blanc argenté.
2391.	Salmonea	(W. Paul et Sons 1901)	rose centre saumon.
2392.	Shandon	(A. Dickson 1900)	carmin foncé.
2393.	Sheila	(A. Dickson 1895)	rose brillant.
2394.	Souvenir d'Auguste Métral	(Pierre Guillot 1895)	pourpre.
2395.	— de Geneviève Godard	(Godard 1893)	rose de Chine.
2396.	— d'Hélène Gambier	(?)	rose saum. et cuivre.
2397.	— d'Henri Puyravaud	(Puyravaud 1901)	blanc pur.
2398.	— de Jean Ketten	(Ketten 1901)	carmin saumon.
2399.	— de Madame André Theuriet	(L'Hay 1901)	rose panaché.
2400.	— — Camusat	(Bonnaire 1899)	rose carmin.
2401.	— — Ernest Cauvin	(Pernet Ducher 1899)	carné centre jaune.
2402.	— — Eugène Verdier	(Pernet Ducher 1893)	blanc et jaune.
2403.	— — Gaston Menier	(Schwartz 1897)	rouge centre cuivre.
2404.	— — G. Delahaye	(Schwartz 1902)	rouge carmin vif.
2405.	— de Mlle Marie Drivon	(Schwartz 1899)	crème lavé saumon.
2406.	— du Docteur Abel Bouchard	(Chauvry 1901)	blanc porcelaine.
2407.	— du Président Carnot	(Pernet Ducher 1894)	rose et blanc.
2408.	— of Wootton	(Cook 1888)	rouge.
2409.	Tennyson	(W. Paul 1900)	blanc perle.
2410.	The Meteor	(Evans 1887)	cramoisi foncé.
2411.	The Puritan	(Bennett 1886)	blanc jaunâtre.
2412.	Triomphe de Pernet père	(Pernet père 1890)	rouge vif.
2413.	Violoniste Émile Lévêque	(Pernet Ducher 1897)	rose et jaune.
2414.	Viscountess Falmouth	(Bennett 1879)	rouge œillet.
2415.	Viscountess Folkestone	(Bennett 1886)	rose et saumon.
2416.	Weisse Seerose	(Droegmüller 1889)	blanc satiné.
2417.	White Lady	(W. Paul 1889)	blanc.
2418.	Wilhelm Liffa	(Geschwindt 1889)	carmin vif.
2419.	William Askew	(P. Guillot 1902)	rose vif.
2420.	William Francis Bennett	(Bennett 1884)	cramoisi velouté.

N. B. — Pour les *Hybrides de Thé sarmenteux*, voir IIIe Partie (Collection spéciale de Rosiers sarmenteux).

SECTION III. — NOISETTE

Race des ROSIERS NOISETTE

Syn. : R. Noisettiana, *Hort.* : Rosier de Philippe Noisette.

Groupe A. — NOISETTE ORDINAIRES

Arbuste de 1 m. 50 et plus chez les variétés sarmenteuses à **rameaux** vigoureux, vert gai brillant, glabres portant quelques aiguillons forts, presque droits, épars.
Feuilles 7-foliolées, rarement 5-foliolées; **folioles** larges, ovales-lancéolées ou elliptiques-lancéolées, d'un beau vert tendre, glabres sur les deux faces; **stipules** adnées; assez profondément pectinées, comme celles du R. moschata, *Herrm.*, dont est issue cette plante; **serrature** variable, parfois peu accentuée, quelquefois à dents très profondes; **fleurs** nombreuses, souvent réunies en bouquet, de couleur blanc carné chez le type, mais extrêmement variable chez ses variétés; **floraison** très abondante, se prolongeant toute la belle saison **fruits** ovoïdes parfois étroits et allongés.

Le **Rosier Noisette** est un hybride produit par le croisement des R. moschata, *Herrm.* et R.indica, *Lindley*, obtenu en Amérique, probablement par Philippe Noisette, qui l'envoya en France à son frère Louis Noisette en 1814.

Les variétés du R. Noisettiana sont nombreuses aujourd'hui, mais il y a lieu de supposer que beaucoup d'entre elles ont subi un nouveau métissage par l'action du pollen de diverses variétés horticoles.

Quelques variétés de R. Noisette supportent mal nos hivers rigoureux du nord de la France, il est nécessaire de les abriter légèrement.

2500. **Rosa Noisettiana**.......... (*Hort.*)........ blanc carné.
2501. Adèle Pavie............ (*Mor. Rob.* 1858)... blanc centre rose.
2502. Alupka.............. blanc.
2503. America............. (*Page* 1859)...... blanc jaunâtre.
2504. Augusta............. (*Amérique* 1853).... soufre.
2505. Belle Marseillaise....... (*Fellemberg* 1857)... carmin.
2506. Bougainville.......... (*P. Cochet* 1824).... rose bord lilas.
2507. Camelliæflora......... blanc pur.
2508. Caroline Kuster....... (*Pernet p.* 1872).... paille.
2509. Caroline Marniesse..... (*Roeser* 1848)..... carné.
2510. Cinderella........... (*J. Page* 1859)..... saumon.
2511. C. Gaudefroy......... (*J. Bonnaire* 1901).. rose carmin.
2512. Claire Carnot......... (*Guillot f.* 1873)... jaune bl. et rosé.
2513. Clarisse Harlowe...... blanc et rosé.
2514. Claudia Augusta....... (*Damaizin* 1858).... blanc.
2515. Comtesse Georges de Roquette Buisson. (*Nabonnand* 1897)... jaune vif.
2516. Condessa da Foz...... (*Da Costa* 1835).... jaune.
2517. Du Luxembourg....... (*Hardy* 1829)...... rose lilas.
2518. Eugène Mallet........ (*Nabonnand* 1873).. jaune cuivré.
2519. Isis................ (*Robert* 1853)..... blanc.
2520. Jacques Amyot....... (*Varang*)......... rose lilas.
2521. J. Coquereau........ (*Puyravaud* 1900)... jaune vif.
2522. Jeanne Hardy........ (*Hardy* 1859)..... jaune.
2523. L'Abondance......... (*Moreau Robert* 1897). blanc rosé.
2524. Lamarque jaune...... (*Ducher* 1869)..... jaune foncé.
2525. La Ninette........... (*Puyravaud* 1894)... saumon.
2526. L'Idéal............. (*Nabonnand* 1897)... jaune carminé.
2527. Louis Puyravaud...... (*Puyravaud* 1876)... jaune.
2528. Madame Chabaud de Saint-Mandrier. (*Nabonnand* 1891)... rose et chamois.
2529. — Charles Genoud....... (*Godard* 1891).... jaune bord carné.
2530. — Deslongchamps....... (*Lévêque* 1850).... blanc et rose.
2531. — E. Mallet........... (*Nabonnand* 1875).. rose jaune cuivré.
2532. — Gaston Arnouilh...... (*Chauvry* 1899).... blanc et vert.
2533. — Gustave Gossart...... (*Godard* 1889).... rose bordé blanc.

ROSERAIE DE L'HAY

ROSE HORTICOLE

Nº 5518. — Rose à parfum de l'Hay (*L'Hay*, 1901).

2534. Madame Hermann	(Avoux 1861)	saumon et blanc.
2535. — Jules Francke	(Nabonnand 1887)	blanc p. jaune.
2536. — Julie Lasseu	(Nabonnand 1881)	rose feu.
2537. — Louis Blanchet	(Godard 1894)	rose lilas marbré.
2538. — Pierre Cochet	(Sc. Cochet 1891)	jaune strié.
2539. Mademoiselle Élisabeth Marcel	(Chauvry 1901)	jaune chamois.
2540. Marie-Thérèse Dubourg	(Godard 1888)	jaune cuivré.
2541. Napoléon Magne	(Puyravaud 1899)	blanc et jaune.
2542. Octavie	(Vibert 1845)	pourpre velouté.
2543. Ophirie	(Goubault 1841)	abricot cuivré.
2544. Oscar Chauvry	(Chauvry 1900)	rose de Chine.
2545. Philomèle	(Vibert 1844)	carné.
2546. Pourpre	(Laffay 1823)	pourpre clair.
2547. Princesse Marie de Lusignan	(Perny 1888)	jaune.
2548. Reine des Massifs	(Level 1874)	jaune.
2549. Repens	(Noisette 1829)	blanc.
2550. Solfatare	(Lamarque 1843)	soufre.
2551. Souvenir de Madame Ladvocat	(Veyssel 1899)	rose saumon.
2552. Triomphe de Rennes	(Lansezeur 1837)	blanc jaunâtre.
2553. Vicomtesse d'Avesne	(Roëser 1847)	rose tendre.

N. B. -- Pour les *Rosiers Noisette sarmenteux*, voir IIIe Partie (collection spéciale des Rosiers sarmenteux).

Groupe B. — HYBRIDES DE NOISETTE

Les variations légitimes du R. Noisette sont, croyons-nous, beaucoup plus rares qu'on l'admet généralement et telles formes, comme *Rêve d'Or*, *William Allen*, *Richardson*, etc., etc., considérées *comme variétés*, pourraient bien n'être que des *métis* du R. de Noisette, avec le R. indica. Sans trancher cette question et quoi qu'il en soit, on est convenu de nommer plutôt *Hybrides de Noisette* les produits du R. Noisette croisé avec certains Hybrides remontants.

Chez ces métis, ou pour parler le langage ordinaire, chez ces variétés, les feuilles ont perdu de leur vernis pour prendre des nervures un peu plus saillantes, un parenchyme légèrement plus gaufré ; les rameaux, armés de nombreux aiguillons inégaux, sont souvent moins élancés, rarement sarmenteux (Mme Alfred Carrière).

L'inflorescence conserve chez ces variétés le même mode que chez les Noisette, mais leur bois et leur feuillage les rapprochent légèrement pour la plupart des Hybrides remontants.

Nous croyons que le premier Hybride de Noisette est *Prudence Roëser*, obtenu vers 1840 par M. Roëser à Crécy (Seine-et-Marne).

2554. **Prudence Roëser**	(Roëser 1840)	rose et chamois.
2555. Albanne d'Arneville	(Schwartz 1886)	blanc pur.
2556. Aline Rosey	(Schwartz 1884)	blanc carné.
2557. Anne-Marie Cote	(Guillot f. 1875)	blanc pur.
2558. Ball of Snow	(Henderson 1887)	blanc.
2559. Baronne de Meynard	(Lacharme 1864)	blanc carné.
2560. Boule de Neige	(Lacharme 1867)	blanc pur.
2560bis Comtesse de Galbert		blanc pur.
2561. Coquette des Alpes	(Lacharme 1867)	blanc nuancé.
2562. Coquette des Blanches	(Lacharme 1871)	blanc pur.
2563. Lady Émily Peel	(Lacharme 1862)	blanc lis. carmin.
2564. Louise d'Arzens	(Lacharme 1861)	blanc jaunâtre.

SECTION III. — ILE BOURBON

2565. Lydia	(Geschwindt 1892)	. . .	blanc centre carné.
2566. Madame Alfred de Rougemont	(Lacharme 1862)	. . .	blanc rosé.
2567. — Auguste Perrin	(Schwartz 1878)	. . .	rose nacré.
2568. — Émile Duneau	(Nabonnand 1879)	. . .	aurore.
2569. — Fanny de Forest	(Schwartz 1882)	. . .	blanc saumoné.
2570. — François Pittet	(Lacharme 1877)	. . .	blanc pur.
2571. — Gustave Bonnet	(Lacharme 1864)	. . .	blanc virginal.
2572. Mademoiselle Blanche Durrschmidt	(Guillot f. 1877)	. . .	carné.
2573. Noisette Moschata			blanc rosé.
2574. Olga Marix	(Schwartz 1873)	. . .	blanc nuancé.
2575. Pavillon de Prégny	(Guillot p. 1863)	. . .	rose vineux.
2576. Perfection des Blanches	(Schwartz 1873)	. . .	blanc.
2577. Perle des Blanches	(Lacharme 1873)	. . .	blanc pur.

N. B. — Pour les *Rosiers Hybrides de Noisette sarmenteux*, voir III ̊ PARTIE (Collection spéciale des Rosiers sarmenteux).

Race des ROSIERS de l'ILE BOURBON

Syn.: R. Borboniana, *Red.*; R. canina borboniana, *Th. et Red.*

Groupe A. — ILE BOURBON ORDINAIRES

Cette race possède des variétés de faibles dimensions (Hermosa) et d'autres franchement sarmenteuses (Climbing Souvenir de la Malmaison).

Le type fut introduit en France en 1819, de graines envoyées de l'Ile Bourbon par le directeur des jardins royaux de cette ile, M. Bréon, à son ami M. Jacques, alors jardinier du duc d'Orléans à Neuilly.

On suppose que ce type (trouvé à l'état subspontané à l'ile Bourbon) était le produit d'une fécondation du *R. semperflorens* avec le *R. gallica*, dans sa forme *damascena*. Il atteignait de fortes dimensions.

Rameaux généralement forts, vigoureux, d'un beau vert, pourprés d'un côté, presque toujours glabres, parsemés d'aiguillons forts, droits ou très légèrement crochus.

Feuilles à 5 folioles, rarement 7, rapprochées; **folioles** généralement amples, ovales-arrondies, d'un beau vert, légèrement pourprées sur les bords et *presque toujours incurvées*. **Pédoncules** presque toujours couverts de soies glanduleuses ainsi que le réceptacle et les bords des sépales.

Fleurs de nuances variant du blanc presque pur au rose foncé (il n'en existe pas de jaunes), rarement petites (Hermosa), souvent grandes ou très grandes, réunies par 3 à 6.

Culture. — Ces rosiers se bouturent facilement et vivent longtemps ainsi multipliés; ils résistent bien à nos hivers normaux.

2600. **Rosa Borboniana**	(Redouté 1819)	. . .	blanc rosé.
2601. Abbé Girardin	(Bernaix 1882)	. . .	rose carmin.
2602. Acidalie	(Rousseau 1838)	. . .	blanc rosé.
2603. Adélaïde Bougère	(Rousseau 1852)	. . .	pourpre nuancé.
2604. Adrienne de Cardoville	(Guillot f. 1865)	. . .	rose tendre.
2605. Alba floribunda	(Touvais 1869)	. . .	blanc, jaune et rose.
2606. Alexandre Chomer	(Liabaud 1875)	. . .	pourpre nuancé.
2607. Alexandre Pelletier	(Duval 1891)	. . .	rose velouté.
2608. Aline Pierron	(Guillot f. 1858)	. . .	blanc jaune.
2609. Amédée de Langlois	(Vigneron 1872)	. . .	pourpre.

SECTION III. — ILE BOURBON

2610. Anne-Marie Danloux . . . . (*Vigneron* 1877) . . . . blanc rosé.
2611. Baronne Daumesnil. . . . . (*Thomas* 1863) . . . . . rose.
2612. — de Noirmont. . . . . (*Granger* 1861). . . . . rose tendre.
2613. Beauté séduisante . . . . (*Touvais* 1861) . . . . . rouge vif.
2614. Belle Nanon. . . . . (*Lartay* 1872). . . . . . carmin.
2615. Bouquet de Flore. . . . . (*Bizard* 1839). . . . . . carmin vif.
2616. Bouquet de Vierge . . . . (*Soupert* 1874). . . . . . rose et jaune.
2617. Caroline Riguet. . . . . (*Lacharme* 1857) . . . . blanc rosé.
2618. Céline Gonod. . . . . (*Gonod* 1861) . . . . . . rose satiné.
2619. Césarine Souchet. . . . . (*Verdier* 1843) . . . . . rose tendre.
2620. Charles Souchet. . . . . (*Souchet* 1843). . . . . . carmin foncé.
2621. Charlotte Dandasme . . . . (*Vigneron* 1865). . . . . rose.
2622. Christian IX. . . . . (*Pradel* 1864). . . . . . rose blanc.
2623. Comice de Seine-et-Marne. . . . . . . (*Desprez* 1842). . . . . . rouge vif.
2624. Comice de Tarn-et-Garonne . . . . . . (*Pradel* 1852) . . . . . . rouge luisant.
2625. Comte de Montijo . . . . (*Fontaine* 1853) . . . . . pourpre.
2626. Comtesse de Barbantane. . . . . (*Guillot p.* 1858). . . . . blanc carné.
2627. — de Rocquigny. . . . . (*Vaurin* 1874). . . . . . blanc et saumon.
2628. Desgaches. . . . . (*Desgaches* 1840). . . . carmin.
2629. Deuil du Docteur Raynaud. . . . . . . (*Pradel* 1862). . . . . . cramoisi nuancé.
2630. Deuil du duc d'Orléans. . . . . (*Lacharme* 1845) . . . . pourpre foncé.
2631. Docteur Berthet. . . . . (*Damaizin* 1858). . . . . cerise.
2632. — Brière . . . . (*Vigneron* 1866). . . . . cerise.
2633. — Chopard. . . . . (*E. Verdier* 1890). . . . rose satiné.
2634. — Leprestre . . . . (*Oger* 1852). . . . . . . pourpre velouté.
2635. Duc de Crillon . . . . (*Robert Moreau* 1860). . rouge vif.
2636. Duchesse de Thuringe . . . . (*Guillot p.* 1847). . . . . rose lilas.
2637. Édith de Murat. . . . . (*Ducher* 1858). . . . . . blanc rosé.
2638. Édouard Desfossé . . . . (*Renard* 1840). . . . . . rose.
2639. Émotion. . . . . (*Guillot p.* 1862). . . . . rose saumon.
2640. Émotion. . . . . (*Fontaine* 1879). . . . . saumon.
2641. Eugène Delamarre . . . . (*Gautreau* 1873) . . . . rose tendre.
2642. Eugénie Guinoisseau. . . . . (*Guinoisseau* 1860) . . . rose vif.
2643. Garibaldi . . . . (*Pradel* 1861). . . . . . cerise.
2644. Général Blanchard. . . . . (*Portemer* 1857). . . . . rose lilas.
2645. Georges Cuvier. . . . . (*Souchet* 1843). . . . . . rose carmin.
2646. Gloire d'Étampes. . . . . (*Sanson* 1856). . . . . . pourpre.
2647. Gloire d'Olivet . . . . (*Vigneron* 1886). . . . . rose tendre.
2648. Gourdault. . . . . (*Guillot p.* 1859). . . . . pourpre nuancé.
2649. Giuletta. . . . . (*Laurentius* 1859). . . . blanc carné.
2650. Henri Puyravaud. . . . . (*Chauvry* 1892). . . . . saumon nuancé.
2651. Hermosa . . . . (*Rousseau* 1834). . . . . rose.
2652. Hermosa . . . . (*Marchereau* 1840) . . . rose vif.
2653. Hippolyte Jamin . . . . (*Pradel* 1856) . . . . . . pourpre.
2654. Impératrice Eugénie . . . . (*Plantier* 1855) . . . . . rose pourpre.
2655. Impératrice Eugénie . . . . (*Oger* 1858). . . . . . . rouge.
2656. J.-B.-M. Camm. . . . . (*Paul et Sons* 1900) . . . jaune saumoné.
2657. Julie de Fontenelle. . . . . (*Portemer* 1855). . . . . carmin.
2658. Julie de Loynes . . . . (? 1835) . . . . carné.
2659. Jupiter . . . . (*V. Verdier* 1845). . . . rouge ardoisé.
2660. Kronprinzessin Viktoria von Preussen. (*Volvert* 1888). . . . . . citron clair.
2661. La Gracieuse. . . . . (*Portemer* 1846). . . . . rose vif.
2662. La Pudeur. . . . . (*de Fauw.* 1853). . . . . blanc.
2663. La Quintinie . . . . (*Thomas* 1853) . . . . . ponceau.
2664. Leweson Gower . . . . (*Beluze* 1846) . . . . . . rose nuancé.

2665. Lorna Doone	(W. Paul 1894)	carmin rosé.
2666. Madame Adélaïde Ristori	(Pradel 1861)	cer. ref. cuiv.
2667. — Angelina	(Chanet 1845)	jaune nankin.
2668. — Arthur Oger	(P. Oger 1900)	rose vif.
2669. — Chevalier	(Pernet p. 1886)	rose vif.
2670. — Cornelissen	(Cornelissen 1865)	blanc et rose.
2671. — Cousin	(Margottin 1849)	rose tendre.
2672. — Desprez	(Desprez 1831)	rose.
2673. — Doré	(Fontaine 1863)	rose clair.
2674. — Dubost	(Pernet p. 1891)	carné centre rose.
2675. — Just Detrey	(Detrey 1869)	carmin.
2676. — Letuvé de Colnet	(Vigneron 1887)	lilas et blanc.
2677. — Louis Reydellet	(Laperrière 1897)	rose.
2678. — Luizet G.	(Liabaud 1867)	carmin.
2679. — Massot	(Lacharme 1875)	carné.
2680. — Nancy Dubor	(Pradel)	blanc centre jaune.
2681. — Nérard	(Nérard 1838)	rose chair.
2682. — Soubeyran	(Gonod 1872)	rose vif.
2683. — Souchet	(Souchet 1843)	rose bord rouge.
2684. — Thiers	(Pradel 1874)	rose liséré violet.
2685. — Tripet	(Margottin 1845)	rose tendre.
2686. — Valton	(Nabonnand 1874)	rose.
2687. Madeleine Chomer	(Schwartz 1876)	carné.
2688. Mademoiselle Berthe Clavel	(Chauvry 1891)	jaune et rose.
2689. — Émain	(Pernet p. 1861)	blanc centre rose.
2690. — Félicité Truillot	(E. Verdier 1861)	rose vif.
2691. — Joséphine Guyot	(Touvais 1863)	rouge foncé.
2692. — Marie Drivon	(Vve Schwartz 1887)	rose ponceau.
2693. Mlle Marie-Thérèse de la Devansaye	(Chedane 1895)	blanc pur.
2694. Maréchal du Palais	(Beluze 1846)	rose pâle.
2695. Maréchal de Villars		cramoisi viol.
2696. Marguerite Bonnet	(Liabaud 1864)	carné.
2697. Marianne	(Laffay 1845)	rose.
2698. Marie Joly	(Oger 1860)	carné.
2699. Marie Paré	(Pavie 1880)	carné.
2700. Mistress Bosanquet	(Laffay 1832)	blanc rosé.
2701. Molière	(Mor. Rob. 1858)	rose lilas.
2702. Monsieur Clerc	(Vigneron 1894)	rouge velouté.
2703. Œillet Flamand	(Oger 1866)	rose pan. blanc.
2704. Omer Pacha	(Pradel 1853)	rose tendre.
2705. Oscar Leclerc	(V. Verdier 1846)	cramoisi nuancé.
2706. Parfait		cram., gros. et blanc.
2707. Paul Bestion	(Nabonnand 1879)	cramoisi.
2708. Paul et Virginie	(Oger 1847)	lilas et carné.
2709. Paul Joseph	(Labougre 1842)	pourpre nuancé.
2710. Pauline Bonaparte	(Laffay 1850)	saumon.
2711. Pierre de Saint-Cyr	(Plantier 1838)	rose.
2712. Président de Rochefontaine		rose.
2713. — Gaussen	(Pradel)	carmin.
2714. Prince Albert	(Laffay 1852)	carmin.
2715. — Napoléon	(Pernet p. 1864)	rose vif.
2716. Princesse Impériale Victoria	(Volvert 1897)	citron.
2717. Proserpine	(Lebougre 1841)	carmin velouté.
2718. Queen of Bedders	(Noble 1877)	cerise.
2719. Reine des Iles Bourbon	(Bréon 1834)	saumon jaunâtre.

SECTION III. — HYBRIDES D'ILE BOURBON

2720. **Reine des Vierges** . . . . (*Beluze* 1844) . . . . . rose pâle.
2721. **Reine Hortense**. . . . . (*Fontaine* 1852). . . . . lilas rosé.
2722. **Réveil**. . . . . (*Guillot p.* 1854). . . . cerise et violet.
2723. **Reynier de Toulouse**. . . . . rouge violet.
2724. **Secrétaire Tenant**. . . . . (*Puyravaud* 1895). . . . rouge sang.
2725. **Souvenir de la Malmaison**. . . . . . (*Beluze* 1843). . . . . . chair.
2725bis. — de la Malmaison jaune. . . . (*Volvert* 1808) . . . . . jaune.
2726. — de la Malmaison rose . . . . (*Beluze* 1845) . . . . . rose saumon.
2727. — de la Malmaison rouge . . . (*Gonod* 1832) . . . . . rouge vif.
2728. — de l'Exposition de Londres . (*Guillot p.* 1851). . . . rouge vif.
2729. — de Mme Auguste Charles . . . (*Mor. Rob.* 1866) . . . rose tendre.
2730. — de Madame Bruelle . . . . . (?) . . . . . . rouge clair.
2731. — du Baron de Rothschild . . . (*Crozy* 1868) . . . . . cramoisi.
2732. — du Gange. . . . . (*Faun.*). . . . . lilas.
2733. — du Président Lincoln. . . . . (*Mor. Rob.* 1865) . . . cramoisi.
2734. **Souchet**. . . . . (*Souchet* 1842). . . . . pourpre carmin.
2735. **Toussaint Louverture** . . . . (*Mielles* 1849). . . . . rouge violet.
2736. **Velouté d'Orléans** . . . . (*Dauvesse* 1852). . . . pourpre clair.
2737. **Vicomte Fritz de Cussy** . . . . (*Margottin* 1845) . . . cerise nuancé.
2738. **Victor-Emmanuel**. . . . . (*Guillot p.* 1860). . . . pourpre.
2739. **Vorace**. . . . . (*Lacharme* 1849) . . . cramoisi.

N. B. — Pour les *Ile Bourbon sarmenteux*, voir IIIe PARTIE (Collection spéciale des Rosiers sarmenteux).

Groupe B. — HYBRIDES d'ILE BOURBON, genre Louise Odier.

Arbustes assez vigoureux, formant touffe, très rustiques, très peu sensibles au froid, se distinguant ainsi des autres rosiers de l'Ile Bourbon ; très florifères.
Rameaux lisses, grêles, vert clair, peu ou point armés d'aiguillons ; **feuille** petite et très dentelée ; **fleur** de forme parfaite, coloris du rose très tendre au rouge clair.

2740. **Louise Odier**. . . . . (*Margottin* 1851) . . . . rose tendre.
2741. **Alice Fontaine** . . . . (*Fontaine* 1879). . . . . saumon.
2742. **Angèle Fontaine** . . . . (*Fontaine* 1878). . . . . rose carminé.
2743. **Catherine Guillot**. . . . . (*Guillot fils* 1861). . . rose pourpre.
2744. **Claire Truffaut** . . . . (*E. Verdier* 1888). . . . rose tendre.
2745. **Héroïne de Vaucluse**. . . . . (*Rob. Mor.* 1863) . . . rose velouté.
2746. **Jenny Gay** . . . . (*Guillot* 1865). . . . . . carné.
2747. **Le Roitelet** . . . . (*Soupert* 1868). . . . . rose.
2748. **Louise Margottin**. . . . . (*Margottin* 1862) . . . rose tendre.
2749. **Madame Baron Veillard** . . . . (*Vigneron* 1889). . . . rose lilas.
2750. — Charles Baltet. . . . . (*E. Verdier* 1865). . . . rose tendre.
2751. — Chevrier. . . . . (*Vigneron* 1888). . . . . rose nuancé.
2752. — de Sévigné. . . . . (*Mor. Rob.* 1874). . . . rose.
2753. — de Stella. . . . . (*Guillot p.* 1863). . . . rose tendre.
2754. — Lambert Detrey. . . . . (*Detrey* 1883) . . . . . rose. v. satiné.
2755. — Malherbe . . . . (*Oger* 1853). . . . . . . rose vif.
2756. — Olympe Teretschenko. . . . (*Levêque* 1882). . . . . blanc rosé.
2757. — Pierre Oger. . . . . (*Oger* 1878). . . . . . . blanc bordé rose.
2758. **Madeleine de Vauzelle** . . . . (*Vigneron* 1882). . . . . rose tendre.
2759. **Madeleine Huet**. . . . . chair.

SECTION III. — HYBRIDES D'ILE BOURBON

2760. Mademoiselle Alice Marchand..... (*Vigneron* 1891)..... rose tendre.
2761. — Andrée Worth...... (*Lévêque* 1891)..... blanc rosé.
2762. — Berger........... (*Pernet p.* 1884)..... rose tendre.
2763. — Favart........... (*E. Verdier* 1861).... rose vif.
2764. — Marguerite Chatelain.. (*Vigneron* 1880)..... rose tendre.
2765. — Marie Page....... (*Corbœuf* 1894)..... rose clair.
2766. Marquise de Balbiano.......... (*Lacharme* 1855),.... cramoisi nuancé.
2767. — de Chambon........ (*Gautreau* 1878)..... saumon.
2768. Modèle de perfection.......... (*Guillot* 1859)..... rose satiné.
2769. Perle d'Angers............... (*Mor. Rob.* 1879).... carné.
2770. Petite Amante................ (*Soupert* 1866)...... rose.
2771. Pomponnette................. (*Soupert* 1879)...... rose.
2772. Reine de Castille............. (*Pernet p.* 1863)..... rose.
2773. Reine Victoria............... (*Schwartz* 1872)..... cerise.
2774. Scipion Cochet............... (*P. Cochet* 1841).... rose vif.
2775. Souvenir d'Adèle Launay....... (*Mor. Rob.* 1872).... rouge clair.
2776. — de Madame Bruel....... (*Level* 1889)........ rouge clair.
2777. Vicomtesse du Terrail.......... (*Vigneron* 1883)..... carné tendre.
2778. Victoire Fontaine............. (*Fontaine* 1882)..... rose vif.

Groupe C. — HYBRIDES D'ILE BOURBON

Généralement les catalogues marchands, et même les ouvrages spéciaux, rangent toutes les formes du rosier de l'Ile Bourbon dans une seule classe.

A notre sens, il existe réellement deux races distinctes, affines sans doute, mais séparées cependant l'une de l'autre par des caractères secondaires. Les " Hybrides d'Ile Bourbon" ont certainement une origine, sinon hybride du moins métisse.

Elle est caractérisée par des variétés à **rameaux** très vigoureux, presque sarmenteux, très forts, armés d'aiguillons gros, souvent crochus, par un **feuillage** très ample, enfin par des **fleurs** énormes, le plus souvent rose vif, rouge vineux ou rouge.

Le pollen des R. Thé sarmenteux ne doit pas être étranger à la formation de cette race.

2779. **Cicéron**............... (*Ducher* 1854)...... blanc.
2780. Impératrice Eugénie.......... (*Beluze* 1855)...... rose tendre argenté.
2781. Jules César................ (*E. Verdier* 1865).... cerise.
2782. La Pudeur................. (*Laffay*)........... blanc carné.
2783. Léopold Ier roi des Belges..... (*Van Asche* 1863).... pourpre velouté.
2784. Madame André Duron......... (*Bonnaire* 1887).... rouge clair.
2785. — Aug. Rodrigues........ (*Chauvry* 1897)..... rose glacé.
2786. — Jeannine Joubert....... (*Margottin* 1877).... cerise vif.
2787. — Louis Ricard......... (*Duboc* 1892)...... rose pourpre.
2788. — Wagram, comtesse de Turenne (*Lévêque* 1895)..... rose nuancé.
2789. Mademoiselle Barthet.......... (*Lévêque* 1901)..... blanc rosé chair.
2790. — Juliette Berthaud.... (*Vve Schwartz* 1890).. jaunâtre.
2791. Marguerite Lartay............ (*Lartay* 1873)...... rose vif.
2792. Souvenir d'Anselme........... .... cerise.
2793. — de Louis Gaudin....... (*Trouillard* 1864).... pourpre nuancé.

N. B. — Pour les *Hybrides de Bourbon sarmenteux*, voir IIIe Partie (Collection spéciale des Rosiers sarmenteux).

SECTION III. — BENGALE

2ᵉ Espèce : R. SEMPERFLORENS, Curt.
Syn. : Rosier du Bengale.

Arbustes de 1 mètre, parfois 1 m. 50. **Rameaux** plutôt forts, buissonnants, d'un vert gai, brillant, lisses, sans pubescence, ni glandes, ni soies, armés d'aiguillons peu nombreux, épars, droits ou très peu crochus. **Feuilles** presque toujours 5-foliolées. **Folioles** inégales, la première paire plus petite, *elliptiques-lancéolées*, vert tendre, glabres, à peine légèrement pourprées sur les bords dans leur jeunesse. **Pétioles** armés de petits aiguillons crochus sur la partie inférieure, et de glandes pédicellées sur les deux nervures supérieures. **Fleurs** semi-pleines, réunies par 2 à 5, à corolle petite ou moyenne, se montrant jusqu'aux gelées automnales, grâce à la végétation ininterrompue de cette espèce qui porte presque toujours, à l'automne, des fruits mûrs, des fleurs et des boutons. **Fruits** de forme variable, obconiques, turbinés ou oblongs, impubescents; **sépales** caducs avant la maturité.

Introduit de Chine en 1789.

Culture facile. Multiplication par écussonnage, mais surtout par boutures, qui prennent racines avec une extrême facilité.

Race des Rosiers du BENGALE non sarmenteux
Groupe A. — BENGALE ORDINAIRES

2800.	**Rosa semperflorens**	(*Curtis*)	R. sauvage.
2801.	Abbé Mioland	(1839)	pourpre.
2802.	Alba White		blanc.
2803.	Alexina	(*Beluze* 1854)	blanc jaune.
2804.	Alfred Aubert		carmin clair.
2805.	Alice Hoffmann	(*Hoffmann* 1897)	rose tachée cerise.
2806.	Antoinette Cuillerat	(*Buatois* 1898)	jaune et cuivre.
2807.	Apolline		rose tendre nuancé.
2808.	Archiduc Charles	(*Laffay*)	rose cram. et panachée.
2809.	Aurore	(*Vve Schwartz* 1897)	aurore carminé.
2810.	Baronne Piston de Saint-Cyr	(*Dubreuil* 1902)	incarnat.
2811.	Belle de Monza	(*Vibert* 1840)	pourpre violet.
2812.	Bengale à grandes fleurs	(*L. Noisette*)	rose.
2813.	Bijou de Royat-les-Bains	(*Veyssel* 1891)	rose rouge carmin.
2814.	Blanc unique		blanc centre jaune.
2815.	Blanc de Chine		blanc pur.
2816.	Buret	(1840)	pourpre foncé.
2817.	Camellia rose	(*Prévost*)	rose o. lilas.
2818.	Carmin d'Yebles	(*Desprez* 1839)	carmin vif.
2819.	Catherine II	(*Laffay* 1832)	carné.
2820.	Champion of the World	(*Woodhouse* 1894)	rouge feu.
2821.	Common China	(*Keer* 1789)	rose vif.
2822.	Confucius	(*Laffay* 1838)	rose tendre.
2823.	Cora	(*Vve Schwartz* 1899)	jaune teinté aurore.
2824.	Ducher	(*Ducher* 1869)	blanc.
2825.	Duchesse of Edinburgh	(*Veitch* 1875)	rouge carmin.
2826.	Duke of York	(*W. Paul* 1894)	rose changeant.
2827.	Dunkelrote Hermosa	(*Geissler* 1900)	rouge foncé.
2828.	Élise Flory	(*Guillot* 1851)	rose nuancé.
2829.	Ermite		rose vif.
2830.	Fabvier	(*Laffay* 1832)	rose.
2831.	Frau Syndica Roeloffs	(*P. Lambert* 1899)	jaune brillant.
2832.	Général Labutère		rose vif.
2833.	Hébé		rose.
2834.	Henri V		cramoisi vif.
2835.	Institutrice Moulins	(*Charreton* 1893)	rose carmin.
2836.	Irène Watts	(*P. Guillot* 1896)	saumon.
2837.	James Sprunt	(*Sprunt* 1858)	cramoisi.

2838. Jean Bach-Sisley . . . . (*Dubreuil* 1884) . . . . . rose arg. veiné.
2839. La Neige . . . . (*Reboul* 1894) . . . . . blanc pur.
2840. Le Vésuve . . . . , (*Laffay* 1825) . . . . . rouge veiné.
2841. Madame Eugène Resal . . . . (*P. Guillot* 1895) . . . . rose et jaune.
2842. — Hortense Montefiore . . . . (*Bernaix* 1899) . . . . . rose saumoné.
2843. — Jean Sisley . . . . (*Dubreuil* 1884) . . . . . blanc mat.
2844. — Laurette Messimy . . . . . (*Guillot et f.* 1887) . . . rose et cuivré.
2845. — Morel . . . . rouge clair.
2846. — Pauwert . . . . (*Rambaux* 1876) . . . . blanc saumoné.
2847. Marie Sage . . . . *Dubreuil* 1890 . . . . rose de Chine.
2848. Marie Wolkoff . . . . (*Nabonnand* 1896) . . . cramoisi velouté.
2849. Napoléon . . . . (*Laffay*) . . . . rose taché cramoisi.
2850. Noisette . . . . (*Noisette*) . . . . blanc rosé.
2851. Old Blush . . . . (*Parsons* 1896) . . . . rose pâle.
2852. Old Crimson . . . . (*Evans* 1810) . . . . . cramoisi brillant.
2853. Ordinaire . . . . (*Keer* 1789) . . . . . . rose clair.
2854. Pompon . . . . (*Prévost*) . . . . rose pourpre.
2855. Président d'Olbecque . . . . (*Guérin* 1834) . . . . . cramoisi.
2856. Prince Charles . . . . (*Luxembourg* 1842) . . groseille.
2857. Pumila alba . . . . blanc.
2858. Pumila rosea . . . . rose.
2859. Purpur von Weilburg . . . . (*Jacobs* 1886) . . . . . rose velouté.
2860. Queen Mab . . . . (*W. Paul* 1896) . . . . pêche centre or.
2861. Red Pet . . . . (*G. Paul* 1888) . . . . cramoisi foncé.
2862. Rival de Pœstum . . . . (1863) . . . . . . blanc jaunâtre.
2863. Saint-Prist de Breuze . . . . (*Despres* 1828) . . . . cram. c. rose.
2864. Sanglant . . . . (*Liabaud* 1874) . . . . rose.
2865. Santa Rosa . . . . (*Burbank* 1898) . . . . rose.
2866. Souv^{ir} d'Aimée Terrel des Chênes . . . (*Vve Schwartz* 1899) . . jaune nuancé.
2867. — du centenaire de Lord Brougham (*Nabonnand* 1879) . . . rouge centre lilas.
2868. Thérèse Stravius . . . . blanc rosé.
2869. Triomphe de Gand . . . . (1833) . . . . . . rouge lilacé.
2870. Viridiflora . . . . (*Harrisson* 1856) . . . vert.

N. B. — Pour les *Rosiers Bengale sarmenteux*, voir IIIe Partie (Collection spéciale des Rosiers sarmenteux).

Groupe B. — HYBRIDES DE BENGALE

Ces hybrides forment deux catégories distinctes.

La première est à **rameaux non sarmenteux**, à bois plutôt grêle, à aiguillons souvent peu nombreux, à folioles longuement lancéolées, lorsque l'un des ascendants est une forme dérivée du R. Semperflorens; lorsqu'au contraire, un ascendant est le R. chinensis, les jeunes folioles (ovales lancéolées) et l'extrémité des rameaux sont pourprées.

Le groupe des *Hybrides de Bengale sarmenteux* possède des rameaux d'une grande vigueur, à aiguillons forts, ou très forts, souvent entremêlés de glandes, à folioles longuement lancéolées lorsque la variété dérive du R. semperflorens (ex-R. indica-major) ou à folioles pourprées et à fleurs cramoisies lorsque le R. chinensis est en cause (ex. Malton).

Les styles sont presque toujours libres.

2871. Cerisette . . . . rouge.
2871bis. Chateaubriand . . . . (*Noisette* 1827) . . . . . lilas.
2872. Comte Bobrinsky . . . . (*Marest* 1849) . . . . . carmin.
2873. Comtesse de Lacépède . . . . (*Hort.* 1840) . . . . . . carné.

2873bis. Docteur Jamain	(Jamain 1853)	cramoisi.
2874. Ernestine de Barante	(Lacharme 1843)	rose tendre.
2875. Frances Bloxam	(G. Paul 1892)	rose saumon.
2876. Jeanne Buatois	(Buatois 1902)	blanc.
2876bis. Léonie Verger	(Thomas 1846)	rose vif.
2877. L'Ouche	(Buatois 1901)	rose chair.
2877bis. Mademoiselle Maria Castel	(E. Verdier 1877)	carné.
2878. — Marie Moreau	(Nabonnand 1880)	rose vif.
2878bis. — Thérèse Appert	(Trouillard 1855)	rose.
2879. Nemesis	(Bizard 1836)	cramoisi.
2879bis. Princesse de Joinville	(Verdier 1840)	rose vif.
2879ter. Toujours fleuri	(Cherpin 1856)	violet.

N. B. — Pour les *Rosiers Hybrides de Bengale sarmenteux*, voir IIIe Partie (Collection spéciale de Rosiers sarmenteux).

Race du R. CHINENSIS

Syn. : R. sinensis, *Pronville*. — Bengale pourpre.

Arbuste plus faible dans toutes ses parties, que le R. semperflorens, atteignant difficilement 1 mètre.
Il se différencie du R. semperflorens :
1° Par ses folioles qui sont *ovales lancéolées* et non elliptiques lancéolées ;
2° Par des serratures beaucoup plus profondes et très aiguës ;
3° Par la teinte franchement purpurine des *folioles*, lesquelles sont complètement pourprées en dessous et pourprées sur les bords ;
4° Enfin par des fleurs cramoisies qui, à elles seules, suffiraient pour différencier cette espèce du type de Curtis.

2880. **Rosa chinensis**	(Jacquin 1768)	R. sauvage.
2881. Beau Carmin du Luxembourg	(Hardy)	carmin brillant.
2882. Bengale pourpre	(Vibert 1827)	pourpre foncé.
2883. Cramoisi supérieur	(Coquereau 1832)	cramoisi vif.
2884. Delton		pourpre foncé.
2885. Eugène de Beauharnais	(Hardy 1838)	pourpre.
2886. Louis-Philippe	(Guérin 1834)	pourpre.
2887. Lucullus	(Guinoisseau 1854)	pourpre.
2888. Nabonnand	(Nabonnand 1887)	pourpre velouté.
2889. Prince Eugène	(?)	rouge pourpre.
2890. Sanguin	(Laffay)	pourpre.
2891. Sanguinea		cramoisi.

Race des Rosiers de MISS LAWRENCE

Syn. : R. indica minima, *Curt.* ; R. indica Lawrenceana, *Red.* ; R. semperflorens minima, *Sims.*

Cette race *est une forme aux habitudes naines*. du R. semperflorens. *Curt.*, dont elle possède, réduits à une petite échelle, tous les caractères spécifiques. Chez cette plante, les folioles atteignent difficilement 15 millimètres de longueur, et la foliole impaire 2 centimètres ; la hauteur totale de la plante est rarement de o m. 5o. Introduite de Chine vers 1820 par Swelt.

Même culture que le R. semperflorens. Les fleurs qu'elle produit sont, je crois, les plus petites du genre, si on en excepte celles des R. polyantha nains.

2892. **Rosa Lawrenceana** . . . . (*Redouté* 1821) . . . . . rose.
2893. **Caprice des Dames**. . . . . (*Miellez*) . . . . rose vif.
2894. **de Chartres**. . . . . (*Laffay* 1838). . . . . . rose.
2895. **Double**. . . . . rose vif.
2896. **Double Blanche**. . . . . (*Vibert* 1842). . . . . blanc.
2897. **Gloire des Lawrence**. . . . . (*Hort.* 1837). . . . . . pourpre violet.
2898. **Lawrencia blanc**. . . . . (*Manget* 1827) . . . . . blanc.
2899. **Lawrencia rose** . . . . (*Miss Lawrence*) . . . . rose.
2900. **Pompon ancien**. . . . . (*Hort.* 1839). . . . . . rose clair.
2901. **Pompon bijou**. . . . . (*Miss Lawrence*) . . . . rose clair.
2902. **Pompon de Paris**. . . . . rose.

Section V. — GALLICÆ, Crép.

Espèce unique : R. GALLICA, Linné

Syn. : R. austriaca, *Crantz*; R. pumila, *L. fils* ; Rosier de Provins.

Arbuste de 1 mètre au plus, parfois seulement 0 m. 50.
Rameaux diffus, peu élancés, à écorce d'un vert sombre, souvent brune, et plus ou moins pourprée d'un côté ; armés d'aiguillons nombreux, sétacés, presque droits, entremêlés d'acicules et de glandes pédicellées, parsemés de quelques aiguillons crochus, plus longs et plus forts.
Feuilles généralement 5-foliolées, accidentellement à trois paires de folioles ; **folioles** largement ovales, à sommet arrondi, presque obtus, d'un vert sombre, légèrement gaufrées et d'aspect rude et coriace, souvent pubescentes en dessous, à *serratures* velues et glanduleuses, promptement caduques.
L'aspect général des feuilles et des folioles, ainsi que la forme des rameaux et des aiguillons, se retrouvent plus ou moins modifiés dans les races qui dérivent directement du R. gallica (R. centifolia, R. Portland, etc.).
Fleurs souvent solitaires ou réunies par trois au plus, à corolle très grande, simple dans le type et double ou semi-pleine, chez ses variations légitimes.
Styles libres, souvent saillants ; **sépales** généralement caducs, mais quelquefois persistants.
Fruits ronds ou ovoïdes.
Cette espèce est — comme son nom l'indique — spontanée en France. Elle résiste, ainsi que ses dérivés, aux hivers les plus rigoureux ; elle se multiplie facilement par division des pieds. Ses variétés étaient très à la mode jusqu'au milieu du siècle dernier ; mais la culture en fut abandonnée parce qu'elles ne remontent pas. Quelques belles variétés à fleurs franchement panachées sont encore dans les jardins.

Race des Rosiers de PROVINS

2950.	**Rosa gallica**, *Espèce unique*.	(Linné).	R. sauvage.
2951.	**Adèle Heu**.	(*Vibert* 1816).	rose pourpre.
2952.	**à feuilles de laitue**.		rose.
2953.	**Agar**.	(*Vibert* 1843).	rose foncé ponctué.
2954.	**Aimable Amie**.		rose foncé.
2955.	**Alain Blanchard**	(*Vibert* 1839).	rose panaché.
2956.	**Alcime**.	(*Rob. et Mor.* 1845)	carné purpurin.
2957.	**Anatole de Montesquieu**.	(*Van Houtte* 1860)	blanc.
2958.	**Ariadne**.	(*Vibert* 1828).	pourpre clair.
2959.	**Arlequin**.	(*Paillard* 1837)	rouge mêlé rose.
2960.	**Asmodée**.	(*Vibert* 1849).	rouge clair.
2961.	**Belle des Jardins**.	(*Guillot* 1872).	pourpre violet panaché.
2962.	**Belle Doria**.		lilas cendré.
2963.	**Belle Isis**.	(*Parmentier*).	carné vif.
2964.	**Belle Villageoise**	(*Vibert* 1839).	violet marb. bl.
2965.	**Blanche fleur**.	(*Vibert* 1835).	carné.
2966.	**Blush**.	(*Hooker*).	blanc et rose.
2967.	**Brennus**.	(*Laffay* 1830).	cramoisi.
2968.	**Camaïeu**	(1830)	violet et blanc.
2969.	**Cardinal de Richelieu**		violet et carm.
2970.	**Casimo Ridolphi**	(*Vibert* 1842).	pourpre ponct. cram.
2971.	**Cora**.	(*Savoureux*).	pourpre violet.
2972.	**César Beccaria**.	(*Mor. Rob.* 1870)	bl. ponct. lilas.
2973.	**Charles-Quint**.	(*Mor. Rob.*).	blanc lilas.
2974.	**Château de Namur**.		violet strié.
2975.	**Commandant Beaurepaire**	(*Mor. Rob.* 1874)	rose et pourpre.
2976.	**Comte de Nanteuil**.	(*Quettier* 1852).	pourpre clair.
2977.	— **Foy de Rouen**.	(*Savoureux*)	rose pâle.
2978.	**Comtesse de Murinais**.	(*Robert* 1843).	rose clair.
2979.	**Conditorum**.	(*D' Dieck*).	rose brun.

SECTION V. — PROVINS

2980.	Couleur de Brennus		rouge.
2981.	Cramoisi Picotée	(*Vibert* 1834)	cramoisi.
2982.	des Parfumeurs		rose tendre.
2983.	Dometil Beccard		blanc et rose.
2984.	Double brique		cramoisi vif.
2985.	Down		rose foncé.
2986.	Duc de Valmy		rouge.
2987.	Dumortier		rose.
2988.	Enchanteresse	(*Brux* 1826)	rose clair.
2989.	Esther	(*Vibert* 1845)	rose pourpre.
2990.	Eulalie Lebrun	(*Vibert* 1844)	rose lilas.
2991.	Fanny Essler		rose ponceau.
2992.	Fatime	(*Deschamps* 1820)	rose ponceau.
2993.	Fornarina	(*Vétil* 1826)	pourpre nuancé.
2994.	Fulgens	(*Vibert*)	rose vif.
2995.	Gazella		rouge feu.
2996.	Georges Vibert	(*Robert* 1853)	pourpre ponctué blanc.
2997.	Gil Blas		rose tacheté.
2998.	Grand cramoisi de Vibert	(*Vibert* 1818)	cramoisi.
2999.	Gros Provins panaché		violet, rouge et blanc.
3000.	Hector	(*Parmentier*)	violet.
3001.	Henri Fouquier		rose tendre.
3002.	Hortense de Beauharnais		rose vif.
3003.	Hypathia		rose vif.
3004.	Infanta de Asturias	(*Espagne*)	rouge clair.
3005.	Jean Bart	(*Vibert* 1841)	rose taché.
3006.	Jeanne Hachette	(*Vibert* 1842)	carmin ponctué.
3007.	Juliette	(*Miellez*)	carmin.
3008.	Juno	(*Laffay* 1847)	rose.
3009.	Justine	(*Vibert* 1822)	rose clair.
3010.	La Neige	(*Robert* 1852)	blanc c. vert.
3011.	La plus belle des Panachées		rose strié.
3012.	La Revenante		cerise.
3013.	La Rubannée		pourpre strié.
3014.	Louise Mehul	(*Parmentier*)	bl. centre rose.
3015.	Lycoris		carmin.
3016.	Madame d'Hébray	(*Pradel* 1820)	rose rayé.
3017.	— Saportas		rose vif.
3018.	Mademoiselle Sontag		rose tendre.
3019.	Malesherbes	(*Vibert* 1834)	rouge nuancé.
3020.	Malvina	(*Nardy*)	rose g. de lin.
3021.	Marcel Bourgoin	(*Corbœuf* 1899)	rouge foncé vel.
3022.	Marie Desmontiers		chair.
3023.	Marie Tudor		cerise.
3024.	Mécène	(*Vibert* 1845)	blanc et lilas.
3025.	Mercédès	(*Vibert* 1847)	blanc et lilas.
3026.	Moïse	(*Parmentier* 1828)	rose vif.
3027.	Montalembert	(*Mor. Rob.* 1861)	lilas foncé.
3028.	Mundi Selfcolored		rouge strié.
3029.	Narcisse de Salvandy	(*Van Houtte* 1843)	rouge lis. jaune.
3030.	Néron	(*Laffay* 1841)	cram. m. violet.
3031.	Nouveau Vulcain		violet foncé.
3032.	Nouvelle transparente	(*Miellez* 1835)	cramoisi.
3033.	Œillet double	(*Prévost*)	panaché lilas rosé.
3034.	Œillet flamand	(*Vibert* 1845)	rose bl. et rouge.

3035. Œillet parfait.	(Foulard 1841)	. . . .	lilas et pourp.
3036. Ombrée parfaite.	(Vibert 1823)	. . . . .	pourpre viol.
3037. Omphale.	(Vibert 1845)	. . . . .	rose et ponceau.
3038. Panachée à fleurs doubles.	(Vibert 1839).	. . . .	lilas strié.
3039. Panachée d'Angers.	(Mor. Rob. 1879)	. . .	rose et pourp.
3040. Panachée pleine	(Vibert 1839)	. . . . .	rose ponctué.
3041. Pepita.	(Moreau).	. . . . . .	rose tendre.
3042. Perle des Panachées.	(Vibert 1845)	. . . . .	blanc et lilas.
3043. Phoënix.	(Vibert 1843).	. . . . .	rose et carm.
3044. Pompon.	(Mor. Rob. 1858).	. . .	rose lilas et bl.

Berceau de rosiers grimpants (Rêve d'Or).

3045. Ponctuée	(Mme Hébert 1829)	. . .	rose ponceau.
3046. Président Dutailly	(Dubreuil 1888).	. . . .	cram. nuancé.
3047. Princesse de Nassau.	(Miellez)	. . . .	rose foncé.
3048. Provins ancien	(P. Cochet).	. . . . . .	rose clair.
3049. Reine des Amateurs	(Mme Hébert).	. . . . .	lilas b. pâle.
3050. Royal marbré.	(1851).	. . . . . .	carm. m. rose.
3051. Séguier	(Robert 1853).	. . . . .	pourpre violet.
3052. Sterckmann.		. . . . . .	rose tendre.
3053. Tricolore.	(Lahaye 1827).	. . . . .	pourpre à raies bl.
3054. Tricolore de Flandre.	(Van Houtte 1846).	. . .	rose bl. et v.
3055. Tuscany.		. . . . . .	violet foncé.
3056. Village Maid	(Vibert 1845).	. . . . .	pourpre strié.
3057. Ville de Toulouse.	(F. Brassac 1876).	. . .	rose carmin.
3058. Zenobia.	(Vibert 1837).	. . . . .	rose.

SECTION V. — PARVIFOLIA. — CENT-FEUILLES

Race du R. PARVIFOLIA

Syn. : Petit Saint-François.

C'est une forme aux habitudes naines du R. gallica, dont elle se différencie par sa petite taille (au plus o m. 50), par ses rameaux grêles, ses folioles et ses fleurs minuscules.

En résumé, le R. parvifolia est au R. gallica ce que le R. Lawrenceana est au R. semperflorens, et ce que le Cent-feuilles-Pompon est au R. centifolia.

3058bis.	**Rosa parvifolia**	(Lindley).	R. sauvage.
3059.	Pompon Saint-François blanc		blanc.
3060.	Pompon Saint-François rouge		rouge.
3061.	Pompon Saint-François violet		violet foncé.

Race des Rosiers CENT-FEUILLES

Groupe A. — CENT-FEUILLES ORDINAIRES

Syn. : R. centifolia, L.

Arbuste se rapprochant beaucoup, comme dimensions et aspect général, du R. gallica, dont il provient.

Il se différencie du R. gallica par des **pédicelles** plus longs ; par des **folioles** moins rudes ; par le **calice** qui est visqueux et porte des sépales dressés ; enfin et surtout par des **fleurs** très doubles, pleines, de forme parfaite, penchées vers le sol.

La variété Cent-feuilles "*des peintres*" produit des roses d'une régularité incomparable, d'une forme globuleuse fort belle.

Fleurit une seule fois par an, en juin-juillet.

Les sépales du calice de cette race ont une tendance à présenter des productions particulières.

C'est ainsi que chez le centifolia " Cristata ", la moitié des sépales sont couverts, sur les bords, d'appendices multipartites, plusieurs fois divisés et subdivisés en lamelles étroites, portant des glandes odorantes, production qu'il ne faut confondre avec la mousse des variétés du R. muscosa, autre forme de R. Cent-feuilles à calice couvert de mousse que nous étudierons plus loin.

On suppose que le R. centifolia, L. est originaire d'Asie-Mineure. Il a été trouvé à fleurs doubles dans le Caucase.

3100.	**Rosa centifolia**	(Linné).	R. sauvage.
3101.	Anaïs Ségalas	(Vibert 1837).	cramoisi.
3102.	Bullata		rose vif.
3103.	Cabbage Rose		blanc.
3104.	centifolia alba	(Hort.).	blanc.
3105.	centifolia major	(Hort.).	rose.
3106.	centifolia minor	(Hort.).	rose.
3107.	Cent feuilles (rose-chou)		blanc.
3108.	Common Provence		rose.
3109.	Communis	(Trier).	blanc.
3110.	Cuidad de Oviedo	(Espagne).	rose foncé.
3111.	des Peintres		rose.
3112.	Duc d'Angoulême	(Holl.).	rose foncé.
3113.	Kœningen von Danmarck	(Broot 1899).	carm. foncé.
3114.	La Noblesse	(Soupert 1896).	rose.
3115.	Œillet	(Dupont).	rose strié.
3116.	Ordinaire de Dijon		rose tendre.
3117.	Paysanne		rose.

SECTION V. — CENT-FEUILLES

3118. Petite de Hollande			rose.
3119. Petite rose de mai			rose.
3119bis*Quatre-saisons blanc	(*Laffay*)		blanc.
3120. Rose à feuille de laitue	(?)		rose.
3121. Rose de Puteaux	(*Jamin*)		rose.
3122. Sancta	(*Hort.*)		rose pâle.
3123. Spong	(*Anglais*)		rose lilas.
3124. Tour Malakoff	(*Soupert* 1856)		pourpre.
3125. Unique blanche	(*Grimmwood* 1877)		blanc.
3126. Unique panachée	(*Guillot* 1869)		blanc et rose.
3127. Vierge de Cléry	(*Baron Viellard* 1883)		blanc.
3128. White Provence	(*Grimmwood* 1877)		blanc.
3129. York et Lancastre	(*Miller*)		bl. pan. rose.

Groupe B. — CENT-FEUILLES MOUSSUS non remontants

Syn.: R. muscosa, *Miller*; R. centifolia muscosa, *Hort.*; Rosiers mousseux.

Les caractères de cette race sont exactement ceux du R. centifolia, dont elle se différencie seulement par le **pédoncule**, et surtout le **calice** et les **sépales** qui sont absolument couverts d'un tissu moussu, formé de ramifications innombrables, entremêlées et couvertes de glandes, répandant une excellente odeur lorsqu'on les froisse.

Les variétés du R. centifolia muscosa ne fleurissent généralement qu'une fois l'an. Cependant il en est quelques-unes, récemment créées, qui fleurissent plusieurs fois. C'est pourquoi nous avons divisé les variétés de cette race en deux groupes :
Mousseux non remontants. — Mousseux remontants.

Il est à remarquer que certaines variétés classées comme remontantes, ne remontent pas dans certains terrains.
Toutes ces plantes sont parfaitement rustiques.

3129bis**Rosa muscosa**	(*Hort.*)		R. sauvage.
3130. Adrien Brogniard	(*Robert* 1858)		rose vif.
3131. alba mutabilis	(*Verdier* 1866)		rose nuancé.
3132. Alfred de Delmas	(*Portemer*, 1855)		pourpre carné.
3133. à longs pédoncules	(*L. Noisette*)		cerise.
3134. André Thouin	(*Robert* 1852)		ardoisé centre rouge.
3135. Angélique Quettier	(*Quettier* 1839)		rose lilas.
3136. Aristobule	(*Foulard* 1840)		rouge tendre.
3137. Baron de Wassenaer	(*Verdier* 1853)		rose lilas.
3138. Béranger	(*Vibert* 1849)		rose tendre.
3139. Bicolor incomparable	(*Touvais* 1851)		rose panaché.
3140. Blanche double			blanc pur.
3141. Blanche Simon	(*Rob. et Mor.* 1862)		blanc.
3142. Burgundy			rouge foncé.
3143. Capitaine Basroger	(*Mor. Rob.* 1890)		carmin.
3144. Carné	(*Robin*)		carné.
3145. Catherine de Wurtemberg	(*Vibert* 1843)		rose tendre.
3146. Célina	(*Hardy* 1855)		cramoisi ombré.
3147. centifolia muscosa	(*Miller*)		rose foncé.
3148. Césonie	(*Rob. et Mor.* 1859)		carmin.
3149. Chevreul	(*Mor. Rob.* 1887)		rose vif.

SECTION V. — CENT-FEUILLES

3150.	Colonel Robert Lefort	(E. Verdier 1882)	pourpre violet.
3151.	Common Moss	(Angleterre)	rose.
3152.	Comtesse de Murinais	(Vibert 1843)	blanc.
3153.	— Doria	(Portemer 1854)	cramoisi éclatant.
3154.	Crested Moss	(Kirche 1827)	rose.
3155.	Crimson Globe	(W. Paul 1890)	cramoisi.
3156.	Crimson or Damask	(Angleterre)	rose.
3157.	Cristata	(Vibert 1827)	rose.
3158.	De Candolle	(Portemer)	rose tendre.
3159.	de Meaux	(Sweet 1814)	rose.
3160.	Denis Hélye	(Louis J. 1864)	pourpre violacé.
3161.	Docteur Marjolin	(Rob. Mor. 1860)	rouge luisant.
3162.	Duchesse d'Abrantès	(Robert 1851)	incarnat.
3163.	— de Verneuil	(Portemer 1856)	carné tendre.
3164.	Élisabeth Brow		rose pâle ponct. bl.
3165.	Émeline	(Rob. Mor. 1859)	blanc.
3166.	Etna	(Vibert 1845)	rouge feu.
3167.	Eugène de Savoie	(Rob. Mor. 1860)	rouge vif.
3168.	Eugène Verdier	(E. Verdier 1872)	cramoisi.
3169.	François de Salignac	(Robert 1854)	amarante.
3170.	Général Clerc	(Laffay 1845)	pourpre foncé.
3171.	— Kléber	(Robert 1856)	rose tendre.
3172.	Gewœhnliche Moosrose		rose.
3173.	Gloire des Mousseuses	(Robert 1852)	rose carminé.
3174.	Gloire d'Orient	(Beluze 1856)	rose foncé.
3175.	Gracilis	(Prévost)	rose pâle.
3176.	Henri Martin	(Laffay 1863)	rouge luisant.
3177.	Hortense Vernet	(Mor. Rob. 1861)	rose tendre.
3178.	Jean Bodin	(Vibert 1846)	rose vif.
3179.	Jenny Lind	(Laffay 1845)	rose vif.
3180.	John Cranston	(E. Verdier 1861)	violet rouge.
3181.	John Grow	(Laffay 1846)	pourpre velouté.
3182.	Julie de Mersan	(Thomas 1854)	rose strié.
3183.	Lane	(Robert 1860)	cramoisi.
3184.	Laneii	(Laffay 1846)	cramoisi.
3185.	Little Gem	(W. Paul 1880)	cramoisi.
3186.	L'Obscurité	(Lacharme 1848)	groseille.
3187.	Louis Gimard	(Pernet p. 1877)	rouge vif.
3188.	Louise Verger	(Mor. Rob. 1860)	chair.
3189.	Madame Bouton	(Robert 1851)	rose nuancé.
3190.	— Delarochelambert	(Robert 1851)	amarante.
3191.	— de Staël	(Mor. Rob. 1857)	carné.
3192.	— Soupert	(Mor. Rob. 1851)	cerise.
3193.	Mademoiselle Alice Leroy	(Vibert 1842)	rose.
3194.	— Marie-Louise Bourgeois	(Corbœuf 1890)	blanc.
3195.	Malvina	(V. Verdier 1841)	rose.
3196.	Maréchal Davoust	(Robert 1853)	rouge.
3197.	Marie de Blois	(Robert 1852)	rose lilas.
3198.	Marie de Bourgogne	(Robert 1853)	rouge clair.
3199.	Mercédès	(Vibert 1847)	blanc et lilas.
3200.	Micaëla	(Mor. Rob. 1864)	cerise.
3201.	Mousseux ancien	(Vibert)	cramoisi.
3202.	Mousseux du Japon		rose feu.
3203.	Nuits d'Young	(Laffay 1845)	pourpre marron.
3204.	Œillet panaché	(Ch. Verdier 1888)	rose strié rouge.

SECTION V. — CENT-FEUILLES

3205. Ola Blach. . . . . (*Angleterre*) . . . . . . blanc.
3206. Ordinaire . . . . rose.
3207. Pélisson. . . . . (*Vibert* 1848) . . . . . . cramoisi.
3208. Pourpre du Luxembourg. . . . . (*Hardy*) . . . . pourpre.
3209. Précoce. . . . . (*Vibert* 1843) . . . . . . rouge clair.
3210. Princesse Amélie. . . . . (*Robert* 1851). . . . . . incarnat lilas.
3211. — Bacchiochi. . . . . (*Mor. Rob.* 1866) . . . . rose luisant.
3212. Purpurea rubra. . . . . pourpre.
3213. Quatre-saisons blanc moussu. . . . (*Laffay*) . . . . blanc.
3214. Reine Blanche . . . . (*Rob. et Mor.* 1857) . . . blanc.
3215. Rotrou. . . . . (*Vibert* 1848) . . . . . . lilas rosé.
3216. Sans sépales . . . . (1839). . . . . . carné bordé rose.
3217. Sidonie . . . . (*Vibert* 1845). . . . . . chair.
3218. Sœur Marthe . . . . (*Vibert* 1848) . . . . . . rose centre foncé.
3219. Sophie de Marsilly. . . . . (*Mor. Rob.* 1863). . . . rose brillant.
3220. Soupert et Notting . . . . (*Pernet p.* 1874). . . . . rose et carmin.
3221. Unique . . . . (*Robert* 1852). . . . . . cramoisi nuancé.
3222. Unique de Provence . . . . (1844). . . . . . blanc pur.
3223. Valide. . . . . (*Mor. Rob.* 1857) . . . . rose vif.
3224. Van Dael . . . . (*Laffay* 1850). . . . . . lilas foncé.
3225. Violacée. . . . . (*Soupert* 1876). . . . . . violet.
3226. White Bath . . . . (*Salter* 1810) . . . . . . blanc bordé rose.
3227. William Grow. . . . . (*Laffay* 1859) . . . . . . violet.
3228. William Lobb. . . . . (*Laffay* 1855). . . . . . carmin.
3229. Zaïre . . . . (*Vibert*). . . . . rose foncé.
3230. Zénobia . . . . (*W. Paul* 1892). . . . . rose satiné.
3231. Zoé . . . . (*Pradel* 1861). . . . . . rose.

Groupe C. — CENT-FEUILLES MOUSSUS remontants

Ce groupe n'est, en réalité, qu'un sous-groupe que nous avons créé dans les R. cent-feuilles moussus; ces rosiers ont les mêmes caractères que ceux du groupe précédent.

3232. à longs pédoncules. . . . . (*Robert* 1854). . . . . . rose clair.
3233. Arthur Young. . . . . (*Portemer* 1863). . . . . pourpre velouté.
3234. Blanche Moreau. . . . . (*Mor. Rob.* 1880). . . . blanc.
3235. Capitaine John Ingram. . . . . . . (*Robert*) . . . . pourpre foncé.
3236. Clémence Robert . . . . (*Mor. Rob.* 1863) . . . . rose vif.
3237. Cumberland belle. . . . . (*Dingee* 1901). . . . . . rose.
3238. Delille. . . . . (*Mor. Rob.* 1859) . . . . carné.
3239. Deuil de Paul Fontaine . . . . . . (*Fontaine* 1873). . . . . pourpre nuancé.
3240. Eugénie Guinoisseau . . . . (*Bertrand* 1864). . . . . cerise.
3241. Fornarina. . . . . (*Rob. Mor.* 1861) . . . . carmin luisant.
3242. Général Clerc. . . . . (*Portemer*). . . . . . . ardoisé.
3243. — Drouot. . . . . (*Robert* 1854). . . . . . groseille.
3244. Hermann Kegel. . . . . (*Portemer* 1848). . . . . carmin violet.
3245. Impératrice Eugénie . . . . (*Guillot p.* 1856). . . . . rose luisant.
3246. James Veitch. . . . . (*E. Verdier* 1864). . . . violet ardoisé.

3247.	Jeanne de Montfort.	(Robert 1851).	carné moucheté.
3248.	John Fraser.	(Granger 1861).	rouge v. nu. carm.
3249.	La Caille	(Rob. et Mor. 1857).	rose velouté vif.
3250.	Madame Édouard Ory	(Robert 1856).	rose vif.
3251.	— Émile de Girardin	(Robert 1853).	rose tendre.
3252.	— Landeau.	(Mor. Rob. 1873).	rouge, panaché blanc.
3253.	-- Moreau	(Mor. Rob. 1872).	vermillon ligné blanc.
3254.	— Platz.	(Mor. Rob. 1864).	rose.
3255.	— William Paul	(Mor. Rob. 1869).	rose vif.
3256.	Ma Ponctuée	(Guillot p. 1858).	cerise ponctuée de blanc.
3257.	Maupertuis	(Mor. Rob. 1868).	cramoisi.
3258.	Mousseline	(Rob. Mor. 1831).	blanc rosé.
3259.	Oscar Leclerc.	(Robert 1853).	rose foncé ponct. blanc.
3260.	Princesse Adélaïde.	(Laffay 1845).	carmin.
3261.	Raphaël.	(Robert 1856).	carné.
3262.	René d'Anjou.	(Robert 1853).	rose tendre.
3263.	Salet.	(Lacharme 1854)	rose.
3264.	Souvenir de Pierre Vibert	(Mor. Rob. 1867).	rouge nuancé.
3265.	Zoé	(Forest 1829).	rose clair vif.

Groupe D. — CENT-FEUILLES POMPON

Charmant petit arbuste de quelques décimètres, à rameaux droits, verticaux, grêles, portant de nombreux petits aiguillons très fins, très aigus, épars.

Feuilles 5, 7-foliolées, à **folioles** très petites, en rapport avec les fleurs minuscules, et de forme parfaite.

Très rustiques, les diverses variétés de cent-feuilles pompon se cultivent franches de pied ou écussonnées sur 1/2 tige. Sous cette dernière forme, elles produisent un effet ravissant.

3265bis	**Rosa centifolia pomponia**.	(Lindley).	R. sauvage.
3266.	Pompon.	(Robert 1858).	rose foncé.
3267.	Pompon blanc	(Mauget 1827).	blanc.
3268.	Pompon de Bourgogne blanc		blanc.
3269.	Pompon de Bourgogne rose		rose.
3270.	Pompon perpétuel	(Vibert 1849)	cramoisi.
3271.	White de Meaux	(Angleterre)	blanc teinté.

Guirlande et pylône (*Gloire de Dijon*).

Race des Rosiers ALBA

Cet hybride du R. *gallica* et du R. *canina* est certainement plus voisin de ce dernier que du Rosier de Provins, et nous l'aurions placé comme forme du R. *canina*, si nous n'avions tenu à réunir en un seul faisceau toutes les races du gallica qui sont dans nos collections.

Arbuste de 2 mètres, voisin comme faciès général du R. *canina*. L.

Rameaux droits, très forts, armés d'aiguillons forts et crochus. Axes secondaires rappelant les rameaux des Rosiers de Provins, mais cependant généralement dépourvus de soies et de glandes.

Feuilles à 5-7 folioles; **folioles** glauques, ovales-arrondies, simplement dentées, glabres à la face supérieure, glanduleuses sur les nervures.

Fleurs simples ou doubles, jamais pleines, généralement blanc carné. Fleurit en juin-juillet.

Introduit de Crimée en 1597; très rustique; ne remonte pas.

3300. **Rosa alba**	(*Linné* 1753)	blanc.
3301. alba carnea	(*Touvais* 1867)	carné.
3301bis. Armide	(*Vibert* 1817)	blanc carné.
3302. Belle de Ségur	(*Vibert*)	rose carné.
3303. Blanche de Belgique		blanc.
3304. Celestial	(*Angleterre*)	chair.
3305. Cuisse de Nymphe	(*Dumont de Courset*)	carné bord pâle.
3306. Cuisse de Nymphe émue	(*Vibert*)	carné vif.
3307. Félicité Parmentier	(1834)	chair.
3308. L'Étoile	(*Soupert* 1870)	carné.
3309. Madame Audot	(*V. Verdier* 1844)	rose chair.
3310. — Legras de Saint-Germain	(1846)	crème.
3311. — Plantier	(*Plantier* 1835)	blanc.
3312. Maiden's blush	(*Kew* 1797)	rose carné.
3313. Pompon blanc parfait	(*E. Verdier* 1875)	blanc.

Race des Rosiers de DAMAS

Syn. : R. damascena, *Miller*; Rosier de Damas; Rosier de Puteaux; R. bifera; Rosier des Quatre-Saisons.

Arbuste de 1 m. 50, rarement 2 à 3 mètres.

Rameaux secondaires nombreux et diffus, rappelant par leur forme et leurs aiguillons ceux du R. *gallica*. Les rameaux principaux, au contraire, élancés, droits et possédant des aiguillons forts et crochus.

Feuilles 7-foliolées; **folioles** ovales-lancéolées, amples, d'un vert plus vif que celles du R. *gallica*, quelquefois lavées de brun sur les bords, non promptement caduques.

Fleurs généralement réunies par 3 à 7, en faux corymbes, à pédoncule glanduleux, presque pleines, très odorantes.

Fruits très allongés, couverts de soies glanduleuses.

Cette plante est probablement née du croisement du R. *gallica* L. par le R. *canina*; introduite en France, selon toute apparence, par Thibault IV, vers 1250; mais sûrement de Syrie en 1573.

La Rose de Damas est cultivée depuis la plus haute antiquité, à cause de sa floraison continuelle. On a de fortes raisons de croire que les Romains la cultivaient à Pœstum, et que c'est là le "*Biferique rosaria Pæsti*", dont parle Virgile au livre IV des *Géorgiques*.

Une forme très voisine du type était cultivée au siècle dernier, à Puteaux, près Paris, pour la production des fleurs sèches destinées à la pharmacie. Ce rosier résiste bien à nos hivers.

3325. **Rosa damascena**	(*Miller* 1768)	Rose sauvage.
3326. Bernard Mayador		rose vif.
3327. Botzaris	(*Robert* 1856)	blanc pur.
3328. Kazanlik		rose.

SECTION V. — PORTLAND

3329.	La Ville de Bruxelles.	(*Vibert* 1849)	rose veiné.
3330.	Léda.	(*Anglais*).	lilas carmin.
3331.	Madame Hardy.	(*Hardy* 1833)	blanc rosé.
3332.	— Stolz.	(*Anglais*).	jaune paille.
3333.	— Zoetmans	(*Marest*)	blanc pur.
3334.	Red Damask.	(*Anglais*).	rouge vif.

Race des Rosiers de PORTLAND

Syn. : R. portlandica, *Hort.* ; Rosier perpétuel.

Arbuste de 0 m. 75 ou environ. **Rameaux** forts, droits, rigides, vert sombre, souvent pourprés du côté du soleil, couverts d'aiguillons inégaux, aciculaires, les plus longs légèrement crochus, les autres droits, entremêlés de soies glanduleuses.
Feuilles généralement 7-foliolées ; **folioles** coriaces, rigides, ovales, plus ou moins arrondies au sommet, l'impaire rarement lancéolée, d'un vert sombre, glabres en dessus, légèrement tomenteuses en dessous ; **serrature** généralement simple, glanduleuse ou velue ; **nervures** des folioles accentuées.
Fleurs roses ou rouges, très odorantes, solitaires ou réunies par 2 3, courtement pédonculées, se montrant parfois à l'aisselle des feuilles à la seconde floraison.
Fruits rouges, presque toujours allongés.
On suppose le R. *portlandica* originaire d'Angleterre et on le considère comme un hybride du R. *gallica*.
Très résistant au froid, il a joui d'une grande vogue, grâce à sa faculté de remonter, jusqu'à l'introduction en France du R. *indica*, Lindley.

3350.	**Rosa portlandica**	(*Hort.*).	rose.
3351.	Arthur de Sansal.	(*Cartier* 1855).	pourpre nuancé.
3352.	Blanc de Vibert.	(*Vibert* 1847)	blanc.
3353.	Cœlina Dubos.	(*Dubos* 1849)	blanc rosé.
3354.	Jacques Cartier.	(*Mor. Rob.* 1868)	rose.
3355.	Julie Krudner.	(*Laffay* 1847)	carné.
3356.	Madame Boll	(*Boll* 1858)	rose vif.
3357.	— Knorr.	(*V. Verdier* 1865).	rose vif.
3358.	— Souveton	(*Pernet p.* 1874).	rose taché blanc.
3359.	Marbrée.	(*Mor. Rob.* 1858)	rouge marbré rose.
3360.	Marie de Saint-Jean	(*Damaizin* 1869).	blanc.
3361.	Marie Robert.	(*Rob. Mor.*).	rose lilas.
3362.	Miranda.	(*de Sansal* 1869).	rose tendre.
3363.	Panachée de Lyon	(*Dubreuil* 1895).	blanc et rose.
3364.	Rembrandt	(*Mor. Rob.* 1883)	vermillon rayé.
3365.	Robert perpétuel	(*Robert* 1856).	carmin nuancé blanc.
3366.	Rose du Roi.	(*Lelieur* 1812).	pourpre.
3367.	Souvenir de Monsieur Poncet	(*Pernet* 1892).	rose clair.
3368.	Yolande d'Aragon.	(*Vibert* 1843)	pourpre.

SECTION V. — HYBRIDES REMONTANTS

Race des Rosiers HYBRIDES REMONTANTS

Cette race, purement horticole, est, sans conteste, une des plus riches, sinon la plus riche du genre, et elle est extrêmement précieuse pour les pays du Nord, dans lesquels les formes plus sensibles au froid ne résistent pas.
Quelle est l'origine des rosiers dits Hybrides Remontants ?
Très certainement l'hybridation du R. *gallica* ou d'une de ses formes affines par des variétés des R. *indica fragrans* et *semperflorens*.
Les caractères des Hybrides Remontants actuellement cultivés sont, en somme, très variables, parce que les premiers obtenus vers 1842 (aujourd'hui pour la plupart disparus des cultures) ont été à leur tour métissés et que les produits mêmes de ces métissages ont parfois à nouveau subi l'action naturelle ou artificielle d'un pollen étranger. Certaines véritables sous-races ou groupes se sont ainsi trouvés constitués, dont les variétés ont entre elles des caractères communs, comme nous le voyons ci-après.
Les principaux caractères auxquels on reconnaît les Hybrides Remontants sont les suivants :
Rameaux forts, ou très forts, raides, presque toujours verts rarement légèrement pourprés du côté du soleil, toujours hétéracanthes, c'est-à-dire armés d'aiguillons forts, crochus (presque toujours entremêlés d'aiguillons).
Ce caractère est constant, sauf chez quelques rares formes, métissées à nouveau, et chez lesquelles les rameaux sont peu armés, mais cependant non inermes. L'extrémité des rameaux est brusquement atténuée et raide. Le **pédoncule** est ferme, droit, rigide, à de rares exceptions près.
Les **feuilles** 5, 7-foliolées portent des folioles de formes variables mais presque toujours rudes, à nervures saillantes, plus ou moins gaufrées, n'ayant jamais la belle teinte vert clair ou pourprée, et la transparence observée chez les variétés du R. Indica. L'aspect des folioles rappelle toujours, de près ou de loin, celles du Gallica ou du Damascena, à moins qu'un nouveau métissage ne soit intervenu (Captain Christy par exemple, généralement classé dans les Hybrides Remontants et que nous avons placé parmi les Hybrides thé).
Les **fleurs** grosses ou très grosses varient du blanc pur au rouge le plus foncé : il n'y en a pas de jaunes.
Les **fruits**, de formes assez variables, sont presque toujours pyriformes, plus ou moins longuement atténués à la base, mais très rarement brusquement dilatés ou presque sphériques.
Culture : Les Hybrides Remontants résistent pour la plupart très bien aux froids normaux du climat séquanien et du nord de la France.

Groupe A. — LA REINE

Syn. . Rosier de la Reine.

Les rosiers de ce groupe sont vigoureux, rustiques, à **rameaux** toujours droits, un peu rigides, munis d'aiguillons petits et assez rapprochés : **feuillage** serré, vert ; **fleur** en coupe, coloris variant du rose tendre au rose vif. Ils drageonnent au loin, comme les Provins dont ils se rapprochent beaucoup par leur végétation.

3400.	La Reine.	(*Laffay* 1842).	rose lilas.
3401.	Abbé Giraudier.	(*Levet* 1869).	cerise.
3402.	Alpaïde de Rotallier	(*Campy* 1864).	rose clair.
3403.	Anna de Diesbach.	(*Lacharme* 1857). . . .	carmin.
3404.	Antoine Mouton.	(*Levet* 1874).	rose velouté.
3405.	Archiduchesse Élisabeth d'Autriche.	(*Mor. Rob.* 1881). . . .	rose nuancé.
3406.	Auguste Mie.	(*Laffay* 1851).	rose satiné.
3407.	Baronne Gustave de Saint-Paul	(*Glantenet* 1894)	rose pêche.
3408.	Belle Normande.	(*Oger* 1864).	blanc.
3409.	Cécile Daumont.	(*Vilin* 1900).	rose carthame.
3410.	Clémence Raoux	(*Granger* 1869).	rose vif.
3411.	Comte Alphonse de Sérénye.	(*Touvais* 1865)	rose nuancé.
3412.	Comte de Mortemart.	(*Margottin* 1879)	rose clair.
3413.	Comte de Nanteuil.	(*Quettier* 1852)	rose vif.
3414.	Comte Raimbaud.	(*Rolland* 1867)	cerise.
3415.	Comtesse Branicka.	(*Lévêque* 1888)	rose argenté.
3416.	— Cahen d'Anvers	(*Vve Lédéchaux* 1885). .	rose liliacé.
3417.	Coquette Bordelaise	(*Duprat* 1896).	rose maculé blanc.
3418.	Docteur Wingtrinier	(*Fontaine* 1863).	cerise.
3419.	Duchesse d'Orléans.	(*Quettier* 1851)	rose hortensia.
3420.	Elie Morel.	(*Liabaud* 1867)	rose lilas.
3421.	Fair Helen	(*W. Paul* 1899).	blanc et rose.

SECTION V. — HYBRIDES REMONTANTS

3422.	François Levet.	(Levet 1880).	rose de Chine.
3423.	François Michelon.	(Levet 1871).	rouge très vif.
3424.	Georges Moreau	(Moreau R. 1880). . . .	rouge.
3425.	Gloire de Vitry.	(Masson 1854).	rose lilas.
3426.	Gloire d'un Enfant d'Hyram.	(Vilin 1899).	rouge nuancé.
3427.	James Bougault.	(Renault 1887).	blanc rosé.
3428.	J.-B. Casati.	(Vve Schwartz 1886) . .	rose hortensia.
3429.	Jean Dalmais	(Ducher 1873).	cerise.
3430.	Louise d'Autriche.	(Fontaine 1856).	violet.
3431.	Louise Perronny.	(Lacharme 1844)	rouge feu.
3432.	Madame Alice Dureau.	(Vigneron 1867)	rose lilas.
3433.	— Cécile Daumont.	(Vilin 1899).	garance nuancé.
3434.	— Eugène Verdier.	(E. Verdier 1878). . . .	rose tendre.
3435.	— Georges Desse	(Duprat 1897).	rouge panaché.
3436.	— Montet.	(Liabaud 1880)	rose tendre.
3437.	— Nachury.	(Damaizin 1873).	rose.
3438.	— Puissant.	(Mor. Rob. 1868). . . .	cerise ombré.
3439.	— Rivals.	(Gonod 1866).	rose satiné.
3440.	— Schmitt	(Schmitt 1857)	rose nuancé.
3441.	— Sophie Froppot.	(Levet 1876).	rose vif.
3442.	— Stingue	(Liabaud 1884).	groseille.
3443.	— Thérèse de Parieu	(Gautreau 1871).	rose et carmin.
3444.	Mademoiselle Charlotte Card	(Vigneron 1876)	cerise.
3445.	— de la Seiglière.	(Maindion 1886).	rose argenté.
3446.	— Emma Hall.	(Liabaud 1877).	rose laqué blanc.
3447.	— Fernande de la Forest .	(Margottin 1872). . . .	rose.
3448.	— Maria Verdier.	(E. Verdier 1877). . .	rose vif.
3449.	Marguerite Dombrain.	(E. Verdier 1865) . . .	rose.
3450.	Maria Thérésa	(Ducher 1872).	rose tendre.
3451.	Mister John Laing	(Bennett 1887).	rose satiné.
3452.	Mistress F.-W. Sanford	(Curtis 1899)	rose teinté.
3453.	Mistress John Laing	(Dingee 1891)	blanc et rose.
3454.	Monsieur de Montigny	(Paillet 1855).	rose.
3455.	Panachée de Bordeaux.	(Duprat 1896).	rouge strié.
3456.	Paul Neyron.	(Levet P. 1869).	rose foncé.
3457.	Perle blanche.	(Touvais 1870)	carné.
3458.	Pride of the Valley.	(Hall Prossen 1898). . .	blanc et rose.
3459.	Prince Impérial.	(Pradel 1856).	rose.
3460.	Prince Paul Demidoff.	(Guillot f. 1873). . . .	rose lilas.
3461.	Princesse Impériale Clotilde.	(Fontaine 1859).	rose nuancé jaune.
3462.	— Marie Dolgorouky.	(Gonod 1878)	rose panaché.
3463.	— Marguerite d'Orléans . . .	(E. Verdier 1888). . . .	rose tendre nuancé.
3464.	Queen of Queens.	(W. Paul 1883).	rose nuancé.
3465.	Reine blanche.	(Damaizin 1869). . . .	blanc et rose pâle.
3466.	Reine de Danemark	(Granger 1857).	blanc rosé.
3467.	Reine du Midi.	(Rolland 1867).	rose lilas.
3468.	Sœur des Anges	(Oger 1862).	chair.
3469.	Souvenir de Béranger.	(Moreau)	rose brillant.
3470.	— de la Reine d'Angleterre. . .	(Cochet fils 1855) . . .	rose velouté.
3471.	— de la Reine des Belges . . .	(P. Cochet 1850). . . .	carmin.
3472.	— de Pierre Oger.	(Oger 1896).	rose vif très frais.
3473.	Ulric Brunner fils.	(Levet père 1881) . . .	cerise.
3474.	Ville de Saint-Denis.	(Thomas 1853)	cramoisi.

Groupe B. — BARONNE PRÉVOST

Il y a tout lieu de supposer que les rosiers de ce groupe ne sont que des accidents fixés du type, vieil hybride venant des *R. Provins et des R. de l'Ile Bourbon*. Ils forment de beaux buissons, d'une longévité assez peu commune chez les Hybrides Remontants. Leurs caractères principaux sont : **rameaux** forts, grisâtres, poussant horizontalement, armés de nombreux **aiguillons** gros et gris ; **feuillage** ample, **fleur** de forme plate, pleine, rappelant celle des *R. Cent-feuilles* variant du coloris rose au rose foncé ; portant peu à fruit.

3475.	**Baronne Prévost**.	(*Després* 1842).		carmin lilas.
3476.	Boïeldieu.	(*Margottin* 1877).		rose vif.
3477.	Madame Désiré Giraud.	(*Haussy* 1855).		blanc et rosé.
3478.	— Eugénie Frémy.	(*E. Verdier* 1884).		rose vif.
3479.	Marguerite Jamain.	(*Jamain* 1873).		carné.
3480.	Odéric Vital.	(*Oger* 1858).		rose tendre.
3481.	Panachée d'Orléans.	(*Dauvesse* 1854).		rose et pourpre.
3482.	Triomphe d'Alençon.	(*Touvais* 1858).		rose vif.

Groupe C. — GÉANT DES BATAILLES

Arbuste rustique, florifère et très remontant, à rameaux bruns, droits, **aiguillons** nombreux ; **feuillage** petit, peu ample, très sujet à l'oïdium et aux maladies cryptogamiques. **folioles** assez rapprochées sur le pétiole commun ; **fleur** en coupe, petite, rouge écarlate ou rouge très foncé ; **fruit** petit, ovoïde, longuement atténué à la base.

3483.	**Géant des Batailles**.	(*Nérard* 1846)		rouge feu éclatant.
3484.	Abbé Berlèze.	(*Guillot f.* 1864).		cerise.
3485.	— Bramerel.	(*Guillot f.* 1871).		pourpre brun.
3486.	— Raynaud.	(*Guillot f.* 1863).		rouge violet ardoisé.
3487.	Abraham Lincoln.	(*Ducher* 1865).		rouge pourpre.
3488.	Adèle Dufresnois.	(*Mor. Rob.* 1875).		carné tendre.
3489.	Arthur Oger.	(*Oger* 1875).		pourpre velouté.
3490.	Cardinal Patrizzi.	(*Trouillard* 1853).		rouge et violet.
3491.	Claude Jacquet.	(*Liabaud* 1892).		rouge vif.
3492.	Comte de Beaufort.	(*Boyeau* 1858).		pourpre nuancé.
3493.	Comtesse de Polignac.	(*Granger* 1862).		cramoisi.
3494.	Crimson Bedder.	(*Cranston* 1874).		groseille vif.
3495.	Curé du Charentay.	(*Ducher* 1868).		groseille.
3496.	Deuil du Prince Albert.	(*Lapente* 1862).		gros. nuancé
3497.	Docteur Bretonneau.	(*Trouillard* 1864).		violet rouge.
3498.	— Dor.	(*Liabaud* 1885).		rouge ombré.
3499.	— Garnier.	(*Mor. Rob.* 1882).		cerise.
3500.	— Hurta.	(*Geschwind* 1868).		rose pourpre luisant.
3501.	Duc d'Anjou.	(*Boyeau* 1862).		cramoisi.
3502.	— de Bassano.	(*Portemer* 1862).		cramoisi.
3503.	— de Nassau.	(*Pradel* 1873).		rouge et violet.
3504.	Empereur du Maroc.	(*Guinoisseau* 1858).		pourpre nuancé.
3505.	— Napoléon III.	(*Granger* 1854).		cramoisi.

3506. Ernest Bergman............ (Quettier 1856).... rose vif.
3507. Étienne Dubois............ (Damaizin 1873).... cramoisi foncé.
3508. Eugène Appert............ (Trouillard 1856).... écarlate.
3509. Évêque de Nimes.......... (Plantier 1857).... rouge feu.
3510. François Arago........... (Trouillard 1858).... amarante.
3511. François I"............. (Trouillard 1859).... écarlate.
3512. Gloire de France......... (Margottin 1853).... carmin nuancé.
3513. — de Lyon............ (Ducher 1857)..... pourpre.
3514. — de Montplaisir....... (Gonod 1866)..... rouge luisant.
3515. — du Bouchet.......... (De la Rochetterie 1885). rouge cramoisi.
3516. Gustave Coraux........... (Robert 1856)..... pourpre velouté.
3517. Léonce Moïse............ (Vigneron 1859).... rouge feu violet.
3518. Lord Elgin.............. (Guillot p. 1858).... pourpre nuancé.
3519. Lord Raglan............. (Guillot p. 1853).... cramoisi nuancé.
3520. Madame Adélaïde Cotte..... (Schmitt 1881)..... cramoisi nuancé.
3521. — Angèle Dispott...... (Dauvesse 1869).... rouge ardent.
3522. — Fresnoy........... (Pernet p. 1865)..... cramoisi.
3523. — Moreau............ (Gonod 1864)..... rouge nuancé violet.
3524. Mademoiselle Alice Morhange.. (Bernède 1879).... cramoisi nuancé.
3525. Marguerite Lectureux........ (Cherpin 1853)..... écarlate panaché.
3526. Ma Surprise............. (Levet 1884)...... ponceau.
3527. Mistress Baker........... (Turner 1876)..... carmin.
3528. Monsieur de Pontbriand....... (Damaizin 1864).... cramoisi brun.
3529. — Lapierre........... (Gonod 1878)..... rouge nuancé.
3530. Peintre Achille Cesbron...... (Roussel 1893).... rouge ponceau.
3531. Prince Noir............. (Boyeau 1854).... carmin foncé.
3532. Rebecca............... (Trouillard 1857).... violet.
3533. Sénateur Reveil.......... (Damaisin 1863).... rouge cramoisi.
3534. Souvenir d'Abraham Lincoln.... (E. Verdier 1865).... carmin et feu.
3535. — de Charles Montaut... (Mor. Rob. 1862).... rouge feu velouté.
3536. — de Monsieur Rousseau... (Fargeton 1861).... rouge cer. bordé noir.
3537. — du Monceau......... (Morlet 1859)..... rouge éblouissant.
3538. — de Victor-Emmanuel... (Mor. Rob. 1878).... vermillon.
3539. — du Président Lincoln.. (Mor. Rob. 1865).... cramoisi.
3540. Triptolème............. (Oger 1865)...... cerise.

Groupe D. — VICTOR VERDIER

Les variétés de ce groupe diffèrent des Hybrides Remontants ordinaires, et se rapprochent plutôt des Hybrides de Thé ; elles sont remarquables par leur belle végétation et leur abondante floraison. **Rameaux** droits, gros, courts, lisses, verts ; **aiguillons** peu nombreux ; feuillage ample, folioles allongées ; fleur grande, en coupe.

3541. **Victor Verdier**........... (Lacharme 1851).... rouge nuancé.
3542. Adelina Patti............ (Fontaine 1878).... rose carmin.
3543. Adrien de Montebello....... (Margottin 1860).... rose satiné.
3544. Albert Payé............. (Touvais 1873)..... rose.
3545. Alfred Leveau........... (Vigneron 1860).... rose très frais.
3546. Alice Alatine............ (Nabonnand 1888)... rouge rubis.
3547. Amœna................ (Soupert 1881).... rose nuancé.
3548. André Desmoulins........... (Lévêque 1879).... rose tendre.
3549. André Dunant........... (Schwartz 1911).... rose foncé.
3550. André Fresnoy........... (Pernet p. 1881).... rouge nuancé.
3551. Anicet Bourgeois.......... (Mor. Rob. 1890).... cerise vif.

SECTION V. — HYBRIDES REMONTANTS 115

3552. Baronne de Belleroche	(Dubreuil 1897)	groseille.
3553. — de Prailly	(Liabaud 1871)	rose vif.
3554. — de Saint-Didier	(Lévêque 1886)	cerise nuancé.
3555. — Travot	(C. Verdier 1894)	rose frais.
3556. Beauty of Beeston	(Frettingham 1882)	cramoisi.
3557. Belzunce	(Mor. Rob. 1884)	vermillon.

Guirlandes de roses (*Mme Alfred Carrière*).

3558. Boileau	(Mor. Rob. 1883)	rose nuancé.
3559. Caroline Swailes	(Swailes 1885)	rose carné tendre.
3560. Célestine Pourreaux	(Fontaine 1873)	cerise et carmin.
3561. Charles Verdier	(Guillot 1867)	rose b. blanc.
3562. Chevalier de Colqhoun	(Nabonnand 1878)	rouge éclatant.
3563. Commandant Fournier	(Laffay 1846)	cramoisi.
3564. — Fournier	(Mor. Rob. 1885)	rouge éclatant.
3565. Comte de Montebello	(Lévêque 1896)	cerise.

3566.	Comtesse de Flandre	(E. Verdier 1878)	rose argenté.
3567.	— de Mailly de Nesle	(Lévêque 1882)	rose et blanc.
3568.	— de Paris	(Lévêque 1882)	rose et blanc.
3569.	— d'Oxford	(Guillot p. 1869)	rouge carmin vif.
3570.	— Gustave Lannes de Montebello	(Lévêque 1899)	rose vif argenté.
3571.	Diana	(W. Paul 1874)	rose.
3572.	Docteur Antonin Joly	(Besson 1896)	rose et saumon.
3573.	— Pinel	(Mor. Rob. 1885)	vermillon.
3574.	Domingo Aldrufen	(Pernet p. 1877)	rose bord blanc.
3575.	Dumnacus	(Mor. Rob. 1880)	carmin nuancé.
3576.	Egeria	(Schwartz 1877)	chair.
3577.	Étienne Levet	(Levet 1872)	rouge carmin.
3578.	Général Chevert	(Mor. Rob. 1876)	cerise.
3579.	— de Miribel	(Lévêque 1893)	rose vif.
3580.	Georges Rousset	(Rousset 1893)	rose satiné.
3581.	Golfe Juan	(Nabonnand 1872)	rouge rubis.
3582.	Gonsoli Gaetano	(Pernet 1875)	carné.
3583.	Graziella	(Mor. Rob. 1878)	chair tendre.
3584.	Gustave Revilliod	(Schwartz 1876)	rouge nuancé.
3585.	Hébé	(Mor. Rob. 1883)	rose tendre.
3586.	Hélène Paul	(Lacharme 1881)	blanc et rose.
3587.	Henri Ledéchaux	(Ledéchaux 1868)	carmin.
3588.	Henri Pagès	(Levet 1870)	rose violet luisant.
3589.	Hippolyte Jamain	(Lacharme 1874)	rose vif carminé.
3590.	Impératrice Marie Fœderowna	(Lévêque 1892)	rose velouté.
3591.	Ingénieur Madelé	(Mor. Rob. 1874)	groseille.
3592.	Jacques Plantier	(Damaizin 1872)	chair.
3593.	Jeanne Chevalier	(Vve Rambaux 1879)	rouge vif.
3594.	Joachim du Bellay	(Mor. Rob. 1882)	rouge verm.
3595.	Julius Finger	(Lacharme 1879)	blanc et rose.
3596.	La Favorite	(Guillot 1871)	cramoisi.
3597.	La Madeleine	(Nabonnand 1881)	rubis nuancé.
3598.	Lord Napier	(W. Paul 1874)	magenta.
3599.	Louis Corbie	(Corbie 1871)	cramoisi.
3600.	Louis Rollet	(Gonod 1887)	pourpre.
3601.	Lucien Duranthon	(Bonnaire 1894)	carmin vif.
3602.	Lyonnais	(Lacharme 1872)	rose tendre.
3603.	Madame Albani	(E. Verdier 1877)	rouge vif.
3604.	— Alphonse Aubert	(Fontaine 1876)	cerise nuancé.
3605.	— Alphonse Seux	(Liabaud 1881)	rose.
3606.	- Anna Gérold	(Soupert 1882)	rose vif.
3607.	— Anna Moreau	(Mor. Rob. 1883)	rose tendre.
3608.	· Apolline Foulon	(Vigneron 1882)	saumon clair.
3609.	— Bellon	(Pernet 1871)	rose tendre.
3610.	· Bois	(Levet p. 1886)	rose tendre.
3611.	— Bruel	(Levet 1882)	rose carminé.
3612.	· Cadel	(Levet 1873)	cerise lilas.
3613.	-- Charles de Rostang	(Tesnier 1899)	rose de Chine.
3614.	— Charlotte Wolter	(Mor. Rob. 1887)	rose nuancé.
3615.	· Chevrot	(Pernet p. 1878)	saumon.
3616.	— de la Rocheterie	(Granger 1886)	carné.
3617.	· Derouet	(Derouet 1885)	lilas et rose.
3618.	— Devert	(Pernet p. 1870)	carné.
3619.	· Dorlia	(Fontaine 1878)	cerise.
3620.	— Ducamp	(Fontaine 1863)	groseille.

SECTION V. — HYBRIDES REMONTANTS

3621.	Madame Duparchy	(Lévêque 1898)	rose clair.
3622.	— D. Wettstein	(Levet 1884)	cerise.
3623.	— Eugène Chambeyran	(Gonod 1878)	aurore.
3624.	— Eugène Labruyère	(Gonod 1882)	saumon.
3625.	— Fanny Giron	(Schmitt 1882)	rose satiné.
3626.	— Fillion	(Gonod 1865)	saumon.
3627.	— François Bruel	(Levet 1882)	rose carmin.
3628.	— Gadel	(Pernet f. 1872)	rose lilas.
3629.	— Georges Schwartz	(Schwartz 1871)	rose hortensia.
3630.	— Hunnebelle	(Fontaine 1872)	rose et carmin.
3631.	— James Hennessy	(Duval 1879)	aurore.
3632.	— Jeanne Bouyer	(Gonod 1877)	rose.
3633.	— Jules Caboche	(Vigneron 1875)	rose clair.
3634.	— Lefebvre Bernard	(Levet 1872)	rose et blanc.
3635.	— Livia Freege	(Soupert 1872)	rose violace.
3636.	— Louis Donadine	(Gonod 1878)	carné.
3637.	— Louis Paillet	(E. Verdier 1873)	rose.
3638.	— Lureau Escalaïs	(E. Verdier 1886)	rose tendre.
3639.	— Mantin	(Vigneron 1883)	rose saumoné.
3640.	— Marcel Fauneau	(Vigneron 1886)	rose frais.
3641.	— Marie Finger	(Lacharme 1872)	saumon.
3642.	— Marie Garnier	(Gonod 1882)	carné.
3643.	— Maurice Rivoire	(Gonod 1878)	blanc carné.
3644.	— Rambaux	(Rambaux 1881)	carmin nuancé.
3645.	— Raoul Chandon	(C. Verdier 1884)	rose.
3646.	— Rose Caron	(Lévêque 1869)	rose nuancé.
3647.	— Vignat	(Liabaud 1890)	rose tendre.
3648.	— William Wood	(E. Verdier 1876)	rose frais.
3649.	Mademoiselle Berthe Bazterais	(Fontaine 1869)	cerise.
3650.	— Camille Bigoteau	(Vigneron 1882)	cerise vif.
3651.	— Eugénie Verdier	(Guillot 1869)	chair très vif.
3652.	— Hélène Croissandeau	(Vigneron 1882)	rose c. velouté.
3653.	Marguerite de Romans	(Schwartz 1882)	carné.
3654.	Marie Finger	(Rambaux 1874)	rose carné.
3655.	Marquis of Salisbury	(G. Paul 1891)	rouge et cramoisi.
3656.	Miss Poole	(Turner 1875)	rose argenté.
3657.	Mistress C. Swailes	(Swailes 1884)	chair.
3658.	— R.-G. Sharman Crawford	(Dickson 1894)	rose foncé.
3659.	— Veitch	(E. Verdier 1872)	rose vif.
3660.	Monsieur Alexis Lepère	(Vigneron 1875)	rouge clair.
3661.	— Barthélemy Levet	(Levet 1860)	rose vif.
3662.	— Célestin Port	(Tesnier 1849)	vermeil orange.
3663.	— de Syras	(Vve Schwartz 1894)	rose vif.
3664.	— Fillion	(Gonod 1876)	magenta.
3665.	— Hippolyte Marchand	(Vigneron 1881)	rouge et carmin.
3666.	— Michel Dupré	(Gonod 1871)	rose brillant.
3667.	— Roubaud	(Nabonnand 1878)	rouge violacé.
3668.	— Trievoz	(Vve Schwartz 1883)	rose lavé carmin.
3669.	— Weeb	(Nabonnand 1877)	rouge ponceau.
3670.	— Woodfield	(Pernet f. 1860)	rose.
3671.	Nicolas Leblanc	(Mor. Rob. 1885)	cerise cramoisi.
3672.	Oscar Lamarche	(Schwartz 1875)	amarante.
3673.	Oxonian	(Turner 1870)	rose vif.
3674.	Président Thiers	(Lacharme 1871)	rouge feu.
3675.	Pride of Reigate	(J. Brown 1884)	cram. str. blanc.

SECTION V. — HYBRIDES REMONTANTS

3676. Pride of Waltham . . . . (W. Paul 1881). . . . . saumon.
3677. Princesse Amélie d'Orléans . . . . . (Lévêque 1884). . . . . chair.
3678. — Béatrix . . . . (W. Paul 1876). . . . . rose.
3679. — Charlotte de la Trémoïlle. . (Lévêque 1877). . . . . rose tendre.
3680. Principessa di Napoli. . . . . (Bonfigholi 1898) . . . . rose frais.
3681. Reine des Amateurs . . . . (Oger 1880). . . . . . rose lilas.
3682. Robert Marnock . . . . (G. Paul 1878) . . . . cramoisi brun.
3683. Rosiériste Chauvry. . . . . (Gonod 1885). . . . . rouge feu.
3684. Rosy Morn . . . . (W. Paul 1878). . . . saumon.
3685. Silver Queen . . . . (W. Paul 1887). . . . rose argenté.
3686. Souvenir d'Adolphe Thiers. . . . . . (Mor. Rob. 1877). . . écarlate nuancé.
3687. — d'Aline Fontaine. . . . . . . (Fontaine 1879). . . . rose et saumon.
3688. — de Charles Verdier . . . . . (Lévêque 1902). . . . . rouge carmin foncé.
3689. — de Joseph Pernet . . . . . . (Pernet p. 1898). . . . amarante.
3690. — de l'ami Labruyère . . . . . (Gonod 1885) . . . . . rose de Chine.
3691. — de Léon Gambetta. . . . . . (Gonod 1883) . . . . . carné.
3692. — de Madame Berthier. . . . . Liabaud 1881) . . . . rouge velouté.
3693. — de Mme Chedane-Guinoisseau (Ch. Guinoisseau 1901). rouge très vif.
3694. — de Monsieur Faivre . . . . . (Levet 1879). . . . . . rouge ponceau.
3695. — de Victoire Landeau. . . . . (Mor. Rob. 1884) . . . rose frais.
3696. — du Capitaine des Mares. . . (Mor. Rob. 1886) . . . rouge nuancé.
3697. Star of Waltham . . . . (W. Paul 1875). . . . carmin violet.
3698. Stéphanie Charreton. . . . . (Gonod 1896). . . . . blanc rosé.
3699. Suzanne Marie Rodocanachi. . . . . (Lévêque 1883) . . . . rose transparent.
3700. Vick's Caprice . . . . (Vick 1893). . . . . . rose panaché.
3701. Victor Verne. . . . . (Damaizin 1871) . . . groseille.
3702. Villaret de Joyeuse. . . . . (Damaizin 1874). . . . rose vif.
3703. William Bull . . . . (E. Verdier 1861). . . rouge cerise.

Groupe E. — GÉNÉRAL JACQUEMINOT

Les rosiers formant ce groupe, le plus important de tous, sont des arbustes de végétation vigoureuse, très florifères et portant beaucoup à fruit.

Rameaux allongés, généralement gris ; **aiguillons** nombreux, crochus ; **feuillage** vert foncé, **folioles** ovales ; floraison le plus souvent en corymbe ; **fleur** forme en coupe ou chiffonnée, frisée, quelquefois globuleuse, coloris du rouge clair au pourpre noirâtre ; fruits abondants, de forme plutôt arrondie.

3704. **Général Jacqueminot** . . . . . (Rousselet 1854). . . . rouge velouté.
3705. Abbé Venière . . . . (Guillot fils 1867). . . rose vif.
3706. Abd-el-Kader . . . . (V. Verdier 1861). . . rouge velours cramoisi.
3707. Abel Carrière . . . . (E. Verdier 1875). . . cramoisi.
3708. Abraham Zimmermann. . . . . . . (Lévêque 1879) . . . . rouge nuancé.
3709. Adolphe Brongniard . . . . (Margottin 1868) . . . carmin brillant.
3710. A. Drawiel. . . . . (Lévêque 1887) . . . . rouge ponceau.
3711. Adrien Schmitt . . . . (Schmitt 1891) . . . . rouge carmin.
3712. Alexandre Dumas. . . . . (Margottin 1861) . . . cramoisi noir.
3713. Alexandre Dutitre. . . . . (Lévêque 1878) . . . . rose clair.
3714. Alfred de Rougemont. . . . . (Lacharme 1863) . . . pourpre cramoisi.

SECTION V. — HYBRIDES REMONTANTS

3715. Alfred K. Williams . . . . (*Schwartz* 1877) . . . . carmin brillant.
3716. Alphée Dubois . . . . (*Fontaine* 1861) . . . . . rouge clair.
3717. Alphonse Damazin . . . . (*Damaizin* 1861) . . . . . écarlate nuancé.
3718. Alsace-Lorraine . . . . (*Duval* 1879) . . . . . . rouge noir.
3719. A M. Ampère . . . . (*Liabaud* 1881) . . . . . pourpre reflet blanc.
3720. Amédée Philibert . . . . (*Lévêque* 1879) . . . . . pourpre nuancé.
3721. Amiral Avellan . . . . (*Lévêque* 1893) . . . . . rouge cramoisi.
3722. — Gravina . . . . (*Rob. Mor.* 1860) . . . . rouge nuance pourpre.
3723. — La Peyrouse . . . . (*Guillot f.* 1863) . . . . . rouge nuancé.
3724. — Nelson . . . . (*Ducher* 1859) . . . . . . rose vif.
3725. Antoine Chantin . . . . (*E. Verdier* 1882) . . . cerise.
3726. Antoine Quihou . . . . (*E. Verdier* 1880) . . . pourpre.
3727. Antoine Wintzer . . . . (*E. Verdier* 1884) . . . rouge nuancé.
3728. Ardoisée de Lyon . . . . (*Damas* 1858) . . . . . . rouge ardoisé.
3729. Arlès Dufour . . . . (*Liabaud* 1862) . . . . . pourpre foncé.
3730. Auguste André . . . . (*Schwartz* 1886) . . . . . rose argenté.
3731. Auguste Buchner . . . . (*Lévêque* 1880) . . . . . pourpre nuancé.
3732. Auguste Neumann . . . . (*E. Verdier* 1870) . . . rouge violacé.
3733. Auguste Pujol . . . . (*Pradel* 1854) . . . . . . rose de Chine.
3734. Aurore du Matin . . . . (*Oger* 1866) . . . . rouge laque.
3735. Avocat Duvivier . . . . (*Lévêque* 1875) . . . . . pourpre.
3736. Avocat Lambert . . . . (*Besson* 1884) . . . . . . rose frais.
3737. Baron A. de Rothschild . . . . (*Lacharme* 1862) . . . pourpre nuancé.
3738. — de Bonstetten . . . . (*Liabaud* 1871) . . . . . groseille noirâtre.
3739. — de Girardot . . . . (*Marmy* 1885) . . . . . . rouge éclatant.
3740. — de Lassus de Saint-Geniès . . . (*Granger* 1865) . . . . . rose foncé.
3741. — de Rothschild . . . . (*Guillot et fils* 1862) . . . carmin.
3742. — de Saint-Albe . . . . (*Vve Schwartz* 1895) . . . cramoisi velouté.
3743. — Girod de l'Ain . . . . (*Reverchon* 1897) . . . . rouge liséré bleu.
3744. — Nathaniel de Rothschild . . . . (*Lévêque* 1892) . . . . . cramoisi.
3745. — T'Kindt de Roodenbecke . . . . (*Lévêque* 1897) . . . . . pourpre.
3746. Baronne de Beauverger . . . . (*Cochet* 1867) . . . . . . cerise.
3747. — de Lostende . . . . (*Puyravaud* 1892) . . . . rose.
3748. — Haussmann . . . . (*E. Verdier* 1867) . . . carmin vif.
3749. — Nathaniel de Rothschild . . . (*Pernet p.* 1885) . . . . . rose argenté.
3750. — Pelletan de Kinkelin . . . . . (*Granger* 1863) . . . . . rouge vif.
3751. Barthélemy Joubert . . . . (*Mor. Rob.* 1877) . . . . cerise.
3752. Black prince . . . . (*W. Paul* 1866) . . . . . pourpre nuancé.
3753. Brilliant . . . . (*W. Paul* 1886) . . . . . cramoisi.
3754. Burgmeister K. Müller . . . . (*Soupert* 1873) . . . . . amarante velours.
3755. Camille Bernardin . . . . (*Gautreau* 1865) . . . . rouge vif.
3756. Capitaine Louis Frère . . . . (*Vigneron* 1883) . . . . cramoisi velouté.
3757. Champ de Mars . . . . (*E. Verdier* 1868) . . . cramoisi violet.
3758. Charlemagne . . . . (*Dorizy* 1838) . . . . . . rose velouté.
3759. Charles Baltet . . . . (*E. Verdier* 1877) . . . rose carmin.
3760. Charles Darwin . . . . (*G. Paul* 1879) . . . . . cramoisi brun.
3761. Charles Duval . . . . (*E. Verdier* 1877) . . . écarlate.
3762. Charles Fauquet . . . . (*Lévêque* 1883) . . . . . rouge nuancé.
3763. Charles Gater . . . . (*G. Paul* 1893) . . . . . cramoisi brun.
3764. Charles Martel . . . . (*Oger* 1875) . . . . rouge pourpre velouté
3765. Charles Wood . . . . (*Portemer* 1864) . . . . rouge foncé.
3766. Charlotte Corday . . . . (*Jaubert* 1863) . . . . . rouge rev. blanc.
3767. Chatelain d'Eu . . . . (*E. Verdier* 1885) . . . cramoisi.
3768. Cheshunt scarlet . . . . (*G. Paul* 1889) . . . . . écarlate velouté.
3769. Chevalier Nigra . . . . (*Ch. Verdier* 1866) . . . rose tendre.

SECTION V. — HYBRIDES REMONTANTS

3770. Christian Puttner . . . . (Oger 1862) . . . . pourpre orange.
3771. Christina Nilson . . . . (Lévêque 1867) . . . . . rose vif.
3772. Clovis . . . . (Lédéchaux 1868) . . . . pourpre rosé.
3773. Colonel de Rougemont . . . . (Lacharme 1853) . . . . rouge nuancé.
3774. Commandant Larret de Lamolignie . . (Mor. Rob. 1890) . . . . rouge écarlate.
3775.   —   Loste . . . . (M. Toussaint 1901) . . . grenat foncé.
3776. Comte Charles d'Harcourt . . . . (Lévêque 1897) . . . . . carmin vif.
3777.   —   de Falloux . . . . (Standish 1863) . . . . . rose cramoisi.
3778.   —   de Flandre . . . . (Lévêque 1831) . . . . . pourpre nuancé.
3779.   —   de Paris . . . . (Laffay 1839) . . . . . . rouge violacé.
3780.   —   de Paris . . . . (Lévêque 1886) . . . . . rouge nuancé.
3781.   —   F.-R. de Thun Hohenstein . . . (Lévêque 1880) . . . . . cramoisi et brun.
3782.   —   H. de Choiseul . . . . (Lévêque 1879) . . . . . vermillon nuancé.
3783.   —   Lavaur de Sainte-Fortunade . . (Puyravaud 1901) . . . . rouge amarante.
3784.   —   Raoul Chandon . . . . (Lévêque 1897) . . . . . vermillon.
3785. Comtesse de Choiseul . . . . (J. Motteau 1878) . . . . cerise velouté.
3786.   —   de Ganay . . . . (Lévêque 1895) . . . . . cramoisi.
3787.   —   de Mercy d'Argenteau . . . . (Lévêque 1895) . . . . . ponceau.
3788.   —   de Paris . . . . (E. Verdier 1864) . . . . rose pâle.
3789.   —   de Saint-Andéol . . . . (Renaud 1889) . . . . . . rose et carmin.
3790.   —   Henriette Combes . . . . (Schwartz 1881) . . . . . rose argenté.
3791.   —   Mathilde d'Arnim . . . . . (Soupert 1881) . . . . . carmin foncé.
3792.   —   René de Béarn . . . . (Lévêque 1899) . . . . . carmin nuancé.
3793. Crown Prince . . . . (W. Paul 1880) . . . . . pourpre brillant.
3794. Dames Patronnesses d'Orléans . . . . (Vigneron 1877) . . . . cramoisi.
3795. Désirée Fontaine . . . . (Fontaine 1884) . . . . . grenat foncé.
3796. Deuil de Dunois . . . . (Lévêque 1864) . . . . . rouge nuancé.
3797. Deuil du colonel Denfert . . . . (Margottin 1878) . . . . pourpre.
3798. Devienne Lamy . . . . (Lévêque 1868) . . . . . carmin.
3799. Directeur Alphand . . . . (Lévêque 1883) . . . . . pourpre nuancé.
3800.   —   Tisserand . . . . (Lévêque 1898) . . . . . rouge nuancé.
3801. Docteur Aug. Krell . . . . (E. Verdier 1877) . . . . cerise ombré.
3802.   —   de Chalus . . . . (Touvais 1871) . . . . . écarlate.
3803.   —   Douet . . . . (Tesnier 1889) . . . . . rouge feu.
3804.   —   Guépin . . . . (Mor. Rob. 1872) . . . . rouge velouté.
3805.   —   Lemée . . . . (Touvais 1871) . . . . . pourpre nuancé.
3806.   —   Sewell . . . . (Turner 1879) . . . . . . cramoisi écarlate.
3807.   —   Wilhelm Neubert . . . . (Soupert 1873) . . . . . cerise foncé.
3808. Duc d'Audiffret-Pasquier . . . . (E. Verdier 1887) . . . . carmin.
3809. — de Cazes . . . . (Touvais 1861) . . . . . pourpre violet.
3810. — de Chartres . . . . (E. Verdier 1876) . . . . pourpre violet.
3811. — de Marlborough . . . . (Lévêque 1885) . . . . . rouge vif.
3812. — de Montpensier . . . . (Lévêque 1875) . . . . . rouge nuancé.
3813. — de Rohan . . . . (Lévêque 1861) . . . . . rouge velouté.
3814. — d'Harcourt . . . . (Mor. Rob. 1864) . . . . carmin.
3815. — d'Orléans . . . . (E. Verdier 1888) . . . . verm. nuancé.
3816. — d'Ossuna . . . . (Avoux et Crozy) . . . . vermillon.
3817. — d'Uzès . . . . (Lévêque 1893) . . . . . rouge marron.
3818. Duchesse de Bragance . . . . (E. Verdier 1886) . . . . rose tendre.
3819. — de Caylus . . . . (V. Verdier 1869) . . . . rose vif.
3820. — de Chartres . . . . (E. Verdier 1875) . . . . rose velouté.
3821. — de Dino . . . . (Lévêque 1899) . . . . . cramoisi nuancé.
3822. — de Medina Cœli . . . . (Marrest 1864) . . . . . rouge sang.
3823. — d'Harcourt . . . . (Oger 1873) . . . . rose lilas.
3824. Duchess of Bedford . . . . (Postans 1879) . . . . . cramoisi clair.

SECTION V. — HYBRIDES REMONTANTS

3825. Duchess of Connaught. . . . . (*Noble* 1833). . . . . . . cramoisi nuancé.
3826. Duke of Albany. . . . . (*W. Paul* 1882). . . . . cramoisi nuancé.
3827. — of Connaught. . . . . (*W. Paul* 1876). . . . . cramoisi.
3828. — of Wellington. . . . . (*Granger* 1864). . . . . cramoisi nuancé.
3829. Dybowski. . . . . (*Lévêque* 1892) . . . . . vermillon.
3830. Éclair . . . . (*Lacharme* 1883) . . . . rouge éclatant.
3831. Edgar Jolibois . . . . (*E. Verdier* 1883). . . . écarlate.
3832. Edmund Wood . . . . (*E. Verdier* 1876). . . . rouge cerise.
3833. Édouard Dufour. . . . . (*Lévêque* 1877) . . . . . cramoisi.
3834. Édouard Fontaine. . . . . (*Fontaine* 1878). . . . . rose glacé.
3835. Édouard Hervé . . . . (*E. Verdier* 1884). . . . rouge groseille.
3836. Édouard Lefort. . . . . (*E. Verdier* 1886). . . . écarlate nuancé.
3837. Édouard Michel. . . . . (*E. Verdier* 1888). . . . carmin.
3838. Émélie Fontaine . . . . (*Fontaine* 1881). . . . . cramoisi.
3839. Émile Bardiaux. . . . . (*Lévêque* 1889) . . . . . carmin nuancé.
3840. Émile Dulac. . . . . (*Guillot f.* 1862) . . . . rose vif.
3841. Émilie Hausburg . . . . (*Lévêque* 1868) . . . . . rose violacé.
3842. Empereur du Mexique . . . . (*Pernet* 1865). . . . . . ponceau.
3843. Empress of India. . . . . (*Laxton* 1876). . . . . . cramoisi brun.
3844. Ernest Boncenne . . . . (*Liabaud* 1868) . . . . . rose vif.
3845. Ernest Morel . . . . (*Cochet* 1899) . . . . . . rouge grenat.
3846. Étendard de Lyon . . . . (*Gonod* 1885) . . . . . . rouge éclatant.
3847. Eugène Delaire. . . . . (*Vigneron* 1879). . . . . rouge velours et feu.
3848. Eugène Furst. . . . . (*Soupert* 1875). . . . . . cramoisi velouté.
3849. Eugène Perrier . . . . (*Perrier* 1888) . . . . . . carmin rev. bl.
3850. Eugène Vavin. . . . . (*Duval* 1873) . . . . . . cerise.
3851. Éveline Turner . . . . (*E. Verdier* 1876). . . . rose vif.
3852. Évêque de Luxembourg . . . . (*Soupert* 1878) . . . . . pourpre et brun.
3853. Exposition de Bric . . . . (*Granger* 1866). . . . . vermeil nuancé.
3854. Exposition de Toulouse . . . . (*F. Brassac* 1874). . . . rouge cerise vif.
3855. Félix Ribeyre . . . . (*E. Verdier* 1888). . . . rose nuancé.
3856. Ferdinand de Lesseps . . . . (*E. Verdier* 1878). . . . cramoisi nuancé.
3857. Ferdinand Jamin . . . . (*Lévêque* 1888). . . . . . vermillon.
3858. Fimbriata. . . . . (*J.-C. Schmidt* 1901) . . rouge écarlate.
3859. Fischer et Holmes . . . . (*E. Verdier* 1865). . . . écarlate.
3860. Fontenelle. . . . . (*Mor. Rob.* 1877). . . . carmin.
3861. Foukouba . . . . (*Lévêque* 1900) . . . . . rose vif.
3862. Francisque Barillot. . . . . (*Damaizin* 1873). . . . . cerise.
3863. François Coppée . . . . (*Lédéchaux* 1895). . . . cramoisi velouté.
3864. François Courtin . . . . (*E. Verdier* 1873). . . . pourpre liseré blanc.
3865. François David . . . . (*Pernet p.* 1887). . . . . rouge nuancé.
3866. François Fontaine . . . . (*Fontaine* 1867). . . . . pourpre foncé.
3867. François Goeschké. . . . . (*Soupert* 1865) . . . . . rouge vif.
3868. François Herincq. . . . . (*E. Verdier* 1878). . . . ponceau.
3869. François-Joseph Pfister . . . . (*E. Verdier* 1876). . . . cerise velours satiné.
3870. François Lacharme. . . . . (*V. Verdier* 1861). . . . carmin.
3871. François Olin . . . . (*V. Ducher* 1881). . . . cerise rubané rose.
3872. François Treyve. . . . . (*Liabaud* 1866) . . . . . écarlate.
3873. Gaston Lévêque. . . . . (*Lévêque* 1878) . . . . . cramoisi nuancé.
3874. Général Annenkoff. . . . . (*Lévêque* 1894). . . . . . vermillon foncé.
3875. — Appert . . . . (*Schwartz* 1884). . . . . pourpre velouté.
3876. — Baron Berge. . . . . (*Pernet p.* 1891). . . . . groseille.
3877. — Desaix . . . . (*Mor. Rob.* 1867). . . . rouge feu.
3878. — Dumouriez. . . . . (*Mor. Rob.* 1873). . . . cerise velouté.
3879. — Grant. . . . . (*E. Verdier* 1869). . . . écarlate.

SECTION V. — HYBRIDES REMONTANTS

3880. Général Korolkow . . . . (*Lévêque* 1891) . . . . . carmin nuancé feu.
3881. Georges Prince . . . . (*E. Verdier* 1863) . . . . rouge vif.
3882. Gypsy . . . . (*Laxton* 1885) . . . . . . rouge foncé.
3883. Gloire de Bourg-la-Reine . . . . (*Margottin* 1879) . . . . écarlate.
3884. Gloire de l'Exposition de Bruxelles . . (*Soupert* 1890) . . . . . pourpre amarante.
3885. Gloire de Santenay . . . . (*Ducher* 1859) . . . . . . pourpre.
3886. Graf Fritz Metternich . . . . (*Soupert* 1896) . . . . . rouge brun velouté.
3887. Grand-Duc Alexis . . . . (*Lévêque* 1892) . . . . . pourpre et carmin.
3888. — Michel Alexandrowitsch . . (*Lévêque* 1893) . . . . rouge nuancé.
3889. — Nicolas . . . . (*Lévêque* 1877) . . . . rouge nuancé.
3890. Grand Mogul . . . . (*W. Paul* 1887) . . . . . cramoisi nuancé.
3891. Grandeur of Cheshunt . . . . (*G. Paul* 1883) . . . . . carmin.
3892. Guillaume Kœlle . . . . (*E. Verdier* 1875) . . . . carmin.
3893. Haileybury . . . . (*G. Paul* 1896) . . . . . cerise cramoisi.
3894. Hans Mackart . . . . (*E. Verdier* 1885) . . . . écarlate.
3895. Henri Vilmorin . . . . (*Lévêque* 1879) . . . . . pourpre.
3896. Henri Ward Beecher . . . . (*E. Verdier* 1874) . . . . pourpre violet.
3897. Henriette Petit . . . . (*Margottin* 1878) . . . . amarante.
3898. Hippolyte Flandrin . . . . (*Damaizin* 1865) . . . . rose tendre.
3899. Jacob Pereire . . . . (*Mor. Rob.* 1869) . . . . rouge nuancé.
3900. J.-A. Escarpit . . . . (*Bernède* 1883) . . . . . pourpre.
3901. James Dickson . . . . (*E. Verdier* 1861) . . . . cramoisi nuancé.
3902. J.-B. Brown . . . . rose vif.
3903. J.-B. Guillot . . . . (*E. Verdier* 1861) . . . . violet nuancé.
3904. Jean Bart . . . . (*Margottin* 1860) . . . . violet et rouge.
3905. Jean Cherpin . . . . (*Liabaud* 1875) . . . . . pourpre.
3906. Jean Lambert . . . . (*E. Verdier* 1865) . . . . rouge vif.
3907. Jean Liabaud . . . . (*Liabaud* 1875) . . . . . cramoisi nuancé.
3908. Jean Soupert . . . . (*Lacharme* 1875) . . . . pourpre velouté.
3909. Jeanne Guillot . . . . (*Liabaud* 1869) . . . . . rose.
3910. Jeanne Hachette . . . . (*Oger* 1868) . . . . carmin.
3911. Jeanne Hély d'Oissel . . . . (*Ledéchaux* 1889) . . . . rouge nuancé.
3912. Jeanne Sury . . . . (*Fandon* 1868) . . . . . . cramoisi vif.
3913. J.-J. Pfitzer . . . . (*E. Verdier* 1876) . . . . cerise satiné.
3914. John Bright . . . . (*G. Paul* 1878) . . . . . cramoisi.
3915. John D. Pawle . . . . (*G. Paul* 1889) . . . . . cramoisi marr.
3916. John Fraser . . . . (*E. Verdier* 1876) . . . . cramoisi.
3917. John Grier . . . . (*E. Verdier* 1865) . . . . rouge clair.
3918. John Harisson . . . . (*E. Verdier* 1873) . . . . cramoisi nuancé.
3919. John Keynes . . . . (*E. Verdier* 1864) . . . . rouge écarlate.
3920. John Laing . . . . (*E. Verdier* 1872) . . . . cramoisi.
3921. J. Prowe . . . . (*Lévêque* 1893) . . . . . rouge velouté.
3922. Jubilee . . . . (*F. Cant* 1899) . . . . . rouge pur.
3923. Jules Barigny . . . . (*E. Verdier* 1886) . . . . rouge carmin.
3924. Jules Chrétien . . . . (*Schwartz* 1878) . . . . pourpre.
3925. Jules Desponts . . . . (*Liabaud* 1888) . . . . . écarlate.
3926. Jules Seurre . . . . (*Liabaud* 1869) . . . . . carmin nuancé.
3927. Kate Hausburg . . . . (*Granger* 1863) . . . . . rose vif.
3928. Katkoff . . . . (*Mor. Rob.* 1887) . . . . cerise.
3929. Kœnig Oscar II . . . . (*Soupert* 1889) . . . . . carmin et brun.
3930. La Brillante . . . . (*V. Verdier* 1862) . . . . carmin clair.
3931. La Fontaine . . . . (*Guinoiseau* 1855) . . . . rose vif.
3932. Lamartine . . . . (*Dubreuil* 1890) . . . . . cramoisi.
3933. La Mignonne . . . . (*Soupert* 1876) . . . . . rouge.
3934. L'ami Maubray . . . . (*Mercier* 1890) . . . . . rouge omb.

SECTION V. — HYBRIDES REMONTANTS

3935. La Nantaise. . . . . (*Boisselot* 1885). . . . . rouge vif.
3936. La Rosière . . . . (*Lartay* 1851). . . . . . blanc rayé.
3937. La Rosière . . . . (*Damaizin* 1874). . . . . feu amar.
3938. La Sirène . . . . (*Damaizin* 1875) . . . . amarante.
3939. La Tendresse . . . . (*Oger* 1864). . . . . . . rose Hortensia.
3940. La Toulousaine. . . . . (*Brassac* 1877). . . . . . blanc carm.
3941. Laurent de Rillé . . . . (*Lévêque* 1885) . . . . . cerise.
3942. Laurent Descourt. . . . . (*Liabaud* 1862). . . . . pourpre velouté.
3943. L'Éclatante . . . . (*Guillot fils* 1862) . . . . ponceau violet.
3944. Le Havre . . . . (*Eudes* 1871) . . . . . . vermeil.
3945. Le Juif errant. . . . . (*Granger* 1862) . . . . . pourpre nuancé.
3946. Le Loiret . . . . (*Ribault* 1882). . . . . . carmin nuancé.
3947. Lena Turner . . . . (*E. Verdier* 1869). . . . cerise.
3948. Léon Duval . . . . (*Lévêque* 1879) . . . . . pourpre nu.
3949. Léon Renault. . . . . (*V. Ledéchaux* 1878). . rouge clair.
3950. Léonie Lartay. . . . . (*Lartay*) . . . . écarlate.
3951. Léopold Hausburg . . . . (*Granger* 1863) . . . . . carmin, brun.
3952. Lord Beaconsfield. . . . . (*Schwartz* 1878). . . . . cramoisi.
3953. — Clyde . . . . (*W. Paul* 1862). . . . . . pourpre cramoisi.
3954. — Fred. Cavendish. . . . . (*Frett* 1884). . . . . rouge.
3955. — Macaulay . . . . (*W. Paul* 1874). . . . . . cram. velouté.
3956. Louis Brassac. . . . . (*Brassac* 1872) . . . . . rose.
3957. Louis Calla . . . . (*E. Verdier* 1885). . . . écarlate.
3958. Louis Charlin. . . . . (*Damaizin* 1871). . . . . rose vif.
3959. Louis Donadine. . . . . (*Gonod* 1887) . . . . . . rouge marron.
3960. Louis Doré . . . . (*Fontaine* 1879). . . . . cerise nuancé.
3961. Louis XIV. . . . . (*Guillot f.* 1859). . . . . cramoisi.
3962. Louisa Wood . . . . (*E. Verdier* 1869). . . . rose vif.
3963. Louise Magnan . . . . (*Fontaine* 1855). . . . . blanc.
3964. Madame Adélaïde de Meynot. . . . . (*Gonod* 1882) . . . . . . cerise.
3965. — Adèle Huzard . . . . (*V. Verdier* 1868). . . . rose liseré blanc.
3966. — Alfred Bleu . . . . (*E. Verdier* 1884). . . . rose foncé.
3967. — Alice van Geert. . . . . (*Lévêque* 1883) . . . . . rose nuancé.
3968. — Alphonse Lavallée . . . . (*E. Verdier* 1878). . . . cerise et blanc.
3969. — Amélie Baltet. . . . . (*E. Verdier* 1878). . . . rose tendre.
3970. — Arntzenius. . . . . (*Soupert* 1875) . . . . . cramoisi nuancé.
3971. — Auguste van Geert. . . . . . . (*Robichon* 1861). . . . . rose, parfois strié.
3972. — Baulot. . . . . (*Lévêque* 1885). . . . . rose vif.
3973. — Bernutz . . . . (*H. Jamain* 1873). . . . rose satiné.
3974. — Bertrand. . . . . (*Pernet p.* 1889). . . . . rose vif.
3975. — Bijou. . . . . (*Chauvry* 1886). . . . . rouge marron.
3976. — Boegner. . . . . (*Vigneron* 1888). . . . . rouge vif c. vel.
3977. — Boutin. . . . . (*Jamain* 1862). . . . . . cerise.
3978. — Cécile Morand. . . . . (*Corbœuf* 1890). . . . . carmin.
3979. — Charles Crapelet . . . . (*Fontaine* 1859). . . . . cerise ombré.
3980. — Chaté . . . . (*Fontaine* 1872). . . . . cerise et blanc.
3981. — Chignard. . . . . (*Vigneron* 1877). . . . . groseille.
3982. — Coulombier . . . . (*Lévêque* 1883) . . . . . groseille clair.
3983. — Daurel. . . . . (*Bernède* 1884) . . . . . groseille.
3984. — de Ridder . . . . (*Margottin* 1872) . . . . rouge amarante.
3985. — de Rochefontaine. . . . . (*Vigneron* 1885) . . . . . chair vel.
3986. — Derreux-Douville . . . . (*Lévêque* 1863) . . . . . rouge vif.
3987. — de Saint-Fulgent . . . . (*Gautreau* 1872). . . . . rouge.
3988. — de Selves . . . . (*Bernède* 1886) . . . . . rouge vif.
3989. — Ed. de Bonnières de Vrières. (*Lévêque* 1887). . . . . rose nuancé.

SECTION V. — HYBRIDES REMONTANTS

3990.	Madame	Édouard Michel........	(E. Verdier 1886)....	rose vif.
3991.	—	Émain.............	(Pernet p. 1862)....	pourpre.
3992.	—	Eugène Sébille.......	(Vigneron 1890)....	cerise.
3993.	—	Eugène Verdier.......	(Guillot p. 1859)....	rose vif.
3994.	—	Grondier............	(Gonod 1897)......	saumon.
3995.	—	Hardon.............	(P. Cochet 1897)....	rose et carmin.
3996.	—	Henri Pereire........	(Vilin 1887).......	rouge vif.
3997.	—	Henri Perrin.........	(Vve Schwartz 1892)..	carmin lilas.
3998.	—	Hérivaux...........	(Hérivaux 1875).....	groseille.
3999.	—	Jolibois............	(E. Verdier 1879)....	carmin lilas blanc.
4000.	—	Lemesle............	(Mor. Rob. 1892)....	pourpre violet.
4001.	—	Léon Halkin.........	(Lévêque 1886).....	cramoisi velouté.
4002.	—	Marguerite Marsault.....	(Corbœuf 1894).....	rouge vif.
4003.	—	Marie Closon........	(E. Verdier 1882)....	rose tendre.
4004.	—	Marie Duncan........	(Lacharme 1872)....	rose.
4005.	—	Marie Lagrange.......	(Liabaud 1882).....	laque carminé.
4006.	—	Marthe d'Halloy.......	(Lévêque 1881).....	cerise.
4007.	—	Musset.............	(Liabaud 1885).....	rouge clair.
4008.	—	Nathalie Simon.......	(Vigneron 1882).....	rouge feu.
4009.	—	Rebatel............	(Liabaud 1885).....	carmin nuancé.
4010.	—	Rosa Monnet........	(Monnet 1885)......	amarante ref. bl.
4011.	—	Rougier............	(Jamain 1875)......	rose.
4012.	—	Rousset............	(Guillot f. 1865)....	rose ref. arg.
4013.	—	Théodore Delacour.....	(E. Verdier 1884)....	carmin.
4014.	—	Thiébaut aîné........	(Lévêque 1886).....	cerise liséré bl.
4015.	—	Treyve Marie........	(Liabaud 1886)....	rouge nuancé or.
4016.	—	Valembourg.........	(Oger 1853).......	pourpre et violet.
4017.	—	William Bull........	(E. Verdier 1876)....	carmin.
4018.	—	York..............	(Mor. Rob. 1881)....	vermillon.
4019.	Mademoiselle Annie Wood....		(E. Verdier 1866)....	rouge clair.
4020.	—	Clémentine Ribault...	(Ribault 1885).....	rouge clair.
4021.	—	Éléonore Grier.....	(E. Verdier 1876)....	rose.
4022.	—	Émélie Verdier.....	(E. Verdier 1875)....	carmin.
4023.	—	Émilie Fontaine.....	(Fontaine 1882).....	rouge cramoisi.
4024.	—	Gabrielle Perronny...	(Lacharme 1863)....	rouge centre violet.
4025.	—	Hélène Michel.....	(Vigneron 1882)....	rose.
4026.	—	Ilona de Adorjan....	(E. Verdier 1874)....	rose pâle saumon.
4027.	—	Léonie Giessen.....	(Lacharme 1875)....	rose lavé bl.
4028.	—	Léonie Persin......	(Fontaine 1861).....	rose argenté.
4029.	—	Louise Chrétien.....	(Liabaud 1883)....	rose et saumon.
4030.	—	Marie Digat......	(Level p. 1882)....	cramoisi.
4031.	—	Marie-Louise Margerand	(Liabaud 1876)....	rose et lilas.
4032.	—	Marie Magat......	(Liabaud 1889)....	rouge clair.
4033.	—	Marie Rady......	(Fontaine 1868)....	rose nuancé.
4034.	—	Marie Verlot......	(E. Verdier 1883)....	rose vif.
4035.	Ma Frisée..............		(Vigneron 1875)....	rouge brillant.
4036.	Ma Pivoine.............		(Level 1864)......	pourpre violet.
4037.	Marchionness of Dufferin..		(Dickson 1891).....	rose œillet.
4038.	Maréchal Vaillant........		(Lecomte 1861)....	pourpre.
4039.	Marie Baumann..		(Baumann 1863)....	rouge carmin.
4040.	Marie Hartmann........		(Hartmann 1894)...	rouge sang.
4041.	Marie Pochin...........		(Pochin 1891).....	cramoisi.
4042.	Marquis d'Alex.........		(Brassac 1890).....	pourpre.
4043.	— d'Aligre........		(Lévêque 1887)....	verm. nuancé
4044.	Marquise de Mortemart.......		(Liabaud 1868)....	rose tendre.

ROSERAIE DE L'HAŸ

Arceaux de rosiers grimpants.

SECTION V. — HYBRIDES REMONTANTS

4045.	Marquise d'Hervey	(Vigneron 1877)	cramoisi pourpre.
4046.	Martin Cahuzac	(Lévêque 1884)	rose carmin.
4047.	Masterpiece	(W. Paul 1880)	carmin.
4048.	Maurice Bernardin	(Granger 1861)	vermeil.
4049.	Michel-Ange	(Oger 1863)	grenat.
4050.	Mistress Cleveland	(Gill 1897)	rouge velouté.
4051.	— Jowitt	(Cranston 1880)	carmin laqué.
4052.	— Laing	(Cranston 1882)	carmin.
4053.	Mon Rêve	(Vigneron 1891)	rose lilas.
4054.	Monseigneur Fournier	(Lalande 1875)	pourpre.
4055.	Monsieur André Wilnat	(Vigneron 1865)	violet.
4056.	— Auguste Perrin	(Schwartz 1887)	cerise nuancé.
4057.	— Berthier	(Vigneron 1884)	rouge vif velouté.
4058.	— Boncenne	(Liabaud 1864)	rouge nuancé.
4059.	— Chaix d'Est-Ange	(Lévêque 1866)	écarlate.
4060.	— Cordier	(Gonod 1872)	écarlate.
4061.	— E. Y. Teas	(E. Verdier 1874)	carmin brillant.
4062.	— Francisque Rive	(Schwartz 1883)	ponceau.
4063.	— Gerberon	(Vigneron 1879)	écarlate brillant.
4064.	— Guillaume Popie	(Corbœuf 1894)	rouge.
4065.	— Hoste	(Liabaud 1884)	cramoisi.
4066.	— J. Niogret	(Liabaud 1887)	amarante.
4067.	— Joigneaux	(Liabaud 1859)	carmin, gros.
4068.	— Jules Lemaître	(Vigneron 1890)	cerise clair.
4069.	— Loriol de Barny	(Trouillard 1894)	pourpre nuancé.
4070.	— Mathieu Baron	(Vve Schwartz 1887)	rouge violet.
4071.	— Moreau	(Vigneron 1885)	rose argenté.
4072.	— Richard	(Vigneron 1896)	feu.
4073.	— Thouvenel	(Vigneron 1880)	rouge velours.
4074.	— Morphée	(Vve Schwartz 1887)	cramoisi.
4075.	— Moser	(Lévêque 1888)	pourpre nuancé.
4076.	— Murillo	(Fontaine 1862)	pourpre.
4077.	Olivier Delhomme	(V. Verdier 1861)	rouge feu.
4078.	Orgueil de Lyon	(Besson 1886)	cramoisi ponceau.
4079.	Oriflamme de Saint-Louis	(Baudry 1858)	rouge.
4080.	Paul's Cheshunt Scarlet	(?)	cramoisi velouté.
4081.	Pénélope Mayo	(Davis 1878)	rouge.
4082.	Peter Lawson	(Thomas 1862)	ponceau.
4083.	Pierre Liabaud	(Liabaud 1887)	pourpre bleu.
4084.	Pierre Notting	(Portemer 1862)	rouge nuancé.
4085.	Pourpre d'Orléans	(Dauvesse 1861)	pourpre.
4086.	Préfet Limbourg	(Margottin 1879)	rouge velouté.
4087.	Préfet Rivaud	(Pernet p. 1893)	rouge vif.
4088.	Président Hardy	(E. Verdier 1873)	carmin pourpre.
4089.	Président Sénelar	(Schwartz 1883)	cerise velouté.
4090.	Prince A. de Wagram	(Cochet 1891)	pourpre.
4091.	— Camille de Rohan	(E. Verdier 1861)	gr. cramoisi.
4092.	— de Beïra	(E. Verdier 1888)	rouge.
4093.	— de Joinville	(W. Paul 1867)	carmin.
4094.	— de Porcia	(E. Verdier 1865)	écarlate.
4095.	— Eugène de Beauharnais	(Mor. Rob. 1864)	feu nuancé.
4096.	— Henri des Pays-Bas	(Soupert 1862)	carmin vif.
4097.	— Humbert	(Margottin 1867)	écarlate.
4098.	Princesse Antoinette Strozzio	(E. Verdier 1874)	rose tendre.
4099.	— Blanche d'Orléans	(E. Verdier 1877)	rose pourpre.

SECTION V. — HYBRIDES REMONTANTS

4100.	Princesse de Béarn............	(Lévêque 1885).....	rouge vermillon.
4101.	— Marie d'Orléans........	(E. Verdier 1886)...	cerise argenté.
4102.	— Radziwill............	(Lévêque 1884).....	carmin luisant.
4103.	Prinzessin Wilhem von Preussen...	(Radig. 1883)......	cram. m. violet.
4104.	Prinz Friedrich Aug. v. Sachsen....	(Pollner 1899).....	amarante velouté.
4105.	Professeur Chevreul.............	(Ch. Verdier 1884)...	vermillon.
4106.	— Édouard Regel........	(E. Verdier 1883)....	cerise lilas.
4107.	— Jolibois............	(E. Verdier 1888)....	rouge feu.
4108.	— Jules Courtois........	(Bire 1886)........	rouge et lilas.
4109.	Professor Dr Schmidt...........	(Strassheim 1899)...	rouge pourpre.
4110.	Prosper Laugier................	(E. Verdier 1833)...	écarlate.
4111.	Queen Éléanor................	(W. Paul 1876)....	beau rose pur.
4112.	Raoul Guillard................	(Margottin 1885)....	vermillon.
4113.	Red Dragon..................	(W. Paul 1878).....	cramoisi.
4114.	Red Gauntlet.................	(Postans 1881)......	cramoisi.
4115.	Reine Mathilde................	(Oger 1849).......	rose tendre.
4116.	Révérend J.-B.-M. Camm.......	(Turner 1875).....	rose clair.
4117.	Révérend Trautmann...........	(Soupert 1877)....	rose argenté.
4118.	Richard Wallace...............	(Lévêque 1871)....	rose lilas.
4119.	Robert de Brie................	(Granger 1861)....	rose m. blanc.
4120.	Robert Lebaudy...............	(Lévêque 1895).....	vermillon nuancé.
4121.	Roger Lambelin...............	(Vve Schwartz 1899)..	groseille taché.
4122.	Rosa Bonheur.................	(Fontaine 1871)....	rose carminé.
4123.	Rosa hybrida foliis tricoloribus....	(Duesberg 1876)...	rouge.
4124.	Rose à bois jaspé..............	(E. Brassac).......	rouge cerise vif.
4125.	Rose de France...............	(E. Verdier 1894)...	rose carminé.
4126.	Rose perfection...............	(Lartay 1854)......	rose foncé vif.
4127.	Rosiériste Jacobs..............	(V. Ducher 1880)...	rouge feu.
4128.	Rougier Chauvière............	(Liabaud 1899)....	amarante.
4129.	Royal scarlet.................	(G. Paul 1898).....	rouge vif.
4130.	Royal Standard...............	(Turner 1876)....	rose.
4131.	Rudolph Einhard.............	(Welter 1899).....	rouge luisant.
4132.	Saint-Georges.................	(W. Paul 1874)....	cramoisi.
4133.	Scipion Cochet...............	(E. Verdier 1888)...	cramoisi et bl.
4134.	Secrétaire général Delaire.......	(Corbœuf 1899)....	rouge foncé satiné.
4135.	Secrétaire J. Nicolas...........	(Schwartz 1883)....	pourpre.
4136.	Sénateur Favre...............	(Rousseau 1863)....	rouge.
4137.	Simon de Saint-Jean..........	(Liabaud 1861)....	rouge pourpre.
4138.	Single Crimson Bedder........	(Cooling 1899)....	cramoisi.
4139.	Sir Garnett Wolseley..........	(Cranston 1875)...	rouge vif.
4140.	Skobeleff....................	(E. Verdier 1889)...	rose lilas.
4141.	Souvenir d'Albert La Blotais....	(Pernet 1895).....	rouge vif.
4142.	— d'André Raffy..........	(Vigneron 1900)....	rouge vermillon.
4143.	— d'Auguste Rivière......	(E. Verdier 1877)...	cramoisi velouté.
4144.	— de Bertrand Guinoisseau...	(Ched. Guin. 1895)...	pourpre nuancé cram.
4145.	— de Caillat.............	(E. Verdier 1887)...	pourpre feu.
4146.	— de Cécile Vilin.........	(E. Verdier 1899)...	amarante.
4147.	— de Grégoire Bordillon...	(Mor. Rob. 1899)...	rouge vif.
4148.	— de l'Exposition de Darmstadt.	(Soupert 1871)....	violet nuancé.
4149.	— de Louis Moreau.......	(Mor. Rob. 1892)...	rouge brillant.
4150.	— de Louis Vilin.........	(Vilin 1899).......	cramoisi.
4151.	— de madame Dor........	(Liabaud 1892)....	pourpre bleuté.
4152.	— de madame Faure......	(Bernaix 1887)....	cramoisi pourpre.
4153.	— de Solférino...........	(Margottin 1861)...	carmin.
4154.	— de Victor Gautreau père...	(Gautreau fils 1893)...	rouge nuancé.

SECTION V. — HYBRIDES REMONTANTS

4155. Souvenir de William Wood	(E. Verdier 1863)	pourpre.
4156. — du capitaine Marc	(Oger 1874)	cramoisi.
4157. — du Champ-de-Mars	(Fontaine 1867)	pourpre brun.
4158. — du docteur Payen	(Vigneron 1892)	rouge velouté.
4159. Tancrède	(Oger 1876)	rouge vif.
4160. Tartarus	(Geschwindt 1887)	pourpre violet.
4161. Théodore Liberton	(Soupert 1886)	rouge carminé.
4162. Thomas Mills	(E. Verdier 1873)	cerise.
4163. Tournefort	(Liabaud 1867)	rouge.
4164. Triomphe d'Amiens	(M. Maillet 1861)	rouge moiré.
4165. — des Français	(Pernet p. 1864)	cramoisi.
4166. — de Toulouse	(Brassac 1873)	rouge.
4167. — de Villecresne	(Ledéchaux 1861)	rouge luisant.
4168. Turenne	(V. Verdier 1861)	rouge.
4169. T.-W. Girdlestone	(Dickson 1891)	vermillon.
4170. Vainqueur de Solférino	(Damaizin 1859)	rouge feu.
4171. Velours pourpre	(E. Verdier 1866)	carmin reflet violet.
4172. Vicomte de Lauzières	(Liabaud 1890)	pourpre.
4173. — Vigier	(V. Verdier 1861)	violet.
4174. Vicomtesse Laure de Gironde	(Pradel 1851)	rose tendre.
4175. Victor Le Bihan	(Guillot p. 1859)	carmin.
4176. Victor Lemoine	(Lévêque 1888)	pourpre brun.
4177. Victory Rose	(Dingee, Conard 1901)	rose.
4178. Vincent H. Duval	(Duval 1879)	carmin.
4179. Vulcain	(V. Verdier 1861)	pourpre nuancé.
4180. Wilhelm Pfitzer	(E. Verdier 1861)	pourpre.
4181. Xavier Olibo	(Lacharme 1864)	cramoisi.
4182. Yvonne Corbœuf	(Corbœuf 1900)	rouge cerise.

Groupe F. — JULES MARGOTTIN

Arbustes d'une vigueur extraordinaire, très résistants aux froids.
Rameaux droits, armés de nombreux aiguillons gros et crochus; **feuillage** ample, folioles oblongues dentelées; **floraison** abondante, le plus souvent en corymbe, le bouton entouré de sépales foliacés, verts, longs et dentelés, fleurs variant du rose au rouge vif, sans coloris foncés; **fruits** très allongés, rappelant ceux du R. de Damas, dont ce groupe est probablement issu.

4183. **Jules Margottin**	(Margottin 1852)	carmin.
4184. Alphonse Soupert	(Lacharme 1883)	rose veloutée.
4185. Anny Laxton	(Laxton 1872)	rose.
4186. Aspasie	(Touvais 1867)	rouge cramoisi.
4187. Baron Elisi de Saint-Albert	(Vve Schwartz 1893)	cerise foncé.
4188. Belle de Bourg-la-Reine	(Margottin 1859)	rose satiné.
4189. Belle Rose	(Touvais 1854)	rose vif.
4190. Berthe Baron	(Dauvesse 1868)	rose tendre.
4191. Capucine Liabaud	(Liabaud 1882)	capucine.
4192. Catherine Soupert	(Lacharme 1879)	blanc liseré rose.
4193. Clara Cochet	(Lacharme 1885)	rose clair.
4194. Comte Adrien de Germiny	(Lévêque 1881)	rose veloutée.
4195. Comtesse de Bresson	(Guinoisseau 1873)	rose vif.
4196. — de Serenye	(Lacharme 1875)	rose carmin.
4197. — Fressinet de Bellanger	(Lévêque 1885)	rose nuancé.
4198. Docteur Jenner	(Margottin 1878)	cramoisi.

SECTION V. — HYBRIDES REMONTANTS

4199.	Doyen Théodore Cornet..........	(*Bérard* 1900)......	rouge groseille.
4200.	Duchesse d'Aoste............	(*Margottin* 1857)....	groseille.
4201.	— d'Édimbourg........	(*Schwartz* 1874).....	rose vif.
4202.	— de Vallombrosa......	(*Schwartz* 1875).....	rose pourpre.
4203.	Duchess of Edimburgh.........	(*Bennett* 1875).......	rose argenté.
4204.	Édouard Morren............	(*Granger* 1869)......	cerise.
4205.	Emily Laxton..............	(*Laxton* 1878).......	rose clair.
4206.	Empereur Alexandre III........	(*Soupert* 1885)......	carmin.
4207.	— du Brésil.........	(*Soupert* 1880)......	rouge nuancé.
4208.	Gabriel Tournier............	(*Levet* 1876)........	rose cerise.
4209.	Gustave Thierry............	(*Oger* 1881)........	rose lilas.
4210.	Heinrich Schultheis..........	(*Bennett* 1882)......	rose tendre.
4211.	Joseph Chappaz............	(*Schmitt* 1883)......	rose lilas.
4212.	Jules Maquinant............	(*Vigneron* 1883).....	rouge.
4213.	Julia Dymonier.............	(*Gonod* 1880).......	rose clair nuancé.
4214.	Julia Touvais..............	(*Touvais* 1868)......	rose.
4215.	La Coquette...............	(*Joubert* 1864)......	rose nuancé lilas.
4216.	La Neustrienne.............	(*Oger* 1877)........	carné.
4217.	La Tour de Crouy...........	(*Fontaine* 1852).....	rose et blanc.
4218.	La Vierzonnaise............	(*André* 1893).......	rose nuancé.
4219.	Léopold II................	(*Margottin* 1868)....	rose saumoné.
4220.	Madame Alexandre Julien......	(*Vigneron* 1882).....	rose satiné.
4221.	— Ambroise Triollet.......	(*Mor. Rob.* 1869)....	rose saumon.
4222.	— Anatole Leroy........	(*A. Leroy* 1892)....	rose tendre.
4223.	— Céline Touvais.......	(*Touvais* 1859)......	rose vif.
4224.	— César Brunier.........	(*Bernaix* 1887).....	rose de Chine.
4225.	— Clert..............	(*Gonod* 1868).......	saumon.
4226.	— Dellevaux...........	(*Besson* 1883).......	rose satiné.
4227.	— E. Forgeot...........	(*Vigneron* 1890)....	cerise brillant.
4228.	— Forcade la Roquette.....	(*Gautreau* 1891)....	groseille.
4229.	— Fortuné Besson........	(*Besson* 1881)......	clair.
4230.	— Francis Buchner.......	(*Lévêque* 1884).....	rose clair.
4231.	— Gabriel Luizet........	(*Liabaud* 1865).....	rose tendre.
4232.	— Georges Vibert........	(*Mor. Rob.* 1879)...	rose.
4233.	— Hélène de Lüsemans.....	(*Soupert* 1883).....	carmin.
4234.	— Lacharme...........	(*Lacharme* 1872)....	rose pâle.
4235.	— La Générale Decaen.....	(*Gautreau* 1869)....	rose.
4236.	— Laurent............	(*Granger* 1870).....	rose brillant.
4237.	— Louis Lévêque........	(*Lévêque* 1864).....	rose chair.
4238.	— Lucien Chauré........	(*Vigneron* 1884)....	cerise vif.
4239.	— Massange de Louvrex....		rose.
4240.	— Renard.............	(*Mor. Rob.* 1871)....	rose saumoné.
4241.	— Thibault............	(*Lévêque* 1889).....	rose carmin.
4242.	— Veuve Alexis Pomery.....	(*Lévêque* 1882).....	rose.
4243.	— Wilson.............	(*Vigneron* 1883)....	rose clair.
4244.	Mademoiselle Julie Gaulain......	(*Liabaud* 1883).....	rose et orange.
4245.	— Julie Pereard........	(*Pernet p.* 1872)....	rose vif.
4246.	— Louise Aunier.......	(*Liabaud* 1883).....	rose.
4247.	— Louise Boyer........	(*Bernède* 1881).....	rose foncé.
4248.	— Madeleine Nonin.....	(*Ducher* 1856)......	rose saumon.
4249.	— Thérèse Levet.......	(*Level p.* 1866).....	rose velouté.
4250.	Magna Charta.............	(*W. Paul* 1876).....	rose nuancé.
4251.	Marchioness of Exeter.........	(*Laxton* 1877)......	rose saumoné.
4252.	Margaret Dickson...........	(*Dickson* 1891).....	blanc et chair.
4253.	Marguerite de Saint-Amand.....	(*de Sansal* 1882)....	rose clair.

SECTION V. — HYBRIDES REMONTANTS

4254. Mariette Biolley	(Gonod 1874)	rose frais satiné.
4255. Marquise de Castellane	(Pernet p. 1869)	cerise clair.
4256. — de Gibot	(de Sansal 1868)	rose.
4257. — de Salisbury	(Lévêque 1888)	chair.
4258. — d'Exeter	(Laxton 1876)	rose cerise vif.
4259. Miss Hassard	(Turner 1875)	chair.
4260. — Ingram	(Ingram 1858)	carné.
4261. Panachée Langroise	(Rimanc. 1873)	cerise et carmin.
4262. Paul's Early Blush	(G. Paul 1893)	carné argenté.
4263. Peach Blossom	(W. Paul 1874)	rose nuancé.
4264. Princess Mary of Cambridge	(G. Paul 1857)	carné.
4265. Reine Isabelle II	(Lévêque 1888)	rose chair.
4266. Roi François d'Assise d'Espagne	(Lévêque 1887)	ponceau nuancé.
4267. Souvenir d'Arthur de Sansal	(Guenoux 1876)	rose vif.
4268. — de Madame Robert	(Mor. Rob. 1879)	rose glacé.
4269. Syrène	(Touvais 1874)	cerise.
4270. Vicomtesse de Vezins	(Gautreau 1857)	rose velouté.
4271. Violette Bouyer	(Lacharme 1881)	blanc nuancé.

Groupe G. — MADAME RÉCAMIER

Arbustes peu vigoureux et très florifères; **rameaux** ressemblant à ceux des "Général Jacqueminot"; **feuillage** très rapproché; **fleur** en forme de coupe, variant du blanc au blanc rosé; **fruits** petits, peu abondants.

4272. **Madame Récamier**	(Lacharme 1852)	carné.
4273. Bouquet de Marie	(Damaizin 1858)	blanc vert.
4274. Élisa Boëlle	(Guillot 1869)	carné.
4275. Empress	(W. Paul 1884)	blanc rosé.
4276. Impératrice Eugénie	(Avoux 1856)	blanc rosé.
4277. Madame Bellender Ker	(Guillot 1857)	blanc rosé et jaune.
4278. — Freemann	(Guillot 1862)	crème.
4279. — Oswald de Kerchove	(Schwartz 1879)	jaune.
4280. Mademoiselle Bonnaire	(Pernet 1859)	blanc.
4281. — Lobry	(Guillot p. 1863)	blanc rosé.
4282. Marie Boissée	(Oger 1864)	blanc rosé.
4283. Virginale	(Lacharme 1858)	blanc rosé.

Groupe H. — TRIOMPHE DE L'EXPOSITION

Les rosiers de ce groupe sont très vigoureux, rustiques, assez florifères. **Rameaux** longs, à mérithalles éloignés ; **folioles** amples ; **fleur** généralement plate, quelquefois bombée, de coloris variant du rouge au rouge foncé ; **fruit** rond.

4284. **Triomphe de l'Exposition**... (*Margottin* 1855) .... rouge velouté.
4285. **Achille Cesbron**............ (*Rousset* 1894)...... ponceau éclatant.
4286. **Achille Gonod**............. (*Gonod* 1864) ...... carmin brillant.
4287. **A. Geoffroy de Saint-Hilaire**..... (*E. Verdier*) ...... rouge cerise.
4288. **Alexandre de Humboldt**....... (*Ch. Verdier* 1870) ... rose ton argenté.
4289. **Alexandre Dupont**........... (*Liabaud* 1892) .... rouge nuancé.
4290. **Anna Scharsach**............ (*Geschwindt* 1890) ... rose frais.
4291. **Baron de Houlley**........... (*Vigneron* 1886)..... rouge violet.
4292. **Bernard Palissy**............ (*Margottin* 1863) .... carné vif.
4293. **Capitaine Haward**........... (*Bennett* 1894)...... carmin.
4294. **Carl Coers**............... (*Granger* 1865)..... rouge vif.
4295. **Charles Margottin**........... (*Margottin* 1864) .... carmin velouté.
4296. **Charles Turner**............. (*Margottin* 1863) .... rose vif.
4297. **Claude Bernard**............ (*Liabaud* 1879) ..... rose foncé.
4298. **Clio**................... (*W. Paul* 1895)..... chair rosé.
4299. **Colonel Mignot**............ (*Puyravaud* 1894)... rose lilas.
4300. **Comte de Ribeaucourt**........ (*Gémaux* 1870) .... cramoisi vif.
4301. **Comtesse de Jaucourt**........ (*Damaizin* 1866) ... rose nuancé.
4302. — **de Maussac**........ (*Vigneron* 1874).... rose clair.
4303. **Crimson Queen**............ (*W. Paul* 1890)..... cramoisi.
4304. **Duguesclin**............... (*Oger* 1853)....... rose vif.
4305. **Duhamel Dumonceau**........ (*Vilin* 1872)...... rouge nuancé.
4306. **Éclaireur**................ (*Vigneron* 1895).... rouge vif.
4307. **Eugène Scribe**............ (*Gautreau* 1866)..... rouge feu.
4308. **Exposition de Provins**........ (*Cochet-Cochet* 1895).. rose velouté.
4309. **Ferdinand Chaffolte**.......... (*Pernet f.* 1878)..... rouge brillant.
4310. **Général de Cissey**.......... (*E. Verdier* 1875)... rouge éclatant.
4311. — **de la Martinière**...... (*de Sansal* 1860)..... rose.
4312. — **Miloradowitch**....... (*Bulat* 1869)....... rouge nuancé.
4313. — **Simpson**........... (*Ducher* 1856)..... rouge carmin.
4314. **Gloire d'Orléans**........... (*Boitard* 1879)..... carmin.
4315. **Jean Goujon**.............. (*Margottin* 1862) .... rose frais.
4316. **Joseph Tasson**............. (*Soupert* 1882)...... pourpre nuancé.
4317. **Kléber**.................. (*Boyeau* 1872)..... carmin.
4318. **La Motte Sanguin**........... (*Vigneron* 1869).... rouge carmin.
4319. **L'Espérance**.............. (*Lartay* 1871)...... cerise.
4320. **Madame Debray**........... (*Ribaux* 1884)..... rose foncé.
4321. — **Desbordeaux**....... (*Oger* 1873)....... rose et saumon.
4322. — **Élisa Tasson**....... (*Lévêque* 1879) .... cerise.
4323. — **Guyot de Villeneuve**.... (*Gautreau* 1873).... rose.
4324. — **Héléna Fould**....... (*Lévêque* 1878) .... rouge et brun.
4325. — **Marie Cirodde**...... (*V. Verdier* 1868)... rose tendre.
4326. — **Marie Rœderer**..... (*Lévêque* 1882) .... rose cerise vif.
4327. — **Rollet**............ (*Gonod* 1875) ...... rose saumoné.
4328. — **Rose Charmieux**..... (*Gautreau* 1875).... cramoisi ombré.
4329. — **Sanglier**.......... (*Vigneron* 1885).... groseille.
4330. — **Vauvel**........... (*E. Verdier* 1885).... rose frais.
4331. — **Villy**............ (*Liabaud* 1885) .... amarante.
4332. **Marcel Grammont**.......... (*Vigneron* 1868).... rouge ardent.

SECTION V. — HYBRIDES REMONTANTS

4333.	Maréchal Canrobert	(Pernet p. 1863)	rouge luisant.
4334.	— Forey	(Margottin 1862)	cramoisi.
4335.	Maurice Lepelletier	(Mor. Rob. 1868)	rose vif.
4336.	Maxime de la Rocheterie	(Vigneron 1871)	pourpre.
4337.	Maximilien, empereur du Mexique	(V. Verdier 1858)	cramoisi.
4338.	May Turner	(E. Verdier 1874)	saumon.
4339.	Merveille d'Anjou	(Touvais 1877)	groseille.
4340.	Président Joachim Crespo	(Lévêque 1884)	rose vif.
4341.	— Lincoln	(Granger 1862)	cerise.
4342.	— Mas	(Guillot 1865)	rouge nuancé.
4343.	Princesse Amédée de Broglie	(Lévêque 1885)	rose clair.
4344.	Professeur Bazin	(Lévêque 1897)	rose vif.
4345.	— Lambin	(Lévêque 1891)	rouge vif clair.
4346.	— Max. Cornu	(Lévêque 1885)	cerise.
4347.	Souvenir de l'ami Pancher	(E. Verdier 1879)	cramoisi.
4348.	— de Madame Alexis Michaut	(Vigneron 1873)	rouge foncé.
4349.	— de Monsieur Droche	(Pernet 1881)	rose carmin.
4350.	— de Poiteau	(Margottin 1868)	saumon.
4351.	— du Baron de Rochetaillée	(Liabaud 1888)	pourpre.
4352.	— du Général Richard	(Liabaud 1889)	écarlate.
4353.	— du Président Porcher	(Granger 1889)	rose.
4354.	— du Prince royal de Belgique	(Gautreau 1869)	ponceau.
4355.	— du Rosiériste Gonod	(J. Ducher 1889)	cerise.
4356.	Tom Wood	(Dickson 1896)	cerise.

Groupe I. — MADAME VICTOR VERDIER

Ce groupe se rapproche beaucoup de celui des " Charles Lefebvre " ; on dit communément des rosiers qui le composent, que ce sont des " Général Jacqueminot " à bois lisse ; ils sont très florifères, franchement remontants.
Rameaux lisses, verts, aiguillons petits et rares ; **feuillage** vert, moyen ; **fleur** en coupe, floraison le plus souvent en corymbe ; on y rencontre les coloris les plus variés, du rose au rouge pourpre noirâtre.

4357.	**Madame Victor Verdier**	(E. Verdier 1859)	cramoisi clair.
4358.	Alexandre Fontaine	(Fontaine 1861)	cerise pâle.
4359.	Alfred Colomb	(Lacharme 1865)	rouge velouté.
4360.	Amiral Courbet	(Dubreuil 1884)	rouge carné.
4361.	— de Joinville	(E. Verdier 1885)	rouge vel. nuancé.
4362.	— Seymour	(E. Verdier 1882)	pourpre foncé.
4363.	André Gille	(E. Verdier 1883)	carmin.
4364.	André Leroy d'Angers	(Trouillard 1866)	rose et violet.
4365.	Auguste Rigotard	(Schwartz 1871)	cerise à reflets.
4366.	Auguste Rivière	(E. Verdier 1863)	carmin.
4367.	Bacchus	(G. Paul 1899)	écarlate brun.
4368.	Baron Chaurand	(Liabaud 1870)	écarlate velouté.
4369.	— Haussmann	(Lévêque 1867)	carmin.
4370.	Baronne de Blochausen	(Kellen 1884)	rouge ombré.

SECTION V. — HYBRIDES REMONTANTS

4371. Baronne de Medem . . . . (E. Verdier 1876) . . . . rouge carminé.
4372. Beauty of Waltham . . . . (W. Paul 1863) . . . . . cramoisi rosé.
4373. Benjamin Drouet . . . . (E. Verdier 1878) . . . . pourpre et feu.
4374. Benoist Comte . . . . (Schwartz 1884) . . . . . rouge ponceau.
4375. Bernard Verlot . . . . (E. Verdier 1874) . . . . rouge violet.
4376. Charles Lamb . . . . (W. Paul 1884) . . . . . cerise brillant.
4377. Charles Lee . . . . (Gautreau 1858) . . . . . vermeil foncé.
4378. Claude Million . . . . (E. Verdier 1864) . . . . écarlate.
4379. Comtesse Bertrand de Blacas . . . . . (E. Verdier 1888) . . . . rose vif.
4380. — de Camondo . . . . (Lévêque 1880) . . . . . . rouge nuancé.
4381. — de Castéja . . . . (Fontaine 1884) . . . . . ponceau.
4382. — de Ludre . . . . (E. Verdier 1879) . . . . rouge carmin.
4383. — d'Eu . . . . (E. Verdier 1883) . . . . cerise nuancé.
4384. — Hélène Mier . . . . (Soupert 1876) . . . . . . rose nuancé.
4385. Countess of Rosebery . . . . (Postans 1879) . . . . . . carmin.
4386. D. N. Jensen . . . . (E. Verdier 1883) . . . . cramoisi pourpre.
4387. Docteur Baillon . . . . (Margottin 1878) . . . . cramoisi.
4388. — Bastien . . . . (E. Verdier 1890) . . . . groseille vif.
4389. — Marx . . . . (Laffay 1842) . . . . . . cramoisi vif.
4390. Doctor Hoog . . . . (Laxton 1880) . . . . . . violet foncé.
4391. Dowager duchess of Marlborough . . . (G. Paul 1891) . . . . . . rose pur.
4392. Duchesse de Galliera . . . . (Portemer 1847) . . . . . lilas.
4393. — de Galliera . . . . (E. Verdier 1887) . . . . rose carmin.
4394. Duchess of Fife . . . . (Cocker 1893) . . . . . . cramoisi.
4395. Duke of Edimburgh . . . . (G. Paul 1868) . . . . . . écarlate.
4396. — of Teck . . . . (W. Paul 1880) . . . . . . écarlate.
4397. Dupuy Jamain . . . . (C. Dupuy 1868) . . . . . cerise brillant.
4398. Earl of Dufferin . . . . (Dickson 1887) . . . . . cramoisi foncé.
4399. Édouard André . . . . (E. Verdier 1880) . . . . rouge groseille.
4400. Eugène Verdier . . . . (Guillot f. 1863) . . . . violet foncé.
4401. Félix Mousset . . . . (E. Verdier 1884) . . . . pourpre.
4402. François Dubois . . . . (Damaizin 1876) . . . . . rose luisant.
4403. Garden Favourite . . . . (W. Paul 1884) . . . . . rose clair.
4404. Général duc d'Aumale . . . . (E. Verdier 1875) . . . . cramoisi.
4405. Georges Baker . . . . (G. Paul 1881) . . . . . rouge laque.
4406. Georges Paul . . . . (E. Verdier 1883) . . . . rose brillant.
4407. Georges Simon . . . . (Oger 1863) . . . . cramoisi.
4408. Gilbert . . . . (Mor. Rob. 1882) . . . . rouge brun.
4409. Glory of Cheshunt . . . . (G. Paul 1880) . . . . . cramoisi.
4410. Harrison Weir . . . . (Turner 1880) . . . . . . cramoisi.
4411. Henri IV . . . . (E. Verdier 1862) . . . . pourpre violet.
4412. Inigo Jones . . . . (W. Paul 1886) . . . . . rose et pourpre.
4413. James Watt . . . . (Mor. Rob. 1873) . . . . rouge laque.
4414. Jean Rosenkrantz . . . . (Portemer 1804) . . . . . corail.
4415. John Stuart Mills . . . . (Turner 1875) . . . . . . rouge clair.
4416. Lady Helen Stewart . . . . (Dickson 1887) . . . . . cramoisi écarlate.
4417. — Sheffield . . . . (Postans 1881) . . . . . cerise.
4418. — Suffield . . . . (W. Paul 1886) . . . . . pourpre.
4419. L'ami Loury . . . . (E. Verdier 1887) . . . . écarlate marron.
4420. Léopold Iᵉʳ, roi des Belges . . . . . . (Van Assche 1864) . . . . rouge foncé.
4421. Le Rhône . . . . (Guillot 1862) . . . . . . vermillon.
4422. Le Shah . . . . (G. Paul 1875) . . . . . rose.
4423. L'étincelante . . . . (Verdier 1875) . . . . . écarlate.
4424. Longfellow . . . . (G. Paul 1884) . . . . . cramoisi ong. viol.
4425. Louis-Philippe A. d'Orléans . . . . . . (E. Verdier 1884) . . . . cerise nuancé.

SECTION V. — HYBRIDES REMONTANTS

4426. Louis van Houtte. . . . . (*Lacharme* 1869) . . . . rouge feu.
4427. Madame Amélie Baltet . . . . (*E. Verdier* 1878) . . . . rose carminé.
4428. — Bertha Mackart . . . . (*E. Verdier* 1883) . . . . rose velouté.
4429. — Bleu . . . . (*E. Verdier* 1885) . . . rose carmin.
4430. — Charles Meurice . . . . (*Meurice* 1878) . . . . . pourpre nuancé.
4431. — Charles Truffaut . . . . (*E. Verdier* 1878) . . . . rose.
4432. — Delville . . . . (*Vve Schwartz* 1889) . . . rose velouté.
4433. — Georges Backer . . . . (*G. Paul* 1881) . . . . . . rouge laque.
4434. — Grandin Monville . . . . (*E. Verdier* 1875) . . . . cramoisi nuancé.

Bureau du jardinier de la Roseraie.

4435. Madame Lelièvre de la Place . . . . . (*E. Verdier* 1882) . . . . groseille.
4436. — Normand Neruda . . . . (*G. Paul* 1884) . . . . . rose.
4437. — Pierre de Beys . . . . (*Soupert* 1885) . . . . . vermillon.
4438. Mademoiselle Amélie Halphen . . . . . (*Margottin* 1864) . . . . carmin.
4439. — Berthe Saccavin . . . . . (*E. Verdier* 1876) . . . . rose tendre.
4440. — Léa Lévêque . . . . (*E. Verdier* 1883) . . . . rose vif.
4441. — Marguerite Michon . . . (*Vigneron* 1882) . . . . rouge foncé.
4442. — Suzanne Rodocanachi . . (*Verdier* 1879) . . . . . rose vif.
4443. — Victoire Helye . . . . . . (*E. Verdier* 1878) . . . . rose et lilas.
4444. Marshall P. Wilder . . . . (*Ellwanger* 1884) . . . . cerise.
4445. Maurice L. de Vilmorin . . . . (*Lévêque* 1889) . . . . . rose nuancé.
4446. Mistress Laxton . . . . (*Laxton* 1877) . . . . . . rose carmin.
4447. Monsieur Benoît Comte . . . . (*Vve Schwartz* 1884) . . rouge ponceau.
4448. — Chevalier . . . . (*Pernet p.* 1887) . . . . . rouge cerise.
4449. — Fournier . . . . (*Lalande* 1876) . . . . . rouge clair.
4450. — Gonin . . . . (*Pernet* 1895) . . . . . . rouge vif.

SECTION V. — HYBRIDES REMONTANTS

4451. Monsieur Laxton............. (Laxton 1878)...... rose carmin.
4452. Napoléon III .... (E. Verdier 1864).... écarlate et violet.
4453. Olivier Metra............. (E. Verdier 1885)... rouge cerise.
4454. Paul de Fabry............. (Liabaud 1879)..... rose vif.
4455. Paul de le Meilleraye........ (Guillot p. 1853)..... cerise pourpre.
4456. Paulin Talabot............. (E. Verdier 1874).... rouge foncé.
4457. Pierre Durand............. (Pernet p. 1881)..... rose vif.
4458. Président Carnot.......... (Degressy 1891)..... rose vif.
4459.   —   Léon Saint-Jean...... (Lacharme 1875).... cramoisi.
4460. Prince H. d'Orléans......... (E. Verdier 1886)... rose brillant.
4461. Princesse Clémentine....... (E. Verdier 1876)... rose.
4462. Princess of Wales.......... (W. Paul 1874).... cramoisi.
4463. Professeur Charguereau..... (Lévêque 1891)...... rouge brun.
4464. Queen of Autumn........... (G. Paul 1888)...... cramoisi.
4465. Queen of Waltham.......... (W. Paul 1876).... rouge cramoisi.
4466. Reverend Reynolds Hole..... (?   )...... rose luisant.
4467. Richard Laxton............ (Laxton 1877)..... rouge vif.
4468. Rosiériste Harms........... (E. Verdier 1879)... écarlate.
4469. Sénateur Vaïsse............ (Guillot p. 1859).... rouge éclatant.
4470. Souvenir d'Alphonse Lavollée.. (Ch. Verdier 1884).. groseille marron.
4471.   —   de Charles Verdier.... (E. Verdier 1894)... pourpre nuancé.
4472.   —   de Louis van Houtte.. (E. Verdier 1876)... cramoisi.
4473.   —   de Madame Alfred Vy.. (Jamain 1889)...... groseille foncé.
4474.   —   —   Sadi Carnot... (Lévêque 1899)..... rouge carminé.
4475.   —   —   Victor Verdier.. (E. Verdier 1883)... rose foncé.
4476.   —   de M. Gomot......... (W. Schwartz 1890).. rouge feu.
4477.   —   de Spa.............. (Gautreau 1872).... rouge à reflets.
4478.   —   du Baron de Semur... (Lacharme 1874)... pourpre nuancé.
4479. Sultan of Zanzibar.......... (G. Paul 1876)..... rouge brun.
4480. Suzana Wood............... (E. Verdier 1870).. rose.
4481. Suzanne Marie Rodocanachi.. (Lévêque 1875).... rose transparent.
4482. T.-B. Haywood............. (G. Paul 1895).... ponceau nuancé.
4483. Théodore Bullier............ (E. Verdier 1879).. carmin.
4484. The Shah.................. (G. Paul 1874).... rouge brillant.
4485. Triomphe de la Terre des Roses.. (Guillot 1864)...... rose violet.
4486.   —   des Rosomanes....... (Gonod 1872)...... cramoisi feu.
4487. Vainqueur de Goliath....... (Pernet p. 1852).... rouge vif.
4488. Vénus.................... (Schmitt 1895)...... pourpre velouté.
4489. Victoire Helye............. (?   )...... rose frais.
4490. Victor Hugo............... (Schwartz 1885).... rouge éclatant.
4491. Violet Queen.............. (G. Paul 1892).... cramoisi violet.
4492. Waltham Standard.......... (W. Paul 1897).... cramoisi violet.
4493. William Paul............... (Guillot 1862)..... rouge carminé.
4494. William Rollisson........... (E. Verdier 1865)... cerise.

Groupe J. — CHARLES LEFEBVRE

Ainsi que nous le disons plus haut, les rosiers de ce groupe ont beaucoup d'analogie avec ceux du précédent.
Rameaux brunâtres, lisses, aiguillons gros, rares; **feuille** très grande; **fleur** pleine, imbriquée, de coloris foncés variant du rouge au rouge noir.

4495. **Charles Lefebvre**......... (Lacharme 1861).... rouge velouté.
4496. Aurore boréale............ (Oger 1865)....... rouge vif éclatant.

SECTION V. — HYBRIDES REMONTANTS

4497.	Baron de Wolseley............	(E. Verdier 1882)....	cramoisi.
4498.	Bijou de Couasnon............	(Vigneron 1886).....	rouge velouté.
4499.	Brightness of Cheshunt........	(G. Paul 1881)......	rouge brique.
4500.	Bruce Finlay.................	(G. Paul 1891)......	cramoisi.
4501.	Buffalo Bill..................	(E. Verdier 1889)...	rose clair.
4502.	Capitaine Paillon.............	(Liabaud 1893).....	rose pourpre.
4503.	Casimir Perier...............	(Schwartz 1874)....	rubis et grenat.
4504.	Colonel Félix Breton..........	(Schwartz 1883)....	groseille.
4505.	Denis Cochin................	(E. Verdier 1885)...	rouge nuancé.
4506.	Dingee et Conard............	(E. Verdier 1875)...	ponctué.
4507.	Docteur Andry...............	(E. Verdier 1864)...	cramoisi.
4508.	Doctor Hooker..............	(G. Paul 1876)......	rouge.
4509.	Duc de Bragance............	(E. Verdier 1886)...	ponceau violet.
4510.	Ella Gordon.................	(W. Paul 1883).....	cerise éclatant.
4511.	Emperor....................	(W. Paul 1884).....	rouge nuancé.
4512.	Félicien David..............	(E. Verdier 1872)...	rouge feu.
4513.	Florence Paul...............	(W. Paul 1886).....	cramoisi.
4514.	Foukouba...................	(?).....	rose vif brillant.
4515.	François Gaulin..............	(Schwartz 1878)....	violet.
4516.	Frédérick Schneider II........	(Ludovic 1885).....	rose et rouge.
4517.	Fréderic von Schiller.........	(Mietzch 1881).....	cramoisi ombré.
4518.	Héliogabale..................	(Guinoisseau 1864)..	rouge brillant.
4519.	Henri Bennett...............	(Lacharme 1875)...	rouge feu.
4520.	Horace Vernet...............	(Guillot f. 1866).....	cramoisi.
4521.	Jean Lelièvre................	(Oger 1879).........	cramoisi.
4522.	John Gould Weitch..........	(Lévêque 1865).....	rouge brillant.
4523.	Lady Arthur Hills............	(Dickson 1889).....	rose lilas.
4524.	La Forcade..................	(Lévêque 1889).....	carmin.
4525.	Laurent Carle................	(E. Verdier 1889)...	rose carmin.
4526.	Lecocq-Dumesnil.............	(E. Verdier 1882)...	rouge.
4527.	Le Khédive..................	(E. Verdier 1882)...	pourpre nuancé.
4528.	Léon Delaville...............	(E. Verdier 1885)...	rouge nuancé.
4529.	L'étincelante.................	(Vigneron 1891)....	rouge vif.
4530.	Lord Bacon..................	(W. Paul 1883).....	cramoisi ombré violet.
4531.	Mademoiselle Eugénie Wilhelm....	(Soupert 1873).....	pourpre nuancé.
4532.	Marguerite Brassac...........	(Brassac 1876).....	rouge vif.
4533.	Michel Strogoff..............	(Barrault 1882).....	rouge violet ardent.
4534.	Miller Hayes................	(E. Verdier 1873)...	cramoisi.
4535.	Mistress Harry Turner........	(Turner 1880)......	cramoisi et marron.
4536.	Monsieur Émile Jourdan.......	(Ch. Verdier 1887)..	rose.
4537.	Paul Jamain.................	(Jamain 1878)......	rouge vif.
4538.	Pierre Caro..................	(Level 1879).......	rouge foncé.
4539.	Président Grévy..............	(E. Verdier 1873)...	rouge pourpre.
4540.	— Schlachter....	(E. Verdier 1877)...	cramoisi ombré.
4541.	Prince Waldemar.............	(E. Verdier 1885)...	cerise liséré blanc.
4542.	Salamander..................	(W. Paul 1891).....	cramoisi clair.
4543.	Sir Rowland Hill.............	(Mack. 1887).......	vin de Porto.
4544.	Souvenir de John Gould Weitch....	(E. Verdier 1872)...	cramoisi foncé.
4545.	— de Laffay...........	(E. Verdier 1878)...	cramoisi nuancé.
4546.	— de René Lévêque.....	(E. Verdier 1882)...	pourpre nuancé.
4547.	— d'Eugène Karr......	(Schwartz 1885)....	écarlate.
4548.	— de Victor Verdier....	(E. Verdier 1878)...	ponceau nuancé.
4549.	— du Docteur Jamain...	(Lacharme 1866)....	rouge feu nuancé.
4550.	Théodore Buchetet...........	(E. Verdier 1873)...	pourpre violet.
4551.	Wilson Saunders.............	(G. Paul 1874)......	cramoisi.

Groupe K. — BARONNE A. DE ROTHSCHILD

Rameaux très forts, trapus, à aiguillons gros, crochus, rapprochés, et à mérithalles très courts ; **feuillage** ample ; **fleur** solitaire, coloris rose frais ou rose clair, sauf quelques accidents fixés de coloris blanc et blanc rosé ; fleur sans odeur.

4552.	**Baronne A. de Rothschild**...	(Pernet p. 1868).	rose argenté.
4553.	Comtesse Antoine Migazzi.	(Dr Banko 1889).	rose argenté.
4554.	Lawrence Allen.	(Cooling 1899).	rose clair.
4555.	Mabel Morisson.	(Broughton 1878).	blanc rosé.
4556.	Madame Decour.	(Pernet p. 1869).	rose brillant.
4557.	Merveille de Lyon	(Pernet p. 1882).	blanc.
4558.	Merveille des Blanches.	(Pernet p. 1894).	blanc lav. rose.
4559.	Spenser.	(W. Paul 1892).	rose satiné.
4559bis	White Baroness.	(G. Paul 1888).	blanc.

Groupe L. — HYBRIDES REMONTANTS (non classés)

Dans ce dernier groupe, nous avons fait rentrer *provisoirement* tous les rosiers Hybrides Remontants n'appartenant pas aux groupes précédents, et ceux que nous n'avons pu encore classer.

4560.	Abbé de l'Épée.	(Robert 1854).	pourpre violet.
4561.	Abel Grant.	(Damaizin 1866).	rose tendre.
4562.	Admiral Dewey.	(Dingée, Conard 1900).	cramoisi foncé.
4563.	Adolphe Bossange.	(Touvais 1858).	rouge strié.
4564.	Adolphe Noblet.	(Ledéchaux 1852).	rouge vif.
4565.	Albert La Blottais.	(Mor. Rob. 1881).	rouge et nuancé.
4566.	Albion.	(Liabaud 1870).	écarlate orangé.
4567.	Alcide Vigneron.	(Vigneron 1882).	hortensia.
4568.	Alcindor.	(Lartay 1863).	cramoisi veiné.
4569.	Alexandrine Bachmeteff.	(Margottin 1852).	rouge velouté.
4570.	Alfred Dumenil.	(Margottin f. 1879).	cramoisi.
4571.	Aly Pacha Cheriff.	(Lévêque 1886).	vermillon nuancé.
4572.	Ambroggio Maggi.	(Pernet f. 1879).	rose vif.
4573.	Amélie Hoste.	(Gonod 1874).	rose chair.
4574.	Ami Charmet.	(Dubreuil 1901).	rose de Chine.
4575.	Anna Alexieff.	(Margottin 1858).	saumon clair.
4576.	Antoine Ducher.	(Ducher 1866).	rouge luisant.
4577.	Antonie Schurz.	(Geschwindt 1899).	carné.
4578.	Archimède.	(Laffay 1852).	blanc lilas.
4579.	Ards Rover.	(Dickson 1899).	rouge cram. marron.
4580.	Aristide Dupuy.	(Trouillard 1868).	rose et ardoisé.
4581.	Arthémise.	(Mor. Rob. 1876).	rose saumoné.
4582.	Bacconier.	(?).	grenat velouté.
4583.	Baron Alexandre de Wrints.	(Gonod 1880).	rose strié.
4584.	— J.-B. Gonella.	(Guillot p. 1859).	rose argenté.
4585.	— Taylor.	(Dugat 1880).	rose tendre.
4586.	Baronne Louise d'Uxhull.	(Guillot 1871).	carné.
4587.	— Maurice de Graviers	(E. Verdier 1880).	cramoisi foncé.
4588.	— Vitat.	(Liabaud 1873).	rose tendre.
4589.	Béatrix.	(Cherpin 1855).	carmin vif.
4590.	Beauté Lyonnaise.	(Guillot 1851).	carmin.
4591.	Beauty of Westerham.	(Cattel 1864).	pourpre violet.
4592.	Bellaza Asturiana.	(Espagne).	rouge vif.
4593.	Belle Angevine.	(Robert 1856).	rose et lilas.
4594.	Belle du Printemps.	(Damaizin 1862).	cramoisi strié.
4595.	Belle Yvryenne.	(Lévêque 1891).	rouge et blanc.

SECTION V. — HYBRIDES REMONTANTS

4596.	Ben Cant	(Cant et Son 1901)	cramoisi.
4597.	Benoît Broyer	(Gonod 1874)	rouge et amarante.
4598.	Benoît Pernin	(Miard 1889)	rose velouté.
4599.	Berthe Gemen	(Gem.-Bourg 1898)	blanc ivoire.
4600.	Berthe Lévêque	(Cochet A. 1866)	blanc rosé.
4601.	Bessie Johnson	(Curtis 1878)	rose clair.
4602.	Bicolore	(Oger 1877)	blanc et rose.
4603.	Bladud	(Cooling 1896)	rose cuivré.
4604.	Blanche de Beaulieu	(Margottin 1850)	blanc ombré rose.
4605.	Blanche de Castille	(Vibert 1822)	blanc rosé.
4606.	Blanche de Méru	(Ch. Verdier 1869)	blanc rosé.
4607.	Boccace	(Mor. Rob. 1859)	carmin.
4608.	Cæcilie Sharsach	(Geschwindt 1887)	carné.
4609.	Calliope	(Mor. Rob. 1879)	rose velouté.
4610.	Capitaine Jouen	(Boutigny 1902)	rouge vif.
4611.	— Reynard	(?)	blanc.
4612.	Caroline d'Arden	(Dickson 1888)	rose pur.
4613.	Caroline de Sansal	(Desprez 1849)	rose.
4614.	Centifolia rosea	(Touvais 1863)	rose.
4615.	Charles Boissière	(Granger 1850)	rouge nuancé.
4616.	Charles Bonnet	(Bonnet 1884)	rose nacré.
4617.	Charles Dickens	(W. Paul 1880)	rose.
4618.	Charles Fontaine	(Fontaine 1869)	rouge ombré.
4619.	Charles Rouillard	(E. Verdier 1866)	rose tendre.
4620.	Clara Barton	(Conard 1900)	rose.
4621.	Claude Levet	(Levet 1872)	groseille.
4622.	Cléosthène		rose lilas.
4623.	Clothilde Rolland	(Rolland 1897)	cerise.
4624.	Cœur de Lion	(W. Paul 1866)	rose.
4625.	Colonel de Cambriels	(Mor. Rob. 1859)	rouge vif.
4626.	— de Sansal	(Jamain 1875)	carmin nuancé.
4627.	— Foissy	(Margottin 1849)	cerise clair.
4628.	Commandant Félix Faure	(Boutigny 1901)	rouge laqué.
4629.	Comte Carneval		rose strié.
4630.	— Florimond de Bergeyck	(Soupert 1879)	brique nuancé.
4631.	— Odart		rouge feu.
4632.	Comtesse Cécile de Chabrillant	(Marest 1858)	rose argenté.
4633.	— de Bernis	(Liabaud 1899)	rose v. strié.
4634.	— de Courcy	(Lévêque 1864)	rose et rouge.
4635.	— de Falloux	(Trouillard 1867)	rose ombré.
4636.	— de Greffulhe	(Lévêque 1896)	rouge brun.
4637.	— de Roquette Buisson	(Lévêque 1888)	rose nuancé.
4638.	— de Roseberry	(Postans 1879)	rose carmin.
4639.	— de Turenne	(E. Verdier 1867)	rose carné.
4640.	— Julie de Schulenburg	(Soupert 1888)	garance.
4641.	— Nathalie de Kleist	(Soupert 1881)	aurore cuivré.
4642.	— O'Gorman	(Lévêque 1888)	rouge et violet.
4643.	— Vally de Serenye	(Fontaine 1876)	amarante et carmin.
4644.	Constantin Petriakoff	(Jamain 1878)	cerise.
4645.	Coquette de Lyon	(Lacharme 1850)	carné.
4646.	Coquette de Normandie	(Oger 1872)	blanc.
4647.	Cornet	(Lacharme 1845)	groseille nuancé.
4648.	Dalmois	(E. Verdier 1864)	rose.
4649.	D'Arzens	(Ducher 1861)	rose jaunâtre.
4650.	Dean of Windsor	(Turner 1878)	vermeil.

SECTION V. — HYBRIDES REMONTANTS

4651. Denys Helye............ (*Gautreau* 1864)..... cramoisi.
4652. Député Montaut.......... (*R. Vilin* 1895)..... rouge.
4653. Docteur Arnal........... (*Roëser* 1848)..... cramoisi.
4654. — Bouillon............ (?).... rouge cramoisi vif.
4655. — Branche............ (*Liabaud* 1890)..... rouge cerise.
4656. — Hénon............. (*L. Lille* 1859)..... blanc reflet jaune.
4657. — Lindley............ (*W. Paul* 1866)..... cramoisi foncé.
4658. — Marjolin........... (*Laffay* 1842)..... cramoisi pourpre.
4659. Duchesse Antonine d'Ursel...... (*Soupert* 1884)..... rouge vif.
4660. — d'Albany.......... (*W. Paul* 1888)..... rose de la France.
4661. — de Cambacérès........ (*Fontaine* 1854)..... rose vif.
4662. — de Lorge........... (*Vigneron* 1894)..... carmin.
4663. — de Morny........... (*E. Verdier* 1863)..... rose argenté.
4664. — de Norfolk.......... (*Margottin* 1853).... rose carminé.
4665. — de Sutherland........ (*Laffay* 1839)..... carné.
4666. — d'Ossuna........... (*Jamain* 1877)..... rose vermillon.
4667. — of York........... (?)...... saumon.
4668. Duke of Fife............ (*Kooker* 1892)..... cramoisi écarlate.
4669. Duplessis Mornay.......... (*Vibert* 1850)..... rose vif.
4670. Earl of Beaconsfield........ (*Cap. Christy* 1880)... carmin.
4671. Earl of Pembroke.......... (*Bennet* 1882)..... cramoisi.
4672. Edith d'Ombrain.......... (?)...... rose.
4673. Édouard Lefèvre.......... (*Oger* 1877)..... rouge vin foncé.
4674. Édouard Pynaert.......... (*Schwartz* 1877)..... groseille carminé.
4675. Élie Lambert............ (*E. Lambert* 1899).... rouge carmin.
4676. Élisabeth Vigneron......... (*Vigneron* 1865)..... rose très tendre.
4677. Ellen Drew............ (*Dickson* 1896)..... rose argenté.
4678. Enfant de France.......... (*Lartay* 1857)..... rouge violet.
4679. Ennemond Boule.......... (*Liabaud* 1879)..... rouge brillant.
4680. Ernest Prince........... (*Ducher* 1881)..... rouge clair.
4681. Étendard de Sébastopol....... (*Ducher* 1856)..... cramoisi nuancé.
4682. Ethel Richardson.......... (*Dickson* 1898)..... blanc carné.
4683. Eugène Alary........... (*Pradel*)....... cramoisi.
4684. Eugène Petit............ (*Touvais* 1862)..... carmin brillant.
4685. Eugène Transon.......... (*Vigneron* 1881)..... cerise brillant.
4686. Félicité Rigault........... (*Fontaine* 1853).... carné.
4687. Félix Généro............ (*Damaizin* 1867).... rose violacé.
4688. Feu d'Inkermann.......... (*Mor. Rob.* 1857)... pourpre vif.
4689. Firebrand............. (*W. Paul* 1874)..... cramoisi.
4690. Florenelle............. rouge vif carminé.
4691. Florent Pauwels.......... (*Soupert* 1879)..... carmin.
4692. Frau. Karl Druschki......... (*P. Lambert* 1900)... blanc pur.
4693. Frédéric d'Eu............ (*E. Verdier* 1862)... rose foncé vif.
4694. Frère Marie Pierre.......... (*Bernaix* 1891)..... cerise.
4695. Furtin Johanna Auersperg...... (*Soupert* 1884)..... orange rougeâtre.
4696. Gaspard Monge........... (*Mor. Rob.* 1874)... rouge vif.
4697. Général Barral........... (*Damaizin* 1867).... rouge violet.
4698. — Changarnier......... (*Laffay* 1847)..... pourpre violet.
4699. — d'Hautpoul.......... (*E. Verdier* 1854).... écarlate.
4700. — Forey............ (*Mor. Rob.* 1879)... rouge vineux.
4701. — de Moltke.......... (*Bult* 1874)..... rouge écarlate.
4702. — Terwange.......... (*Gautreau* 1874).... rouge brillant.
4703. — von Bothania Andreæ..... (*Verschuren* 1900)... rouge ponceau.
4704. — Voyron........... (*Lévêque* 1902)..... rose vif carminé.
4705. — Washington......... (*Granger* 1862)..... rouge cramoisi.

SECTION V. — HYBRIDES REMONTANTS

4706. Génie de Chateaubriand . . . . (*Oudin* 1852) . . . . . . violet.
4707. Geoffroy Saint-Hilaire . . . . (*E. Verdier* 1878) . . . . cerise vif.
4708. Georges Patinot . . . . (*Gautreau* 1879) . . . . . cerise.
4709. Gerbe de Roses . . . . (*Vibert* 1847) . . . . . . lilas rosé.
4710. Germania . . . . (*Welter* 1900) . . . . . . pourpre ardoisé.
4711. Gervais Rouillard . . . . (*Duval* 1853) . . . . . . rose tendre.
4712. Gloire de Ducher . . . . (*Ducher* 1865) . . . . . . pourpre ardent.
4713. — de Margottin . . . . (*Margottin* 1887) . . . . rouge vif.
4714. — de Toulouse . . . . (*Brassac* 1883) . . . . . . rouge.
4715. Gloriosa . . . . (*Touvais* 1874) . . . . . rose tendre.
4716. Glory of Waltham . . . . (*Vigneron* 1865) . . . . . carmin pourpre.
4717. Grossherzog. Carl Alexander . . . . (*Schmitt* 1895) . . . . . . carmin pourpre.
4718. Grossherzogin Sophie Louise . . . . (*Schmitt* 1895) . . . . . . rose saumon.
4719. Gruss an Pallien . . . . (*Welter* 1900) . . . . . . rouge feu.
4720. Gruss an Wien . . . . (*Geschwindt* 1889) . . . . cramoisi nuancé.
4721. Guillaume Gillemot . . . . (*Schwartz* 1886) . . . . . rose.
4722. Gustave Piganeau . . . . (*Pernet Ducher* 1889) . . carmin.
4723. Hellen Keller . . . . (*W. Paul* 1895) . . . . . cerise.
4724. Henri Laurentius . . . . (*E. Verdier* 1853) . . . . cramoisi velouté.
4725. Henriette Duval . . . . (*Duval* 1879) . . . . . . cramoisi vif.
4726. Her Majesty . . . . (*Bennett* 1885) . . . . . rouge luisant.
4727. Hippolyte Jamain . . . . (*Lacharme* 1874) . . . . . rose velouté.
4728. Hortense Mignard . . . . (*Ballet* 1873) . . . . . . cerise.
4729. Intendant général Périé . . . . (*Vigneron* 1881) . . . . . cerise.
4730. Jacques Lafitte . . . . (*Vibert* 1845) . . . . . . rose carminé.
4731. James Brownlow . . . . (*Dickson* 1899) . . . . . carmin nuancé.
4732. J.-D. Pawle . . . . (*Paul et Sons* 1889) . . . cramoisi velouté.
4733. Jean-Baptiste Josseau . . . . (*Rousseau* 1863) . . . . . rose tendre.
4734. Jean Touvais . . . . (*Touvais* 1863) . . . . . . pourpre.
4735. Jeanne Gross . . . . (*Damaizin* 1871) . . . . . rose.
4736. Jeanne Halphen . . . . (*Margottin* 1878) . . . . rose tendre.
4737. Jeanne Masson . . . . (*Liabaud* 1892) . . . . . blanc carné.
4738. Jeannie Dickson . . . . (*Dickson* 1893) . . . . . rouge et jaune.
4739. Joasine Hanet . . . . (*Vibert* 1847) . . . . . . rose vif.
4740. John Hopper . . . . (*Ward* 1862) . . . . rose brillant.
4741. John Saul . . . . (*Vve Ducher* 1878) . . . rouge clair.
4742. Joseph Degueld . . . . (*Soupert* 1891) . . . . . carmin nuancé.
4743. Jules Bire . . . . (*Bire* 1886) . . . . carmin nuancé lilas.
4744. Jules Roussignihol . . . . (*de Sansal* 1864) . . . . rouge vif.
4745. Kaiser Wilhelm . . . . (*Elze* 1878) . . . . groseille nuancé.
4746. King's acre . . . . (*Cranston* 1864) . . . . . rose.
4747. Kœnigin Karola . . . . (*Pollner* 1899) . . . . . mauve clair.
4748. Lady Ardylann . . . . rose vif.
4749. Lady of the Lake . . . . (*W. Paul* 1884) . . . . . fleur de pêche.
4750. La Marquise d'Hervey . . . . (?   ) . . . rouge velouté nuancé.
4751. La Souveraine . . . . (*E. Verdier* 1875) . . . . rose carmin.
4752. Léon Say . . . . (*Lévêque* 1875) . . . . . rouge nuancé.
4753. L'Enfant du Mont Carmel . . . . . . (*Cherpin* 1851) . . . . . pourpre amarante.
4754. Léopold Vauvel . . . . (*E. Verdier* 1889) . . . . rouge clair.
4755. Le royal Époux . . . . (*Damaizin* 1859) . . . . rose vif.
4756. Léthé . . . . (*Rose Vilin* 1902) . . . rouge feu.
4757. Linné . . . . (*Margottin* 1878) . . . . rouge feu.
4758. Lion des Combats . . . . (*Lartay* 1850) . . . . . . rouge violet.
4759. Lisette de Béranger . . . . (*Guillot f.* 1867) . . . . carné.
4760. Louis Bonaparte . . . . (*Laffay* 1839) . . . . . . écarlate.

SECTION V. — HYBRIDES REMONTANTS

4761. Louis Bulliat . . . . (Gonod 1867) . . . . . . rouge.
4762. Louis Lille . . . . (Dubreuil 1895) . . . . . rouge reflets feu.
4763. Louis Noisette . . . . (Ducher 1864) . . . . . . rose carminé.
4764. Louis Spaëth . . . . (Soupert 1877) . . . . . . rose de Chine.
4765. Luise Muller . . . . (Dr Miller 1898) . . . . . rose brillant.
4766. Lydia Marly . . . . (Liabaud 1878) . . . . . carmin lilas.
4767. Madame Adèle de Murinais . . . . . . (Schwartz 1876) . . . . . rose argenté.
4768. — Adolphe Aynard . . . . (Liabaud 1893) . . . . . rose tendre.
4769. — Albert Fitler . . . . (Fandon 1873) . . . . . . saumon.
4770. — Alexandre Pommery . . . . . (Lévêque 1883) . . . . . rose t. nu. rose v.
4771. — Ambroise Verschaffeldt . . . (E. Verdier 1872) . . . rose tendre.
4772. — André Leroy . . . . (Trouillard 1864) . . . saumon.
4773. — Anna de Besobrasoff . . . . . (Gonod 1868) . . . . . . pourpre.
4774. — Anna de Besobrasoff . . . . . (Nabonnand 1877) . . . blanc carné.
4775. — Antoine Rivoire . . . . (Liabaud 1894) . . . . . rose et carmin.
4776. — Antoinette Chrétien . . . . . (Liabaud 1897) . . . . . rose frais.
4777. — Arsène Bonneau . . . . (Bonneau 1871) . . . . . cerise reflet blanc.
4778. — Benet . . . . (Nabonnand 1876) . . . rouge brillant.
4779. — Benoist . . . . (Mor. Rob. 1891) . . . . rose strié.
4780. Mme Berthe du Mesnil de Montchaveau. (Jamain 1876) . . . . . rouge argenté.
4781. Madame Bonnin . . . . (Sc. Cochet 1878) . . . rose nuancé.
4782. — Brosse . . . . (Brosse 1886) . . . . . . ponceau.
4783. — Bruny . . . . (Avoux 1858) . . . . . . carné lilas.
4784. — Campbell d'Islay . . . . (Baudry 1859) . . . . . . carné.
4785. — Chabal . . . . (Ve Schwartz 1899) . . . rose de Chine.
4786. — Charles Lavot . . . . (Vigneron 1881) . . . . . rose.
4787. — Charles Montigny . . . . (Corbœuf 1901) . . . . . rouge noirâtre.
4788. — Charles Verdier . . . . (Lacharme 1863) . . . . rose vermeil.
4789. — Charles Wood . . . . (E. Verdier 1861) . . . . rouge vif.
4790. — Chaumer Madeleine . . . . . . (? 1876) . . . . rouge brillant.
4791. — Chirard . . . . (Pernet 1867) . . . . . . rose velouté.
4792. — Clorinde Leblond . . . . (Dauvesse 1870) . . . . . groseille.
4793. — Crespin . . . . (Damaisin 1862) . . . . . rose et violet.
4794. — Crozy . . . . (Level 1881) . . . . rose de Chine.
4795. — Damême . . . . (P. Cochet 1842) . . . . lilas rose veiné.
4796. — de Canrobert . . . . (Liabaud 1862) . . . . . lilas ponceau.
4797. — de la Bastic . . . . (Liabaud 1894) . . . . . rose saumoné.
4798. — de la Boulaye . . . . (Liabaud 1877) . . . . . rouge saumon.
4799. — de Lamoricière . . . . (Portemer 1849) . . . . . rose vif.
4800. — Désir . . . . (Pernet p. 1886) . . . . rose orangé.
4801. — de Terouenne . . . . (Vigneron 1887) . . . . . groseille.
4802. — de Trotter . . . . (Granger 1854) . . . . . rose vif.
4803. — Dewolfs . . . . (?) . . . . rose foncé.
4804. — Domage . . . . (Margottin 1853) . . . . cramoisi.
4805. — Dos Santos Viana . . . . (Soupert 1882) . . . . . carmin.
4806. — Duché . . . . (Level 1878) . . . . . . pourpre liséré blanc.
4807. — Ducher . . . . (Ducher 1851) . . . . . . cerise.
4808. — Élisa Jaenisch . . . . (Soupert 1869) . . . . . rouge sanguin.
4809. — Élisa de Vilmorin . . . . (Lévêque 1864) . . . . . écarlate.
4810. — Emma Combey . . . . (Gonod 1877) . . . . . . rouge carminé br.
4811. — Ernest Levavasseur . . . . . . (Vigneron 1901) . . . . . rouge vermillon.
4812. — Eugène Appert . . . . (Trouillard 1866) . . . . saumon.
4813. — Farfouillon . . . . (Liabaud 1860) . . . . . rose et saumon.
4814. — Fauconnire . . . . (Fontaine 1878) . . . . . amarante.
4815. — Feuchère . . . . (Pradel 1871) . . . . . . rouge vermillon.

Voûte de rosiers grimpants.

SECTION V. — HYBRIDES REMONTANTS

4816. Madame	Flory...............	(Levet 1872)........	rose tendre.
4817. —	Furtado............	(V. Verdier 1850)....	rose vif.
4818. —	Furtado Heine........	(Lévêque 1887).....	rose velouté.
4819. —	Gabriel Meritte........	(Vigneron 1881).....	rose lilas.
4820. —	Galli-Marié..........	(E. Verdier 1876)....	rose vif.
4821. —	Gomot.............	(Liabaud 1885).....	rose vif.
4822. —	Gonod.............	(Mor. Rob. 1867)....	rose.
4823. —	Grawitz............	(Soupert 1878).....	rose argenté.
4824. —	Gustave Pierret.......	(Vigneron 1884).....	rose.
4825. —	Hector Jacquin.......	(Fontaine 1852).....	rose et lilas.
4826. —	Hélye Victoire........	(?)....	rose foncé.
4827. —	Henriette Vapereaux....	(Pradel 1872)......	cerise vif.
4828. —	Hersilie Ortgies.......	(Soupert 1859).....	blanc saumoné.
4829. —	Hilaire.............	(V. Verdier 1850)...	rose tendre lilas.
4830. —	Hippolyte Jamain......	(Garçon 1871)......	rose.
4831. —	J. Bonnaire Pierre.....		rose frais.
4832. —	Jeanne Brownlow......	(?)....	rouge carminé.
4833. —	John Twombly........	(Vve Schwartz)....	groseille.
4834. —	Joseph Linossier......	(Liabaud 1890)....	rose très tendre.
4835. —	Jules Grévy..........	(Schwartz 1882)....	rose saumoné.
4836. —	Laffay.............	(Laffay 1839)......	cramoisi.
4837. —	Léa Rousseau........	(Lévêque 1902)....	vermillon.
4838. —	Léfébure de Saint-Ouen...	(Vigneron 1875)....	cerise illuminé.
4839. —	Lefebvre............	(Mor. Rob. 1885)....	rose tendre.
4840. —	Lefrançois...........	(Oger 1870).......	carné.
4841. —	Lemelles............	(?)....	pourpre violet velouté.
4842. —	Léopold Moreau.......	(Vigneron 1883).....	rouge laque.
4843. —	Lierval.............	(Fontaine 1869)....	rose et cramoisi.
4844. —	Lilienthal...........	(Liabaud 1878)....	saumon.
4845. —	Louise Carique.......	(Fontaine 1859)....	carné.
4846. —	Louise Seydoux.......	(Fontaine 1857)....	rose.
4847. —	Louise Vigneron......	(Vigneron 1883)....	rose clair.
4848. —	Macker.............	(Damaizin 1863)....	rose clair.
4849. —	Mantel.............		rose tendre.
4850. —	Marie Bianchi........	(Guillot f. 1881)....	lilas.
4851. —	Marie Manissier......	(Liabaud 1876)....	saumon.
4852. —	Marius Côte.........	(Guillot f. 1872)....	rose frais.
4853. —	Massicault..........	(Schwartz 1884)....	rose nuancé.
4854. —	Mélanie Vigneron.....	(Vigneron 1882)....	rose lilas.
4855. —	Morane Jeune........	(Jamain 1878).....	rose argenté.
4856. —	Nomann............	(Guillot 1857).....	blanc.
4857. —	Paul Tanche.........	(Liabaud 1893)....	rose et saumon.
4858. —	Petit...............	(Corbœuf 1901)....	carmin velouté.
4859. —	Ph. Dewolfs.........	(Soupert 1885).....	garance.
4860. —	Pierre Liabaud.......	(Liabaud 1881)....	carné.
4861. —	Pierre Marguery......	(Liabaud 1881)....	rose frais.
4862. —	Pierre Pitaval........	(Liabaud 1885)....	rouge clair.
4863. —	Prevost............	(Corbœuf 1901)....	blanc saumoné.
4864. —	Prosper Laugier......	(E. Verdier 1875)...	rose velouté.
4865. —	Pulliat.............	(Ducher 1866).....	rose et pourpre.
4866. —	Renahy.............	(Guillot et f. 1889)...	carmin.
4867. —	Richaux............	(Liabaud 1887)....	rose tendre satiné.
4868. —	Richer.............	(Fandon 1870)....	rose foncé.
4869. —	Rivers..............	(Guillot p. 1850)....	rose pâle.
4870. —	Rocher.............	(S. Cochet 1878)....	rose brillant.

SECTION V. — HYBRIDES REMONTANTS

4871. Madame Rochet. . . . . (*Liabaud* 1883) . . . . . rose vif.
4872. — Roger . . . . (*Mor. Rob.* 1879) . . . . rose pourpre et blanc.
4873. — Rolland . . . . (*Rolland* 1869) . . . . . blanc saumoné.
4874. — Rosalie de Wincop . . . . (*Vigneron* 1881) . . . . rose saumoné.
4875. — Saison Lierval. . . . . (*E. Verdier* 1873) . . . . carmin.
4876. — Scipion Cochet . . . . (*S. Cochet* 1873) . . . . cerise liséré blanc.
4877. — Sophie Stern. . . . . (*Lévêque* 1887) . . . . . rose et carmin.
4878. — Soupert . . . . (*Portemer* 1862) . . . . carné.
4879. — Suzanne Chavagnon . . . . (*Gonod* 1887) . . . . . . rose vif.
4880. — Théobald Sernin. . . . . (*Brassac* 1878) . . . . . groseille nuancé.
4881. — Thérèse Vernes. . . . . (*Lévêque* 1891). . . . . . rose clair.
4882. — Thévenot. . . . . (*H. Jamain* 1878) . . . rouge vif.
4883. — Van Houtte . . . . (*Margottin* 1857) . . . carné.
4884. — Verlot. . . . . (*E. Verdier* 1876) . . . rose velouté.
4885. — Verrier Cachet . . . . (*Chedane, Guinois*, 1895). rose à reflets.
4886. — Victor Hovart. . . . . (*Vigneron* 1858) . . . . fleur de pêcher.
4887. — Victor Wibaut. . . . . (*E. David* 1870) . . . . rose saumoné.
4888. — Vidot. . . . . (*E. Verdier* 1854) . . . carné.
4889. Mademoiselle Berthe Lévêque. . . . . (*Lévêque* 1865) . . . . . blanc rosé.
4890. — Claire Mathieu . . . . . (*Vigneron* 1875) . . . . rose tendre.
4891. — Dubost. . . . . (*Pernet* 1891) . . . . . . carné vif.
4892. — Dumaine. . . . . (*Pernet p.* 1874) . . . . rose tendre.
4893. — Élisab. de la Rocheterie. (*Vigneron* 1881) . . . . rose chair.
4894. — Élise Chabrier. . . . . (*S. Cochet* 1867) . . . . rose.
4895. — Eugénie Verdier. . . . (*E. Verdier* 1859) . . . blanc bordé rose.
4896. — Grévy . . . . (*Gautereau* 1879) . . . . rouge foncé.
4897. — Henriette Mathieu. . . (*Vigneron* 1884) . . . . rose satiné.
4898. — Honorine Duboc. . . . (*Duboc* 1894) . . . . . . rose vineux.
4899. — Jeanne Bouvet. . . . . (*Bernède* 1884) . . . . . rouge feu.
4900. — Loïde de Falloux . . . (*Trouillard* 1864) . . . blanc rosé.
4901. — Lydia Marty. . . . . . (*Liabaud* 1878). . . . . carné lilas.
4902. — Marguerite Boudet . . (*Guillot f.* 1888) . . . . or et rose.
4903. — Marguerite Manein . . (*Fontaine* 1879) . . . . cerise.
4904. — Marie Achard. . . . . (*Liabaud* 1896) . . . . . rose glacé.
4905. — Marie André. . . . . . (*Soupert* 1882) . . . . . carmin.
4906. — Marie Chauvet . . . . (*Besson* 1881) . . . . . rose foncé.
4907. — Marie Cointet. . . . . (*Guillot* 1872) . . . . . rose ponceau.
4908. — Marie Dauphin . . . . (*Liabaud* 1886) . . . . rose et lilas.
4909. — Marie Gonod . . . . . (*Gonod* 1871) . . . . . . carné.
4910. — Marie Métral. . . . . . (*Liabaud* 1888) . . . . . saumon.
4911. — Marie Perrin . . . . . (*Perrin* 1893) . . . . . . rose tendre.
4912. — Marie Roë. . . . . . . (*Liabaud* 1875) . . . . . rose nuancé.
4913. — Philiberte Pellé . . . (*Gonod* 1873) . . . . . . écarlate.
4914. — Sophie de la Villeboisnet. (*Touvais* 1867) . . . . rose.
4915. — Suzanne Bouyer. . . . (*Gonod* 1888) . . . . . . carné vif.
4916. Malfilâtre . . . . (*Oger* 1872) . . . . rouge foncé violet.
4917. Marcella. . . . . (*Liabaud* 1865) . . . . . chair.
4918. Marchionness of Downshire . . . . . (*Dickson* 1894) . . . . . blanc ivoire.
4919. — of Londonderry . . . . (*Dickson* 1893). . . . . . blanc pur.
4920. — of Lorne. . . . . (*W. Paul* 1889) . . . . . cramoisi.
4921. Maréchal de la Brunerie. . . . . . . (*Robert* 1856) . . . . . . pourpre.
4922. Maréchal Suchet . . . . (*Guillot f.* 1863) . . . . cramoisi.
4923. Margaret Haywood. . . . . (*Haywood* 1890) . . . . . rose brillant.
4924. Marguerite Boudet . . . . (*Guillot* 1888) . . . . . . rose tendre et lilas.
4925. Marie Aviat. . . . . (*Rousseau* 1856) . . . . cramoisi.

SECTION V. — HYBRIDES REMONTANTS

N°	Nom	Obtenteur	Couleur
4926.	Marie Dermar	(Geschwindt 1889)	crème et carné.
4927.	Marie-Louise Pernet	(Pernet 1876)	rose vif.
4928.	Marquise Bocella	(Desprez 1842)	carné.
4929.	— de Mac-Mahon	(Pernet 1865)	rose.
4930.	— de Verdun	(Oger 1858)	carmin.
4931.	Mathurin Régnier	(Lévêque 1855)	rose tendre.
4932.	Mavourneen	(Dickson 1895)	chair argenté.
4933.	May Quennel	(Postans 1878)	rouge mag. carminé.
4934.	Mère de Saint-Louis	(Plantier 1851)	blanc.
4935.	Merry England	(Harkness 1897)	rose rayé argent.
4936.	Mexico	(Briant 1863)	pourpre nuancé.
4937.	Meyerbeer	(E. Verdier 1867)	rouge pourpre.
4938.	Mictery Contony Mitera	(Dingee 1899)	rouge foncé.
4939.	Milton	(W. Paul 1902)	carmin clair.
4940.	Miss Ethel Richardson	(Dickson 1897)	blanc et rose.
4941.	Miss House	(House 1838)	blanc satiné.
4942.	Mistress Bellender Ker	(Guillot 1867)	blanc centre nuancé.
4943.	— Cocker	(Cocker 1899)	rose.
4944.	— Elliot	(Laffay 1840)	cramoisi.
4945.	— Frank Cant	(Frank. Cant. 1899)	rouge œillet.
4946.	— G. Dickson	(Bennett 1884)	rose velouté.
4947.	— Harkness	(Harkness 1894)	rose et blanc.
4948.	— Jowitt	(Nabonnand 1876)	cramoisi.
4949.	— Robert Peary	(Dingee 1897)	blanc.
4950.	— Rumsey	(Dickson 1899)	rouge foncé.
4951.	— Standish	(Cherpin 1853)	écarlate panaché.
4952.	— W. Watson	(Dickson 1890)	rose pourpre.
4953.	Moeren Koëning	(Vogt 1880)	pourpre nuancé.
4954.	Monsieur Bacconier	(Vve Schwartz 1893)	grenat.
4955.	— Benjamin Druet	(E. Verdier 1878)	poupre et feu.
4956.	— Briançon	(Fontaine 1862)	carmin.
4957.	— de Kerjégu	(Veysset 1901)	grenat et blanc.
4958.	— de Morand	(Vve Schwartz 1891)	cerise.
4959.	— Druet	(Rambaud 1876)	rose.
4960.	— Édouard Detaille	(Gouchaut 1893)	pourpre nuancé.
4961.	— Édouard Ory	(Mor. Rob. 1864)	vermillon.
4962.	— Émile Lelong	(Bire 1887)	rose nuancé lilas.
4963.	— Émile Masson	(Liabaud 1886)	pourpre.
4964.	— Étienne Dupuy	(Level 1873)	rose argenté.
4965.	— Eugène Petit	(Touvais 1862)	carmin brillant.
4966.	— Georges Chevalier	(Linné 1877)	cerise.
4967.	— Hayashi	(Lévêque 1902)	rouge ponceau.
4968.	— Journaux	(Marrest 1868)	rouge nuancé.
4969.	— Jules Derouvilhe	(Liabaud 1886)	pourpre cramoisi.
4970.	— Just-Detrey	(Just. Detrey 1834)	carmin.
4971.	— Jules Monges	(Guillot 1881)	rose cerise.
4972.	— Louis Ricard	(Boutigny 1902)	pourpre noirâtre.
4973.	— Moreau	(Guillot 1864)	pourpre.
4974.	— Noman	(Guillot 1866)	rose tendre.
4975.	— Paul		blanc carminé.
4976.	— Tallandier	(Tallandier 1872)	rouge vif.
4977.	— Ravel	(Guillot f. 1866)	pourpre.
4978.	Monte-Christo	(Fontaine 1861)	cramoisi.
4979.	Nardy frères	(Ducher 1865)	rose violet.
4980.	Newton	(Gonod 1869)	groseille vif.

SECTION V. — HYBRIDES REMONTANTS

4981. Nicolas Belot . . . . rose vif.
4982. Notaire Bonnefond . . . . (*Liabaud* 1858) . . . . . pourpre.
4983. Oakmont . . . . (*May* 1893) . . . . . rose foncé.
4984. Octavie Choquet . . . . (*Fontaine* 1868) . . . . . rose argenté.
4985. Ornement des Jardins . . . . (*Robert* 1855) . . . . . cramoisi brillant.
4986. Oscar Cordel . . . . (*Lambert* 1897) . . . . . carmin vif.
4987. Palais de Cristal . . . . (*Quettier* 1851) . . . . . chair.
4988. Panachée de Luxembourg . . . . (*Soupert* 1866) . . . . . rose et pourpre.
4989. Paul Dupuy . . . . (*Dupuy J.* 1852) . . . . . écarlate.
4990. Paul's Early . . . . (?) . . . . . blanc carné.
4991. Paul Perras . . . . (*Levet* 1870) . . . . . . rose pâle.
4992. Paul Ricault . . . . (*Portemer* 1845) . . . . . groseille.
4993. Paul Verdier . . . . (*Ch. Verdier* 1866) . . . . rose vif.
4994. Pauline Lansezeur . . . . (*Lansezeur* 1854) . . . . violet et rose.
4995. Paul's Single Crimson . . . . (*G. Paul* 1883) . . . . . rouge et jaune.
4996. Paul's Single White . . . . (*G. Paul* 1883) . . . . . blanc.
4997. Perfection de Lyon . . . . (*Ducher* 1868) . . . . . rose.
4998. Peonia . . . . (*Lacharme* 1855) . . . . rouge cramoisi.
4999. Philippe Bardet . . . . (*Mor. Rob.* 1874) . . . . rouge nuancé.
5000. Pie IX . . . . (*Vibert* 1849) . . . . . carmin violet.
5001. Pierre Izambart . . . . (*Garreau* 1871) . . . . . cramoisi.
5002. Pierre Seletzky . . . . (*Levet* 1872) . . . . . . pourpre feu.
5003. Pitord . . . . (*Lacharme* 1867) . . . . rouge feu.
5004. Pline . . . . (*Guillot f.* 1855) . . . . rouge nuancé.
5005. Prairie de Terrenoire . . . . (*Lacharme* 1861) . . . . pourpre violet.
5006. Président Lenaertz . . . . (*Soupert* 1882) . . . . . rouge brun.
5007. Président Willermoz . . . . (*Ducher* 1867) . . . . . rose velouté.
5008. Prince Arthur . . . . (*Cant* 1875) . . . . . . cramoisi foncé.
5009. — Charles d'Aremberg . . . . . (*Soupert* 1887) . . . . . rose carmin.
5010. — Léon Kotschoubey . . . . . . *Marrest* 1852) . . . . . carné.
5011. — Stirbey . . . . (*Schwartz* 1871) . . . . . rose clair.
5012. Princess of Wales . . . . (*Laxton* 1872) . . . . . rose et blanc.
5013. Princesse Ch. d'Aremberg . . . . (*Soupert* 1877) . . . . . lilas argenté.
5014. — Christian . . . . (*W. Paul* 1870) . . . . . pêche.
5015. — de Metternich . . . . (*de Sansal* 1871) . . . . . rose brillant.
5016. — de Naples . . . . (*Gaetano* 1897) . . . . . rose argenté.
5017. — Hélène d'Orléans . . . . . . (*E. Verdier* 1886) . . . . rose brillant.
5018. — Lise Troubetzkoy . . . . . . (*Lévêque* 1878) . . . . . rose liséré blanc.
5019. — Louise . . . . (*Laxton* 1869) . . . . . blanc parf. carné.
5020. — Louise Victoria . . . . (*Knight* 1872) . . . . . carmin foncé.
5021. — Olympie . . . . (*Oger* 1858) . . . . . . carné.
5022. Professeur Duchartre . . . . (*E. Verdier* 1855) . . . . cerise lilas et blanc.
5023. Prudence Besson . . . . (*Lacharme* 1865) . . . . rose cerise.
5024. Prudence Roëser . . . . (*Roëser* 1840) . . . . . rose tendre.
5025. Queen of Edgely . . . . (*David Fuerstenb.*) . . . . rose vif.
5026. R.-B. Cater . . . . (*Cooling* 1899) . . . . . carm. mag.
5027. R.-C. Sutton . . . . (*Frettingham* 1883) . . . . rose foncé.
5028. Regierungsrath Stockert . . . . (*Soupert* 1897) . . . . . rose argenté.
5029. Reine des Blanches . . . . (*Crozy* 1869) . . . . . blanc rosé.
5030. — des Français . . . . (*Laffay* 1843) . . . . . rose et lilas.
5031. — des Reines . . . . rose tendre.
5032. — des Violettes . . . . (*Mill. Mal.* 1860) . . . . violet foncé.
5033. René Daniel . . . . (*Damaizin* 1868) . . . . carmin.
5034. Réveil du Printemps . . . . (*Oger* 1883) . . . . . . carné.
5035. Révérend Alan Cheales . . . . (*G. Paul* 1894) . . . . . rouge laque.

SECTION V. — HYBRIDES REMONTANTS

5036.	Robert Duncan	(Dickson 1897)	rose luisant.
5037.	Roi d'Espagne	(Fontaine 1854)	rouge brillant.
5038.	Rosa Monnet	(Monnet 1886)	amarante et blanc
5039.	Rosine Navaux	(Fontaine 1864)	rose satin frais.
5040.	Rosslyn	(Dickson 1901)	rose clair.
5041.	Royat mondain	(Veysset 1902)	rouge cramoisi.
5042.	Rushton Radcliff	(E. Verdier 1864)	cerise velouté.
5043.	Sidonie	(Vibert 1847)	chair.
5044.	Sté d'Hort. de Melun et Fontainebleau	(Sc. Cochet 1852)	blanc centre jaune.
5045.	Sœurs Chevandier	(Pernet 1864)	rouge lie de vin.
5046.	Sœur de Bernède	(Bernède 1879)	rose foncé.
5047.	Souvenir d'Alexandre Hardy	(Lévêque 1899)	rouge marron.
5048.	— de Coulommiers	(Demazures 1868)	écarlate violet.
5049.	— de David d'Angers	(Mor. Rob. 1875)	rouge feu.
5050.	— de Ducher	(E. Verdier 1874)	pourpre violet.
5051.	— de Franç. Ponsart	(Touvais 1867)	rose vif.
5052.	— de Henry Lévêque de Vilmorin	(Lévêque 1902)	rouge cramoisi.
5053.	— de Jeanne Balandreau	(Vilin 1899)	garance.
5054.	— de Jean Sisley	(Dubreuil 1891)	carmin foncé.
5055.	— de Kaiser Wilhelm Ier	(Schultz 1885)	carmin foncé.
5056.	— de Lady Hardley	(Guillot 1861)	écarlate.
5057.	— de Lewson Gower	(Guillot p. 1852)	rouge feu.
5058.	— de Madame Artoit		rouge vif.
5059.	— — de Corval	(Gonod 1867)	aurore.
5060.	— — E. Verdier	(Jobert 1894)	carmin et pourpre.
5061.	— — Frogère	(Ch. Guinoisseau 1901)	blanc rosé.
5062.	— — Hennecart	(Cochet 1870)	rose.
5063.	— de Maman Corbœuf	(Bénard 1900)	rose vif.
5064.	— de Monsieur Boll	(Boyeau 1866)	cerise.
5065.	— de Redouté	(Fontaine 1867)	pourpre rouge.
5066.	— de Romain Desprez	(Jamain 1871)	carné ardoisé.
5067.	— de Victor Hugo	(Pernet p. 1885)	rose satiné.
5068.	— du Comte de Cavour	(Marg. 1861)	cramoisi.
5069.	— du Général Douai	(Pernet p. 1871)	rose satiné.
5070.	— d'une Mère	(Touvais 1867)	rose nuancé.
5071.	Tetiana Onéguine	(Lévêque 1881)	rouge nuancé.
5072.	Thorin	(Lacharme 1866)	carminé.
5073.	Thyra Hammerich	(Vilin 1868)	carné.
5074.	Tourville	(Mor. Rob. 1879)	carmin nuancé.
5075.	Triomphe d'Angers	(Mor. Rob. 1862)	grenat foncé.
5076.	— de Bellevue		rose lilas.
5077.	— de Caen	(Oger 1861)	groseille pourpre.
5078.	— de France	(Garçon 1875)	carmin.
5079.	— de Saintes	(Derouet 1885)	écarlate.
5080.	— des Beaux-Arts	(Fontaine 1857)	pourpre.
5081.	Ulster	(A. Dickson 1900)	saumon brillant.
5082.	Vicomte Maison	(Fontaine 1868)	cerise et blanc.
5083.	Vicomtesse de Montesquiou	(Quétier 1862)	rose saumon.
5084.	Victor Trouillard	(Trouillard 1855)	pourpre.
5085.	Victorien Sardou	(Gayneux 1869)	cramoisi.
5086.	Ville de Lyon	(Ducher 1866)	rose foncé.
5087.	Wilhelm Koëlle	(Pernet 1878)	carmin foncé.
5088.	William Griffith	(Portemer 1864)	rose satiné.
5089.	William Warden	(Mitchel 1880)	rose clair.
5090.	Queen Victoria	(A. Paul 1850)	blanc rosé.

Section VIII. — CINNAMOMEÆ

Espèce : R. RUGOSA, Thunb.

(Syn. R. Kamtschatika, *Vent.*)

Arbuste vigoureux, à **rameaux** diffus, forts, à écorce tomenteuse, disparaissant sous un léger duvet grisâtre, portant de nombreux aiguillons inégaux, mais tous très fins et très aigus, droits, les plus grands géminés sous les feuilles ; les autres, pour la plupart sétiformes, extrêmement nombreux.
Feuilles 7-9 ou même 11 folioles ; **folioles** amples, épaisses, fortement nervées-réticulées, ovales, obtuses ou elliptiques, vert brillant foncé et glabres à la face supérieure, vert gris, tomenteuses et glanduleuses en dessous généralement simplement et peu profondément dentées.
Stipules très amples, à oreillettes très larges, frangées de glandes et contournées ; **bractées** orbiculaires ou ovales, très amples.
Fleurs très grandes, blanches, roses ou rouges ; simples, doubles ou même très pleines (Souvenir de Ph. Cochet) ; il n'en existe pas de jaunes.
Inflorescence généralement pauciflore.
Fruits très gros et d'un beau rouge, presque sphériques, souvent plus ou moins déprimés, couronnés par les sépales du calice persistants. Ces fruits, très nombreux, qui mûrissent des septembre, sont extrêmement décoratifs.

Le R. *Rugosa*, qui habite le Japon, la Mandchourie et le Kamtschatka, résiste aux températures les plus basses connues. Il forme rapidement des buissons énormes, toujours couverts de fleurs et de fruits.

C'est une des plus belles espèces du genre.

Race des Rosiers RUGUEUX du Japon

5400.	**Rosa rugosa**	(*Thunberg* 1784)		sauvage.
5401.	Belle Poitevine	(*Bruant* 1894)		rose.
5402.	Blanc double de Coubert	(*Cochet-Cochet* 1892)		blanc pur.
5403.	Comte d'Epremesnil	(*Nabonnand* 1881)		lilas violacé.
5404.	Coruscans	(*Link*)		sauvage.
5405.	Germanica	(*Dr Müller* 1900)		violet foncé.
5406.	Germanica, var. B	(*Dr Müller* 1890)		violet rouge.
5407.	Himalayensis	(*Hortorum*)		rouge.
5408.	Kaiserin des Norden	(*Regel*)		cerise foncé.
5409.	Kamtschatika	(*Vent.* 1798)		blanc simple.
5410.	La Mélusine			cerise foncé.
5411.	Mikado			rouge vif.
5412.	Monsieur Chedanne	(*Chedanne, Guin.* 1895)		rose satiné.
5413.	— Hély	(*Morlet* 1889)		rose fond jaune.
5414.	— Morlet	(*Morlet* 1900)		carmin brillant.
5415.	Nitens var. oligotricha	(*Don*)		sauvage.
5416.	Parnassiana			rouge violacé.
5417.	Regeliana rubra	(*Regel*)		pourpre violacé.
5418.	Regeliana alba	(*Regel*)		blanc.
5419.	Roseraie de L'Hay	(*C. Cochet* 1900)		rose violacé.
5420.	Rugosa alba simplex	(*Thunberg*)		blanc pur.
5421.	— alba pleno	(*Hortorum*)		blanc pur.
5422.	— Ferox	(*Lawrence*)		rouge.
5423.	— foliis angustioribus	(*Hortorum*)		sauvage.
5424.	— foliis undulatis			—
5425.	— glabrinscula	(*Regel*)		—
5426.	— latifolia	(*Hortorum*)		—
5427.	— Lindleyana	(*Meyer*)		—

SECTION VIII. — HYBRIDES DE RUGOSA

5428. Rugosa pomifera	(Thunberg)	sauvage.
5429. — Rubra simplex	(Cels 1802)	rouge violacé.
5430. — Rubra pleno	(Regel)	rouge violacé.
5431. — Thibétiana	(Hortorum)	sauvage.
5432. — Thunbergiana	(Meyer)	sauvage.
5433. Souvenir de Christophe Cochet	(C. Cochet 1894)	rose carné vif.
5434. — de Philémon Cochet	(C. Cochet 1894)	blanc.
5435. — de Pierrre Leperdrieux	(C. Cochet 1895)	rouge vineux.
5436. Taïkoun	(Thunberg)	rouge violacé.
5437. Zuccarinii	(Hortorum)	rouge lilacé.

Race des Rosiers HYBRIDES de RUGOSA

Par croisements avec diverses espèces et certaines variétés horticoles, le R. *rugosa* a donné naissance à des hybrides très intéressants.

Ces hybrides ont tous des caractères communs qui permettent de les distinguer facilement.

Stipules très amples, glanduleuses sur les bords et contournées ; **rameaux** florifères, à mérithalles très courts, à écorce gris verdâtre, souvent tomenteuse, couverts d'aiguillons sétiformes, entremélés de glandes et d'aiguillons plus longs, droits, subulés, ces derniers souvent stipulaires.

Folioles de formes variables, mais dont le brillant particulier, et surtout les **nervures réticulées**, rappellent celles du R. *rugosa*, bien qu'elles soient le plus souvent atténuées chez les hybrides, lesquels sont presque toujours stériles.

Nous avons fait à l'Hay de très nombreuses hybridations avec le R. *rugosa* ; beaucoup sont même des hybridations multip'es qui, pour cette raison, ont parfois un peu perdu les vrais caractères du R. *rugosa*.

5450. Acantha	(Hartz)	sauvage.
5451. acicularis × rugosa	(Hortorum)	sauvage.
5452. Amélie Gravereaux	(L'Hay 1900)	rose tendre.
5453. America	(G. Paul 1893)	cramoisi brillant.
5454. Apples	(Paul et Son 1897)	rouge carminé tendre.
5455. Atropurpurea	(G. Paul 1900)	cramoisi marron.
5456. Calocarpa	(Bruant 1895)	rose pur.
5457. carolina × rugosa	(Hortorum)	sauvage.
5458. Chedanne Guinoisseau	(Chedanne, Guin. 1899)	rose satiné.
5459. Cibles	(Dr Hoffmann 1894)	carmin fond jaune.
5460. cinnamomea × rugosa	(Hortorum)	sauvage.
5461. Conrad Ferdinand Meyer	(Dr Müller 1897)	rose argenté.
5462. Delicata	(Cooling 1899)	rose tendre.
5463. Fimbriata	(Morlet 1891)	rose et jaunc.
5464. Hargita	(Dr Kauffmann 1894)	carmin et jaune.
5465. Helvetia	(Frœbel 1897)	blanc.
5466. Heterophylla	(C. Cochet 1900)	blanc.
5467. humilis × rugosa	(Hortorum)	sauvage.
5468. Iwara	(Siebold)	blanc.
5469. Jeanne Gautier	(L'Hay 1900)	rouge carmin.
5470. Jelina	(Dr Kauffmann 1894)	carmin foncé velouté.
5471. Kathi de Saint-Paul	(Dr Müller 1900)	rose carné.
5472. Laure Gravereaux	(L'Hay 1901)	rose frais.
5473. Lili Dieck	(Dr Dieck 1900)	rouge.
5474. Madame Albert Montet	(L'Hay 1901)	rose vif.
5475. — Alvarez del Campo	(— 1900)	rose tendre.
5476. — Ancelot	(— 1901)	rose frais.
5477. — Ballu	(— 1901)	rouge violacé.

SECTION VIII. — HYBRIDES DE RUGOSA

5478. Madame Bertaux	(*L'Hay* 1901)	rose œillet.
5479. — Caslot	(— 1901)	rose tendre.
5480. — Ch.-Frédéric Worth	(*Vve Schwartz* 1899)	rouge carmin.
5481. — Christo-Christoff	(*L'Hay* 1901)	rouge vif.
5482. — Dervieu	(— 1901)	rose tendre.
5483. — Droussant	(— 1901)	rose nuancé.
5484. — Dubost	(— 1901)	blanc carné.
5485. — E. Bonnevey	(— 1901)	rose vif.
5486. — Falcimaigne	(— 1901)	rose foncé.
5487. — Georges Bruant	(*Bruant* 1887)	blanc éclatant.
5488. — Grasset	(*L'Hay* 1901)	rouge violacé.
5489. — Henri Danet	(— 1901)	rose frais.
5489bis — Henri Gravereaux	(— 1902)	rouge brique.
5490. — Hofèle	(— 1901)	rouge vif.
5491. — Laborie	(— 1901)	rouge feu.
5492. — Lagrange	(— 1901)	beau cramoisi refl. viol.
5493. — Langlois Eugène	(— 1901)	rose chair.
5494. — Leloir	(— 1901)	rouge brique.
5495. — Levasseur	(— 1901)	rose pur ou rose chair.
5496. — Louis Plassard	(— 1901)	rose clair.
5497. — Lucet	(— 1901)	rouge vermillon.
5498. — Lucien Villeminot	— 1901	crème rosé.
5499. — Maurice de Fleury	(— 1901)	rose pâle.
5500. — Molé-Truffier	(— 1901)	blanc crème.
5501. — Narcisse Gravereaux	(— 1901)	rouge sang.
5502. — N. Touchet	(— 1901)	rouge violacé.
5503. — Ouvière	(— 1901)	rose foncé.
5504. — Paul Gravereaux	(— 1901)	rouge.
5505. — Ph. Plantamour		rouge feu velouté.
5505bis — René Gravereaux	(*L'Hay* 1902)	rose vif.
5506. — Ricois	(— 1901)	rose très clair.
5507. — Roiffé	(— 1901)	rose vif.
5508. — Savary	(— 1901)	rouge violacé.
5509. — Tiret	(— 1901)	rouge clair.
5510. — Verdin	(— 1901)	rouge velouté.
5511. Mademoiselle Lemoyne	(— 1901)	rose clair.
5512. Malmundiarensis	(*Hortorum*)	sauvage.
5513. Margheritæ	(*M. de Vilmorin*)	sauvage.
5514. Mercédès	(*P. Guillot* 1901)	rose œillet fond blanc.
5515. microphylla × rugosa	(*L'Hay* 1901)	sauvage.
5516. Mistress Anthony Waterer	(*Waterer* 1898)	rouge.
5517. Potager du Dauphin	(*L'Hay* 1899)	rose.
5518. Rose à parfum de L'Hay	(*L'Hay* 1901)	fleur rouge.
5519. Rugosa semis B. J.	(*C. Cochet*)	sauvage.
5520. — semis B. K.	(—)	—
5521. — semis B. L.	(—)	—
5522. — semis B. X.	(—)	..
5523. — semis C. H.	(—)	—
5524. — semis C. J.	(—)	--
5525. — semis C. L.	(—)	—
5526. Rugosa × cinnamomea	(—)	—
5527. — × gallica	(*L'Hay* 1901)	—
5528. — × hermosa	(*Lambert*)	—
5529. — × indica	(*L'Hay* 1900)	..
5530. — × lutea	(— 1900)	..

SECTION VIII. — HYBRIDES DE RUGOSA

5531. Rugosa ×noisettiana . . . . (L'Hay 1900) . . . . . sauvage.
5532.   —   ×nutkana . . . .   —   1900) . . . . . .   —
5533.   —   ×pimpinellifolia . . . .   —   1900) . . . . . .   —
5534.   —   ×pomifera . . . .   —   1900) . . . . . .   —
5535.   —   ×rubiginosa . . . .   —   1899) . . . . . .   —
5536.   —   ×virginiana blanda . . . . . .   —   1899) . . . . . .   —
5537.   —   ×virginiana sterilis . . . . .   —   1899) . . . . . .   —
5538.   —   ×virginiana f. repens . . . .   —   1899) . . . . . .   —
5539.   —   ×rubrifolia . . . .   —   1899) . . . . . .   —

Rugosa en arbre.

5540. Schneelicht . . . . Schmidt 1890 . . . . . blanc luisant.
5541. S. A. R. Ferdinand I⁰ . . . . (L'Hay 1901) . . . . . rose.
5542. S. M. I. Abdul-Hamid . . . .   —   1901) . . . . . rouge pourpre.
5543. Souvenir de Madame Campenon . . . .   —   1901) . . . . . rose foncé.
5544.   —   —   Fillot . . . . . .   —   1901) . . . . . rose tendre.
5545.   —   de Yeddo . . . . Moriet 1874 . . . . . rose de Chine.
5546. Suzanne Leloir . . . . (L'Hay 1901) . . . . . rouge brique.
5547. Tamagled . . . . (Dr Kaufmann 1894) . carmin clair.
5548. The new century . . . . (Amerique) . . . . . . rose.
5549. Thusnelda . . . . Dr Müller 1890 . . . . rose tendre.
5550. Vihorlat . . . . Dr Kaufmann 1894 . . carmin onglet jaune.
5551. Villa Andree . . . . L'Hay 1899 . . . . . . blanc.
5552. Villa des Tybilles . . . . (L'Hay 1899) . . . . . rouge.

Section IX. — PIMPINELLIFOLIÆ

1ʳᵉ Espèce : R. PIMPINELLIFOLIA, Lin.

(Syn. : R. pimpinellifolia, *L.*; R. spinosissima, *L.*; Rosier à feuilles de pimprenelle).

Le R. *pimpinellifolia* est spontané en Europe, notamment dans la forêt de Fontainebleau ; il habite également l'Asie-Mineure, le Turkestan, le Caucase, la Chine et la Mandchourie.
Arbuste de 1 mètre à 1 m. 50, à **rameaux** grêles, très diffus et très armés, toujours rouges ou bruns. **Aiguillons** très nombreux, grêles, droits, inégaux, entremêlés ou non d'acicules. **Feuilles** 7-9-11 et même 13 foliolées ; **folioles** petites, suborbiculaires ou ovales, obtuses au sommet, régulièrement dentées, ayant réellement quelques analogies avec les feuilles de la pimprenelle commune (Poterium sanguisorba, *L.*). **Fleurs** petites et jaunâtres chez le type, doubles et de nuances diverses chez les variétés horticoles. **Fruits** de forme variable, le plus souvent hémisphériques ou ovoïdes, couronnés par les sépales du calice persistants. La plupart des variétés du R. pimpinellifolia ne fleurissent qu'une fois, en mai-juin.

Race des Rosiers PIMPRENELLE

5600.	Rosa pimpinellifolia	(Linné 1762)	sauvage.
5601.	altaica	(Villdenow)	sauvage.
5602.	Aristide	(Écosse)	rosé.
5603.	Carnea double	(Prévost)	carné.
5604.	Cavallii	(Kmet)	sauvage.
5605.	Didot	(Écosse)	blanc rosé.
5606.	Double pink	(Écosse)	rose.
5607.	Double pink Edine	(Écosse)	rose.
5608.	Double white	(Écosse)	blanc.
5609.	Ecæ	(W. Paul)	jaune pâle.
5610.	Flava	(Wickström)	sauvage.
5611.	Hispida	(Sims)	sauvage.
5612.	James Purple	(Anglais)	cramoisi.
5613.	King of the Scotch	(Écosse)	groseille.
5614.	Lady Dumoré	(Anglais)	rose tendre.
5615.	Lady Edine	(Écosse)	blanc rosé.
5616.	Lemond	(Écosse)	blanc jaunâtre.
5617.	marmorata	(Hortorum)	sauvage.
5618.	Miss Frotter	(Écosse)	rose frais.
5619.	morica	(Hortorum)	sauvage.
5620.	myriacantha	(de Candolle)	sauvage.
5621.	Nankin	(Guibert)	jaune centre rose.
5622.	Petite Écossaise	(Vibert)	carné.
5623.	Pimprenelle des Anglais	(Anglais)	jaune clair.
5624.	— des Landes	Hortorum)	sauvage.
5625.	— lutea	(—)	jaune.
5626.	— lutea pleno	(—)	jaune.
5627.	pimpinellifolia, var. albida	(—)	sauvage.
5628.	— chlorocarpa	(—)	—
5629.	— albo pleno	(—)	—
5630.	— maxima	(—)	—
5631.	— purpurea pleno	(—)	—
5632.	— rubro pleno	(—)	—
5633.	— sulphurea	(—)	—
5634.	Riparti	(Déséglise)	—

SECTION IX. — XANTHINA

5635. rubella	(Smith)	sauvage.
5636. rubricarpa	(Hortorum)	—
5637. Scotia	(Écosse)	chair.
5638. Souvenir de Henry Clay	(Boll)	rose clair.
5639. Stanwell	(Lee)	carné.
5640. Stanwell perpetual	(Brown)	chair.
5641. Townsend double	(Écosse)	carmin strié.
5642. Vierge de Cléry	(Prévost)	blanc.
5643. Wallensis	(Hortorum)	sauvage.
5644. White Scotch	(Écosse)	blanc.
5645. William IV	(Anglais)	rose.
5646. Yellow Scotch	(Écosse)	jaune.

Race des Rosiers HYBRIDES de PIMPRENELLE

Les formes qui composent ce groupe sont de dimensions très variables.
Pour la plupart elles se rapprochent plus du R. *pimpinellifolia* que de l'autre ascendant.
Chez toutes, les aiguillons sont nombreux ou très nombreux, inégaux, et presque toujours entremêlés d'aiguillons sétacés ou de soies glanduleuses.
Rameaux souvent brun rougeâtre, les ramuscules florifères moins armées, ou presque inermes.
Feuilles jusqu'à 13 foliolées, parfois seulement à 7 folioles. Celles-ci de formes et de dimensions variables.
La plupart de ces formes, lorsqu'elles sont cultivées franches de pied, drageonnent beaucoup comme le Rosier à feuilles de pimprenelle.

5647. Braunii	(Keller)	R. sauvage.
5648. coronata	(Crépin)	—
5649. flava × pimpinellifolia	(Hortorum)	—
5650. hibernica	(Smith)	—
5651. Holikensis	(Kmet)	—
5652. oxyacantha	(Bieberstein)	—
5653. pimpinellifolia × alpina	(Kmet)	—
5654. pinnatifolia	(Andrews)	—
5655. Ravellæ	(Christ)	—
5656. Sabini	(Woods)	—
5657. Simkowicsii	(Kmet)	—

2ᵉ Espèce : R. XANTHINA, Lind.

Arbuste de 1 mètre et plus, dressé, très rameux, épineux, dépourvu de glandes. **Aiguillons** serrés, droits, comprimés à la base et très dilatés. **Feuilles** des rameaux florifères très rapprochées, 6-9 foliolées ; **folioles** ovales oblongues, dentées en scie ; **stipules** très entières, subaiguës, oblongues. **Fleurs** solitaires sur de courts rameaux terminaux, de couleur jaune d'or ; pédoncules courts très glabres ou glanduleux poilus ; sépales lancéolés ; styles libres laineux, glabres au sommet. **Fruits** globuleux portés par des pédoncules grêles, luisants, couronnés par des sépales réfléchis ; akènes velus, puis glabres.

Race du R. xanthina

5658. **Rosa xanthina**	(Lindley)	R. sauvage.
5659. Ecæ	(Kew)	—
5660. Xanthina var. duplex	(Hortorum)	—
5661. platyacantha	(Schrenk)	—

Section X. — LUTEÆ

Espèce : R. LUTEA, Mill.

(Syn. : R. lutea, *Mil.*: R. eglanteria, *L.*)

Arbuste de 2, 3 et même 4 mètres, à **rameaux** forts, très rigides, luisants, rouge brun, jamais verts. **Aiguillons** longs, subulés, droits, épars.
Feuilles 5-7 foliolées, **stipules** à oreillettes longues et divergentes ; **folioles** ovales ou suborbiculaires, à sommet le plus souvent obtus, luisantes et glabres en dessus, souvent glanduleuses en dessous. **Serrature** simple ou double, mais toujours très profonde.
Fleurs presque toujours solitaires ou par deux, d'un jaune superbe, simples, très grandes. (Dans la variété punicea, les pétales sont jaunes extérieurement, mais d'un rouge capucine très joli à l'intérieur. Réceptacle globuleux, jaune orangé, presque toujours stérile, ou ne contenant qu'une seule graine, par suite de l'avortement de tous les ovules, moins un. Les bords de l'orifice réceptaculaire sont toujours dépassés par une épaisse collerette de poils.
Ce rosier est cultivé en France depuis des siècles ; il est d'une grande rusticité, s'écussonne parfois difficilement mais se propage par drageons avec facilité.
Habit. : Arménie, Perse, Himalaya. Subspontané sur certains points de l'Europe.
Fleurit en juin et ne remonte pas.

Race des Rosiers CAPUCINE

5675.	**Rosa lutea**	(Miller 1768)		R. sauvage.
5676.	**Austrian Briar**			jaune capucine.
5677.	**Austrian Copper**	(Gerrard 1596)		rouge cuivré.
5678.	**Austrian Yellow**	(Gerrard 1596)		jaune vif.
5679.	**Capucine Jaune**			jaune brun.
5680.	**Capucine Rouge**			cuivre rouge.
5681.	**Double jaune**	(Williams)		jaune paille.
5682.	**Harrisonii**	(Harrison 1830)		jaune.
5683.	**Jaune ancien**			jaune soufre.
5684.	**Jaune bicolore**	(Autriche)		jaune et capucine.
5685.	**Juliette Ouvière**	(L'Hay 1901)		jaune brique.
5686.	**Madeleine Fillot**	(L'Hay 1901)		rouge brique.
5687.	**Persian Yellow**	(Willock 1838)		jaune d'or.
5688.	**Soleil d'or**	(Pernet-Ducher 1890)		jaune vif et or.
5689.	**Turkische rose**			jaune et carmin.

JARDIN DE ROSES

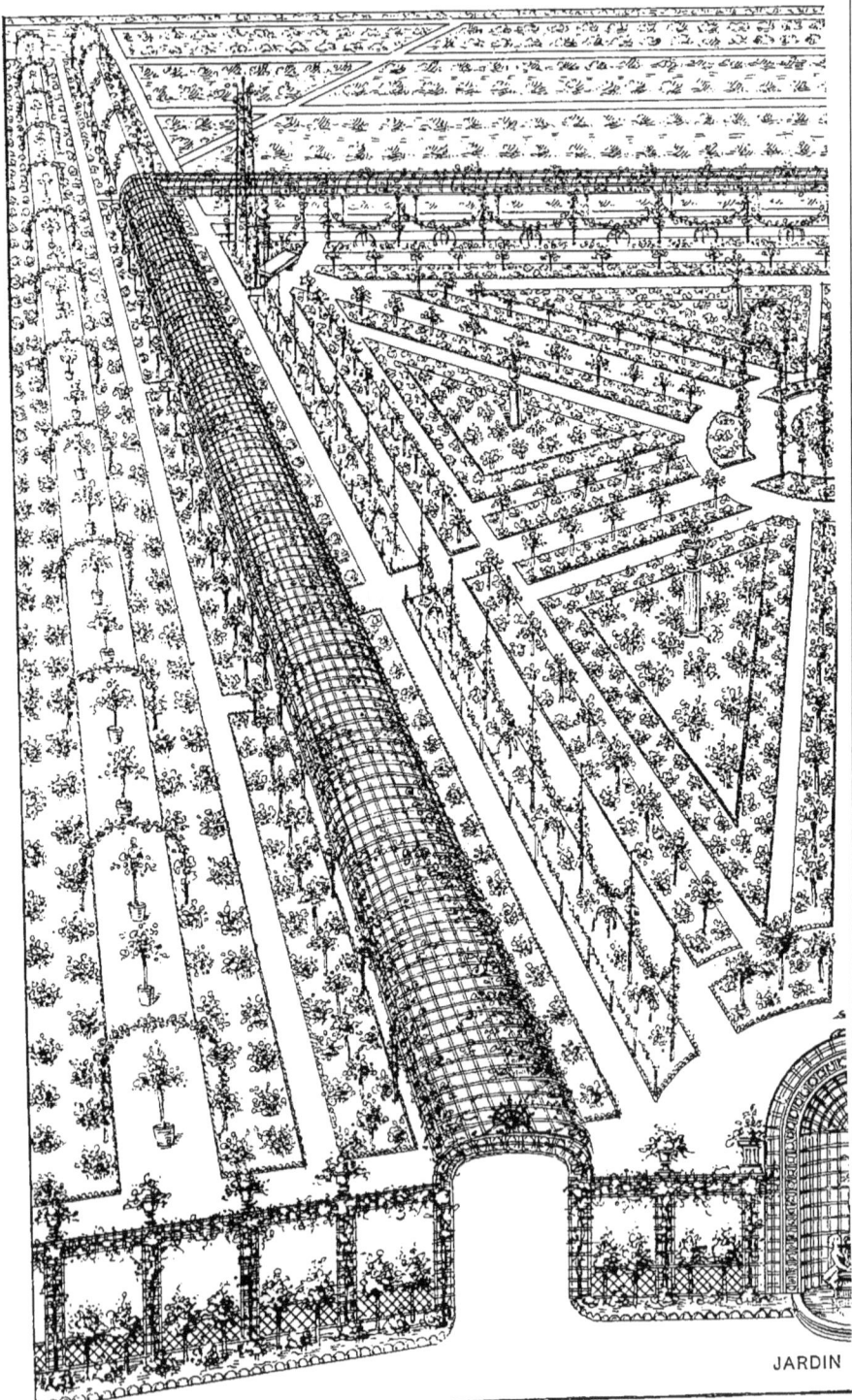

Roseraie de l'Haÿ (Seine).

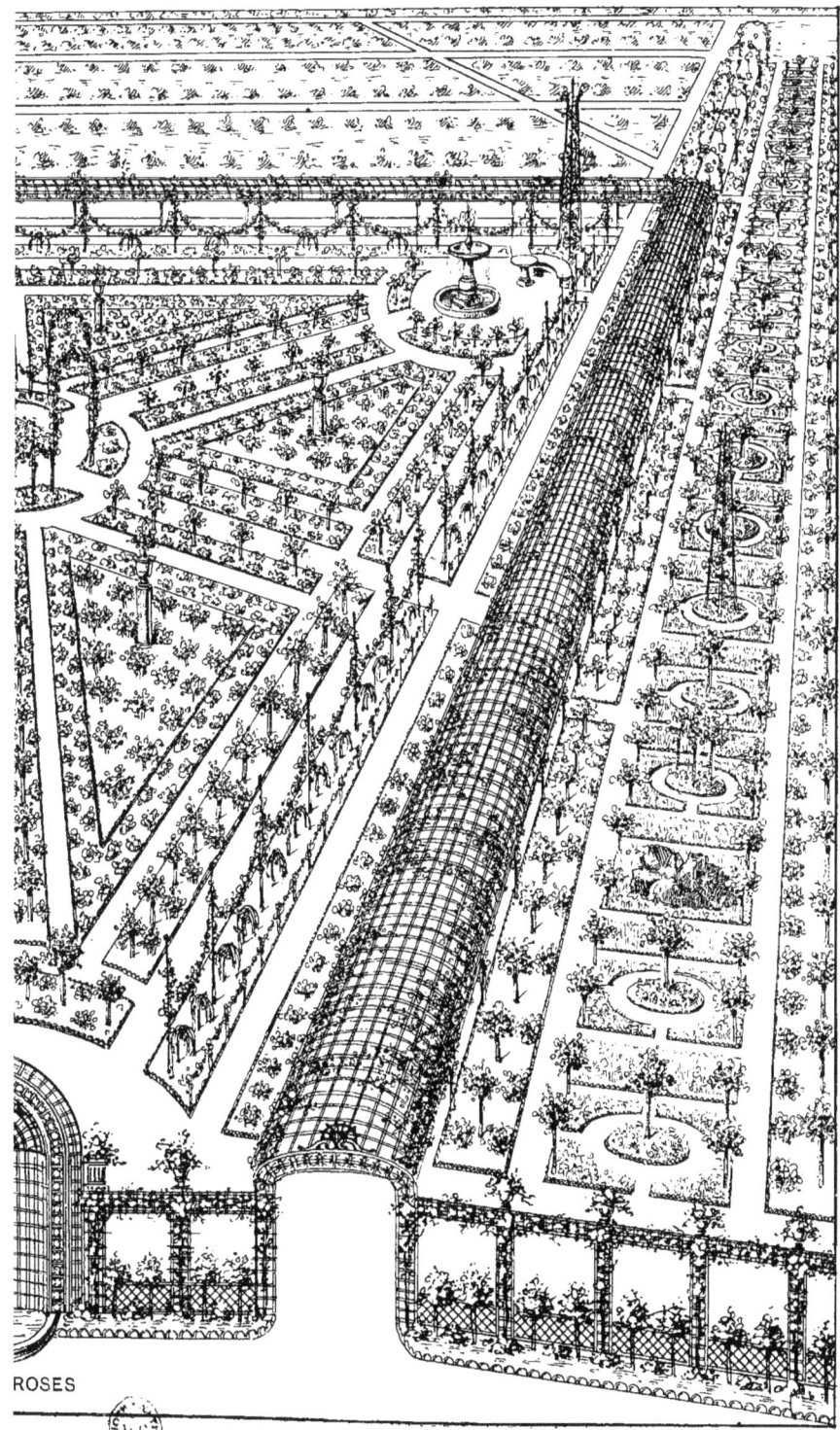

ROSES

TROISIÈME PARTIE

Collection Spéciale
de ROSIERS SARMENTEUX

Cette collection spéciale de **Rosiers sarmenteux** comprend les rosiers se prêtant le mieux, dans notre région et notre sol, à garnir des pylônes, des arceaux, des tonnelles, à grimper le long des murs et des habitations, ou à former des arbustes pleureurs. Elle ne se compose pas seulement de rosiers cultivés à fleurs doubles, mais aussi des plus beaux rosiers sauvages à fleurs simples, aujourd'hui si justement appréciés par les amateurs.

La **classification** a été faite comme pour les rosiers nains de la collection horticole, par **sections, espèces, races** et **groupes** (Voir Table Analytique, pages 17 et 18). Les erreurs et les **synonymes** seront éliminés, au fur et à mesure de nos travaux, en même temps que l'identification absolue de tous nos rosiers sera faite.

En vue d'une prochaine **édition corrigée** que nous ferons paraître en **1904,** nous serions reconnaissant aux horticulteurs-rosiéristes et aux amateurs de vouloir bien nous signaler les erreurs commises, compléter certains renseignements, et contribuer, par leurs envois de plantes ou greffons à enrichir cette collection, qui devra comprendre toutes les variétés anciennes et modernes actuellement existantes.

Collection Spéciale
de ROSIERS SARMENTEUX

Section I. — SYNSTYLÆ

Rosa MULTIFLORA, ses variétés et ses hybrides

Syn. : R. polyantha, *Sieb. et Zucc.*; Rosiers multiflores.

Le *R. multiflora* est originaire de Chine et du Japon.

Arbuste à **rameaux** sarmenteux, de plusieurs mètres de longueur, flexibles, souvent pourprés. **Aiguillons** crochus, épars ou géminés sous les feuilles. **Stipules** très profondément laciniées, caractère qui se retrouve dans toutes les variétés en culture, issues de cette espèce. **Feuilles** 7-9 foliolées; **folioles** ovales lancéolées, vert sombre des deux côtés, et ridées, pubescentes dans le type, mais souvent d'un beau vert chez ses variétés ou ses hybrides, a serrature large, simple et profonde. **Fleurs** petites et blanches chez le type, réunies en inflorescence pyramidale très multiflore, varient de couleurs chez les variétés. Dans certaines formes hybrides (*multiflore de la Grifferaie*), les fleurs sont devenues grandes et doubles.

La série des *Rosiers Hongrois* a eu très probablement pour ascendants le R. *multiflora* croisé avec le R. *gallica*.

Les **fruits** du type sont très petits et presque ronds: ils deviennent gros et piriformes chez les rares hybrides qui ne sont pas complètement stériles. Cette espèce et ses dérivés se bouturent très facilement; ils doivent être légèrement abrités en cas de très grands froids seulement.

6000. **multiflora** (Espèce)	(Thunberg)	R. Sauvage.
6001. Dawsoniana	(Hort.)	—
6002. multiflora flore pleno	(Hort.)	—
6003. — ×indica	(Hort.)	—
6004. — ×lucida	(Hort.)	—
6005. — ×Wichuraiana	(Hort.)	—
6006. platyphylla	(Redouté)	—
6007. polyantha×semperflorens	(Hort.)	—
6008. polyantha	(Sieb. et Zucc.)	—
6009. thyrsiflora	(Leroy)	—
6010. à bois brun	(Robert 1854)	rouge vineux.
6011. Aglaïa	(Schmidt 1895)	blanc pur.

SECTION I. — MULTIFLORA

6012. Annette de Tharau . . . . (*Geschwindt* 1886). . . . blanc crème.
6013. Bennett's seedling . . . . (*Bennett* 1840). . . . . . blanc.
6014. Bijou de Lyon . . . . (*Schwartz* 1882). . . . . blanc pur.
6015. Climbing White Pet . . . . (*Corbœuf* 1894). . . . . blanc.
6016. Clotilde Soupert Climbing . . . . (*Dingee, Conard* 1901) . blanc nuancé rose.
6017. Coccinea . . . . (*Van Houtte*) . . . . . . rose carminé.
6018. Daniel Lacombe . . . . (*Allard* 1895) . . . . . . blanc jaunâtre.
6019. Décoration de Geschwindt . . . . (*Geschwindt* 1895). . . . rose vif violet.
6020. de la Grifferaie . . . . (*Vibert* 1845) . . . . . . pourpre carminé.
6021. Eiffel . . . . (*Lévêque* 1892) . . . . . rouge ponceau.
6022. Elbfex . . . . (*Geschwindt* 1890). . . . pourpre.
6023. Electra . . . . (*Angleterre* 1900). . . . jaune.
6024. Éléonore Berkeley . . . . (*Angleterre* 1900). . . . rose pâle.
6025. Erlkoënig . . . . (*Geschwindt* 1886). . . . carmin cramoisi.
6026. Ernest Dorell . . . . (*Geschwindt* 1887). . . . carmin.
6027. Euphrosine . . . . (*Schmitt* 1895) . . . . . . rose pur.
6028. Fantasca . . . . (*Geschwindt* 1890). . . . carné.
6029. Fatinitza . . . . (*Geschwindt* 1886). . . . blanc et rose.
6030. Flora . . . . (*Vve Schwartz* 1883) . . blanc.
6031. Francesco Ingegnoli . . . . (*Bernaix* 1888) . . . . . rose pâle.
6032. Gardenia flora . . . . (*Schmitt* 1901) . . . . . . blanc neige.
6033. Geschwindt's orden . . . . (*Geschwindt* 1886). . . . rose vif foncé.
6034. Gilda . . . . (*Geschwindt* 1887). . . . lie de vin.
6035. Graulhié . . . . (*Van Houtte*) . . . . . . blanc.
6036. Graziella . . . . (*Geschwindt* 1889). . . . blanc carné.
6037. Grevillii . . . . rose tendre.
6038. Hélène . . . . (*P. Lambert* 1898) . . . rose tendre.
6039. Hertzbletchen . . . . (*Geschwindt* 1889). . . . rose.
6040. Himmelsauge . . . . (*Schmitt* 1895). . . . . . rouge pourpre foncé.
6041. La Prospérine . . . . (*Ketten* 1897) . . . . . . pêche.
6042. Laure Davoust . . . . (1834) . . . . . . carmin clair.
6043. Leuchstern . . . . (*J.-C. Schmitt* 1899). . . blanc et rose.
6044. Mademoiselle Claire Jacquier . . . . . (*Bernaix* 1887) . . . . . nankin.
6045. Mademoiselle Jeanne Ferron . . . . . (*Vve Schwartz* 1887) . . rose.
6046. Mendox . . . . rose.
6047. Menoux . . . . (*Lacharme* 1845) . . . . rose pâle.
6048. Mercédès . . . . (*Geschwindt* 1886). . . . carné lilas.
6049. minutifolia alba . . . . (*Bennett* 1888) . . . . . . blanc.
6050. multiflore rose . . . . (*Lawrence*) . . . . rose.
6051. Nymphe Egeria . . . . (*Geschwindt* 1893). . . . rose frais.
6052. Olivet . . . . (*Vigneron* 1892) . . . . . rouge clair.
6053. parvula . . . . (*S. Cochet* 1866) . . . . rose et blanc.
6054. Petit postillon . . . . (*Geschwindt* 1886). . . . rose pourpre.
6055. Prairie queen . . . . (*Dingee, Conard* 1901). . rose carminé.
6056. Psyché . . . . (*Paul et Son* 1900) . . . rose œillet.
6057. Queen Alexandra . . . . (*Veitch* 1901) . . . . . . rose foncé.
6058. Roi des Aunes . . . . (*Geschwindt*) . . . . . . carmin pourpre.
6059. Rosiériste Max Singer . . . . (*Lacharme* 1885) . . . . rubis.
6060. Royal Cluster . . . . (*Conrad Jones* 1899) . . blanc léger rose.
6061. Rubin . . . . (*J.-C. Schmitt* 1899) . . rose brillant.
6062. Russelliana . . . . rouge carmin.
6063. Schloss Luegg . . . . (*Geschwindt* 1886). . . . rose carmin.
6064. Thalia . . . . (*Schmitt* 1895) . . . . . . blanc pur.
6065. The Garland . . . . (*Wells*) . . . . blanc bistré.
6066. The Lion . . . . (*Paul et Son* 1901) . . . rose carmin.

SECTION I. — SEMPERVIRENS

6067. The Wallflower	(Paul et Son 1901)	cramoisi.
6068. Tricolore	(Robert 1863)	rose argenté.
6069. Turner's Crimson rambler	(Turner 1894)	cramoisi vif.
6070. Weisser Heirumstreicher	(Schmitt 1900)	blanc pur.
6071. White Dawson	(Ewlanger et Barry 1901)	blanc.
6072. Wildling	(Ketten)	rouge.
6073. Wodan	(Geschwindt)	cramoisi.

Rosa SEMPERVIRENS, ses variétés et ses hybrides

Syn. : Rosier toujours vert.

Arbuste à rameaux longuement sarmenteux, de plusieurs mètres de longueur, portant des aiguillons crochus, souvent géminés sous les feuilles. **Feuilles** d'un beau vert brillant, sans pubescence, presque persistantes, et restant sur la plante tout l'hiver, quand il ne gèle pas très fort; 5-7 folioles ovales lancéolées, simplement ou peu profondément dentées, glabres. **Stipules** étroites, adnées, ciliées de glandes. **Fleurs** réunies en inflorescence ombelliforme, simples dans le type, doubles dans les variétés cultivées. **Fruits** presque ronds ou légèrement allongés, petits, rouges.

Les variétés du R. *sempervirens* sont très recherchées pour garnir des tonnelles, murailles, etc., a cause de leur superbe feuillage, de leur brillante floraison qui a lieu en juin, et de leur vigueur extraordinaire. Elles résistent à nos hivers normaux, se bouturent facilement.

6080. **sempervirens** (Espèce)	(Linné)	R. sauvage.
6081. inaperta	(Duffort)	—
6082. scandens	(Miller)	—
6083. subgallicoides	(Duffort)	—
6084. tenuicarpa	(de Vilmorin)	—
6085. vituperabilis	(Duffort)	—
6086. Adélaïde d'Orléans	(Jacques)	chair.
6087. à fleurs roses de Laffay	(Laffay)	rose clair.
6088. Anatole de Montesquieu	(Jacques)	pourpre violet.
6089. Banksiæflora		blanc centre jaune.
6090. Dona Maria	(Vibert)	blanc rosé.
6091. Félicité et Perpétue	(Jacques 1828)	carné.
6092. Flore	(Jacques)	rose cuivré.
6093. Gontierii		rose clair.
6094. La Guirlande		blanc.
6095. Léopoldine d'Orléans	(Jacques)	chair.
6096. Mutabilis	(Calvert)	rose vif.
6097. Myrianthes renoncule		rose pâle.
6098. Princesse Louise	(Jacques 1828)	rose clair.
6099. Princesse Marie	(Jacques 1821)	rose tendre.
6100. Rampante	(Noisette)	blanc.
6101. Reine des Belges	(Jacques 1832)	blanc rosé.
6102. Reine des Françaises		rose très clair.
6103. Rosea plena		rose chair.
6104. Rudolphus		blanc.
6105. sempervirens remontant	(Brun)	blanc rosé.
6106. Spectabilis		rose.

Rosa ARVENSIS, ses variétés et ses hybrides

Syn.: R. repens, *Scop.*; Églantier des champs: Rosiers d'Ayrshire; Rosiers Michigan.

Rosier spontané en France, comme le R. *sempervirens*.
Arbuste à rameaux très sarmenteux, moins longs peut-être que ceux du R. *sempervirens*, vert grisâtre, souvent glauques, pourprés, s'ils ont vécu au soleil. **Aiguillons** épars, souvent d'égale longueur. **Feuilles** à 5-7 folioles; **folioles** ovales d'un vert foncé parfois un peu sombre, non persistantes, souvent glauques en dessous: **pétioles** pubescents. **Stipules** finement ciliées de glandes. **Fleurs** réunies le plus souvent par 5 a 15, en inflorescence ombelliforme, **réceptacle** ovoïde, plus gros que chez le R. *sempervirens*, très gros même chez certaines variétés et dans ce cas presque rond.

Le R. *arvensis* a donné naissance aux *Rosiers d'Ayrshire* (R. capreolata, *Neill*), qui constituent une race très voisine, presque identique aux variétés du R. *arvensis* cultivées.

6120. **arvensis** (Espèce) . . . . (*Hudson*) . . . . R. sauvage.
6121. adenoclada . . . . (*Abbé Hy*) . . . . —
6122. Andersoni . . . . (*Hort.*) . . . . —
6123. baldensis . . . . (*Kerner*) . . . . —
6124. Berleana gracilis . . . . (*Hort.*) . . . . —
6125. bibracteata . . . . (*Bastard*) . . . . —
6126. capreolata . . . . (*Neill*) . . . . —
6127. capreolata pendula . . . . (*Neill*) . . . . —
6128. Dufforti . . . . (*Abbé Coste*) . . . . —
6129. erronea . . . . (*Ripart*) . . . . —
6130. pervirens . . . . (*Grenier*) . . . . —
6131. repens . . . . (*Scopoli*) . . . . —
6132. Alice Gray . . . . (*Angleterre*) . . . . . blanc bordé rose.
6133. Ayrshire à fleur pleine . . . . (*Hort.*) . . . . blanc centre carné.
6134. Ayrshire à fleur rose . . . . (*Hort.*) . . . . rose.
6135. Countess of Lieven . . . . blanc pur.
6136. Duc de Constantine . . . . (*Soupert et Nott.* 1857) . rose satiné.
6137. Dundee rambler . . . . (*Martin*) . . . . blanc rosé.
6138. Feast's pink . . . . rose.
6139. Madame Viviand Morel . . . . (*Schwartz* 1832) . . . rouge groseille.
6140. Miller's climbing . . . . blanc liséré rose.
6141. Mursch . . . . rose.
6142. Myrth scented . . . . blanc.
6143. Reine des Ayrshires . . . . blanc carné.
6144. Rubra plena . . . . rouge feu.
6145. Rubra superba . . . . rouge.
6146. Ruga . . . . chair.
6147. Splendens . . . . blanc mat.
6148. Thoresbyana . . . . (*Bennett* 1840) . . . . blanc pur.
6149. Virginian rambler . . . . blanc rose.
6150. William's evergreen . . . . (*William* 1855) . . . . blanc ombré.

SECTION I. — MOSCHATA. — SETIGERA

Rosa MOSCHATA, ses variétés et ses hybrides

Syn. : Brunonii, *Lind.*; Rosier musqué.

Arbuste, ou plutôt arbrisseau, extrêmement vigoureux, à rameaux très forts, portant d'énormes aiguillons crochus, épars, brun foncé ou noirs, plus rares sur les rameaux florifères. Ils sont quelquefois presque triangulaires.
Feuilles 7-9 foliolées ; **folioles** elliptiques lancéolées simplement dentées, d'un vert glauque foncé caractéristique ; **stipules** adnées assez profondément pectinées, frangées de glandes. **Fleurs** blanches très grandes, simples ou semi-doubles réunies par 10 à 25, en corymbe pyramidal.
Fruits moyens, ovoïdes à colonne stylique persistante, d'un rouge tirant sur le jaune.
Fleurit une seule fois l'an ; craint nos hivers rigoureux.
Cette plante a produit par hybridation le R. *Noisetteana*, comme nous l'avons vu.
Malgré l'ampleur et l'élégance de ses fleurs simples ou doubles, le R. *Brunonii* est peu cultivé.
Hab. : Asie, Abyssinie ; subspontanée sur les bords de la Méditerranée.

6160. **moschata** (Espèce)	(*Herrmann*)	R. sauvage.
6161. Brunonii	(*Lindley*)	—
6162. Leschenaultiana	(*Redouté*)	—
6163. moschata alba	(*Hort.*)	—
6164. moschata d'Angers	(*Hort.*)	—
6165. Pissardi	(*Carrière*)	—
6166. polyantha grandiflora	(*Bernaix*)	—
6167. umbrella	(*Hort.*)	—
6168. Dupontii	(*Déséglise*)	—
6169. Champney	(*Hort.*)	—
6170. Brunonii à fleurs doubles	(*Cochet* 1895)	blanc.
6171. Brunonii Himalayica	(*Paul et Son* 1899)	blanc rosé.
6172. Éliza Werry	(*Anglais*)	nankin.
6173. Fringed		cramoisi.
6174. Princesse de Nassau	(*Laffay*)	jaune paille.
6175. Rivers	(*Anglais*)	rose pâle.

Rosa SETIGERA, ses variétés et ses hybrides

Syn. : R. rubifolia, *R. Br.*; Rosier à feuilles de ronce ; Rosier des prairies.

Arbuste droit, mi-sarmenteux, à tiges armées d'aiguillons courts, épars, crochus, entremêlés de soies à la partie inférieure des rameaux.
Feuilles 3-5 foliolées, à **folioles** ovales lancéolées, très nervées, glabres, vert clair en dessus, glauques en dessous, présentant au sommet des rameaux, le faciès général des feuilles des *Rubus*. Ce caractère suffit, à lui seul, pour différencier cette espèce et ses variétés.
Fleurs disposées en inflorescences pyramidales pauciflores, simples chez le type, doubles ou semi-pleines, dans ses variétés, généralement rose pâle ou rose vineux.
Originaire de l'Amérique du Nord, cet arbuste résiste bien au froid.

6180. **setigera** (Espèce)	(*Michaux*)	R. sauvage.
6181. rubifolia × Noisettiana	(*Hort.*)	—
6182. — × stylosa	(*Hort.*)	—
6183. Anna Maria	(*Feast* 1843)	rose très pâle.
6184. Aurelia Liffa	(*Geschwindt* 1886)	cramoisi.
6185. Baro Majlhenyi Natalia	(*Geschwindt* 1889)	pourpre cendré.
6186. Beauté des prairies		rose violacé.
6187. Belle de Baltimore	(*Feast* 1843)	blanc jaunâtre.
6188. Bijou des prairies	(*Schwartz* 1878)	rose et blanc.

SECTION I. — WICHURAIANA

6189. Château Luegg . . . . rose carminé vif.
6190. Curidos . . . . lilas et blanc.
6191. Eurydice . . . . (Geschwindt 1887) . . . . rose clair carminé.
6192. Eva Corinna . . . . (Feast 1843) . . . . rouge clair.
6193. Forstmeister Heim . . . . (Geschwindt 1886) . . . . carmin.
6194. Janet's Pride . . . . (Whitmell 1894) . . . . . blanc taché rouge.
6195. Meermaid . . . . (Geschwindt 1887) . . . . rose lilas blanc.
6196. Michigan Miledgewill . . . . carminé.
6197. Michigan superba . . . . rose pâle.
6198. Mill's Beauty . . . . rose vif.
6199. Mistress Edworgt . . . . rose.
6200. Nymphe de Mer . . . . (Geschwindt 1886) . . . . rose tendre blanc.
6201. Nymphe Tepla . . . . (Geschwindt 1886) . . . . carmin.
6202. Ovid . . . . (Geschwindt 1890) . . . . rose.
6203. Prairie belle . . . . blanc rose.
6204. Prairie Reine . . . . blanc carné.
6205. Pride of Washington . . . . (Dingee 1899) . . . . . . rose pâle.
6206. Queen of the prairies . . . . (Feast 1843) . . . . rose brillant.
6207. Rosa superba . . . . (Dingee 1900) . . . . . . rose frais.
6208. Russell's cottage . . . . (Amérique 1900) . . . . vineux.
6209. Souvenir de Brod . . . . (Geschwindt 1886) . . . . violet.
6210. Virago . . . . (Geschwindt 1887) . . . . carné foncé.

Rosa WICHURAIANA, ses variétés et ses hybrides

Rameaux atteignant jusqu'à 4 et 5 mètres dans une année, absolument couchés sur le sol, d'une extrême flexibilité, vert tendre brillant, à aiguillons crochus, épars (ou géminés sur les rameaux florifères).
Feuilles à 3-4 paires de **folioles** petites, largement obovales ou suborbiculaires, plus ou moins obtuses au sommet (la terminale plus allongée), largement dentées, toujours glabres, presque persistantes, d'un vert brillant; elles semblent comme vernies et, sous ce rapport, le R. *Wichuraiana* laisse loin derrière lui les R. *bracteata* et *Banksiæ*, et même le R. *lævigata*, dont le feuillage est cependant si brillant.
Fleurs simples, chez le type, doubles et même presque pleines chez certaines variétés horticoles. **Inflorescence** pyramidale pauciflore.
Originaire de Chine et du Japon; fleurit pour la première fois, en Europe, au Jardin Botanique de Bruxelles en 1888, croyons-nous ; a supporté sans souffrir 15° centigr. au-dessous de zéro.
Très recommandable, pour garnir des rocailles, des pentes abruptes, et pour faire des rosiers pleureurs.
Comme rosiers grimpants, ses tiges manquent un peu de rigidité et ne peuvent s'élever d'elles-mêmes.

6220. **Wichuraiana** (Espèce) . . . . (Crépin) . . . . R. sauvage.
6221. Wichuraiana foliis var. . . . . (Hort.) . . . . —
6222. Adélaïde Moullé . . . . (Barbier 1902) . . . . . rose tendre.
6223. Albéric Barbier . . . . (Barbier f. 1900) . . . . blanc crème.
6224. Alexandre Trémouillet . . . . (Barbier f. 1902) . . . . blanc rose.
6225. Auguste Barbier . . . . (Barbier f. 1901) . . . . lilas violacé.
6226. Cramoisi simple . . . . (Barbier f. 1902) . . . . rouge cramoisi.
6227. Crimson Roamer . . . . (Manda 1901) . . . . . cramoisi.
6228. Débutante . . . . (H. Walsh 1901) . . . . rouge.
6229. Edmond Proust . . . . (Barbier 1902) . . . . . rose carné.

SECTION I. — WICHURAIANA

6230. Élisa Robichon . . . . (Barbier 1902) . . . . . . rose chair lilacé.
6231. Émile Fortépaule . . . . (Barbier f. 1902) . . . . blanc lavé jaune.
6232. Ernst Grandpierre . . . . (Weigand 1901) . . . . . jaune.
6233. Evergreen Gem . . . . (Manda 1898) . . . . . . blanc.
6234. Ferdinand Roussel . . . . (Barbier 1902) . . . . . . rouge vineux.
6235. François Foucaud . . . . (Barbier f. 1901) . . . . blanc crème.
6236. François Poisson . . . . (Barbier 1902) . . . . . . blanc pur.
6237. Gardenia . . . . (Manda 1898) . . . . . . blanc.
6238. Improved favorite . . . . (Manda 1901) . . . . . . rose clair.
6239. Jersey Beauty . . . . (Manda 1899) . . . . . . rose.
6240. Madame Constans . . . . (L'Hay 1902) . . . . . . rose tendre.
6241. Manda's Triumph . . . . (Amérique 1898) . . . . blanc.

Wichuraiana, rampants et grimpants.

6242. May Queen . . . . (Manda 1898) . . . . . . corail.
6243. Paul Transon . . . . (Barbier f. 1901) . . . . rose carné vif.
6244. Pink Pearl . . . . (Manda 1901) . . . . . . rose saumon.
6245. Pink Roamer . . . . (Manda 1898) . . . . . . rose luisant.
6246. René André . . . . (Barbier 1901) . . . . . . aurore foncé.
6247. Ruby Queen . . . . (Manda 1901) . . . . . . rose lilacé.
6248. South Orange perfection . . . . (Manda 1898) . . . . . . blanc carné.
6249. Sweetheart . . . . (H. Walsh 1901) . . . . rouge et blanc.
6250. Universal favorite . . . . (Manda 1898) . . . . . . rose.
6251. Valentin Beaulieu . . . . (Barbier 1902) . . . . . . rose lilacé.
6252. Wichuraiana alba . . . . (Conard, Jones 1901) . . blanc.
6253. Wichuraiana × Général Jacqueminot. (Angleterre) . . . . . . rose.
6254. Wichuraiana rubra . . . . (Barbier f. 1901) . . . . rouge vif.
6255. White Star . . . . (Manda 1901) . . . . . . blanc.

Rosa PHOENICIA, et sa variété

Arbuste à longs rameaux portant des aiguillons épars. **Feuilles** presque toujours 5-foliolées : **folioles** arrondies à la base, brièvement atténuées au sommet, à dents profondes, larges. **Stipules** adnées, ciliées, glanduleuses. **Inflorescence** pyramidale, multiflore.

6270. **phœnicia** (Espèce) . . . . (*Boissier*) . . . . R. sauvage.
6271. chlorocarpa . . . . (*Braün*) . . . . —

Rosa ANEMONEFLORA

Syn. : Rosier à fleurs d'anemone.

Arbuste presque sarmenteux, à **rameaux** vert tendre, parsemés d'aiguillons crochus, subulés, épars, entremêlés de nombreux aiguillons sétacés ; les rameaux secondaires armés seulement d'aiguillons sétacés. **Feuilles** 3-5 foliolées, à **folioles** d'un vert pâle, pourprées en dessous, très étroites et très longues, longuement lancéolées, glabres, finement et simplement dentées : les dents fines et pourprées sont tellement aiguës qu'on les croirait presque aristées, ce qui n'est pas. **Stipules** adnées, ciliées de glandes pédicellées. Oreillettes divergentes et très aiguës. **Fleurs** blanches, doubles, petites, ayant peut-être quelques analogies avec certaines anémones, réunies par 5-10 sur un pédoncule hispide glanduleux.

Introduite de la Chine par Robert Fortune, vers 1850, cette espèce résiste bien à nos hivers ordinaires ; elle est plus curieuse que très décorative.

6275. **anemoneflora** (Espèce) . . . . (*Fortune* 1850) . . . . . R. sauvage.

Section II. — STYLOSÆ

Rosa STYLOSA et ses variétés

Syn. : R. systyla. *Bast.*

Cette espèce, voisine du R. canina, n'en diffère que par ses styles agglutinés, réunis en une colonne grêle, plus courte que les étamines intérieures, et par ses inflorescences presque multiflores. Elle ne présente que peu d'intérêt au point de vue purement décoratif. Habitat. : Europe.

6680.	**stylosa** (Espèce)	. . . .	(*Desvaux*)	. . . . R. sauvage.
6681.	leucochroa	. . . .	(*Desvaux*)	—
6682.	massilvanensis	. . . .	(*Ozanon*)	.
6683.	rusticana	. . . .	(*Déséglise*)	—

Section III. — INDICÆ

Race des Rosiers THÉ sarmenteux

Les caractères botaniques des Rosiers Thé sarmenteux étant les mêmes que ceux des Rosiers Thé non sarmenteux, voir la description à ces derniers (IIe Partie, page 64).

N°	Nom	Obtenteur	Couleur
6300.	Alexandrine Bruel	(Level 1885)	blanc pur.
6301.	Antoine Devert	(Gonod 1886)	carné soufre.
6302.	Baronne Ch. de Gargan	(Soupert 1894)	jaune.
6303.	Baronne de Sinety	(Gonod 1881)	jaune et rouge.
6304.	Beauté de l'Europe	(Gonod 1881)	jaune nuancé.
6305.	Belle des Moulins	(Florens 1852)	carné.
6306.	Belle Lyonnaise	(Level 1870)	jaune.
6307.	Bunnert Fridolin	(Bernaix 1888)	carmin jaune.
6308.	Carmen	(Dubreuil 1888)	chair, paille.
6309.	Cérès	(Oger 1853)	crème.
6310.	Climbing Devoniensis	(Pawil 1866)	blanc jaunâtre.
6310bis.	— Mme de Watteville	(Fauque Laurent 1901)	blanc saumoné.
6311.	— Marie Guillot	(Dingee, Conard 1901)	blanc verdâtre.
6312.	— Niphetos	(Keynes 1889)	blanc.
6313.	— perle des Jardins	(Henderson 1890)	jaune, paille.
6314.	Diane de Bollwillers		blanc verd. et rose.
6315.	Docteur Anth. Carlès	(Nabonnand 1885)	jaune.
6316.	Docteur Rouges	(Vve Schwartz 1893)	rose de Chine.
6317.	Duchesse d'Auerstaëdt	(Bernaix 1887)	jaune.
6318.	Eugénie Bourgeois	(Bourgeois 1897)	blanc crème.
6319.	E. Veyrat Hermanos	(Bernaix 1895)	abricot rosé.
6320.	Fanny Stollwerck	(Nabonnand 1896)	jaune et rose.
6321.	François Crousse	(P. Guillot 1901)	rouge cramoisi.
6322.	Germaine de Mareste	(Guillot 1891)	crème.
6323.	Gloire de Dijon	(Jacotot 1853)	saumon.
6324.	Gloire de Libourne	(Beauvillain 1887)	jaune nuancé.
6325.	Gribaldo Nicola	(Soupert 1890)	blanc rosé.
6326.	Henriette de Beauveau	(Nabonnand 1889)	jaune saumoné.
6327.	Kaiserin Friedrich	(Droegmüller 1889)	rose et jaune.
6328.	Ketten frères	(Nabonnand 1892)	jaune.
6329.	Madame Agathe Roux	(Nabonnand 1887)	rose tendre.
6330.	— Bérard	(Level 1870)	saumon.
6331.	— Buzo	(Liabaud 1894)	jaune frais.
6332.	— Chauvry	(Bonnaire 1887)	jaune cuivré.
6333.	— Corvassier	(Lévêque 1895)	jaune.
6334.	— Creux	(Godard 1890)	saumon.
6335.	— Émilie Dupuy	(Level 1870)	jaune saumoné.
6336.	— Francisque Morel	(Liabaud 1888)	blanc centre jaune.
6337.	— la Générale de Benoist	(Chauvry 1901)	saumon et rose.
6338.	— Levet	(Level 1870)	jaune violacé.
6339.	— Marguerite de Soras	(Nabonnand 1890)	jaune chr.
6340.	— Marie Roussin	(Nabonnand 1888)	jaune.
6341.	— Paul Marmy	(Marmy 1884)	jaune et rouge.
6342.	— Rozain Boucharlat	(Liabaud 1894)	rose et jaune.
6343.	— Sadi-Carnot	(Renaud 1889)	blanc saumoné.

6344.	Madame Thérèse Genevay.	(Levet 1874).	rose pêche.
6345.	— Triffle	(Levet 1870).	jaune foncé.
6346.	Mademoiselle Annette Murat.	(Levet 1884).	jaune.
6347.	— Geneviève Godard	(Godard 1889).	carmin.
6348.	— Henriette de Beauveau.	(Lacharme 1887)	jaune clair.
6349.	— Marie Berton	(Levet 1876).	paille.
6350.	— Marie-Louise Pagerie.	(Chauvry 1894)	carné et jaune.
6351.	— Mathilde Lennaertz.	(Levet 1880).	rose lis. blanc.
6352.	Maréchal Niel.	(Pradel 1861).	jaune vif.
6353.	Maréchal Niel.	(Deegen 1896).	blanc.
6354.	Mélanie Soupert.	(Nabonnand 1881).	blanc.
6355.	Monplaisir.	(Ducher 1868).	jaune saumoné.
6356.	Monsieur Rosier.	(Nabonnand 1887).	rose et jaune.
6357.	Nardy.	(Nabonnand 1888).	saumon.
6358.	Noella Nabonnand	(Nabonnand 1901).	rouge cramoisi.
6359.	Papillon.	(Nabonnand 1878).	rose aurore.
6360.	Paul's Tea Rambler.	(Paul et fils).	rose?
6361.	Prince Prosper d'Aremberg.	(Soupert 1880).	saumon.
6362.	Princesse Julie d'Aremberg	(Soupert 1885).	jaune.
6363.	Princesse Stéphanie	(Levet 1886).	or.
6364.	Rosomane Hubert.	(Bernède 1883).	jaune et rose.
6365.	Sombreuil.	(Robert 1850).	blanc et saumon.
6366.	Souvenir de Mme Hélène Lambert	(Gonod 1885)	jaune.
6367.	Souvenir de Mme J. Métral	(Bernaix 1888).	rouge vif.
6368.	Souvenir de Mme Léonie Viennot.	(Bernaix 1897)	pêche.
6369.	Tour Bertrand.	(Ducher 1869).	jaune clair.

Race des Rosiers HYBRIDES de THÉ sarmenteux

Les caractères botaniques des Rosiers Hybrides de Thé sarmenteux étant les mêmes que ceux des Rosiers Hybrides de Thé non sarmenteux, voir la description de ces derniers (II° Partie, page 84).

6380.	Archiduchesse M.-D. Amélie.	(Balogh. 1893)	jaunâtre.
6381.	Cheshunt Hybrid.	(G. Paul 1873).	cerise nuancé.
6382.	Climbing belle Siebrecht.	(W. Paul 1900).	rose.
6383.	— Captain Christy	(Vve Ducher 1881)	chair.
6383bis.	— Caroline Testout.	(Chauvry 1901)	rose strié.
6384.	— Kaiserin Aug. Victoria	(Dickson).	blanc.
6385.	— La France	(G. Paul 1894).	rose.
6386.	— Souvenir de Wootton	(Dingee 1899).	rouge.
6387.	Clothilde Soupert.	(Levet 1884).	carmin.
6388.	Élie Beauvillain.	(Beauv. 1887).	rose cuivré.
6389.	Émin Pacha.	(Droegmüller 1895)	carmin.
6390.	Gaston Chandon	(Schwartz 1885).	rose et jaune.
6391.	Irish Beauty	(Dickson 1901).	blanc.
6392.	Irish Glory	(Dickson 1901).	rose argenté.
6393.	Irish Modesty.	(Dickson 1901).	rose corail.
6394.	La France de 1889	(Mor. Rob. 1889).	rouge velouté.
6395.	Mademoiselle Germaine Trochon	(Pernet, Ducher 1878).	jaune rosé.
6396.	Mademoiselle Marguerite Appert	(Vigneron 1876).	rouge velouté.

SECTION III. — NOISETTE SARMENTEUX

6397. Miss May Paul . . . . (*Level* 1861). . . . . . . blanc lilas.
6398. Monsieur Désir . . . . (*Pernet p.* 1883). . . . . cramoisi.
6399. Reine Maria Pia . . . . (*Schwartz* 1890). . . . . rose centre cramoisi.
6400. Reine Marie-Henriette . . . . (*Level* 1878). . . . . . . cerise.
6401. Waltham Climber I. . . . . (*W. Paul* 1885). . . . . . cramoisi.
6402. Waltham Climber II . . . . (*W. Paul* 1885). . . . . . cramoisi.
6403. Waltham Climber III. . . . . (*W. Paul* 1885). . . . . . cramoisi.

Race des Rosiers NOISETTE sarmenteux

Les caractères botaniques des Rosiers Noisette sarmenteux étant les mêmes que ceux des Rosiers Noisette non sarmenteux, voir la description faite à ces derniers (IIe PARTIE, page 90).

Groupe A. — NOISETTE SARMENTEUX

6410. Aimée Vibert . . . . (*Vibert* 1828) . . . . . . blanc.
6411. Aimée Vibert grimpant . . . . (*Curtis* 1841) . . . . . . blanc.
6412. Alister Stella Gray . . . . (*G. Paul* 1894). . . . . . jaune.
6413. Belle Vichysoise . . . . (*Lévêque* 1895). . . . . . blanc rosé.
6414. Bouquet d'Or . . . . (*Ducher* 1872). . . . . . jaune.
6415. Céline Forestier . . . . (*Trouillard* 1842) . . . . jaune.
6416. Chromatella . . . . (*Coquereau* 1843) . . . . jaune.
6416bis. Cloth of Gold . . . . (*Coquereau* 1843) . . . . jaune soufre.
6417. Comtesse de Beaumetz . . . . (*Nabonnand* 1876). . . . jaune.
6418. Comtesse de Bouchaud . . . . (*Guillot f.* 1890). . . . . jaune.
6419. Comtesse de Galard-Béarn . . . . (*Bernaix* 1894) . . . . . . jaune et rose.
6419bis. Cornélie . . . . (*Mor. Rob.* 1858) . . . . rose vif.
6420. Deschamps . . . . (*Deschamps* 1877) . . . . cerise.
6421. Desprez . . . . (*Desprez* 1838) . . . . . . rose aurore.
6422. Desprez à fleurs jaunes . . . . (*Desprez* 1835). . . . . . jaune.
6423. Duarte de Oliviera . . . . (*Brassac* 1880) . . . . . . saumon.
6424. Earl of Eldon . . . . (*Coppin* 1872). . . . . . . chamois.
6425. Fée Opale . . . . (*Bruant* 1900) . . . . . . blanc nacré.
6426. Fellemberg . . . . (*Fellemberg* 1857) . . . . carmin.
6427. Hérodiade . . . . (*Brassac* 1888) . . . . . . chamois.
6428. Isabelle Gray . . . . (*Gray* 1855). . . . . jaune.
6429. Joseph Bernachi . . . . (*Vve Ducher* 1878) . . . blanc nuancé jaune.
6430. La Biche . . . . (*Trouillet* 1832) . . . . . carné jaune.
6431. Lamarque . . . . (*Maréchal* 1830). . . . . blanc jaunâtre.
6432. Lily Mestchersky . . . . (*Nabonnand* 1878) . . . rouge vif.
6433. Lusiadas . . . . (*Da Costa* 1885). . . . . jaune et rose.
6434. L'Arioste . . . . (*Mor. Rob.* 1859) . . . . rose tendre.
6435. Madame Carnot . . . . (*Mor. Rob.* 1889) . . . . jaune.
6436. — Clément Massier . . . . . . (*Nabonnand* 1884) . . . blanc et rose.
6437. — E. Souffrain . . . . (*Chauvry* 1897) . . . . . jaune bord rose.
6438. — Louis Henry . . . . (*Vve Ducher* 1879). . . blanc jaunâtre.
6439. — Schultz . . . . (*Beluze* 1856) . . . . . . jaune.

SECTION III. — HYB. DE NOISETTE SARMENTEUX

6440. — S. Mottet . . . . (C. Cochet 1890) . . . . . jaune.
6441. Mademoiselle Adelina Viviand Morel. (Bernaix 1890) . . . . . jaune et incursive.
6442. — Joséphine Violet . . . . . (E. Level 1890) . . . . . jaune cuivré.
6443. — Louise Morin . . . . (Nabonnand 1878) . . . . jaune cuivré.
6444. — Marie Gaze . . . . (Godard 1892) . . . . . . jaune.
6445. — Noélie Merle . . . . (Nabonnand 1878) . . . . jaune et rose.
6446. Margarita . . . . (Guillot f. 1872) . . . . . jaune blanc et rose.
6447. Marie Accary . . . . (Guillot f. 1872) . . . . . blanc saumoné.
6448. Marie Robert . . . . (P. Cochet 1893) . . . . . rose vif marbré.
6449. Météor . . . . (Geschwindt 1887) . . . . cramoisi nuancé.
6450. Noisette de l'Inde . . . . blanc rosé.
6451. Phaloé . . . . (Vibert 1840) . . . . . . jaune.
6452. Prince Cretwertinsky . . . . (Nabonnand 1888) . . . . paille.
6453. Rêve d'Or . . . . (Ducher 1869) . . . . . . jaune.
6454. Rosabelle . . . . (Bruant 1900) . . . . . . rose clair.
6455. Souvenir du Prince Ch. d'Aremberg. (Soupert 1876) . . . . . . jaune.
6456. Triomphe des Noisette . . . . (Pernet f. 1887) . . . . . rose très vif.
6457. Unique jaune . . . . (Mor. Rob. 1872) . . . . jaune et verm.
6458. Wasili Chludoff . . . . (Nabonnand 1870) . . . . rose cuivré.
6459. William Allen Richardson . . . . . . (Vve Ducher 1878) . . . or.
6460. Zélia Pradel . . . . (Pradel 1860) . . . . . . blanc.

Groupe B. — HYBRIDES DE NOISETTE SARMENTEUX

6470. Émilia Plantier . . . . (Schwartz 1878) . . . . . blanc rosé, jaune.
6471. Jaune de Fortune . . . . (Fortune 1845) . . . . . . jaune rouge.
6472. Madame Alfred Carrière . . . . (Schwartz 1879) . . . . . blanc rose.
6473. Madame Caroline Schmitt . . . . . . (Schmitt 1881) . . . . . . jaune saumon.
6474. Madame Marie Lavalley . . . . (Nabonnand 1881) . . . . rose ligné blanc.
6475. Reine Olga de Wurtemberg . . . . . (Nabonnand 1881) . . . . rouge éclat.
6476. Souvenir de Lucie . . . . (Vve Schwartz 1893) . . rouge nuancé.

Race des Rosiers de l'ILE BOURBON sarmenteux

Les caractères botaniques des Rosiers de l'Ile Bourbon sarmenteux étant les mêmes que ceux des Rosiers de l'Ile Bourbon non sarmenteux, voir la description faite à ces derniers (II° PARTIE, page 92).

Groupe A. — ILE BOURBON SARMENTEUX

6480. Climbing Souvenir de la Malmaison. . (*Bennett* 1893). . . . . . chair.
6481. Mademoiselle Blanche Lafitte . . . . . (*Pradel* 1851). . . . . . blanc rosé.
6482. Monsieur Cordeau . . . . (*Moreau* 1892). . . . . . rouge violacé.
6483. Purity. . . . . (*Cooling* 1899) . . . . . blanc centre rouge.
6484. Révérend H. Dombrain . . . . (*Margottin* 1863) . . . . carmin.
6485. Robusta. . . . . (*Soupert* 1877). . . . . . rouge feu.
6486. Setina. . . . . (*Schwartz* 1879). . . . . rose vif.
6487. Triomphe de la Duchère . . . . (*Beluze* 1846) . . . . . . rose tendre.

Groupe B. — HYBRIDES D'ILE BOURBON SARMENTEUX

6490. Apolline. . . . . (*V. Verdier* 1848). . . . rose.
6491. Blairi n° 2. . . . . (*Blair* 1845). . . . . . . rose.
6492. Climbing Madame Isaac Pereire. . . . (*Garçon* 1881). . . . . . carmin.
6493. François Dugommier. . . . . (*Mor. Rob.* 1873) . . . . rouge ombré.
6494. Gloire de Bordeaux. . . . . (*Lartay* 1861). . . . . . rose argenté.
6495. Joseph Gourdon . . . . (*Robert* 1851) . . . . . . incarnat.
6496. Jules Jurgensen. . . . . (*Schwartz* 1879) . . . . . magenta.
6497. Léon Kieffer . . . . (*L'Hay* 1900) . . . . . . rouge feu.
6498. Madame Charles Boutmy. . . . . (*Vigneron* 1892). . . . . rose clair.
6499. —   Charles Detraux . . . . (*Vigneron* 1895) . . . . rouge velouté.
6500. —   Edmond Laporte . . . . (*Boutigny* 1894). . . . . blanc et rose.
6501. —   Ernest Calvat. . . . . (*Vve Schwartz* 1888) . . rose nuancé.
6502. —   Moser . . . . (*Vigneron* 1890). . . . . blanc et lilas.
6503. —   Nobécourt. . . . . (*Mor. Rob.* 1893) . . . . rose clair.
6504. Mademoiselle Louise Boudin. . . . . . (*Vigneron* 1893). . . . . carmin.
6505. Mademoiselle Marthe Hirigoyen. . . . (*Marqueton* 1899) . . . . rose et jaune.
6506. Mistress Paul. . . . . (*G. Paul* 1892) . . . . . blanc carné.
6507. Monsieur A. Maillé. . . . . (*Mor. Rob.* 1889) . . . . rouge carminé.
6508. Paxton . . . . (*Laffay* 1851). . . . . . rouge vif.
6509. Philémon Cochet . . . . (*S. Cochet* 1895). . . . . rose velouté.
6510. Pink Rover . . . . (*W. Paul* 1891) . . . . . rose pâle.
6511. Président de la Rocheterie. . . . . . . (*Vigneron* 1891). . . . . rouge velouté.
6512. Souvenir de Nemours. . . . . (*Hervé* 1869). . . . . . . rose tendre.
6513. Souvenir de Victor Landeau. . . . . . (*Mor. Rob.* 1890) . . . . rouge vif.
6514. Souvenir du Lieutenant Bujon . . . . (*Mor. Rob.* 1891) . . . . rouge éclatant.
6515. Vivid . . . . (*A. Paul* 1853) . . . . . carmin velouté.
6516. Zéphirine Drouhin . . . . (*Bizot* 1868). . . . . . . cramoisi.
6517. Zigeunerbluth. . . . . (*Geschwindt* 1899) . . . cramoisi.

ROSERAIE DE L'HAŸ

Pyramides de rosiers grimpants.

Race des Rosiers du BENGALE sarmenteux

Les caractères des Rosiers du Bengale sarmenteux étant les mêmes que ceux des Rosiers du Bengale non sarmenteux, voir la description faite à ces derniers (IIe Partie, page 97).

Groupe A. — BENGALE SARMENTEUX

6520.	Climbing cramoisi supérieur	(*Angleterre*)	cramoisi clair.
6521.	Climbing Nabonnand	(*Gamon* 1896)	pourpre velouté.
6522.	Empress of China	(*Jackson* 1896)	rouge vif.
6523.	Indiana		violet rosé.
6524.	Madame Couturier-Mention	(*Cochet* 1880)	cramoisi.
6525.	Papillon	(*Dubourg*)	pourpre.
6526.	Purple Earst		pourpre.
6527.	Setina	(*Henderson* 1879)	rose.

Groupe B. — HYBRIDES DE BENGALE SARMENTEUX

6530.	Bardou Job	(*Nabonnand* 1887)	écarlate fond noir.
6531.	Belmont	(*Vibert* 1846)	carné.
6532.	Bengale Gontier		rose.
6533.	Indica major	(*Vibert*)	carné nuancé rose.
6534.	Fair Rosamund	(*W. Paul* 1870)	carné nuancé.
6535.	Gloire des Rosomanes	(*Vibert* 1825)	carmin.
6536.	Gruss an Teplitz	(*Geschwindt* 1897)	pourpre luisant.
6537.	Loreley	(*Geschwindt* 1887)	rose lilas.
6538.	Madame Richter	(*Geschwindt* 1896)	lilas rosé.
6539.	Malton	(*Guérin* 1830)	carmin vif.
6540.	Manetti	(*Hort.*)	sauvage.

Rosa GIGANTEA et son hybride

Arbuste à très longs rameaux sarmenteux, portant des aiguillons épars, courts, très crochus. Feuilles généralement 7-foliolées, à folioles assez grandes ou grandes, elliptiques, longuement lancéolées, glabres, à serrature simple, fine et glanduleuse. Stipules très étroites, à oreillettes subulées et divergentes, frangées de glandes. Fleurs très grandes (10-12 cent. de diamètre), blanches.

Cette plante, introduite d'Asie, depuis quelques années seulement, est très intéressante ; malheureusement elle ne paraît pas rustique, même dans nos régions.

6545.	**gigantea** (Espèce)	(*Collett* 1888)	R. sauvage.
6546.	Beauty of Glasenwood	(*Woodthorpe* 1876)	rouge et jaune.

Section IV. — BANKSIÆ

Rosa BANKSIÆ, ses variétés et ses hybrides

Arbuste très sarmenteux, surtout dans les contrées chaudes, où ses rameaux atteignent 10 mètres de longueur. **Rameaux** verts, faibles, inermes et glabres, portant seulement parfois à leur base quelques rares aiguillons crochus, épars. **Feuilles** presque toujours trifoliées, rarement 5-foliolées : **folioles** d'un beau vert, souvent brillant, glabres, elliptiques lancéolées, presque persistantes. **Stipules** libres, filiformes, promptement caduques. Serrature peu profonde. **Fleurs** en inflorescence pauciflore, simples ou doubles, accompagnées de bractées caduques. **Fruits** presque sphériques, brillants ; la floraison a lieu en mai-juin.

Cette espèce, originaire de l'Asie, est peu rustique, et périt facilement dans le nord de la France. Croisée au Japon avec le R. *lævigata*, Mich., elle a donné naissance au R. *fortuneana*, Lind., ou Banks de Fortune, lequel, un peu plus rustique, est une plante à fleurs doubles d'un certain mérite.

6550. **Banksiæ** (Espèce) . . . . (R. Brown 1811) . . . . . R. sauvage.
6551. Banks à fleurs doubles . . . . (Chine 1807) . . . . blanc pur.
6552. — jaune simple . . . . (Dampier 1825) . . . . . . jaune.
6553. — jaune double . . . . jaune.
6554. — de Fortune . . . . (Fortune) . . . . jaune pâle.
6555. — de Constantinople . . . . blanc.
6556. Hermenot . . . . jaune.

Section V. — **GALLICÆ**

Race des HYBRIDES remontants sarmenteux

Les caractères botaniques des Rosiers Hybrides remontants sarmenteux étant les mêmes que ceux des Hybrides remontants non sarmenteux, voir la description faite à ces derniers (II° Partie, page 111).

Groupe A. — HYBRIDES REMONTANTS SARMENTEUX

6560.	Albert La Blotais.	(Anglais 1881).	rouge nuancé.
6561.	Clémence Joigneaux	(Liabaud 1861).	carmin.
6562.	Climbing Bessie Johnson.	(G. Paul 1878).	rose clair.
6563.	— Charles Lefebvre.	(Angleterre)	rouge vif.
6564.	— Clémence Thierry	(Oger 1880).	rose str. lilas.
6565.	— Édouard Morren	(Paul et Son 1878).	cerise.
6566.	— Étienne Levet.		carmin rose.
6567.	— Hippolyte Jamain	(G. Paul 1887).	rose vif.
6568.	— Jules Margottin.	(Cranston 1875).	carmin.
6569.	— M. Boncenne.	(Schwartz 1885).	rouge nuancé.
6570.	— Pride of Waltham	(G. Paul 1887).	saumon.
6571.	— Queen of queen.	(W. Paul 1892).	rose nuancé.
6572.	— Victor Verdier.	(G. Paul 1872).	rose carminé.
6573.	Paul's Carmine Pilar.	(G. Paul 1895).	carmin luisant.

Race des HYBRIDES non remontants sarmenteux

6580.	Brennus.	(Laffay 1830).	pourpre cramoisi.
6581.	Catherine Bonnard.	(Guillot 1871).	carmin écarlate.
6582.	Céline.		rose foncé.
6583.	Charles Lawson.	(Lawson 1853).	rose.
6584.	Chenedolé.	(Thierry).	carmin bronzé.
6585.	Coupe d'Hébé.	(Laffay).	rose et cerise.
6586.	Fulgens.	(Malton).	rouge vif.
6587.	Junon.	(Hardy).	rose tendre.
6588.	La Saumonée.	(J. Margottin 1877).	rose saumoné.
6589.	Madame Lauriol de Barny.	(Trouillard 1867).	rose satiné.
6590.	Roxelane.	(Prévost).	rose.
6591.	Souvenir de Mère Fontaine.	(Fontaine 1874).	carminé.
6592.	Souvenir de Pierre Dupuy.	(Level 1876).	rouge foncé.

Section VI. — CANINÆ

Rosa CANINA
et espèces types de la section des CANINÆ

Arbuste de 2-3 et même 4 mètres, à rameaux forts, assez diffus, mais à rejets droits, élancés, très forts, verts, pourprés d'un côté, portant des aiguillons forts, crochus, épars; ni soies, ni glandes. **Feuilles** à 2 ou 3 paires de folioles; **folioles** ovales lancéolées, généralement glabres sur les deux faces. **Serrature** simple ou double, mais presque toujours aiguë. **Inflorescence** variable, parfois uniflore, parfois pauciflore. **Fleurs** rose tendre simples, larges et belles. **Fruits** ovoïdes, gros, d'un beau rouge.

Cette espèce est spontanée en France, et son aire de dispersion comprend l'Europe, le nord de l'Afrique et l'Asie occidentale. Le R. canina est surtout employé comme sujet pour greffer les variétés horticoles.

6599. **canina**	(Espèce)	. . . .	(Linné 1753)	. . . . .	R. sauvage.
6600. agrestis	—	. . . .	(Savi 1798)	. . . . .	—
6601. coriifolia	—	. . . .	(Fries)	. . . . .	—
6602. dumetorum	—	. . . .	(Thuillier)	. . . . .	—
6603. elymaitica	—	. . . .	(Boissier et Hansskn 1872)	.	—
6604. ferruginea	—	. . . .	(Willdenow 1799)	. . .	—
6605. glauca	—	. . . .	(Villars)	. . . . .	—
6606. glutinosa	—	. . . .	(Sibthorp et Smith 1806)	.	—
6607. iberica	—	. . . .	(Steven)	. . . . .	—
6608. Jundzilli	—	. . . .	(Besser 1816)	. . . .	—
6609. micrantha	—	. . . .	(Smith 1812)	. . . .	—
6610. omissa	—	. . . .	(Déséglise)	. . . .	—
6611. patens	—	. . . .	(Kmet)	. . . . .	—
6612. psilophylla	—	. . . .	(Rau)	. . . . .	—
6613. Serafini	—	. . . .	(Viviani)	. . . . .	—
6614. sicula	—	. . . .	(Trattinick)	. . . .	—
6615. tomentella	—	. . . .	(Leman)	. . . . .	—
6616. tomentosa	—	. . . .	(Smith 1800)	. . . .	—
6617. una	—	. . . .	(Hort.)	. . . . .	—
6618. villosa*	—	. . . .	(Linné 1753)	. . . . .	—
6619. Zalana	—	. . . .	(Wiesbach)	. . . . .	—

Rosa RUBIGINOSA, ses variétés et ses hybrides

Syn. : Églantier odorant.

Arbuste vigoureux, de 2 à 3 mètres. **Rameaux** diffus, compacts, vert clair, armés d'aiguillons forts, crochus, nombreux, épars, entremêlés de glandes odorantes sur les rejetons. **Feuilles** à 5-7 folioles, vert foncé sombre, ovales arrondies ou ovales lancéolées, souvent glabres en dessus, mais portant toujours, en dessous, de nombreuses glandes grisâtres. **Serratures** doubles très glanduleuses. Toutes ces glandes répandent une forte odeur de pomme reinette lorsqu'on les froisse, d'où le surnom d'Églantier odorant, donné à cette espèce. **Fleurs** solitaires ou en inflorescence très pauciflore, roses, à pétales échancrés. **Fruits** ovales ou ovoïdes, presque toujours couverts de soies raides, couronnés par les sépales redressés et persistants. Spontané en France, et parfaitement rustique.

6620. **rubiginosa** (Espèce)	. . . .	(Linné 1767)	. . . . .	R. sauvage.
6621. Apricorum	. . . .	(Ripart)	. . . . .	—

SECTION VI. — RUBIGINOSA

6622. Jordani . . . . (Déséglise) . . . . R. sauvage.
6623. rubiginella . . . . (H. Brown) . . . . —
6624. suaveolens . . . . (Pursh) . . . . —
6625. Amy Robsart . . . . (Lord Penzance 1894) . . rose foncé.
6626. Anne of Geierstein . . . . (Lord Penzance 1894) . . cramoisi.
6627. Bradwardine . . . . (Lord Penzance 1894) . . rose clair.
6628. Brenda . . . . (Lord Penzance 1894) . . rose.
6629. Catherine Seyton . . . . (Lord Penzance 1895) . . rose tendre.
6630. Double Scarlet . . . . (Anglais) . . . . rose vif.

Cottage-Bureau.

6631. Edith Bellenden . . . . (Lord Penzance 1895) . . rose pâle.
6632. Flora M. Ivor . . . . (Lord Penzance 1894) . . blanc bord rose.
6633. Green Mantle . . . . (Lord Penzance 1895) . . rose et blanc.
6634. Jeanie Deans . . . . (Lord Penzance 1895) . . cramoisi écarlate.
6635. Julia Mannering . . . . (Lord Penzance 1895) . . rose perlé.
6636. Lady Penzance . . . . (Lord Penzance 1894) . . jaune cuivré.
6637. Lord Penzance . . . . (Lord Penzance 1894) . . fauve clair.
6638. Lucy Ashton . . . . (Lord Penzance 1895) . . blanc rose.
6639. Lucy Bertram . . . . (Lord Penzance 1895) . . cramoisi centre blanc.
6640. Meg. Merilles . . . . (Lord Penzance 1893) . . cramoisi.
6641. Minna . . . . (Lord Penzance 1895) . . blanc teinté rose.

Section VII. — **CAROLINÆ**

Rosa CAROLINA et sa variété

Arbuste de 2 à 3 mètres, à rameaux droits, rouge brun, presque jamais verts, portant des aiguillons droits ou légèrement crochus vers la pointe, subulés, régulièrement géminés sous les feuilles entremêlés de quelques rares soies, à la base des rejets, toutes les autres parties des rameaux, sans soies ni glandes. **Feuilles** 7-9 foliolées; **folioles** elliptiques lancéolées, glabres en dessus, souvent pubescentes en dessous, à serrature simple, glanduleuse. **Fleurs** réunies par 6-8 en inflorescence ombelliforme. **Fruits** plutôt petits, globuleux, rouge vif, couverts de soies glanduleuses, sépales caducs à la maturité.

Introduit de l'Amérique du Nord, cet arbuste très rustique ne remonte pas, fleurit en juillet-août.

6650. **carolina** (Espèce). . . . . (*Linné* 1753). . . . . . . R. sauvage.
6651. **corymbosa**. . . . . (*Ehrhardt*). . . . . . . —

Rosa HUMILIS et ses variétés

Syn. : R. parviflora, *Ehrh.*; R. lucida, *Ehrh.*; Rosier de Pensylvanie.

Arbuste peu sarmenteux de 1 m. 50 au plus. **Rameaux** brun-rougeâtre ou vert pourpré, armés seulement d'aiguillons stipulaires, fins et droits, très régulièrement géminés. **Feuilles** 5-7 foliolées, à folioles ovales lancéolées brillantes, simplement et finement dentées. **Fleurs** rose pâle, réunies par 2 à 5. **Fruits** absolument sphériques rouges, couronnés par les sépales persistants.

Originaire d'Amérique, cette espèce se prêterait admirablement à garnir des massifs de parc, elle est très rustique; fleurit en juin-juillet.

6655. **humilis** (Espèce). . . . . (*Marshall* 1785). . . . . R. sauvage.
6656. **lucida**. . . . . (*Ehrhardt* 1789). . . . . —
6657. **parviflora**. . . . . (*Ehrhardt* 1789). . . . . —

Section VIII. — CINNAMOMEÆ

Rosa CINNAMOMEA
et espèces types de la section des CINNAMOMEÆ

Arbuste peu sarmenteux de 1 m. 50, à rameaux divergents rougeâtres, dans leur jeunesse, et devenant gris en vieillissant, presque jamais verts, armés d'aiguillons presque droits, inégaux, épars ou géminés, jamais régulièrement alternes. **Feuilles** 5-7 rarement 9 foliolées; **folioles** elliptiques lancéolées, parfois ovales lancéolées, vert brun, à nervures saillantes, pubescentes en dessous. Serrature simple ou double, très profonde. **Fleurs** réunies par 2-3 au plus, petites ou moyennes, simples dans le type, presque pleines dans le R. fœcundissima, rouge peu éclatant, sépales étalés, plus longs que les pétales. **Fruits** ovoïdes assez gros, glabres, couronnés par les sépales du calice qui sont absolument persistants.

Cette espèce drageonne beaucoup; elle émet des rejets souterrains, extrêmement nombreux; nous en avons vu un spécimen franc de pied, envahir en 4 ou 5 ans plus de 50 mètres carrés de terrain. Elle est très rustique; fleurit en juin; elle est cultivée depuis des siècles, mais est cependant peu répandue.

Habitat. : Europe, Asie, Caucase.

6659.	**cinnamomea**	(ESPÈCE).	(Linné 1762).	R. sauvage.
6660.	acicularis	—	(Lindley 1820).	—
6661.	Alberti	—	(Regel 1883).	—
6662.	arkansana	—	(Porter Coult).	—
6663.	Beggeriana	—	(Schrenk 1841).	—
6664.	blanda	—	(Aiton 1789).	—
6665.	californica	—	(Chamisso 1827).	—
6665bis.	dahurica	—	(Pallas).	—
6666.	gymnocarpa	—	(Nuttall 1840).	—
6667.	laxa	—	(Retzius 1803).	—
6668.	Lehmanniana	—	(Bunge).	—
6669.	macrophylla	—	(Lindley 1820).	—
6670.	nipponensis	—	(Crépin).	—
6671.	nutkana	—	(Presl. 1851).	—
6672.	oxyodon	—	(Boissier).	—
6673.	pisocarpa	—	(A. Gray 1872).	—
6674.	Webbiana	—	(Wallich 1839).	—
6675.	Woodsii	—	(Lindley 1820).	—
6676.	Rosier du Saint-Sacrement			rose tendre.
6677.	Theano		(Geschwindt 1895).	rose clair.

Rosa ALPINA, ses variétés et ses hybrides

Arbuste de plusieurs mètres, à rameaux droits, élancés, brun verdâtre, glauques ou pourprés d'un côté, inermes, à l'exception de la base des rameaux secondaires qui portent parfois des aiguillons setiformes. **Feuilles** 7-9 et même 11-foliolées. **Folioles** ovales lancéolées, profondément dentées. **Fleurs** solitaires ou par 2 à 4, simples dans le type, doubles dans les variétés horticoles, et dans ce dernier cas souvent inclinées vers le sol. **Fruits** de forme toute particulière, ventru à la base, pour s'atténuer longuement en un col droit, couronné par les sépales du calice.

Le Rosier Boursault est très probablement issu du croisement du R. alpina par une forme du Rosier de l'Inde. Le R. alpina est spontané en France et parfaitement rustique. Fleurit en juin; ne remonte pas.

6680.	**alpina** (ESPÈCE).	(Linné 1753).	R. sauvage.
6681.	aculeata	(Seringe).	—

SECTION VIII. — ALPINA

6682. adenophora .... (*Waldstein*) .... R. Sauvage
6683. adenosepala .... (*Borbas*) .... —
6684. alpina grandiflora .... (*Hort.*) .... —
6685. — microcarpa .... (*Hort.*) .... —
6686. — × cinnamomea .... (*Hort.*) .... —
6687. — × rubrifolia .... (*Hort.*) .... —
6688. — × spinosissima .... (*Hort.*) .... —
6689. balsamea .... (*W. Kitaibel*) .... —
6690. Coccialba .... (*Kmet*) .... —
6691. gentilis .... (*Sternberg*) .... —
6692. Hawrana .... (*Kmet*) .... —
6693. Heritieranea .... (*Redouté*) .... —
6694. jurana .... (*Déséglise*) .... —
6695. lagenaria .... (*Villars*) .... —
6696. Malyi .... (*Kmet*) .... —
6697. monspeliaca .... (*Gouan*) .... —
6698. ochroleuca .... (*Smith*) .... —
6699. paradysica .... (*Hort.*) .... —
6700. partheniodora .... (*Kmet*) .... —
6701. pendulina .... (*Aiton*) .... —
6702. petiolata .... (*Kmet*) .... —
6703. Perrieri .... (*Saget*) .... —
6704. pseudo-alpina .... (*Hort.*) .... —
6705. pubescens .... (*Kmet*) .... —
6706. pyrenaica .... (*Gouan*) .... —
6707. reversa .... (*Waldstein*) .... —
6708. rubella .... (*Smith*) .... —
6709. salevensis .... (*Rapin*) .... —
6710. semi-simplex .... (*Borbas*) .... —
6711. setosa .... (*Besser*) .... —
6712. sphærica .... (*Grenier*) .... —
6713. spinulifolia .... (*Demotra*) .... —
6714. subinermis .... (*Besser*) .... —
6715. stenodonta .... (*Borbas*) .... —
6716. sytnensis .... (*Kmet*) .... —
6717. vestita .... (*Godet*) .... —
6718. Amadis .... (*Laffay* 1839) .... pourpre violet.
6718bis. Barthe .... rouge violacé.
6719. Boursault .... (*Laffay* 1829) .... rose violacé.
6720. Calypso .... (*L. Noisette*) .... carné velouté.
6721. Dryade .... (*Geschwindt* 1891) .... rose carmin.
6722. Ferrières .... (*Hort.*) .... chair.
6723. Gracilis .... (*Woods*) .... rose.
6724. Inermis Morletti .... (*Morlet* 1883) .... rose vif.
6725. Lios Alfa .... (*Geschwindt* 1886) .... carmin rose.
6726. L'Orléanaise .... (*Vigneron* 1900) .... rose clair.
6727. Madame Darblay .... (*Waldstein*) .... rose clair.
6728. Madame de Sancy de Parabère .... (*Bonnet* 1875) .... rose vif.
6729. Ornement des bosquets .... (*Jamain* 1860) .... rouge pourpre.
6730. Rosea corymbosa .... (*Hort.*) .... rose très clair.
6731. Spectabilis .... (*Hort.*) .... rouge.

Section X. — LUTEÆ

Rosa LUTEA, sa variété et son hybride

Pour la description, se reporter IIe Partie (Rosiers Capucine, page 152).

6740. **lutea** (Espèce). . . . . (*Miller* 1768) . . . . . . R. sauvage.
6741. **punicea** . . . . (*Miller*). . . . . —
6742. **Rodophile Gravereaux** . . . . (*Pernet-Ducher* 1900) . . jaune rosé.

Section XI. — SERICEÆ

Rosa SERICEA et ses variétés

Arbuste pouvant atteindre 3-4 mètres, mais presque toujours de dimensions beaucoup moindres.

Les caractères de cette espèce sont extrêmement variables. Tantôt les aiguillons sont complètement plats, largement triangulaires, à pointe horizontale, géminés ou même ternés sous les feuilles; dans d'autres formes, ils sont absolument subulés, très fins, ascendants (comme dans le R. *microphylla*), Les axes mêmes peuvent être parfaitement inermes. Les **feuilles** possèdent un nombre de folioles très variables, et les formes qu'elles affectent ne le sont pas moins.

Un seul caractère, du reste amplement suffisant pour différencier toutes les formes de cette espèce, est constant : ce sont ses fleurs tétramères, c'est à-dire à 4 pétales, auxquels naturellement correspondent seulement 4 sépales du calice. C'est la seule espèce du genre possédant ce caractère.

Nous possédons à L'Hay deux formes très distinctes, l'une à aiguillons triangulaires très minces, l'autre à aiguillons très fins, subulés et ascendants.

L'aire de dispersion de cette espèce est très étendue ; rusticité parfaite; n'est guère sortie des jardins botaniques.

6745. **sericea** (Espèce). . . . . (*Lindley* 1820). . . . . . R. sauvage.
6746. **sericea ramis pubescentibus**. . . . . . (*Hort.*). . . . . —
6747. **sericea tetrapelata**. . . . . (*Hort.*). . . . . —

ROSERAIE DE L'HAŸ

Scène de rosiers rampants.

Section XIII. — **BRACTEATÆ**

Rosa **BRACTEATA**, sa variété et son hybride

Syn. : Rosier de Macartney.

Arbuste de 1 m. 50 à 3 mètres, à **rameaux** géniculés à l'insertion de chaque feuille, à écorce vert sombre, cotonneuse ; **aiguillons** forts, crochus, très régulièrement géminés sous les feuilles. **Feuilles** rapprochées, 7-9 foliolées ; **folioles** atténuées à la base et arrondies au sommet, ce qui leur donne un aspect tout particulier, glabres, d'un beau vert brillant, à nervure principale très accentuée, les secondaires très peu visibles ; **serrature** simple, presque invisible ; **stipules** presque libres, pectinées, très courtes. **Fleur** grande, blanche, simple dans le type, entourée de 8-10 bractées ovales, imbriquées, soyeuses, à bords laciniés. **Étamines** extrêmement nombreuses (jusqu'à 300) ; **ovaires** également très nombreux.
Introduit de Chine en 1797, ce rosier résiste assez bien à nos hivers ; il convient de le cacher par précaution. Croisé avec une forme du R. de l'Inde, il a donné le rosier Maria Leonida.

6750. **bracteata** (Espèce). . . . . (*Wendl*) . . . . R. sauvage.
6751. alba odorata . . . . (*Level 1875*). . . . . . jaune paille.
6752. Maria Leonida . . . . (*Hort.*). . . . . blanc jaune.

Rosa **CLINOPHYLLA**, ses variétés et ses hybrides

Syn. : R. involucrata, *Roxburg*.

Arbuste très vigoureux. **Rameaux** plutôt faibles, vert-brun, flexibles et couverts d'un duvet très doux ; **aiguillons** à base prolongée, géminés sous les feuilles ; **feuilles** 7-9 foliolées, elliptiques-lancéolées, d'un vert obscur, soyeuses, à stipules profondément pectinées, frangées de glandes. **Fleurs** blanches généralement solitaires.
Cette espèce, introduite de l'Inde, a donné naissance, par croisement avec le R. *moschata*, au R. *Lyellii* ou *clinophylla duplex*. Croisée en France avec le R. *berberifolia*, elle a produit le R. *Hardyi*.
Très sensible au froid.

6755. **clinophylla** (Espèce). . . . . (*Thory*) . . . . R. sauvage.
6756. clinophylla duplex . . . . (*Hort.*). . . . . rose tendre.
6757. involucrata . . . . (*Roxburg*) . . . . . . R. sauvage.
6758. Lyellii. . . . . (*Hort.*). . . . . rose tendre.
6759. palustris. . . . . (*Hamilton*) . . . . . . R. sauvage.

Section XIV — LÆVIGATÆ

Rosa LAEVIGATA et ses variétés

Syn. : R. sinica, *Lind.*; R. temata, *Poiret*; R. nivea, *D, C.*; R. hystrix, *Lind.*

Arbrisseau pouvant s'élever à une grande hauteur dans les pays chauds, et atteignant facilement et promptement plusieurs mètres sous le climat de Paris.

Tiges sarmenteuses assez fortes, à écorce parfois rougeâtre du côté du soleil, rendue rugueuse par de petits aiguillons sétacés, plus ou moins nombreux et souvent très courts.

Aiguillons forts, crochus, épars ou presque ternés sous les feuilles; ramuscules florifères complètement garnis d'aiguillons sétacés, ainsi que le pédicelle et le réceptacle. **Feuilles** presque toujours trifoliolées. **Stipules** à oreillettes divergentes, finement dentées, réputées caduques, mais souvent persistantes, sur les spécimens que nous possédons; **pétioles** glabres, sans aucun aiguillon; **folioles** amples, assez épaisses, complètement glabres, d'un beau vert-brillant caractéristique, ovales lancéolées, à dents simples et très peu profondes.

Fleurs solitaires, sans bractées, pédicelle chargé d'aiguillons sétacés. Réceptacle assez gros, ovoïde, chargé d'aiguillons sétacés très raides. Sépales se relevant après l'anthèse, et persistants. Corolles très grandes, d'un beau blanc de porcelaine, couleur qui, jointe à la forme de la corolle et au feuillage donne à la plante, et à la fleur en particulier, une réelle ressemblance avec un camellia simple.

Pétales très larges, échancrés au sommet et dépassant les sépales.

Styles libres inclus. Étamines nombreuses.

Fruits assez gros, rougeâtres du côté du soleil; à la maturité, garnis d'aiguillons sétacés et contenant beaucoup d'akènes qui semblent fertiles.

Floraison fin mai, juin, sous le climat de Paris.

Aire de dispersion : Chine, Japon, île Formose, Nouvelle-Géorgie, et, à l'état subspontané, sur plusieurs autres points du globe.

660. **lævigata** (Espèce) . . . . (*Michaux*) . . . . R. sauvage.
661. **anemonenrose** . . . . (*Schmidt*) . . . . —
662. **Camellia** . . . . (*Schmidt*) . . . . —
663. **sinica** . . . . (*Murray*) . . . . —

Section XV. — MICROPHYLLÆ

Rosa MICROPHYLLA, ses variétés et ses hybrides

Syn. : Rosier à petites feuilles.

Rameaux glabres, minces, flexueux, à épiderme vert ou brun, portant des aiguillons droits, très aigus et ascendants, c'est-à-dire dont la pointe est tournée vers le ciel (ce caractère ne se retrouve pas dans toutes les variétés horticoles), géminés régulièrement sous les feuilles.
Feuilles 11-13 foliolées. **Folioles** elliptiques, petites, simplement dentées, glabres. **Pétiole** très profondément canaliculé. **Réceptacle** couvert d'aiguillons spiniformes, qui couvrent également les sépales du calice et donnent au bouton de rose, prêt à éclore, l'aspect d'une châtaigne (microphylla pourpre ancien). **Fleurs** solitaires ou par 2-3.
Cette espèce, originaire de Chine, résiste assez bien à nos froids ordinaires, ainsi que ses variétés.
Le R. *microphylla* pourpre ancien est souvent nommé Rose châtaigne.

6770. **microphylla** (Espèce)	(*Roxburg* 1820)	R. sauvage.
6771. microphylla v. chlorocarpa	(*Regel*)	—
6772. microphylla v. fourreau de châtaigne.	(*Hort.*)	—
6773. microphylla v. pourpre ancien	(*Roxburg*)	—
6774. Château de la Juvenie.	(*L'Hay* 1901)	rose tendre.
6775. Cherokee rose		rose.
6776. Domaine de Chapuis	(*L'Hay* 1901)	rouge violacé.
6777. Imbricata	(*Ducher* 1869)	rose tendre.
6778. Jardin de la Croix	(*L'Hay* 1901)	rose vif.
6779. Ma Surprise	(*Guillot* 1872)	blanc saumoné.
6780. Premier Essai	(*Geschwindt* 1866)	carné rouge.
6781. Triomphe de la Guillotière	(*Guillot p.* 1863)	rose chair.

BIBLIOTHÈQUE
de la Roseraie de L'Haÿ

Anweisung.	Rosen baumartig zu erziehen (1820).
Baillon.	Monographie des Rosiers (1869).
Baker.	Monograph of the British Roses (1869).
Batsch.	Blumengarten (1802).
Baltet.	Causerie sur la Rose en Champagne (1894).
—	Greffage des Rosiers (1897).
—	Le Rosier dans le département de l'Aube (1892).
—	Arbres et Arbrisseaux d'ornement de plein air, cultivés pour les Fleurs (1898).
Berg.	La Reina de las Flores (Rosa), 1880.
Bergman.	Congrès International d'Horticulture, Exposition universelle (1900).
Bel.	La Rose (1892).
Belmont.	Dictionnaire historique et artistique de la Rose (1896).
Bernardin.	Le Jardin fleuriste.
Blondel.	Les produits odorants des Rosiers (1889).
Bois.	Dictionnaire d'horticulture, 2 *volumes* (1893-1899).
Borbas.	Primitiæ monogr. Rosarum (1880).
Boitard.	Manuel complet de l'amateur de Roses (1834).
Boreau.	Flore du centre de la France (1857).
Boutigny.	Traité pratique de la Culture du Rosier (1896).
Buc'hoz.	Monographie de la rose et de la violette (1801).
Burnat.	Flore des Alpes-Maritimes (1879).
—	Notes sur le Rosa ischiana (Crépin).
Burnat et Gremli.	Les Roses des Alpes-Maritimes (1879).
— —	Supplément à la monographie des Roses des Alpes-Maritimes (1882).
— —	Genre Rosa (1887).
— —	Observations sur quelques Roses d'Italie (1886).
Candolle (de).	Synopsis floræ gallicæ (1866).
Chesnel (de).	Histoire de la Rose chez les peuples de l'antiquité et chez les modernes (1820).
—	La Rose (1838).
Christ.	Le Genre Rosa (1885).
Christoff.	L'Industrie des Roses en Bulgarie (1890).
Cochet-Cochet et Mottet.	Les Rosiers (1897).
Correvon	Le Jardin de l'Herboriste (1900).
Cranston	Culture for the Rose (1877).
Crépin.	Examen de quelques idées émises par MM. Burnat et Gremli sur le genre Rosa (1883).
—	Les idées d'un anatomiste sur les espèces du genre Rosa et sur leur classification (1889).
—	Nouvelle classification des Roses (1891).
—	Matériaux pour servir à l'Histoire des Roses. 1er *fascicule* (1869.)

Crépin............	Matériaux pour servir à l'Histoire des Roses, 2ᵉ *fascicule* (1872).
—	Matériaux pour servir à l'Histoire des Roses, 3ᵉ *fascicule* (1874-1875).
—	Matériaux pour servir à l'Histoire des Roses, 4ᵉ *fascicule* (1876).
—	Matériaux pour servir à l'Histoire des Roses, 5ᵉ *fascicule* (1880).
—	Matériaux pour servir à l'Histoire des Roses, 6ᵉ *fascicule* (1882).
—	Observations sur les Roses de la Suisse (1888).
—	Rosæ synstylæ, études sur les Roses de la sect. des synstylées (1887).
Debeaux...........	Roses des Pyrénées-Orientales (1878).
Dematra...........	Essai d'une monographie des Rosiers indigènes du canton de Fribourg (1818).
Dercum...........	De Rosa (1751).
Déséglise...........	Description de quelques espèces nouvelles du genre Rosa (1864).
—	Description de quelques espèces nouvelles du genre Rosa (1873).
—	Essai monographique sur 500 espèces de Rosiers de la Flore de France (1861).
—	Description et observations sur plusieurs Rosiers de la flore française (1860).
—	Notes extraites de l'énumération des Rosiers de l'Europe, de l'Asie et de l'Afrique (1874).
—	Recherches sur l'habitat en France du Rosa cinnamomea, *Lin*. (1883).
—	Revision de la section tomentosa du genre Rosa (1866).
—	Rosiers du centre de la France et du bassin de la Loire (1876).
Devansaye...........	Le Nouveau jardinier illustré (1897).
Dieck............	Arboretum de Zœschen (1900).
D'Ombrain...........	Roses for amateurs (1900).
Donnaud...........	Roses et Rosiers, *ouvrage illustré* (1873).
Duffort...........	Excursions dans les Hautes-Alpes (1899).
Dumortier...........	Monographie des Roses de la flore belge (1867).
Durvelle...........	Essences et Parfums (1893).
Forney...........	Taille et culture du Rosier (1891).
Fouquet...........	Arbustes, aquarelles et descriptions autographiées (1850).
Fournier et Bailleul	Le Jardinier moderne illustré.
Gandoger...........	Essai sur une nouvelle classification des Roses de l'Europe, de l'Orient et du Bassin mediterranéen (1876).
—	Flore Lyonnaise et des départements du Sud-Est (1875).
—	Monographia Rosarum Europæ et Orientalis, *T*. I, II, III, IV (1892).
—	Rosæ novæ, *fascicule* I, II.
—	Tabulæ rhodologicæ (1881).
Gemen et Bourg	Les Roses (1900).
Gentil...........	Histoire des Roses indigènes de la Sarthe (1897).
—	Rosa macrantha, *fascicules* I, II, III, IV (1898).
Gervais...........	Cours élémentaire d'Histoire naturelle, Botanique et Géologie (1883).
Gérome...........	Étude Botanico-Horticole sur le genre Rosier (1901).
Gillet et Magne........	Nouvelle flore française (1875).
Gillot...........	Observations sur les Rosiers du Cantal (1892).
Gore...........	The Rose Francier's manual (1838).
Gravereaux...........	Rapport sur la culture des roses dans les Balkans (*Bulletin du ministère de l'Agriculture*, 1901).
Gros............	Plantes à parfums (1900).
Guillemeau...........	Histoire naturelle de la Rose (1800).
Guttin...........	Le genre Rosa dans l'Eure (1891).
Hariot...........	Notes pour servir à l'histoire des classifications dans les espèces du genre Rosa (1832).
Hermann...........	De Rosa (1762).
Jamain H. et Forney E. ..	Les Roses, *ouvrage illustré* (1873).

Lachaume.	Le Rosier, culture et multiplication (1890).
Langlès.	Recherches sur la découverte de l'essence de Roses (1804).
Lavallée.	Arboretum Segrezianum (1877).
Lecoq et Juillet.	Dictionnaire des termes de Botanique (1831).
Leman.	Sur les espèces nouvelles de roses (1818).
Linné.	Système sexuel des végétaux, Tomes I, II (1803).
Lindley.	Rosarum monographia or a Botanical history of Roses (1830).
Loiseleur-Deslongchamps.	La Rose, son histoire, sa culture, sa poésie (1844.)

Bibliothèque de la Roseraie.

Lucet.	Les insectes nuisibles aux Rosiers sauvages et cultivés en France (1898).
Malo.	Histoire des Roses (1821).
Max-Singer.	Dictionnaire des Roses, Tomes I, II (1885).
Merat.	Études des Rosiers sur tiges (1849).
Metz.	Nomenclator Rosæ (1900).
Meyran.	Herborisations dans les Alpes (1893).
Nicholson.	Genre Rosa (Dictionnaire d'Horticulture, 1898).
Paillieux et Bois.	Le Potager d'un curieux (1899).
Parmentier.	Recherches anatomiques et taxinomiques sur les Roses (1898).
Perrot.	Congrès international de botanique (1900).
Petit-Coq.	Calendrier du Rosiériste (1895).
Piesse.	Des Odeurs, des Parfums (1877).

Pons.	Catalogue des Roses observées dans les Pyrénées-Orientales en 1900, 1901, 1902.
Pons et abbé Coste.	Herbarium Rosarum, *Fascicules* I, II, III, IV, V (1894 à 1899).
Prévost	Catalogue des Rosiers cultivés chez Prévost fils à Rouen (1829).
Pronville (de).	Monographie du genre Rosier (1824).
—	Sommaire d'une monographie du genre Rosier (1822).
Rau	Enumeratio rosarum (1816).
Redouté et Thory.	Les Roses peintes par P.-J. Redouté, *édition in-4 carré* (1817), tomes I, II, III.
— —	Les Roses peintes par P.-J. Redouté, *édition in-8 raisin* (1835), tomes I, II, III.
Regel	Tentamen Rosarum (1877).
Rosemberg	Rhodologia (1628).
Rousselon et Vibert	Le Jardinier des Petits jardins.
Rouy et Camus.	Flore de France (1900). *Tome* VI, *Rosacées*.
Royal Gardens, Kew	Arboretum de Kew (1900).
Samuel et Parsons	Propagation, Culture, and History of the Rose (1883).
Schilberszky.	Monographie de l'Horticulture en Hongrie (1900).
Schmidely.	Une nouvelle rose hybride (1892).
Sercy (de).	Nouveau traité pour la culture des Fleurs (1666).
Seringe	Critique, Roses desséchées et monographie (1818).
Simon et P. Cochet.	Nomenclature de tous les noms de Roses (1899).
Strassheim	Catalogue officiel des Roses de Francfort-sur-Mein (1898).
Sulzberger.	La Rose, histoire, botanique, culture.
Thory	Prodome de la monographie des espèces et variétés connues du genre Rosier (1820).
—	Rosa Candolleana (1819).
Vergara.	Bibliografia de la Rose (1892).
Vibert.	Essai sur les Roses (1824).
Villard.	Les Fleurs à travers les âges et à la fin du xive siècle. *Illustrations de Madeleine Lemaire* (1900).
Vilmorin-Andrieux	Les Fleurs de pleine terre (1899).
William Paul	The Rose Garden (1888).
Woods.	On the British species of Rosa (1817).
Theunen.	Guide à l'usage des amateurs de Roses (1863).

PUBLICATIONS PÉRIODIQUES

Le Journal des Roses et des Vergers (1857-1858-1859).
Le Journal des Roses, fondé par S. Cochet (1877 à 1901).
La Revue Horticole (1896-1901).
Journal de la Société nationale d'horticulture de France.
Le Moniteur d'Horticulture.
Le Jardin.
Lyon-Horticole.
Bulletin de la Société Française des rosiéristes.
The Gardeners'chronicle.
Rosen Zeitung.
Botanisches Centralblatt a Leiden (Hollande).

INDEX ALPHABÉTIQUE

I. Collection Botanique. — II. Collection Horticole.

ABRÉVIATIONS

BANK.	Banksiæ	Section IV.	LUT.	Luteæ	Section X.
BRAC.	Bracteatæ	— XIII.	MICR.	Microphyllæ	— XV.
CANI.	Caninæ	— VI.	MINU.	Minutifoliæ	— XII.
CAR.	Carolinæ	— VII.	PIM.	Pimpinellifoliæ	— IX.
CIN.	Cinnamomeæ	— VIII.	SERI.	Sericeæ	— XI.
GAL.	Gallicæ	— V.	SIMP.	Simplicifoliæ	— XVI.
IND.	Indicæ	— III.	STY.	Stylosæ	— II.
LÆV.	Lævigatæ	— XIV.	SYN.	Synstylæ	— I.

AD. . . . . Addendæ . . XVII.

COLLECTION BOTANIQUE

A

abietina, *Gren.*	504.	CANI.
abietina var. *Hort.*	505.	—
acantha, *Waitz* (cinnam × rugosa)	760.	CIN.
acanthothamnos, *Gand*	286.	CANI.
acicularis, *Lind.*	625.	CIN.
— × blanda, *Hort.*	632.	—
— × cinnamomea, *Hort.*	633.	—
— × rugosa. *Hort.*	634.	—
aciphylla, *Rau.*	217.	CANI.
aculeata, *Ser.*	637.	CIN.
adenoclada, *abbé Hy.*	12.	SYN.
adenophora, *Wald et Kit.*	638.	CIN.
adenosepala, *Borb.*	639.	—
adornata, *Gand.*	308.	CANI.
ætnensis.	935.	AD.
afghanica	936.	AD.
agrestina, *Gand.*	306.	CANI.
agrestis, *Sav.*	200.	—
agricola, *Gand.*	351.	—
alba, *L.*	137.	GAL.
alba carnea, *L.*	139.	—
— odorata. *Hort.*	891.	BRAC.
— proxima typo, *L.*	138.	GAL.
Alberti, *Reg.*	635.	CIN.
albida, *Kin.*	387.	CANI.
albiflora, *Opitz.*	201.	—
Albof.	937.	AD.
Allioni	938.	AD.
alpestris, *Raf.*	454.	CANI.
alpina, *L.*	636.	CIN.
— gracilis, *Hort.*	640.	—
— grandiflora, *Hort.*	641.	—
— microcarpa, *Hort.*	642.	—
— rosea, *Hort.*	643.	—
— × cinnamomea, *Hort.*	660.	—
— × rubrifolia, *Hort.*	661.	—
— × spinosissima, *Hort.*	662.	—
altaica, *H. Br.*	481.	CANI.
altaica, *Willd.*	801.	PIM.
amiliavensis, *C. et Sim.*	455.	CANI.
amœna, *Kern.*	462.	—
amphoricarpa, *Gand.*	352.	—
anacampseros, *Gand*	353.	—
andegavensis, *Bast.*	218.	—
— var. *Bast.*	219.	—
Andersoni, *Hort.*	3.	SYN.
Andrzejowskii, *Stew.*	386.	CANI.
anemoneflora, *Fort.*	1.	SYN.
anemonenrose, *Schm*	996.	LEV.
annomana, *Pug.*	482.	CANI.
apaloxylon, *Gand.*	354.	—
apiceacuta, *Gand.*	367.	—
apocarpa, *Gand.*	287.	—
Apricorum, *Rip.*	483.	—
archetypica, *Hort.*	881.	—
arduennensis. *Crép*	537.	—
— v. conrad. *Hort.*	538.	—
ariana.	939.	AD.

arietina, *Corn.*	220.	CANI.
arkansana, *Port. Coult.*	678.	CIN.
arnassensis, *Gand.*	221.	CANI.
arvatica, *Pug.*	202.	—
arvensis, *Huds.*	2.	SYN.
— × gallica, *Schlech*	11.	—
asturica, *Gand.*	309.	CANI.
atropurpurea, *Hort*	851.	LCT.
australis, *Kern.*	549.	CANI.
austriaca, *Cr.*	111.	GAL.
ayrshiræa, *Niel*	4.	SYN.

B

baicalensis, *Turcz.*	626.	CIN.
Bakeri, *Déségl.*	389.	CANI.
— *Gand.*	310.	—
baldensis, *Kern.*	5.	SYN.
balsamea, *W. Kit.*	644.	CIN.
baltica, *Roth.*	607.	CAR.
Banksiæ, *R. Br.*	100.	BANK.
— v. de Constantin. *Hort*	102.	—
— v. lutea, *Hort.*	101.	—
Bayerii.	940.	AD.
Beckii.	941.	AD.
Beggeriana, *Schr.*	680.	CIN.
— v. fr. min. *Hort.*	681.	—
— v. jaune de Bock. *Hort.*	682.	—
— v. nigrescens, *Hort.*	683.	—
Belænsis, *Km.*	506.	CANI.
belgradensis, *Panc.*	222.	—
Bellavalis, *Pug.*	223.	—
bengalensis, *Pers.*	83.	IND.
berberifolia, *Pallas.*	930.	SIMP.
Berheri, *Gand.*	311.	CANI.
Berleana gracilis, *Hort*	6.	SYN.
Berthetiana, *Gand.*	288.	CANI.
bibracteata, *Bast.*	13.	SYN.
bigeneris, *Duffort.*	478.	CANI.
biserrata, *Mer.*	224.	—
blanda, *Ait.*	688.	CIN.
— × alpina, *Hort.*	695.	—
— × indica, *Hort.*	696.	—
— × pimpinell. *Hort.*	697.	—
Blokiana, *Borb.*	225.	CANI.
Blondeana, *Rip.*	507.	—
bohemica, *H. Br.*	508.	—
Borœana, *Ber.*	140.	GAL.
Borbasiana, *Red.*	942.	AD.
Borboniana, *Red.*	95.	IND.
Bourgeauiana, *Crep.*	627.	CIN.
Bovernieriana, *Chr.*	390.	CANI.
brachyacantha, *Gand*	355.	—
brachyata, *Déségl.*	226.	—
bracteata, *Wendl.*	890.	BRAC.
Braunii, *Gand.*	312.	CANI.
Braunii, *Kell.*	819.	PIM.
Bretschneideri, *Hort.*	703.	CIN.
briacensis, *H. Br.*	203.	CANI.
Brunoniana, *Km.*	943.	AD.

C

Brunonii, *Lindl*. . . . . 22. SYN.
burgundica, *Roëss*. . . . . 112. GAL.
byzantina, *Dieck*. . . . . 141. —

calcuttensis, *Hort*. . . . . 732. CIN.
californica, *Cham*. . . . . 698. —
— v. fl. pl. *Hort*. . . . 699. —
— v. nana, *Hort*. . . . 700. —
calophylla, *Riv*. . . . . 227. CANI.
calvescens, *Burn. et Gr*. . . . . . 470. —
Camellia, *Schm*. . . . . 907. LEV.
campicola, *H. Br*. . . . . 228. CANI.
camptomorpha, *Gand*. . . . . . . 356. —
canina, *L*. . . . . 216. GAL.
cannabifolia, *H. Br*. . . . . 142. —
cantalica, *Gand*. . . . . 357. CANI.
capnoides, *Kern*. . . . . 509. —
capnotricha, *Gand*. . . . . 358. —
capreolata Amandii, *ex.-Segr* . . . 14. SYN.
carelica, *Fr*. . . . . 628. CIN.
carolina, *L*. . . . . 600. CAR.
— × rugosa, *Hort*. . . . . 604. —
Carræ, *Gand*. . . . . 313. CANI.
caryophyllacea, *Bes*. . . . . 436. —
— v. franc. *Bes*. . . . . . 437. —
— v. fl. dil. ros., *Km*. . . 438. —
— v. fruct. glob., *Bes*. . . 439. —
— v. glauca, *Km*. . . . . 440. —
catalaunica, *Gand*. . . . . 314. —
caucasica, *Bieb*. . . . . 510. —
Cavallii, *Km*. . . . . 802. PIM.
centifolia, *L*. . . . . 113. GAL.
— alba, *Hort*. . . . . . . 114. —
— major, *Hort*. . . . . . 115. —
— media, *Hort*. . . . . . 116. —
— minor, *Hort*. . . . . . 117. —
— muscosa, *Mil*. . . . . . 118. —
— × gallica, *Hort*. . . . . 143. —
cerino-alba, *Gand*. . . . . 359. CANI.
Chaberti, *Déségl*. . . . . 144. GAL.
— gracil. *Hort*. . . . . . 145. —
— var. *Hort* . . . . . . 146. —
Chaboissæi, *Gren*. . . . . 229. CANI.
Chambionii, *Gand*. . . . . 289. —
Champney, *Hort*. . . . . 31. SYN.
Chavini, *Rap*. . . . . 431. CANI
chenocaulis, *Gand*. . . . . 290. —
cheriensis, *Déségl*. . . . . 484. —
chinensis, *Jacq*. . . . . 89. IND.
chlorocarpa, *Br*. . . . . 44. SYN.
chlorophylla, *Ehrh*. . . . . 852. LUT.
Ciessielskii, *Blok*. . . . . 704. CIN.
ciliata foliis subs. *Borb*. . . . . . . 408. CANI.
ciliatopetala, *Bes*. . . . . 539. —
cincinnata, *Gand*. . . . . 360. —
cinnamomea, *L*. . . . . 702. CIN.
— × lucida, *Schr*. . . . . 724. —
— × mollissima, *Hort*. 725. —
— × rugosa, *Hort*. . . . 726. —
— v. hybrida, *Hort*. . . 723. —
cladocampta, *Gand*. . . . . 230. CANI.
clinophylla, *Thory*. . . . . . . 893. BRAC.
— v. duplex. *Hort* . . . 894. —
coccialba, *Kmet*. . . . . 645. CIN.
cœsia, *Sm*. . . . . 147. GAL.
Colletti, *Crép*. . . . . 18. SYN.
Collieri, *Gand*. . . . . 361. CANI.

collina, *Jacq*. . . . . 148. GAL.
coloradensis, *Wiesb*. . . . . 944. AD.
Colorado. . . . . 945. AD.
comosa, *Rip*. . . . . 485. CANI.
complicata, *Gren*. . . . . 441. —
condensata, *Pug*. . . . . 231. —
Conditorum, *Dieck* . . . . 119. GAL.
conglobata, *H. Br*. . . . . 409. CANI.
conizoides, *Gand*. . . . . 362. —
cordata, *Car*. . . . . 120. GAL.
coriifolia, *Fr*. . . . . 386. CANI.
coronata, *Crép*. . . . . 820. PIM.
coruscans, *Link*. . . . . 747. CIN.
corymbifera, *Borck*. . . . . 232. CANI.
corymbosa, *Ehr*. . . . . 601. CAR.
Costæana, *Gand*. . . . . 291. CANI.
Costei, *Duff*. . . . . 213. —
crabonica, *Km*. . . . . 442. —
cretica, *Tratt*. . . . . 457. —
cuspidata, *Bieb*. . . . . 522. —

D

dahurica, *Pall*. . . . . 727. CIN.
dalmatica, *Kern*. . . . . 458. CANI.
damascena, *Mill*. . . . . 149. GAL.
dasystyla, *Gand*. . . . . 315. CANI.
Dawsoniana, *Daws*. . . . . 38. SYN.
decipiens, *Sag*. . . . . 486. CANI.
declinata, *Red*. . . . . 82. IND.
decursiva, *Gand*. . . . . 305. CANI.
dedolata, *Gand* . . . . 316. —
Delasoiei, *Lag. et Pug*. . . . . . . 443. —
Deseglisei, *Bor*. . . . . 233. —
— var., *Hort*. . . . . . 234. —
detracta, *Gand*. . . . . 317. —
diachylon, *Gand*. . . . . 318. —
dicranodendron, *Gand*. . . . . . . 292. —
dimorpha, *Déségl*. . . . . 523. —
ditrichopoda, *Borb*. . . . . 946. AD.
diversifolia, *Vent*. . . . . 90. IND.
dorpatensis, *Hort*. . . . . 705. CIN.
Dufforti, *Pons et Coste*. . . . . . 15. SYN.
dumalioides, *Pug*. . . . . 319. CANI.
dumalis, *Bechst*. . . . . 235. —
dumetorum, *Thuil*. . . . . . . 407. —
— v. ped. gland. *Km*. 410. —
dumosa, *Pug*. . . . . 524. —
Dupontii, *Déségl*. . . . . 30. SYN.
duriuscula, *Gand*. . . . . 320. CANI.

E

Ecæ, *Aitch, Hemsl*. . . . . 831. PIM.
echinocarpa, *Rip*. . . . . 487. CANI.
elisophora, *Gand*. . . . . 363. —
elongata, *Gand*. . . . . 488. —
elymaitica, *Boiss. et Hansk* . . 420. —
eminens, *Hort*. . . . . 121. GAL.
Engelmanni, *Wats* . . . . 629. CIN.
erronea, *Rip*. . . . . 7. SYN.
erythrantha, *Bor*. . . . . 150. GAL.
eucharis, *Gand*. . . . . 322. CANI.
eudoxa, *Gand*. . . . . 323. —
exilis, *Crep*. . . . . 236. —
— gracillima, *Hort*. . . . . 237. —
exoptata, *Gand*. . . . . 321. —
expallens, *Gand*. . . . . 324. —

F

falcata, *Pug.* . . . . 238. CANI.
Fedtschenkoana, *Reg.* . . . . 780. CIN.
Fendleri, *Crép.* . . . . 782. —
ferox, *Lawr.* . . . . 748. —
ferruginea, *Willd.* . . . . 421. CANI.
filiformis, *Oz.* . . . . 239. —
firma, *Pug.* . . . . 240. —
Fischeriana, *Link.* . . . . 706. CIN.
fissidens, *Gand.* . . . . 325. CANI.
fissispina, *Wierzb.* . . . . 947. AD.
Fittelboichi, *Hort.* . . . . 948. AD.
flaccida, *Déségl.* . . . . 525. CANI.
flagellaris, *Greml.* . . . . 489. —
flava, *Wickstr.* . . . . 803. PIM.
— × pimpinell. *Hort.* . . . . . 821. —
flexuosa, *Déségl.* . . . . 463. CANI.
fœcundissima, *Munch.* . . . . . 707. CIN.
fœtida, *Bast.* . . . . 526. CANI.
foliolosa, *Nuttall.* . . . . 605. CAR.
Forsteri, *Sm.* . . . . 364. CANI.
Fortuneana, *Lindl.* . . . . 103. BANK.
fraxinifolia, *Greml.* . . . . 689. CIN.
Friedlanderiana, *Bess.* . . . . . . 151. GAL.
Frœbeli, *Chr.* . . . . 241. CANI.
frutetorum, *Bess.* . . . . 391. —
fulgens, *Chr.* . . . . 708. CIN.

G

gallica, *L.* . . . . 110. GAL.
— fl. pl. *Hort.* . . . . 122. —
— grandiflora, *Hort.* . . . . 123. —
— × canina, *Hort.* . . . . . 152. —
— × pumila, *Hort.* . . . . . 153. —
— × repens, *Hort.* . . . . . 154. —
— × setigera, *Hort.* . . . . 155. -
gentilis, *Stemb.* . . . . 663. CIN.
gigantea, *Coll.* . . . . 80. IND.
Gisellæ, *Borb.* . . . . 949. AD.
glabra. *Crép.* . . . . 670. CIN.
glabra, *H. Br.* . . . . 411. CANI.
glaberrima, *Dum.* . . . . 242. —
glabrescens, *Déségl.* . . . . 527. —
glabrifolia, *Rap.* . . . . 709. CIN.
glabrinscula, *Hort.* . . . . 710. —
glabrinscula, *Reg.* . . . . 749. —
glandulosa, *Déségl.* . . . . 422. CANI.
glandulosa, *Hort.* . . . . 124. GAL.
— rug. affin., *Bell.* . . . . 602. CAR.
glauca, *Vill.* . . . . 435. CANI.
— v. pet. acul., *Km.* . . . . 444. —
glaucedina, *Blok.* . . . . 950. AD.
glaucescens, *Desv.* . . . . 243. CANI.
globularis, *Fr.* . . . . 445. —
glutinosa, *Sibth. et Sm.* . . . 456. —
— × rubig., *Hort.* . . . . . 459. —
Gorenkensis, *Bess.* . . . . 711. CIN.
gossypina, *Gand.* . . . . 365. CANI.
grandiflora, *Walr.* . . . . 490. —
granensis, *Km.* . . . . 392. —
— v. gland., *Hort.* . . . . 393. —
— v. præcip. *Hort.* . . . . 394. —
— v. sep. v. gland. *Hort.* . 395. —
graveolens, *Gren.* . . . . 204. —
Guepini, *Desv.* . . . . 156. GAL.
Guilloti, *Gand.* . . . . 326. CANI.
gutensteinensis, *Jacq.* . . . . . . 125. GAL.
gymnocarpa, *Nutt.* . . . . . . 728. CIN.
— var. fol. . . . . 729. —

gymnophlœa, *Gand.* . . . . 327. CANI.
gypsicola, *Blok.* . . . . 951. AD.

H

Haberiana, *Pug.* . . . . 244. CANI.
hæmatodes, *Boiss.* . . . . 740. CIN.
Hampeana, *Griesb.* . . . . 464. CANI.
Hardyi, *Paxt.* . . . . 897. BRAC.
Harrisoni, *Harris.* . . . . 853. LUT.
— var. *All.* . . . . 854. —
Hawrana, *Km.* . . . . 664. CIN.
Hedwigæ, *Blok.* . . . . 528. CANI.
Heritieranea, *Red.* . . . . 665. CIN.
hemisphærica, *Herrm.* . . . . . . 862. LUT.
heteracantha, *Greml.* . . . . . . 465. CANI.
heterocarpa, *Borb.* . . . . 396. —
heteromorpha. *Gand.* . . . . . . 293. —
heterophylla, *Hort.* . . . . 157. GAL.
heterophylla, *Cochet.* . . . . . . 761. CIN.
hibernica, *Sm.* . . . . 822. PIM.
birtella, *Rip.* . . . . 245. CANI.
hirtifolia, v. hort. *H. Br.* . . . . 412. —
hispida, *Sims.* . . . . 804. PIM.
hispidissima, *Hort.* . . . . 246. CANI.
hispidula, *Rip.* . . . . 247. —
Holikensis, *Km.* . . . . 823. PIM.
humilis, *Marsh.* . . . . 606. CAR.
— × rugosa, *Hort.* . . . . 614. —
hybrida, *Schl.* . . . . 158. GAL.
hypochionæa, *Gand.* . . . . . . 366. CANI.

I

ianthicantha, *Gand.* . . . . 383. CANI.
ianthinochlora, *Gand.* . . . . . . 381. —
iberica, *Stev.* . . . . 460. —
ilseana, *Crép.* . . . . 423. —
— v. coronaria, *Km.* . . . . 424. —
implexa, *Gren.* . . . . 413. —
imponens, *Rip.* . . . . 446. —
inaperta, *Duff.* . . . . 46. SYN.
incana, *Kit.* . . . . 397. CANI.
incarnata, *Mill.* . . . . 126. GAL.
inclinata, *Kern.* . . . . 447. CANI.
indica, *Lind.* . . . . 81. IND.
— major, *Hort.* . . . . 91. —
— minima, *Hort.* . . . . . . 92. —
— sanguinea, *Hort.* . . . . 93. —
— v. Miss. Lowe, *Hort.* . . 83. —
— v. Miss. Willmott, *Hort.* 84. —
inflata, *Gand.* . . . . 367. CANI.
inocua, *Rip.* . . . . 540. —
inodora, *Fr.* . . . . 205. —
involucrata, *Roxb.* . . . . 895. BRAC.
iranica, *H. Br.* . . . . 952. AD.
isodes, *Gand.* . . . . 328. CANI.
Iwara, *Sieb.* . . . . 762. CIN.

J

Jacquiniana, *Gand.* . . . . 329. CANI.
Jordani, *Déségl.* . . . . 491. —
Jundzilli, *Bess.* . . . . 461. —
— × canina, *Dufl.* . . . . . 468. —
jurana, *Déségl.* . . . . 666. CIN.

K

Kalksburgensis, *Wierzb.* . . . . . 953. AD.
kamtschatika, *Vent.* . . . . 750. CIN.

Kitaibeliana, *Gand.* . . . . 330. CANI.
Kluckii, *Bess.* . . . . 519. —
Kmetiana, *Borb.* . . . . 368. —
Korolkowii, *Hort.* . . . . 733. CIN.
Kosinsciana, *Bess.* . . . . 159. GAL.
— f. versus, *Hort.* . . . . 160. —
Kotschyana, *Boiss.* . . . . 684. CIN.
kurdistana . . . . 248. CANI.

L

lacerans. . . . . 712. CIN.
lævigata, *Mich.* . . . . 905. LEV.
læviramea, *Gand.* . . . . 331. CANI.
lagenaria, *Vill.* . . . . 646. CIN.
lanceolata, *Opiz* . . . . 414. CANI.
lapidophila, *H. Br.* . . . . 415. —
latifolia, *Gand.* . . . . 368. —
latifolia, *Reg* . . . . 751. CIN.
laxa, *Retz.* . . . . 730. —
laxa, *Hort.* . . . . 249. CANI.
Lehmanniana, *Bung.* . . . . 685. CIN.
Lemanii, *Bor.* . . . . 294. CANI.
leptoclada, *Gand.* . . . . 332. —
leptopoda, *Pug.* . . . . 492. —
Leschenaultiana, *Red.* . . . . 23. SYN.
leucantha, *Loisel.* . . . . 511. CANI.
leucochroa, *Desv.* . . . . 71. STY.
Lindleyana, *Meyer* . . . . 752. CIN.
Lindleyi, *Dieck* . . . . 654. AD.
livescens, *Bess.* . . . . 127. GAL.
livida, *Hort.* . . . . 425. CANI.
longifolia, *Willd.* . . . . 94. IND.
lucana, *Gasp.* . . . . 955. AD.
Luciæ, *French et Roch.* . . . . 19. SYN.
lucida, *Erh.* . . . . 608. CAR.
— fl. pleno, *Hort.* . . . . . . 609. —
lugdunensis, *Déség.* . . . . 493. CANI.
Luporum, *Km.* . . . . 250. —
Lusseri, *Lag et Pug.* . . . . 471. —
lutea, *Mill.* . . . . 850. LUT.
— fl. pleno, *Hort.* . . . . . . 863. —
lutescens, *Pursh.* . . . . 855. —
— fl. pleno, *Hort.* . . . . . . 856. —
— × pimpinellifolia, *Hort.* . 859. —
lutetiana, *Lem.* . . . . 251. CANI.
luxurians, *Crép.* . . . . 691. CIN.
Lyellii, *Lindl.* . . . . 898. BRAC.

M

macrantha, *Desp.* . . . . 252. CANI.
macrocarpa, *Mér.* . . . . 253. —
macrophylla, *Lindl.* . . . . . . 731. CIN.
— crasse aculeata. . 734. —
— glaucophyla . . . 735. —
— inermis superius. 736. —
majalis, *Lindl.* . . . . 713. —
majalis, *Hort.* . . . . 714. —
malmundariensis, *ex-Segr.* . . . . 763. —
Malyi, *Kmet.* . . . . 647. —
Manetti, *Hort.* . . . . 90. IND.
Marcyana, *Borkh* . . . . 512. CANI.
Marcyana, *Boullu.* . . . . 161. GAL.
— ram. pubesc., *Hort.* . . . 162. —
Margheritæ, *Hort.* . . . . 764. CIN.
Maria Leonida, *Hort.* . . . . 892. BRAC.
marmorata, *Hort.* . . . . 805. PIM.
Martini, *Gand.* . . . . 333. CANI.
massilvanensis, *Oz.* . . . . 72. STY.
maxima, *Hort.* . . . . 163. GAL.

megalostigma, *Gand.* . . . . 369. CANI.
megastyla, *Gand.* . . . . 370. —
mentita, *Déségl.* . . . . 266. —
micrantha, *Sm.* . . . . 469. —
microcalyx, *Gand.* . . . . 334. —
microcarpa, *Lind.* . . . . 20. SYN.
microcarpa, *Hort.* . . . . 610. CAR.
microclada, *Gand.* . . . . 335. CANI.
microphylla, *Roxb.* . . . . 915. MICR.
— hyb. l'Hay N° 1. . 919. —
— N° 2. . 920. —
— N° 3. . 921. —
— × rugosa, *Hort.* . . . . . . 922. —
— v. chlorocarpa, *Reg.* . . . 917. —
— v. fourr. de Chataigne, *Hort.* 918. —
— v. pourpre ancien, *Roxb.* . 916. —
minutifolia, *Engel.* . . . . 885. MINU.
minutifolia, *Keil.* . . . . 399. CANI.
mirabilis, *Déségl.* . . . . 164. GAL.
mollis, *Sm.* . . . . 541. CANI.
mollissima, *Fr.* . . . . 542. —
— × alpina, *Hort.* . . . . . . 550. —
monspeliaca, *Gouan.* . . . . 648. CIN.
montana, *Ch.* . . . . 426. CANI.
montivaga, *Déségl.* . . . . 254. —
Morawkii, *Blok.* . . . . 956. AD.
morica, *Hort.* . . . . 806. PIM.
moschata, *Herrm* . . . . 21. SYN.
— alba, *Hort.* . . . . 24. —
— sem. 84, *Hort.* . . . . . . 26. —
— var., *Hort.* . . . . 25. —
multiflora, *Thunb.* . . . . 32. —
— *Hort.* . . . . 33. —
— × indica, *Hort.* . . . . . . 39. —
— × lucida, *Hort.* . . . . . . 40. —
— × Wichuraiana, *Hort.* . . 41. —
— v. fl. pl., *Hort.* . . . . . . 34. —
— v. rosea pl., *Hort.* . . . . 35. —
multivaga, *Gand.* . . . . 336. CANI.
muscosa japonica, *Hort.* . . . . . 128. GAL.
Mygindi, *H. Br.* . . . . 165. —
myriacantha, *de Cand.* . . . . . . 807. PIM.
— v. albida, *Hort.* . . . . . 808. —
myriantha, *Carr.* . . . . 743. CIN.
myriodonta, *Chr.* . . . . 166. GAL.
myriolepis, *Gand.* . . . . 384. CANI.
myrtifolia, *Hall.* . . . . 295. —

N

nana abscharica, *Dieck.* . . . . . . 255. CANI.
nastarana, *Chr.* . . . . 957. AD.
nemensis, *Km.* . . . . 167. GAL.
nepalensis, *Hort.* . . . . 715. CIN.
nipponensis, *Crép.* . . . . 737. —
nitens. v. oligotricha, *Don.* . . . . 753. —
nitida, *Willd.* . . . . 615. CAR.
nitidula, *Bess.* . . . . 256. CANI.
— × montivaga, *Km.* . . . . 285. —
— v. festa, *Km.* . . . . 257. —
nobleriana, *Hort.* . . . . 258. —
Noisettiana, *Hort.* . . . . 85. IND.
nuda, *Woods.* . . . . 259. CANI.
nutkana, *Presl.* . . . . 738. CIN.
Nuttalliana, *Parry.* . . . . 603. CAR.

O

obconica, *Hort.* . . . . 716. CIN.
oblongicalyx, *Gand.* . . . . 337. CANI.

obovata v. Grenieri, *Lag. et Pug.*	543.	CANI.
obscura, *Pug.*	260.	—
obtusifolia, *Desv.*	513.	—
— × canina, *Hort.*	520.	—
ochroleuca, *Sm.*	667.	CIN.
ochroleuca, *Swartz.*	857.	LUT.
œnensis, *Kern.*	261.	CANI.
oleifolia, *Dieck.*	129.	GAL.
omissa, *Déségl.*	479.	CANI.
opaca, *Gren.*	416.	—
orientalis, *Dup.*	544.	—
ornatiflora, *Greml.*	400.	—
orogenes, *H. Br.*	417.	—
orthodon, *Gand.*	338.	—
ossetica, *Dieck.*	630.	CIN.
— v. nana, *Dieck.*	631.	—
ovatipetala, *Gand.*	371.	CANI.
ovato-cordata, *Gand.*	385.	—
oxyacantha, *Bieb.*	824.	PIM.
oxyacanthoides	958.	AD.
oxyodon, *Boiss.*	739.	CIN.

P

Palomet forma I, *Gand.*	339.	CANI.
— — II, *Gand.*	340.	—
palustris, *Hamilt.*	876.	BRAC.
Pancici, *Km.*	959.	AD.
paradysica, *Hort.*	668.	CIN.
partheniodora, *Km.*	649.	—
parviceps, *Gand.*	296.	CANI.
parviflora, *Ehrh.*	611.	CAR.
parvifolia, *Lindl.*	130.	GAL.
parvula, *Gren.*	472.	CANI.
patens, *Km.*	401.	—
paucifoliata, *Gand.*	494.	—
pendulina, *Ait.*	650.	CIN.
pennina, *Delas.*	448.	CANI.
pensylvanica, *Hort.*	612.	CAR.
pentecostes, *Gand.*	341.	CANI.
permixta, *Déségl.*	473.	—
Perrieri, *Sag.*	669.	CIN.
persica, *H. Br.*	741.	—
persicina. *Hort.*	717.	—
pervicina. *Gand.*	342.	CANI.
pervirens, *Gren.*	16.	SYN.
petiolata, *Km.*	651.	CIN.
petrella, *Km.*	960.	AD.
Peyronii, *Gand.*	372.	CANI.
phœnicia. *Boiss.*	43.	SYN.
pilosiuscula. *Opiz.*	373.	CANI.
pilosula, *Chr.*	449.	—
pimpinellifolia, *L.*	800.	PIM.
— × alpina, *Km.*	829.	—
— v. chlorocarpa, *Hort.*	811.	—
— v. fl. alb. pl., *Hort.*	809.	—
— — lut. pl., *Hort.*	810.	—
— v. maxima, *Hort.*	812.	—
— v. rub. pl., *Hort.*	813.	—
— v. sulphurea, *Hort.*	814.	—
pinnatifolia, *Andr.*	825.	—
pisocarpa, *A. Gr.*	742.	CIN.
— v. fl. pl., *A. Gr.*	744.	—
— v. fruct. oblongis. *Hort.*	743.	—
Pissardi. *Carr.*	27.	SYN.
platyacantha. *Schr.*	832.	PIM.
platypetala. *Gand.*	374.	CANI.
platyphylla, *Red.*	36.	SYN.
platystephana. *Gand.*	375.	CANI.
podolica, *Tratt.*	262.	—

polyantha grandiflora, *Bern.*	28.	SYN.
— × semperflorens, *Hort.*	42.	—
pomifera, *Herrm.*	545.	CANI.
— × semperflorens, *Viv. Mor*,	551.	—
— v. Engad, *Hort.*	547.	—
— v. Iagger. *Hort.*	546.	—
Pouzini, *Tratt.*	474.	—
præcox, *Chr.*	263.	—
principis, *Km.*	264.	—
Prjzewalski, *Hort.*	718.	CIN.
proacutata, *Gand.*	376.	CANI.
præstans, *Dup.*	214.	—
prolifera, *Hort.*	131.	GAL.
provincialis, *Ait.*	132.	—
proxima, *Coll.*	133.	—
pseudo-alpina, *Hort.*	652.	CIN.
pseudomicans, *Déségl.*	529.	CANI.
pseudo-sepium, *Call.*	207.	—
psilophylla, *Rau.*	168.	GAL.
pubescens, *Hort.*	692.	CIN.
— *Km.*	653.	—
— *Rap.*	268.	—
Pugeti, *Bort.*	466.	—
pulverulenta, *Bieb.*	215.	—
— eriocarpa, *Hort.*	860.	LUT.
punicea, *Mill.*	858.	—
pumila, *L.*	134.	GAL.
— × repens, *Hort.*	169.	—
— × Reuteri, *Hort.*	170.	—
pyrenaica, *Gouan.*	654.	CIN.

R

ramealis. *Pug.*	265.	CANI.
Rapa, *Bosc.*	613.	CAR.
Rapini, *Boiss.*	864.	LUT.
raripes, *Gand.*	343.	CANI.
rarispina, *Gand.*	344.	—
Ravellæ, *Chr.*	826.	PIM.
recondita. *Pug.*	266.	CANI.
Regelii, *Reut.*	686.	CIN.
Regeliana. *And.*	754.	—
repens, *Scop.*	8.	SYN.
repens, v. fl. pl., *Hort.*	9.	—
— var., *Hort.*	10.	—
Reussii, *H. Br.*	418.	CANI.
Reuteri, *God.*	450.	—
— v. hisp, *Chr.*	451.	—
reversa, *Waldst.*	670.	CIN.
rhodanica, *Hort.*	135.	GAL.
rigidiramea, *Gand.*	345.	CANI.
Ripartii. *Déségl.*	815.	PIM.
romana, *Hort.*	427.	CANI.
rosella, *Gand.*	382.	—
Rostafinski, *Blok.*	961.	AD.
rotundifolia. *Reichb.*	495.	CANI.
Rouyana, *Duff.*	17.	SYN.
Roxolanica, *Blok.*	962.	AD.
rubella, *Sm.*	671.	CIN.
rubifolia × Noisettiana, *Hort.*	55.	SYN.
— × stylosa, *Hort.*	56.	—
rubiginella, *H. Br.*	496.	CANI.
rubiginosa, *L.*	480.	—
rubricarpa, *Hort.*	816.	PIM.
rubrifolia, *Vill.*	428.	CANI.
— × alpina, *Hort.*	432.	—
— × canina, *Hort.*	433.	—
— × glauca, *Hort.*	434.	—
rufidula, *Gand.*	297.	—
rugosa, *Thunb.*	746.	CIN.

rugosa v. fol. augus. *Hort* . . . . . 755. CIN.
— v. fol. undul. *Hort.* . . . . . 756. —
— × cinnamomea, *Hort.* . . . . 765. —
— × gallica, *Hort.* . . . . . . 766. —
— × Hermosa, *Hort.* . . . . . 767. —
— × indica, *Hort.* . . . . 768. —
— × lutea, *Hort.* . . . . 769. —
— × Noisettiana, *Hort.* . . . . 770. —
— × nutkana, *Hort.* . . . . . 771. —
— × pimpinellifolia, *Hort.* . . . 772. —
— × pomifera, *Hort.* . . . . . 773. —
— × rubrifolia, *Hort.* . . . . . 774. —
— × rubiginosa, *Hort.* . . . . 775. —
— × virginiana fruct. subp. *Hort.* 776. —
— × — repens, *Hort.* . . 777. —
— × — sterilis, *Hort.* . . 778. —
rusticana *Déségl.* . . . . 73. STY.

S

Sabini, *Woods.* . . . . 827. PIM.
salevensis, *Rap.* . . . . 672. CIN.
salevensis, *Delas.* . . . . 475. CANI.
sancta, *Rich.* . . . . 136. GAL.
sanguisorbella, *Chr.* . . . . 429. CANI.
Saultheri, *H. Br.* . . . . 719. CIN.
Sayi, *Schw.* . . . . 679. —
scabrata, *Crép.* . . . . 514. CANI.
scabriuscula, *Sm.* . . . . 530. —
scandens, *Mill.* . . . . 47. SYN.
schemnitziensis, *Chr.* . . . . . . 402. CANI.
Schrenkiana, *Crép.* . . . . 720. CIN.
Schottiana, *Ser.* . . . . 452. CANI.
scotica, *Mill.* . . . . 817. PIM.
Seguræ. *Gand.* . . . . 298. CANI.
sembrancheriana, *Delas.* . . . . 430. —
semiglabra, *Rip.* . . . . 377. —
semihirta, *Gand.* . . . . 346. —
semi-simplex, *Borb.* . . . . . . 655. CIN.
semperflorens, *Curt.* . . . . . 87. IND.
sempervirens, *L.* . . . . 45. SYN.
sepicola, *Déségl.* . . . . 299. CANI.
sepium, *Thuill.* . . . . 209. —
sepium var *Thuill.* . . . . 210. —
Serafini, *Viv.* . . . . 590. —
sericea, *Lind.* . . . . 875. SER.
— aculeis decur. *Hort.* . . 876. —
— — rubris, *Hort.* . . 877. —
. . . fr. croceo, *Hort.* . . . . 878. —
— ramis pubescentib. . . 879. —
— tetrapetala, *Hort.* . . . 880. —
setigera, *Mich.* . . . . 52. SYN.
— v. fl. pleno, *Mich* . . 53. —
— var. *Hort.* . . . . . . 54. —
setosa, *Bess.* . . . . 656. CIN.
sicula, *Tratt.* . . . . 501. CANI.
Silverhjelmii, *Schr.* . . . . 687. CIN.
Simkowicsii, *Kmet.* . . . . 828. PIM.
Sincoviensis, *Bast.* . . . . 963. AD.
sinica. *Murr.* . . . . 968. LÆV.
Solandri, *Tratt.* . . . . 693. CIN.
Soulieana, *Crép.* . . . . 57. SYN.
Souperti, *Soup.* . . . . 267. CANI.
spinulifolia, *Dem.* . . . . 673. CIN.
sphærocarpa, *Rip.* . . . . 476. CIN.
sphærica, *Gren.* . . . . 657. CIN.
spinescens, *Déségl.* . . . . 548. CANI.
spissa, *Gand.* . . . . 347. —
spuria, *Pug.* . . . . 268. —
squarrosa, *Rau.* . . . . 269. —

stenocarpa, *Rip.* . . . . 300. CANI.
stenodes, *Gand.* . . . . 348. —
stenodonta, *Borb.* . . . . 659. CIN.
stenorhyncha, *Gand.* . . . . . . 301. CANI.
stricta, *Don.* . . . . 721. CIN.
stylosa, *Desv.* . . . . 70. STY.
suaveolens, *Pursh.* . . . . 497. CANI.
subbiserrata, *Borb.* . . . . 453. —
subcanina, *Chr.* . . . . 270. —
subcollina, *Chr.* . . . . 403. —
subgallicana, *Borb.* . . . . 171. GAL.
subgallicoides, *Duff.* . . . . . . 48. SYN.
subglobosa, *Sm.* . . . . 531. CANI.
subinermis, *Bess.* . . . . 658. CIN.
sublævis, *Boull.* . . . . 172. GAL.
subsystylis, *Borb.* . . . . 271. CANI.
— proxima typo, *Km.* . 272. —
subtrichophylla, *Borb.* . . . . . 273. —
sulcata, *Hort.* . . . . 274. —
sulphurea, *Ait.* . . . . 861. LUT.
surculosa, *Wierzb.* . . . . 275. CANI.
— v. edita, *Wierzb.* . . 276. —
Svaboi. *Borb.* . . . . 498. —
sylvatica, *Gatt.* . . . . 173. GAL.
syngenoides, *Lem.* . . . . 419. CANI.
sytnensis, *Km.* . . . . 674. CIN.

T

tæda. . . . . 965. AD.
tassinensis, *Gand.* . . . . 302. CANI.
Templetoniana, *Gand.* . . . . . 3-8. —
tenuicarpa, *ex-Segrez.* . . . . . 49. SYN.
tenuispina, *Gand.* . . . . 303. CANI.
Teplouchovi, *Hort.* . . . . 722. CIN.
terebinthacea, *ex-Segrez.* . . . . 966. AD.
thibetiana, *Hort.* . . . . 757. CIN.
Thunbergiana, *Meyer.* . . . . . 758. —
Thureti, *Burn. et Grem.* . . . . 502. CANI.
thyraica, *Blok.* . . . . 277. —
thyrsiflora, *Leroy.* . . . . 37. SYN.
Timbali, *Crép.* . . . . 499. CANI.
tomentella, *Lém.* . . . . 503. —
— fruct. max., *Hort.* . . 515. —
— fruct. set., *Hort.* . . 516. —
— var.; *Hort.* . . . . . 517. —
tomentelloides, *H. Br.* . . . . . 518. —
tomentosa, *Sm.* . . . . 521. —
trachyphylla, *Rau.* . . . . 467. —
transmota. *Crép.* . . . . 174. GAL.
transylvanica, *Schw.* . . . . . . 278. CANI.
trepida, *Gand.* . . . . 349. —
trigintipetala, *Dieck.* . . . . . . 175. GAL.
trichoneura, *Rip.* . . . . 279. CANI.
tristis, *Kern.* . . . . 404. —
tunquinensis, *Crép.* . . . . . . 58. SYN.
turbinata, *Ait.* . . . . 176. GAL.
— francf., *Munch.* . . . 177. —
turkestanica, *Hort.* . . . . 280. CANI.

U

ulicicola, *Gand.* . . . . 350. CANI.
umbellifera, *Sw.* . . . . 532. —
umbrella, *Hort.* . . . . 29. SYN.
uncinella, *Bess.* . . . . 281. CANI.
uncinella grandifl., *Bess.* . . . . 282. —
una, *Hort.* . . . . 86. IND.
uniserrata, *Fr.* . . . . 405. CANI.
uralensis, *Hort.* . . . . 283. —
urbica, *Lem.* . . . . 284. —

INDEX ALPHABÉTIQUE. — BOT.

V

Valesica f. term., *Hort*	969.	AD.
vallesiaca, *Lag. et Pug.*	477.	CANI.
Valleyres	967.	AD.
Vapillonii. *Gand*	379.	CANI.
vestita, *God.*	675.	CIN.
— fruct. max.	677.	CIN.
— var., *God.*	676.	CIN.
velutina. *Clairv.*	533.	CANI.
venosa, *Schw.*	406.	CANI.
venusta pendula	968.	AD.
venustula, *Duff.*	178.	GAL.
Verax, *Gand.*	380.	CANI.
villosa, *L.*	535.	—
— × alpina, *Hort.*	552.	—
— × canina, *Hort.*	553.	—
— × pimpinell., *Hort*	554.	—
vinodora. *Kern.*	211.	—
virginiana, *Mich.*	694.	CIN.
Virgultorum, *Rip.*	212.	CANI.
vituperabilis, *Duff.*	51.	SYN.
volubilis, *Gand.*	804.	CANI.

W

Wallensis, *Hort.*	818.	PIM.
Wallichii, *Sab.*	50.	SYN.
Watsoniana, *Crép.*	59.	—
Webbiana, *Wall.*	779.	CIN.
Wichuraiana, *Crép.*	60.	SYN.
fol. var., *Hort.*	61.	—
— × bracteata, *Hort.*	62.	—
— ×Gal Jacqueminot, *Hort.*	63.	—
— × rugosa, *Hort.*	64.	—
Woodsii, *Lind.*	781.	CIN.

X

xanthina, *Lind.*	830.	PIM.
— v. duplex, *Hort.*	833.	—

Z

Zabellii, *Crép.*	534.	CANI.
Zuccarinii, *Hort.*	759.	CIN.
Zalana, *Wiesb.*	555.	CANI.
Zochasula, *Hort.*	179.	GAL.

ABRÉVIATIONS

ALBA	alba.		H. TH.	Hybrides de Thé.
ALP.	alpina.		H. TH. S.	Hybrides de Thé sarmenteux.
ANEM.	anemoneflora.		HUM	humilis.
ARV.	arvensis.		H. WICH.	Hybrides de Wichuraiana
BANK.	Bank.		I. B.	Ile Bourbon.
BEN.	Bengale.		I. B. S.	Ile Bourbon sarmenteux.
BEN. S.	Bengale sarmenteux.		LÆV.	lævigata.
BRAC.	bracteata.		LAW.	Lawrencia.
CANI	canina.		LUT.	lutea.
CAP.	Capucine.		MICR	microphylla.
CAR.	carolina.		MOSC.	moschata.
C. F.	Cent-feuilles.		MULT.	multiflora.
C. F. M.	Cent-feuilles moussus.		NO	Noisette.
C. F. M. R.	Cent-feuilles moussus remontants.		NO. S.	Noisette sarmenteux.
C. F. P.	Cent-feuilles pompons.		PARV	parvifolia.
CHIN	chinensis.		PHŒ.	phœnicia.
CIN.	cinnamomea.		PIM.	Pimprenelle.
DAM.	Damas.		POLY.	Polyantha.
GIG.	gigantea.		PORT.	Portland.
H. BEN	Hybrides de Bengale.		PROV.	Provins.
H. BEN. S.	Hybrides de Bengale sarmenteux.		RUBI	rubiginosa.
H. I. B	Hybrides de l'Ile Bourbon.		RUG.	Rugosa.
H. I. B. S.	Hybrides de l'Ile Bourbon sarment.		SEMP.	sempervirens.
H. NO.	Hybrides de Noisette.		SERI.	sericea.
H. NO. S.	Hybrides de Noisette sarmenteux.		SETI.	setigera.
H. N. R. S.	Hybrides non remont. sarmenteux.		STY.	stylosa.
H. PIM	Hybrides de Pimprenelle.		TH	Thé.
H. POLY.	Hybrides de Polyantha.		TH. S.	Thé sarmenteux.
H. R.	Hybrides remontants.		WICH.	Wichuraiana.
H. R. S.	Hybrides remontants sarmenteux.		XANT	Xanthina.
H. RUG.	Hybrides de Rugosa.			

COLLECTION HORTICOLE

A

Abbé André Reiter	2150.	H. TH.
— Berlèze	3484.	H. R.
— Bramerel	3485.	H. R.
— de l'Épée	4560.	H. R.
— Girardin	2601.	I. B.
— Giraudier	3401.	H. R.
— Millot	2151.	H. TH.
— Mioland	2801.	BEN.
— Raynaud	3486.	H. R.
— Roustan	1250.	TH.
— Thomasson	1251.	TH.
— Venière	3705.	H. R.
Abd-el-Kader	3706.	H. R.
Abel Carrière	3707.	H. R.
— Grant	4561.	H. R.
à bois brun	6010.	MULT.
à bouquets	1171.	TH.
Abraham Lincoln	3487.	H. R.
— Zimmermann	3708.	H. R.
Abricotée	1252.	TH.
acantha	5450.	H. RUG.
Achille Cesbron	4285.	H. R.
— Gonod	4286.	H. R.
acicularis	6660.	CIN.
acicularis × rugosa	5451.	H. RUG.
Acidalie	2602.	I. B.
aculeata	6681.	ALP.
Adam	1253.	TH.
Adélaïde Bougère	2603.	I. B.
— Moullé	6222.	WICH.
— d'Orléans	6686.	SEMP.
Adèle de Bellabre	1255.	TH.
— Dufresnois	3488.	H. R.
— Heu	2951.	PROV.
— Pavie	2501.	NO.
— Pavie	1254.	TH.
— Pradel	1256.	TH.
Adelina Patti	3542.	H. R.
adenoclada	6121.	ARV.
adenophora	6682.	ALP.
adenosepala	6683.	ALP.
Adine	2152.	H. TH.
Admiral Dewey	4562.	H. R.
Adolphe Bossange	4563.	H. R.
— Brogniard	3709.	H. R.
— Noblet	4564.	H. R.
— van den Heede	2153.	H. TH.
A. Drawiel	3710.	H. R.
Adrien Brogniard	3130.	C. F. M.
— de Montebello	3543.	H. R.
— Schmitt	3711.	H. R.
Adrienne Christophle	1257.	TH.
— de Cardoville	2604.	I. B.
à feuilles de laitue	2952.	PROV.
à fleurs roses de Laffay	6687.	SEMP.
Agar	2953.	PROV.
A. Geoffroy de St-Hilaire	4287.	H. R.
Aglaïa	6011.	MULT.
agrestis	6600.	CAN'.
Aimable amie	2954.	PROV.
Aimée Cochet	2154.	H. TH.
Aimé Colcombet	1258.	TH.
Aimée Vibert (Curtis)	6411.	NO. S.
Aimée Vibert (Vibert)	6410.	NO. S.
Ajax	1101.	TH.
Alain Blanchard	2955.	PROV.
alba	3300.	ALBA.
—	1259.	TH.
— carnea	3301.	ALBA.
— floribunda	2605.	I. B.
— mutabilis	3131.	C. F. M.
— odorata	6751.	BRAC.
— rosea	1260.	TH.
— white	2802.	BEN.
Albanne d'Arneville	2555.	H. NO.
Albéric Barbier	6223.	WICH.
Albert Fourès	1261.	TH.
— La Blottais	4565.	H. R.
— La Blotais Climbing	6560.	H. R. S.
— Payé	3544.	H. R.
— Stopford	1262.	TH.
Alberti	6661.	CIN
Albertine Borguet	1263.	TH.
Albion	4566.	H. R.
Alcide Vigneron	4567.	H. R.
Alcime	2956.	PROV.
Alcindor	4568.	H. R.
Alexandra	1264.	TH.
Alexandre Chomer	2606.	I. B.
— de Humboldt	4288.	H. R.
— Dumas	3712.	H. R.
— Dupont	4289.	H. R.
— Dutitre	3713.	H. R.
— Fontaine	4358.	H. R.
— Lemaire	2155.	H. TH.
— Pelletier	2607.	I. B.
— Trémouillet	6224.	WICH.
Alexandrine Bachmeteff	4569.	H. R.
— Bruel	6300.	TH. S.
Alexina	2803.	BEN.
Alfred Aubert	2804.	BEN.
— Colomb	4359.	H. R.
— de Delmas	3132.	C. F. M.
— de Rougemont	3714.	H. R.
— Dumesnil	4570.	H. R.
— K. Williams	3715.	H. R.
— Leveau	3545.	H. R.
Alice Alatine	3546.	H. R.
— Fontaine	2741.	H. I. B.
— Gray	6132.	ARV.
— Hoffmann	2805.	BEN.
Aline Pierron	2608.	I. B.
— Rosey	2556.	H. NO.
— Sisley	1172.	TH.
Alister Stella Gray	6412.	NO. S.
Alliance Franco-Russe	1265.	TH.
à longs pédoncules (Noisette)	3133.	C. F. M.
à longs pédoncules (Robert)	3232.	C. F. M. R.
Alphaïde de Rotallier	3402.	H. R.

Alphée Dubois	3716.	H. R.
Alphonse Damaizin	3717.	H. R.
— Karr	1266.	TH.
— Mortelmans	1267.	TH.
— Soupert	4814.	H. R.
alpina	6680.	ALP.
— grandiflora	6684.	ALP.
— microcarpa	6685.	ALP.
— × cinnamomea	6686.	ALP.
— × rubrifolia	6687.	ALP.
— × spinosissima	6688.	ALP.
Alsace-Lorraine	3718.	H. R.
altaica	5601.	PIM.
Alupka	2502.	NO.
Aly Pacha Chérif	4571.	H. R.
Amabilis	1268.	TH.
Amadis	6718.	ALP.
A. M. Ampère	3719.	H. R.
Amanda Casado	1269.	TH.
Amateur Teyssier	2156.	H. TH.
Amazone	1102.	TH.
Ambroggio Maggi	4572.	H. R.
Amédé de Langlois	2609.	I. B.
Amédé Philibert	3720.	H. R.
Amélie Gravereaux	5452.	H. RUG.
— Hoste	4573.	H. R.
— Pollonnais	1270.	TH.
— Suzanne Morin	1001.	POLY.
America	5453.	H. RUG.
America	2503.	NO.
American Banner	1271.	TH.
— Beauty	2157.	H. TH.
— Belle	2158.	H. TH.
Ami Charmet	4574.	H. R.
— Stecher	1272.	TH.
Amiral Avellan	3721.	H. R.
— Courbet	4360.	H. R.
— de Joinville	4361.	H. R.
— Gravina	3722.	H. R.
— La Peyrouse	3723.	H. R.
— Nelson	3724.	H. R.
— Seymour	4362.	H. R.
amœna	3547.	H. R.
Amy Robsart	6625.	RUBI.
Anaïs Ségalas	3101.	C. F.
Anatole de Montesquieu	2957.	PROV.
Anatole de Montesquieu	6683.	SEMP.
Andersoni	6122.	ARV.
André de Garnier des Garets	1173.	TH.
— Desmoulins	3548.	H. R.
— Dunant	3549.	H. R.
— Fresnoy	3550.	H. R.
— Gille	4363.	H. R.
— Leroy d'Angers	4364.	H. R.
— Nabonnand	1273.	TH.
— Schwartz	1274.	TH.
— Sibourg	1275.	TH.
— Thouin	3134.	C. F. M.
anemoneflora	6275.	ANEM.
anemonenrose	6761.	LAEV.
Angèle Fontaine	2742.	H. I. B.
Angélique Quettier	3135.	C. F. M.
Anicet Bourgeois	3551.	H. R.
Anna Alexieff	4575.	H. R.
— Benary	1002.	POLY.
— de Diesbach	3403.	H. R.
— Hilzer	1276.	TH.
— Maria	6183.	SETI.
— Ollivier	1277.	TH.
— Scharsach	4290.	H. R.
Anne-Marie Cote	2557.	H. NO.
Anne-Marie Danloux	2610.	I. B.
— Marie de Montravel	1003.	POLY.
— of Geierstein	6626.	RUBI.
Annette de Tharau	6012.	MULT.
— Seault	1103.	TH.
Annie Cook	1278.	TH.
Anny Laxton	4185.	H. R.
Antherose	1279.	TH.
Antoine Chantin	3725.	H. R.
— Devert	6301.	TH. S.
— Ducher	4576.	H. R.
— Gaunet	1280.	TH.
— Mermet	2159.	H. TH.
— Mouton	3404.	H. R.
— Quihou	3726.	H. R.
— Rivoire	2160.	H. TH.
—	2161.	H. TH.
— Weber	1281.	TH.
— Wintzer	3727.	H. R.
Antoinette Cuillerat	2806.	BEN.
— Durieu	1282.	TH.
Antonie Schurz	4577.	H. R.
Antonine Verdier	2162.	H. TH.
Apolline	6490.	H. I. B. S.
Apolline	2807.	BEN.
Apotheker Georg Höfer	2163.	H. TH.
Apples	5454.	H. RUG.
Apricorum	6621.	RUBI.
Archiduc Charles	2808.	BEN.
Archiduc Joseph	1283.	TH.
Archiduch. Elisabeth d'Autriche	3405.	H. R.
— Élisabeth-Marie	1004.	POLY.
— Marie-Immaculata	1284.	TH.
— M. D. Amélie	6380.	H. TH. S.
— Thérèse-Isabelle	1285.	TH.
Archimède	4578.	H. R.
Ardoisée de Lyon	3728.	H. R.
Ards Rover	4579.	H. R.
Ariadne	2958.	PROV.
Aristide	5602.	PIM.
Aristide Dupuy	4580.	H. R.
Aristobule	3136.	C. F. M.
arkansana	6662.	CIN.
Arlequin	2959.	PROV.
Arlès Dufour	3729.	H. R.
Armide	3301bis	ALBA.
Arthemise	4581.	H. R.
Arthur Chiggiato	1286.	TH.
— de Sansal	3351.	PORT.
— Oger	3489.	H. R.
— Young	3233.	C. F. M. R.
arvensis	6120.	ARV.
Asmodée	2960.	PROV.
Aspasie	4186.	H. R.
Astra	2164.	H. TH.
atropurpurea	5455.	H. RUG.
Attraction	2165.	H. TH.
Augusta	2504.	NO.
Auguste André	3730.	H. R.
— Barbier	6225.	WICH.
— Buchner	3731.	H. R.
— Comte	1287.	TH.
— Mie	3406.	H. R.
— Neumann	3732.	H. R.
— Oger	1288.	TH.
— Pujol	3733.	H. R.
— Rigotard	4365.	H. R.
— Rivière	4366.	H. R.
— Vacher	1289.	TH.
— Van de Hecde	2166.	H. TH.
— Wattinne	1290.	TH.

INDEX ALPHABÉTIQUE. – HORT.

Augustine Halem. . . . . . . 2167. H. TH.
Aurelia Liffa. . . . . 6134. SETI.
Aureus. . . . . 1104. TH.
Aurora. . . . . 2168. H. TH.
Aurore. . . . . 2809. BEN.
Aurore boréale. . . . . 4496. H. R.
— du matin. . . . . . . 3734. H. R.
Austrian Briar. . . . . 5676. CAP.
— Copper. . . . . . . 5677. CAP.
— Yellow. . . . . . . 5678. CAP.
Avocat Duvivier. . . . . 3735. H. R.
— Lambert. . . . . . . 3736. H. R.
Ayrshire à fleurs pleines. . . 6133. ARV.
Ayrshire à fl. roses. . . . . . 6134. ARV.

B

Bacchus. . . . . 4367. H. R.
Bacconier. . . . . 4582. H. R.
baldensis. . . . . 6123. ARV.
Balduin. . . . . 2169. H. TH.
Ball of Snow. . . . . 2558. H. NO.
balsamea. . . . . 6689. ALP.
Banks à fleurs doubles. . . . 6551. BANK.
— de Constantinople. . 6555. BANK.
— de Fortune. . . . . . 6554. BANK.
— jaune double. . . . . 6553. BANK.
— — simple. . . . . 6552. BANK.
Banksiæ. . . . . 6550. BANK.
Banksiæ flora. . . . . 6089. SEMP.
Barbot. . . . . 1291. TH.
Bardon. . . . . 1292. TH.
Bardou Job. . . . . 6530. H. BEN. S
Baro Majlhenyi Natalia. . . . 6185. SETI.
Baron A. de Rothschild. . . . 3737. H. R.
— Alexandre de Vrints. . 4583. H. R.
— Chaurand. . . . . . . 4368. H. R.
— de Bonstetten. . . . . 3738. H. R.
— de Girardot. . . . . . 3739. H. R
— de Houlley. . . . . . 4291. H. R.
— de Lassus de St-Geniès. 3740. H. R.
— de Rothschild. . . . . 3741. H. R.
— de Saint-Albe. . . . . 3742. H. R.
— de Saint-Trivier. . . . 1293. TH.
— de Wassenaer. . . . . 3137. C. P. M.
— de Wolseley. . . . . . 4497. H. R.
— Elisi de Saint-Albert. . 4187. H. R.
— Girod de l'Ain. . . . . 3743. H. R.
— Haussmann. . . . . . 4369. H. R.
— J. B. Gonella. . . . . 4584. H. R.
— M. de Lostende. . . . 2170. H. TH.
— Nathaniel de Rothschild. 3744. H. R.
— Taylor. . . . . 4585. H. R.
— T'Kind de Roodenbecke. 3745. H. R.
Baronne Ada. . . . . 1294. TH.
— A. de Rothschild. . . 4552. H. R.
— Berge. . . . . 1295. TH.
— C. de Rochetaillée. . 1296. TH.
— Ch. de Gargan. . . . 6302. TH. S.
— Ch. Taube. . . . . . . 1297. TH.
— Daumesnil. . . . . . . 2611. I. B.
— de Beauverger. . . . . 3746. H. R.
— de Belleroche. . . . . 3552. H. R.
— de Bluchausen. . . . . 4370. H. R.
— de Fonvielle. . . . . . 1293. TH.
— de Hoffmann. . . . . 1299. TH.
— de Lostende. . . . . . 3747. H. R.
— de Meden. . . . . . . 4371. H. R.
— de Meynard. . . . . . 2559. H. NO.
— de Noirmont. . . . . . 2612. I. B.
— de Prailly. . . . . . . 3553. H. R.

Baronne d'Erlanger. . . . . . 1300. TH.
— de Saint-Didier. . . . 3554. H. R.
— de Sinety. . . . . . . 6303. TH. S.
— Fanny Van der Noot. 1301. TH.
— Gaston Chandon. . . 1302. TH.
— G. de Noirmont. . . . 2171. H. TH.
— Gustave de St-Paul. . 3407. H. R.
— Haussmann. . . . . . 3748. H. R.
— Henriette de Lœw. . 1303. TH.
— Henriette Snoy. . . . 1304. TH.
— J. B. de Morand. . . 1305. TH.
— Louise d'Uxhull. . . 4586. H. R.
— M. de Graviers. . . . 4587. H. R.
— M. de Tornaco. . . . 1306. TH.
— M. Werner. . . . . . 1307. TH.
— Nath. de Rothschild. 3749. H. R.
— Pelletan de Kinkelin. 3750. H. R.
— Piston de St-Cyr. . . 2810. BEN
— Prévost. . . . . 3475. H. R.
— Travot. . . . . 3555. H. R.
— Vitat. . . . . 4588. H. R.
Barthe. . . . . 6718bis. ALP
Barthélemy Joubert. . . . . . 3751. H. R.
Beatrix. . . . . 4589. H. R.
Beatrix comtesse de Buisseret. 2172. H. TH.
Beau Carmin du Luxembourg. 2881. CHI.
Beauté de Grange de Héby. . 2173. H. TH.
— de l'Europe. . . . . . 6304. TH. S.
— des Prairies. . . . . . 6186. SETI.
— inconstante. . . . . . 1105. TH.
— lyonnaise. . . . . . . 2174. H. TH.
— lyonnaise. . . . . . . 4590. H. R.
— séduisante. . . . . . 2613. I. B.
Beauty of Beeston. . . . . . 3556. H. R.
— of Glasenwood. . . . 6546. GIG.
— of Stapleford. . . . . 2175. H. TH.
— of Waltham. . . . . . 4372. H. R.
— of Westerham. . . . 4591. H. R.
Bébé Leroux. . . . . 1005. POLY.
Bedford belle. . . . . 2176. H. TH.
Beggeriana. . . . . 6663. CIN.
Bella. . . . . 1308. TH.
Bellaza Asturiana. . . . . . . 4592. H. R.
Belle Angevine. . . . . 4593. H. R.
— Chartronnaise. . . . 1309. TH.
— de Baltimore. . . . . 6187. SETI.
— de Bourg-la-Reine. . 4188. H. R.
— de Monza. . . . . . . 2811. BEN.
— de Ségur. . . . . . . 3302. ALBA.
— des Jardins. . . . . . 2961. PROV.
— des Moulins. . . . . 6305. TH. S.
— Doria. . . . . 2962. PROV.
— du printemps. . . . . 4594. H. R.
— fleur d'Anjou. . . . . 1174. TH.
— Isis. . . . . 2963. PROV.
— Ivryenne. . . . . . . 4595. H. R.
— Lyonnaise. . . . . . . 6306. TH. S.
— Mâconnaise. . . . . . 1310. TH.
— Marseillaise. . . . . . 2505. NO.
— Nanon. . . . . 2614. I. B.
— Normande. . . . . . . 3408. H. R.
— panachée. . . . . . . 1311. TH.
— Poitevine. . . . . . . 5401. RUG.
— rose. . . . . 4189. H. R.
— Siebrecht. . . . . . . 2177. H. TH.
— Vichysoise. . . . . . 6413. NO. S.
— villageoise. . . . . . 2964. PROV.
Bellina Guillot. . . . . 1006. POLY.
Belmont. . . . . 6531. H. BEN. S.
Belzunce. . . . . 3557. H. R.
Ben Cant. . . . . 4596. H. R.

INDEX ALPHABÉTIQUE. — HORT.

Bengale à grandes fleurs . . . 2812. BEN.
— Gontier. . . . . . . 6532. H. BEN. S.
— Pourpre. . . . . . . 2872. CHIN.
Benjamin Drouet . . . . . . 4373. H. R.
Bennett's seedling . . . . . . 6013. MULT.
Benoist Pernin . . . . 4598. H. R.
Benoit Broyer . . . . 4597. H. R.
— Comte . . . . 4374. H. R.
Béranger . . . . 3138. C. F. M.
Berleana gracilis . . . . . . 6124. ARV.
Bernard Mayador . . . . . . 3326. DAM.
— Palissy . . . . 4292. H. R.
— Verlot . . . . 4375. H. P.
Berthe Baron . . . . 4190. H. R.
— Gemen . . . . 4599. H. R.
— Lévêque . . . . . . 4600. H. R.
— Thouvenot . . . . . . 1312. TH.
Beryl . . . . 1313. TH.
Bessie Brown . . . . 2178. H. TH.
— Johnson . . . . . . 4601. H. R.
Bianqui . . . . 1314. TH.
bibracteata . . . . 6125. ARV.
Bicolore . . . . 4602. H. R.
Bicolore incomparable . . . . 3130. C. F. M.
Bignonia . . . . 1315. TH.
Bijou de Couasnon . . . . . 4198. H. R.
— de Lyon . . . . . . 6014. MULT.
— de Royat-les-Bains . . . 2813. BEN.
— des prairies . . . . . 6188. SETI.
Billard et Barré . . . . . . 1316. TH.
Black prince . . . . 3752. H. R.
Bladud . . . . 4603. H. R.
Blairi N° 2 . . . . 6491. H. I. B. S.
Blanca Werner . . . . . . 1317. TH.
Blanc de Chine . . . . . . 2815. BEN.
Blanc de Vibert . . . . . . 3352. PORT.
Blanc double de Coubert . . . 5402. RUG.
Blanc unique . . . . 2814. BEN.
Blanche de Beaulieu . . . . . 4604. H. R.
— de Belgique . . . . . 3303. ALBA.
— de Castille . . . . . 4605. H. R.
— de Forco . . . . . . 1318. TH.
— de Meru . . . . . . 4606. H. R.
— de Soleville . . . . . 1319. TH.
— double . . . . 3140. C. F. M.
— fleur . . . . 2965. PROV.
— Moreau . . . . 3234. C. F. M. R.
— Nabonnand . . . . . 1320. TH.
— Rebatel . . . . 1007. POLY.
— Simon . . . . 3141. C. F. M.
blanda . . . . 6664. CIN.
Blush . . . . 2966. PROV.
Boadicea . . . . 1321. TH.
Boccace . . . . 4607. H. R.
Boïeldieu . . . . 3476. H. R.
Boileau . . . . 3558. H. R.
Bon Amour . . . . 2179. H. TH.
Bona Weillschott . . . . . . 2180. H. TH.
Bon Silène . . . . 1322. TH.
Borboniana . . . . 2600. I. B.
Botzaris . . . . 3327. DAM.
Bougainville . . . . 2506. NO.
Bougère . . . . 1323. TH.
Boule de neige . . . . 2560. H. NO.
Boule d'or . . . . 1324. TH.
Bouquet de Flore . . . . . . 2615. I. B.
— de Marie . . . . . . 4273. H. R.
— de neige . . . . . . 1008. POLY.
— de Vierge . . . . . . 2616. I. B.
— d'or . . . . 6414. NO. S.
Bourbon . . . . 1325. TH.

Boursault . . . . 6719. ALP.
Bouton d'or . . . . 1326. TH.
bracteata . . . . 6750. BRAC.
Bradwardine . . . . 6627. RUBI.
Braunii . . . . 5647. H. PIM.
Brenda . . . . 6628. RUBI.
Brennus . . . . 2967. PROV.
Brennus . . . . 6580. H. N. R. S.
Bride . . . . 1327. TH.
Bridesmaid . . . . 1328. TH.
Brightness of Cheshunt . . . . 4499. H. R.
Brilliant . . . . 3753. H. R.
Bruce Finlay . . . . 4500. H. R.
Brunel . . . . 2081. H. TH.
Brunonii . . . . 6161. MOSC.
— à fleurs doubles . . . 6170. MOSC.
— Himalayica . . . . . 6171. MOSC.
Buffalo Bill . . . . 4501. H. R.
Bullata . . . . 3102. C. F.
Bunnert Fridolin . . . . . . 6307. TH. S.
Buret . . . . 2816. BEN.
Buret . . . . 1329. TH.
Bürgermeister K. Muller . . . 3754. H. R.
Burgundy . . . . 3142. C. F. M.

C

Cabbage rose . . . . 3103. C. F.
Caecilie Scharsach . . . . . . 4608. H. R.
californica . . . . 6665. CIN.
Calliope . . . . 4609. H. R.
calocarpa . . . . 5456. H. RUG.
Calypso . . . . 6720. ALP.
Camaïeu . . . . 2968. PROV.
Camellia . . . . 6762. LAEV.
Camellia rose . . . . 2817. BEN.
Camelliæflora . . . . 2507. NO.
Camille Bernardin . . . . . 3755. H. R.
Camille Roux . . . . 1330. TH.
Camoëns . . . . 2182. H. TH.
Canari . . . . 1106. TH.
canina . . . . 6599. CANI.
Cannes la Coquette . . . . . 2183. H. TH.
Capitaine A. Milabran . . . . 1231. TH.
— Basroger . . . . . . 3143. C. F. M.
— Haward . . . . . . 4293. H. R.
— John Ingram . . . . 3235. C. F. M. R.
— Jouen . . . . 4610. H. R.
— Lefort . . . . 1175. TH.
— Louis Frère . . . . . 3756. H. R.
— Millet . . . . 1332. TH.
— Paillon . . . . 4502. H. R.
— Reynard . . . . . . 4611. H. R.
capreolata . . . . 6126. ARV.
capreolata pendula . . . . . 6127. ARV.
Caprice des Dames . . . . . 2893. LAW.
Captain Cristy . . . . 2184. H. TH.
— — blanc . . . . . 2185. H. TH.
— — panaché . . . . 2186. H. TH.
— — rouge . . . . . 2187. H. TH.
— Philip Green . . . . 1333. TH.
Capucine jaune . . . . . . 5679. CAP.
— Liabaud . . . . . . 4191. H. R.
— rouge . . . . 5680. CAP.
Cardinal de Richelieu . . . . 2969. PROV.
Cardinal Patrizzi . . . . . . 3490. H. R.
Carl Coers . . . . 4294. H. R.
Carmen . . . . 6308. TH. S.
Carmen Silva . . . . 2188. H. TH.
Carmin d'Yebles . . . . . . 2818. BEN.

Carné	3144.	C. F. M.
Carnea double	5603.	PIM.
carolina	6650.	CARO.
carolina×rugosa	5457.	H. RUG.
Caroline	1334.	TH.
Caroline d'Arden	4612.	H. R.
— de Sansal	4613.	H. R.
— Fochier	1335.	TH.
— Küster	2568.	NO.
— Marniesse	2509.	NO.
— Riguet	2617.	I. B.
— Swailes	3559.	H. R.
Casimir Périer	4503.	H. R.
Casimo Ridolphi	2970.	PROV.
Catharina Gerchen Freundlich	1336.	TH.
Catherine Bonnard	6581.	H. N. R. S.
— II	2819.	BEN.
— de Wurtemberg	3145.	C. F. M.
— Guillot	2743.	H. I. B.
— Mermet	1337.	TH.
— Seyton	6629.	RUBI.
— Soupert	4192.	H. R.
Cavalli	5604.	PIM.
Cécile Daumont	3409.	H. R.
Celestial	3304.	ALBA.
Célestine Pourreaux	3560.	H. R.
Célina	3146.	C. F. M.
Céline	6582.	H. N. R. S.
— Forestier	6415.	NO. S.
— Gonod	2618.	I. B.
Cels multiflore	1338.	TH.
Centfeuille rose chou	3107.	C. F.
centifolia	3100.	C. F.
— alba	3104.	C. F.
— major	3105.	C. F.
— minor	3106.	C. F.
— muscosa	3147.	C. F. M.
— pomponia	3265bis	C. F. P.
— rosea	4614.	H. R.
Cérès	6309.	TH. S.
Cerise pourpre	1339.	TH.
Cerisette	2871.	H. BEN.
César Beccaria	2972.	PROV.
Césarine Souchet	2619.	I. B.
Césonie	3148.	C. F. M.
C. Gaudefroid	2511.	NO.
Chaméléon	2189.	H. TH.
Chamois	1340.	TH.
Champ de Mars	3757.	H. R.
Champion of the World	2820.	BEN.
Champney	6169.	MOSC.
Charlemagne	3758.	H. R.
Charles Baltet	3759.	H. R.
— Boissière	4615.	H. R.
— Bonnet	4616.	H. R.
— Darwin	3760.	H. R.
— de Franciosi	1341.	TH.
— de Legrady	1342.	TH.
— de Thézillat	1343.	TH.
— Dickens	4617.	H. R.
— Duval	3761.	H. R.
— Fauquet	3762.	H. R.
— Fontaine	4618.	H. R.
— Gater	3763.	H. R.
— Lamb	4376.	H. R.
— Lawson	6583.	H. N. R. S.
— Lee	4377.	H. R.
— Lefèbvre	4495.	H. R.
— Levêque	1344.	TH.
— Margottin	4295.	H. R.
— Martel	3764.	H. R.
Charles Métroz	1009.	POLY.
— Quint	2973.	PROV.
— Reboult	1345.	TH.
— Reybaud	1346.	TH.
— Rouillard	4619.	H. R.
— Souchet	2620.	I. B.
— Turner	4296.	H. R.
— Verdier	3561.	H. R.
— Wood	3765.	H. R.
Charlotte Corday	3766.	H. R.
— Dandasme	2621.	I. B.
— Gillemot	2190.	H. TH.
Chateaubriand	2871bis	H. BEN.
Château de la Juvenie	6774.	MICR.
— de Namur	2974.	PROV.
— des Bergeries	1107.	TH.
— d'Ourout	1347.	TH.
— Luegg	6189.	SETI.
Châtelain d'Eu	3767.	H. R.
Chedanne Guinoisseau	5458.	H. RUG.
Chenedolé	6584.	H. N. R. S.
Cherokee rose	6775.	MICR.
Cheshunt Hybrid	6381.	H. TH. S.
— Scarlet	3768.	H. R.
Chevalier Angelo Ferraro	1348.	TH.
— de Colqhoun	3562.	H. R.
— Nigra	3769.	H. R.
Chevreul	3149.	C. F. M.
Chinensis	2880.	CHIN.
Chloris	2191.	H. TH.
chlorocarpa	6271.	PHŒ.
Christian IX	2622.	I. B.
Christian Puttner	3770.	H. R.
Christina Nilson	3771.	H. R.
Christine Mester	1349.	TH.
Chromatella	6416.	NO. S.
Cibles	5459.	H. RUG.
Cicéron	2779.	H. I. B.
Cinderella	2510.	NO.
cinnamomea	6659.	CIN.
cinnamomea×rugosa	5460.	H. RUG.
Claire Carnot	2512.	NO.
— Godard	1350.	TH.
— Truffaut	2744.	H. I. B.
Clara Barton	4620.	H. R.
— Cochet	4193.	H. R.
— Pfitzer	1010.	POLY.
— Pries	1351.	TH.
— Sylvain	1352.	TH.
— Watson	1353.	TH.
Clarisse Harlow	2513.	NO.
Claude Bernard	4297.	H. R.
— Jacquet	3491.	H. R.
— Levet	4621.	H. R.
— Million	4378.	H. R.
Claudia Augusta	2514.	NO.
Claudius Levet	1176.	TH.
Clémence Joigneaux	6561.	H. R. S.
— Marchix	1354.	TH.
— Raoux	3410.	H. R.
— Robert	3236.	C. F. M. R.
Clément Nabonnand	1355.	TH.
Cleopàtra	1356.	TH.
Cléopâtre	1357.	TH.
Cléosthène	4622.	H. R.
Climbing Belle Siebrecht	6382.	H. TH. S.
— Bessie Johnson	6562.	H. R. S.
— Captain Christy	6383.	H. TH. S.
— Caroline Testout	6383bis	H. TH. S.
— Clémence Thierry	6564.	H. R. S.
— Charles Lefebvre	6563.	H. R. S.

INDEX ALPHABÉTIQUE. — HORT.

Climbing cramoisi supérieur. 6520. BEN. S.
— Devoniensis. . . . . 6310. TH. S.
— Edouard Morren . . 6565. H. R. S.
— Etienne Levet . . . 6566. H. R. S
— Hipp. Jamain. . . . 6567. H. R. S.
— Jules Margottin. . . 6568. H. R S
— Kaiserin A.-Victoria 6384. H. TH. S.
— La France. . . . . 6385. H. TH. S.
— Mme Isaac Pereire. . 6492. B. I. B. S.
— Marie Guillot. . . . 6311. TH. S.
— Mme de Watteville. 6310bis TH. S.
— M. Boncenne. . . . 6569. H. R. S.
— Nabonnand. . . . . 6521. BEN. S.
— Niphetos . . . . . . 6312. TH. S.
— Perle des Jardins. 6313. TH. S.
— Pride of Waltham. 6570. H. R. S.
— Queen of Queen. . . 6571. B. R. S.
— Sr de la Malmaison. 6480. I. B. S.
— — de Wootton. . . 6386. H. TH. S
— Victor Verdier. . . 6572. H. R. S.
— White Pet. . . . . . 6015. MULT.
clinophylla. . . . . 6755. BRAC.
clinophylla duplex. . . . . 6756. BRAC.
Clio. . . . . 4298. H. R.
Clothilde. . . . . 1358. TH.
— Pfitzer. . . . . 1011. POLY.
— Rolland. . . . . . . 4623. H. R.
— Soupert. . . . . . . 6387. H. TH. S.
— — . . . . 1076. H. POLY.
— Soupert Climbing. . 6016. MULT.
Cloth of Gold. . . . . 6416bis. NO. S.
Clovis. . . . . 3772. H. R.
coccialba. . . . . 6690. ALP.
Coccinea. . . . . 6017. MULT.
Coelina Dubos. . . . . 3353. PORT.
Cœur de Lion. . . . . 4624. H. R.
Colibri. . . . . 1012. POLY.
Colonel de Cambriels. . . . . 4625. H. R.
— de Rougemont. . . 3773. H. R.
— de Sansal. . . . . . 4626. H. R.
— Felix Breton. . . . . 4504. H. R.
— Foissy. . . . . 4627. H. R.
— Juffé. . . . . 1359. TH.
— Mignot. . . . . 4299. H. R.
— Robert Lefort . . . 3150. C. F. M.
Comice de Seine-et-Marne. . 2623. I. B.
— de Tarn-et-Garonne. 2624. I. B.
Commandant Beaurepaire. . 2975. PROV.
— Felix Faure . . . 4628. H. R.
— Fournier . . . . 3563. H. R.
— Fournier . . . . 3564. H. R.
— Larret de la Molignie 3774. H. R.
— Loste . . . . . . 3775. H. R.
— Marchand . . . 1360. TH.
Common China. . . . . 2321. BEN.
— Moss. . . . . 3151. C. F. M.
— Provence. . . . . . 3168. C. F.
Communis . . . . 2109. C. F.
Comte Adrien de Germiny. . 4194. H. R.
— Alphonse de Sérenye. 3411. H. R.
— Amédée de Foras. . 1361. TH.
— Bobrinsky. . . . . . 2872. H. BEN.
— Carneval. . . . . . . 4629. H. R.
— Chandon. . . . . . . 1362. TH.
— Charles d'Harcourt. 3776. H. R.
— de Beaufort. . . . . 3492. H. R.
— de Falloux. . . . . 3777. H. R.
— de Flandre . . . . 3778. H. R.
— de Montebello. . . . 3505. H. R.
— de Mortemart. . . . 3412. H. R.
— de Montijo. . . . . 2025. I. B.

Comte de Nanteuil. . . . . . . 2976. PROV.
— de Nanteuil. . . . . 3413. H. R.
— de Paris. . . . . . . 3780. H. R.
— de Paris. . . . . . . 1363. TH.
— de Paris. . . . . . . 3779. H. R.
— d'Epresmesnil. . . 5403. REG.
— de Ribeaucourt . . 4300. H. R.
— de Sembuy. . . . . 1364. TH.
— de Taverna. . . . . 1108. TH.
— Florimond de Bergeyck. 4630. H. R.
— Foy de Rouen. . . . 2977. PROV
— Fr.de Thun Hohenstein. 3781. H. R.
— François de Thun. . 1365. TH.
— G. de Roquette Buisson. 1366. TH.
— Hri Plantagenet d'Anjou 1367. TH.
— Henri Rignon. . . . 2192. H. TH.
— Horace de Choiseul. . 3782. H. R.
— Lavaur de Ste Fortunade 3783. H. R.
— Odart. . . . . 4631. H. R.
— Raimbaud. . . . . . 3414. H. R.
— Raoul Chandon. . . 3784. H. R.
Comtesse Alban de Villeneuve. 1368. TH.
— Anna Thun. . . . . 1369. TH.
— Antoine Migazzi. . . 4553. H. R.
— Antoinette d'Oultremont 1013. POLY.
— Bardi. . . . . 1370. TH.
— Bertrand de Blacas. 4379. H. R.
— Branicka. . . . . . 3415. H. R.
— Cahen d'Anvers. . . 3416. H. R.
— Caroline Radzinsky. 1371. TH.
— Cécile de Chabrillant. 4632. H. R.
— de Barbantane. . . 2626. I. B.
— de Bardi. . . . . . 1372. TH.
— de Beaumetz . . . 6417. NO. S.
— de Bernis. . . . . . 4633. H. R.
— de Bouchaud. . . . 6418. NO. S.
— de Bresson. . . . . 4195. H. R.
— de Breteuil. . . . . 1373. TH.
— de Brossard. . . . 1374. TH.
— de Buisseret. . . . 2193. H. TH.
— de Camondo. . . . 4380. H. R.
— de Caraman. . . . 1375. TH.
— de Caserta. . . . . 1376. TH.
— de Casteja. . . . . 4381. H. R.
— de Choiseul. . . . 3785. H. R.
— de Courcy. . . . . 4634. H. R.
— de Falloux. . . . . 4635. H. R.
— de Flandre. . . . . 3566. H. R.
— de Frigneuse. . . . 1109. TH.
— de Galard-Béarn. . 6419. NO. S.
— de Galbert. . . . . 2560bis. H. NO.
— de Ganay. . . . . . 3786. H. R.
— de Grailly. . . . . 1377. TH.
— de Greffulhe. . . . 4636. H. R.
— de Jaucourt. . . . 4301. H. R.
— de Labarthe. . . . 1170. TH.
— de Lacepède. . . . 2873. H. BEN.
— de Leusse. . . . . 1378. TH.
— de Limerick. . . . 1379. TH.
— de Ludre . . . . . 4382. H. R.
— de Mailly de Nesle. 3567. H. R.
— de Maussac. . . . 4302. H. R.
— de Menon. . . . . 1380. TH.
— de Mercy d'Argenteau 3787. H. R.
— de Murinais. . . . 3152. C. F. M.
— de Murinais. . . . 2978. PROV.
— de Nadaillac. . . . 1381. TH.
— de Panisse . . . . 1382. TH.
— de Paris. . . . . . 3788. H. R.
— de Paris. . . . . . 3568. H. R.
— de Polignac. . . . 3493. H. R.

Comtesse de Rocquigny.	2627.	I. B.
— de Roquette-Buisson	4637.	II. R.
— de Roseberry.	4638.	II. R.
— de R. Chabot de Lus.	1383.	TH.
— de Saint-Andéol.	3789.	II. R.
— de Serenye.	4196.	II. R.
— de Turenne.	4639.	II. R.
— d'Eu	1384.	TH.
— d'Eu	4383.	II. R.
— de Vitzthum	1385.	TH.
— de Waranzoff.	1386.	TH.
— Doria.	3153.	C. F. M.
— d'Oxford	3569.	II. R.
— Dusy	1387.	TH.
— Eugène de Zogheb.	1388.	TH.
— Eva Starhemberg.	1389.	TH.
— Festatics Hamilton.	1390.	TH.
— Fressinet de Bellanger	4197.	II. R.
— de Clerm¹-Tonnerre.	1391.	TH.
— G. de Roq¹¹-Buisson.	2515.	NO.
— G. Lannes de Monteb.	3570.	II. R.
— Hélène Mier	4384.	II. R.
— Henriette Combes.	3790.	II. R.
— Horace de Choiseul.	1177.	TH.
— Julie de Schulenburg	4640.	II. R.
— Julie Hunyadi.	1392.	TH.
— Laure Saurma	1393.	TH.
— Lily Kinsky.	1110.	TH.
— Livia Zichy.	1394.	TH.
— Mathilde d'Arnim.	3791.	II. R.
— Nathalie de Kleist.	4641.	II. R.
— O'Gorman	4642.	II. R.
— O'Gorman.	1395.	TH.
— Olivier de Lorgeril.	1396.	TH.
— Ouwaroff.	1397.	TH.
— René de Béarn.	3792.	II. R.
— René de Mortemart.	1398.	TH.
— Riza du Parc.	1178.	TH.
— Théodore Ouwaroff.	1399.	TH.
— Vally de Serenye.	4643.	II. R.
— Vitali.	1400.	TH.
Concha Bolin	1401.	TH.
Condessa da Foz	2516.	NO
Conditorum	2979.	PROV.
Confucius	2322.	BEN.
Conrad Ferdinand Meyer	5461.	II. RUG.
Conrad Strassheim.	2194.	II. TH.
Constantin Petriakoff	4644.	II. R.
Coquette bordelaise.	3417.	II. R.
— de Lyon	1111.	TH.
— de Lyon.	4645.	II. R.
— de Normandie.	4646.	II. R.
— des Alpes.	2561.	II. NO.
— des blanches	2562.	II. NO.
Cora.	2823.	BEN.
Cora.	2971.	PROV.
Corallina.	2195.	II. TH.
coriifolia.	6601.	CAN.
Corinna.	1402.	TH.
coronata.	5048.	II. PIM.
Cornelia Cook.	1403.	TH.
Cornelie	6419ᵇⁱˢ.	NO. S.
cornet	4647.	II. R.
Coronnet.	2196.	II. TH.
coruscans	5404.	RUG.
corymbosa.	6651.	CAR.
Couleur de Brennus.	2980.	PROV.
Countess of Caledon	2197.	II. TH.
— of Lieven.	6135.	ARV.
— of Limerick.	1404.	TH.
— of Pembroke.	2198.	II. TH.
Countess of Roseberry	4385.	II. R.
Coupe d'Hébé.	6585.	II. N. R. S.
Cramoisi picoté.	2981.	PROV.
— simple.	6226.	WICH.
— supérieur.	2983.	CHIN.
Crested Moss	3154.	C. F. M.
Crimson Bedder	3494.	II. R.
— Globe.	3155.	C. F. M.
— or Damask	3156.	C. F. M.
— Queen	4303.	II. R.
— Roamer.	6227.	WICH.
Cristata	3157.	C. F. M.
Crown Prince	3793.	II. R.
Cuidad de Oviedo.	3110.	C. F.
Cuisse de Nymphe.	3305.	ALBA.
Cuisse de Nymphe émue.	3306.	ALBA.
Cumberland belle	3237.	C. F. M. R.
Curé de Charentay.	3495.	II. R.
Curiace	1405.	TH.
Curidos	6190.	SETI.
Cürth Schultheis.	1406.	TH.

D

Dahliensis	1407.	TH.
dahurica.	6665ᵇⁱˢ.	CIN.
Daisy	2199.	II. TH.
Dalmois.	4648.	II. R.
damascena.	3325.	DAM.
Dames Patronesses d'Orléans	3794.	II. R.
Daniel Lacombe.	6018.	MULT.
Danmark.	2200.	II. TH.
Danzille.	1408.	TH.
d'Arzens.	4649.	II. R.
David Pradel	1409.	TH.
Dawn	2201.	II. TH.
Dawsoniana.	6001.	MULT.
Dean of Windsor	4650.	II. R.
Débutante	6228.	WICH.
de Candolle	3158.	C. F. M.
de Chartres	2894.	LAW.
Décoration de Geschwindt.	6019.	MULT.
de la Grifferaie.	6020.	MULT.
Delicata	5462.	II. RUG.
Delille	3238.	C. F. M. R.
Delton.	2984.	CHIN.
de Meaux	3159.	C. F. M.
Denis Cochin	4505.	II. R.
— Hélye.	4651.	II. R.
— Hélye.	3160.	C. F. M.
Denise de Reverseaux.	1179.	TH.
Député Montaut.	4652.	II. R.
Deschamps.	6420.	NO. S.
Desgaches.	2628.	I. B.
Désirée Fontaine	3795.	II. R.
des Parfumeurs	2982.	PROV.
des Peintres.	3111.	C. F.
Desprez.	6421.	NO. S.
Desprez à fleurs jaunes	6422.	NO. S.
Deuil de Dunois.	3796.	II. R.
— du colonel Denfert.	3797.	II. R.
— du docteur Raynaud.	2029.	I. B.
— du duc d'Orléans.	2630.	I. B.
— du Prince Albert.	3496.	II. R.
— Paul Fontaine.	3239.	C. F. M. R.
Devienne Lamy	3798.	II. R.
Devoniensis	1410.	TH.
Diana	3571.	II. R.
Diane de Bollwillers	6314.	TH. S.
Didot	5065.	PIM.
Dingée et Conard	4506.	II. R.

Directeur Alphand. . . . . . . 3799. H. R.
— Constant Bernard . . 2202. H. TH.
— René Gérard. . . . . 1411. TH.
— Tisserand . . . . . . 3800. H. R.
Director Graebner-Hofgarten. . 2263. H. TH.
Distinction. . . . . 2204. H. TH.
D. N. Jensen. . . . . 4386. H. R.
Docteur Abel Duncan . . . . . 1412. TH.
— Albert Moulonguet . . 1413. TH.
— And y. . . . . 4507. H. R.
— Anthonin Carlès. . . . 6315. TH. S.
— Joly. . . . . 3572. H. R.
— Arnal. . . . . 4653. H. R.
— A. Schlumberger . . . 1414. TH.
— Auguste Krell. . . . . 3801. H. R.
— Baillon . . . . 4387. H. R.
— Bastien . . . . 4388. H. R.
— Berthet . . . . 1180. TH.
— Bouillon. . . . . 4654. H. R.
— Berthet . . . . 2631. J. B.
— Branche. . . . . 4655. H. R.
— Bretonneau. . . . . . 3497. H. R.
— Brière. . . . . 2632. J. B.
— Cazeneuve . . . . . . 2205. H. TH.
— Chopard . . . . 2633. J. B.
— de Chalus. . . . . . . 3802. H. H.
— Dor. . . . . 3498. H. R
— Douet. . . . . 3903. H. R.
— Dusillet. . . . . 1415. TH.
— Eug. Teixeira Leita . . 1416. TH.
— Favre. . . . . 1417. TH.
— Félix Guyon . . . . . 1418. TH.
— Garnier. . . . . 3499. H. R.
— Granvilliers . . . . . . 1419. TH.
— Grill . . . . 1420. TH.
— Gueillot. . . . . 1421. TH.
— Guépin . . . . 3804. H. R.
— Hénon . . . . 4656. H. R.
— Hurta. . . . . 3500. H. R.
— Jamain . . . . 2873bis. H. BEN.
— Jenner . . . . 4198. H. R.
— Jules Lisnard. . . . . 1422. TH.
— Lande. . . . . 1423. TH.
— Lemée . . . . 3805. H. R.
— Leprestre. . . . . . . 2634. J. B.
— Lindley. . . . . 4657. H. R.
— Marjolin . . . . 4658. H. R.
— Marjolin . . . . 3161. C. F. M.
— Marx . . . . 4389. H. R.
— Pasteur. . . . . 2206. H. TH.
— Pinel. . . . . 3573. H. R.
— Pouleur. . . . . 1424. TH.
— Raimont . . . . 1977. H. POLY.
— Rouges . . . . 6316. TH. S.
— Sewell . . . . 3806. H. R.
— Wilhelm Neubert. . . 3807. H. R.
— Wingtrinier. . . . . . 3418. H. R.
Doctor Hoog. . . . . 4390. H. R.
— Hooker . . . . 4508. H. R.
Domaine de Chapuis. . . . . . 6776. MICR.
Dometil Beccard. . . . . 2933. PROV.
Domingo Aldrufen. . . . . . . 3574. H. R.
Dona Maria . . . . 6990. SEMP.
Dorothea Soffker . . . . 1425. TH.
Double . . . . 2895. LAW.
— blanche . . . . 2896. LAW.
— brique. . . . . 2934. PROV.
— jaune. . . . . 5631. CAP.
— Pink . . . . 5666. PIM.
— Pink Edine . . . . . . 5667. PIM.
— scarlet . . . . 6630. RUBI.

Double white. . . . . 5668. PIM.
Dowager Duch^{ss} of Malborough 4391. H. R.
Down . . . . 2935. PROV.
Doyen Théodore Cornet. . . . 4199. H. R.
Dryade . . . . 6721. ALP.
Duarte de Oliviera. . . . . . . 6423. NO. S.
Duc d'Angoulême . . . . 3112. C. F.
— d'Anjou. . . . . 3501. H. R.
— d'Audiffred Pasquier . 3808. H. R.
— de Bassano. . . . . . 3502. H. R.
— de Bragance . . . . . 4509. H. R.
— de Caylus. . . . . . . 1426. TH.
— de Cazes . . . . 3809. H. R.
— de Chartres. . . . . . 3810. H. R.
— de Constantine . . . . 6136. ARV.
— de Crillon. . . . . . . 2635. J. B.
— de Grammont. . . . . 1427. TH.
— de Magenta. . . . . . 1428. TH.
— de Marlborough . . . 3811. H. R.
— de Montpensier. . . . 3812. H. R.
— de Mortemart. . . . . 2207. H. TH.
— de Nassau . . . . . . 3503. H. R.
— de Rohan. . . . . . . 3813. H. R.
— de Valmy. . . . . . . 2936. PROV.
— d'Harcourt . . . . . . 3814. H. R.
— d'Orléans . . . . 3815. H. R.
— d'Ossuna . . . . 3816. H. R.
— d'Uzès . . . . 3817. H. R.
— Engelbert d'Aremberg. 2208. H. TH.
Ducher. . . . . 2824. BEN.
Duchesse Antonine d'Ursel. . . 4659. H. R.
— d'Abrantès. . . . . . 3162. C. F. M.
— d'Albany. . . . . 4660. H. R.
— d'Aoste . . . . 4200. H. R.
— d'Auërstaedt. . . . . . 6317. TH. S.
— de Bragance. . . . . . 1112. TH.
— de Bragance. . . . . . 3818. H. R.
— de Cambacérès . . . . 4661. H. R.
— de Caylus . . . . 3819. H. R.
— de Chartres. . . . . . 3820. H. R.
— d'Edimbourg. . . . . . 4201. H. R.
— de Dino . . . . 3821. H. R.
— de Galliera. . . . . . 4392. H. R.
— de Galliera. . . . . . 4393. H. R.
— de Lorge . . . . 4662. H. R.
— de Medina Cœli . . . 3822. H. R.
— de Morny. . . . . . . 4663. H. R.
— de Norfolk. . . . . . . 4664. H. R.
— de Sutherland . . . . 4665. H. R.
— de Thuringe . . . . . 2636. J. B.
— de Vallombrosa . . . . 4202. H. R.
— de Vallombrosa . . . . 1429. TH.
— de Verneuil . . . . . . 3163. C. F. M.
— d'Harcourt . . . . . . 3823. H. R.
— d'Orléans . . . . 3419. H. R.
— d'Ossuna . . . . 4666. H. R.
— Hedwige d'Aremberg. 2209. H. TH.
— Hilda de Bade . . . . 1430. TH.
— Marie Salviati . . . . 1431. TH.
— Mathilde. . . . . 1432. TH.
— Mathilde Rosa. . . . . 1433. TH.
Duchess of Albany. . . . . . . 2210. H. TH.
— of Bedford . . . . . . 3824. H. R.
— of Connaught. . . . . 3925. H. R.
— of Connaught. . . . . 2211. H. TH.
— of Edinburgh. . . . . 1434. TH.
— of Edinburgh. . . . . 4203. H. R.
— of Edinburgh. . . . . 2825. BEN.
— of Fife . . . . 4394. H. R.
— of Leeds . . . . 2212. H. TH.
— of Portland . . . . . . 2213. H. TH.

INDEX ALPHABÉTIQUE. — HORT.

Duchess of Westminster.... 2214. H. TH.
— of York........ 4667. H. R.
Dufforti............ 6128. ARV.
Duguesclin.......... 4304. H. R.
Duhamel Dumonceau..... 4305. H. R.
Duke of Albany......... 3826. H. R.
— of Connaught...... 3827. H. R.
— of Connaught...... 2215. H. TH.
— of Edinburgh...... 4395. H. R.
— of Fife........... 4668. H. R.
— of Teck.......... 4396. H. R.
— of Wellington...... 3828. H. R.
— of York.......... 2826. BEN.
Dulce Bella........... 1435. TH.
Du Luxembourg........ 2517. NO.
dumetorum........... 6602. CAN.
Dumnacus............ 3575. H. R.
Dumortier............ 2987. PROV.
Dundee Rambler....... 6137. ARV.
Dunkelrote Hermosa..... 2827. BEN.
Duplessis-Mornay....... 4669. H. R.
Dupontii............. 6168. MOSC.
Dupuy Jamain......... 4397. H. R.
Dybowski............ 3829. H. R.

E

Earl of Beaconsfield...... 4670. H. R.
— of Dufferin........ 4398. H. R.
— of Eldon......... 6424. NO. S.
— of Pembroke....... 4671. H. R.
Ecæ................ 5669. PIM.
Ecæ................ 5659. XAN.
Eclair............... 3830. H. R.
Eclaireur............. 4306. H. R.
Edgar Jolibois......... 3831. H. R.
Edith Bellenden........ 6631. RUBI.
— de Murat......... 2637. I. B.
— d'Ombrain........ 4672. H. R.
Edmond de Biauzat..... 1181. H. T.
— Deshayes....... 2216. H. TH.
— Proust......... 6229. WICH.
— Sablayrolles..... 1182. TH.
Edmund Wood......... 3832. H. R.
Edouard André........ 4399. H. R.
— Desfossé........ 2638. I. B.
— Dufour......... 3833. H. R.
— Fontaine........ 3834. H. R.
— Gautier........ 1436. TH.
— Hervé......... 3835. H. R.
— Lefèvre........ 4673. H. R.
— Lefort......... 3836. H. R.
— Littaye........ 1437. TH.
— Michel......... 3837. H. R.
— Morren........ 4204. H. R.
— Pailleron....... 1438. TH.
— Pynaert........ 4674. H. R.
— von Ladé...... 1439. TH.
Egeria.............. 3576. H. R.
Eiffel............... 6021. MULT.
Elaine Greffulhe....... 1440. TH.
Elbfex.............. 6022. MULT.
Electra.............. 6023. MULT.
Éléonore Berkeley..... 6024. MULT.
Élie Beauvillain....... 6388. H. TH. S.
— Lambert........ 4675. H. R.
— Morel.......... 3420. H. R.
Élisa Boëlle.......... 4274. H. R.
— Fugier......... 1441. TH.
— Reboul......... 1442. TH.
— Robichon....... 6230. WICH.

Élisabeth Barbenzien...... 1443. TH.
— Brow.......... 3164. C. F. M.
— Vigneron....... 4676. H. R.
— von Reuss...... 2217. H. TH.
Élise Flory........... 2828. BEN.
— Heymann....... 1444. TH.
Éliza Werry.......... 6172. MOSC.
Ella Gordon.......... 4510. H. R.
Ella May............ 1445. TH.
Ellen Drew.......... 4677. H. R.
— Willmott....... 2218. H. TH.
Else Schüle.......... 2219. H. R.
elymaitica........... 6603. CANI.
Émélie Fontaine....... 3838. H. R.
Eméline............. 3165. C. F. M.
Emile Bardiaux....... 3839. H. R.
— Dulac......... 3840. H. R.
— Fortépaule..... 6231. WICH.
Émilia Plantier....... 6470. H. NO. S.
Émilie Gonin........ 1446. TH.
— Hausburg...... 3841. H. R.
— Potin.......... 1014. POLY.
Émily Laxton........ 4205. H. R.
Emin Pacha......... 6389. H. TH. S.
Emmanuel Geibel..... 1447. TH.
Émotion............ 2639. I. B.
Émotion............ 2640. I. B.
Empereur Alexandre III.... 4206. H. R.
— du Brésil...... 4207. H. R.
— du Maroc...... 3504. H. R.
— du Mexique.... 3842. H. R.
— Napoléon III... 3505. H. R.
Emperor............ 4511. H. R.
Empress............ 4275. H. R.
— Alexandra of Russia. 1448. TH.
— of China...... 6522. BEN. S.
— of India....... 3843. H. R.
Enchanteresse....... 2988. PROV.
Enchantress......... 1449. TH.
Enfant de France..... 4678. H. R.
— de Lyon...... 1450. TH.
Ennemond Boule..... 4679. H. R.
Erbprinzessin M. von Ratibor. 1451. TH.
Erinnerung an Schloss Scharfenstein............ 2220. H. TH.
Erlkœnig........... 6025. MULT.
Ermite............. 2829. BEN.
Ernest Bergman..... 3506. H. R.
— Boncenne..... 3844. H. R.
— Dorell........ 6026. MULT.
— Metz......... 1453. TH.
— Morel........ 3845. H. R.
— Prince....... 4680. H. R.
Ernestine de Barante... 2874. H. BEN.
— Tavernier..... 1452. TH.
Ernst Grandpierre..... 6232. WICH.
Erzherzog Franz Ferdinand. 1454. TH.
erronea............. 6129. ARV.
Esmeralda.......... 2221. H. TH.
Esther.............. 2989. PROV.
Esther Pradel........ 1455. TH.
Étendard de Jeanne d'Arc... 1457. TH.
— de Lyon...... 3846. H. R.
— de Sébastopol.. 4681. H. R.
Ethel Brownlow..... 1456. TH.
— Richardson.... 4682. H. R.
Étienne Dubois...... 3507. H. R.
— Levet........ 3577. H. R.
Etna.............. 3166. C. F. M.
Étoile d'Angers...... 1458. TH.
— de Lyon...... 1113. TH.

Étoile de Mai	1015.	POLY.
— d'or	1016.	POLY.
— polaire	1459.	TH.
Eugène Alary	4683.	H. H.
— Appert	3508.	H. R.
— de Beauharnais	2815.	CHIN.
— Delaire	3847.	H. R.
— Delamarre	2641.	I. B.
— de Savoie	3167.	C. F. M.
— Furst	3848.	H. R.
— Mallet	2518.	NO.
— Meynadier	1460.	TH.
— Patette	1461.	TH.
— Périer	3849.	H. R.
— Petit	4684.	H. H.
— Scribe	4307.	H. R.
— Transon	4685.	H. R.
— Vavin	3850.	H. R.
— Verdier	3168.	C. F. M.
— Verdier	4400.	H. R.
Eugénie Bourgeois	6318.	TH. S.
— Desgaches	1462.	TH.
— Guinoisseau	3240.	C. F. M. R.
— —	2642.	I. B.
— Lamesch	1017.	POLY.
Eulalie Lebrun	2990.	PROV.
Euphrosine	6027.	MULT.
Eurydice	6191.	SETI.
Eva Corinna	6192.	SETI.
Éveline Turner	3851.	H. R.
Évêque de Luxembourg	3852.	H. R.
— de Nimes	3509.	H. R.
Evergreen Gem	6233.	WICH.
E. Veyrat Hermanos	6319.	TH. S.
E. V. Kessel Statt	1463.	TH.
Exadelphe	1464.	TH.
Exposition de Brie	3853.	H. R.
— de Provins	4308.	H. R.
— de Toulouse	3854.	H. R.
Exquisite	2222.	H. TH.

F

Fabvier	2830.	BEN.
Fair Helen	3421.	H. R.
— Rosamund	6534.	H. BEN. S.
Fanny Essler	2991.	PROV.
— Stollwerck	6320.	TH. S.
Fantasca	6028.	MULT.
Fata Morgana	1465.	TH.
Fatime	2992.	PROV.
Fatinitza	6029.	MULT.
Feast's Pink	6138.	ARV.
Fée Opale	6425.	NO. S.
Félicien David	4512.	H. R.
Félicité Parmentier	3307.	ALBA.
— et Perpétue	6091.	SEMP.
— Rigault	4686.	H. R.
Félix Généro	4687.	H. R.
— Mousset	4401.	H. R.
— Ribeyre	3855.	H. R.
Fellemberg	6426.	NO. S.
Ferdinand Batel	2223.	H. TH.
— Chaffolte	4309.	H. R.
— de Lesseps	3856.	H. R.
— Jamin	2224.	H. TH.
— Jamin	3857.	H. R.
— Roussel	6234.	WICH.
Ferrières	6722.	ALP.
ferruginea	6604.	CAN.
Feu d'Inkermann	4688.	H. R.

Fiametta Nabonnand	1466.	TH.
Filius Strassheim	1018.	POLY.
Fimbriata	5463.	H. RUG.
Fimbriata	3858.	H. R.
Firebrand	4689.	H. R.
Fischer et Holmes	3859.	H. R.
flava	5610.	PIM.
flava × pimpinellifolia	5649.	H. PIM.
Flavien Budillon	1183.	TH.
Flocon de neige	1019.	POLY.
Flora	6030.	MULT.
Flora M. Ivor	6632.	RUBI.
— Nabonnand	1467.	TH.
Flore	6092.	SEMP.
Florence de Colqhoune	1468.	TH.
— Paul	4513.	H. R.
Florenelle	4690.	H. R.
Florent Pauwels	4691.	H. R.
Floribunda	1020.	POLY.
F. L. Segers	1469.	TH.
F. M. dos Santos Vianna	1470.	TH.
Fontenelle	3860.	H. R.
Fornarina	2993.	PROV.
Fornarina	3241.	C. F. M.
Forstmeister Heim	6193.	SETI.
Foukouba	3801.	H. R.
France et Russie	2225.	H. TH.
Francès Bloxam	2875.	H. BEN.
Francesco Ingegnoli	6031.	MULT.
Francisca Pries	1471.	TH.
Francis Dubreuil	1472.	TH.
Francisque Barillot	3862.	H. R.
François Arago	3510.	H. R.
— Coppée	3863.	H. R.
— Courtin	3864.	H. R.
— Crousse	6321.	TH. S.
— David	3865.	H. R.
— de Salignac	3169.	C. F. M.
— Dubois	4402.	H. R.
— Dugommier	6493.	H. I. B. S.
— Fontaine	3866.	H. R.
— Foucaud	6235.	WICH.
— Gaulain	4515.	H. R.
— Goeschke	3867.	H. R.
— Hérincq	3868.	H. R.
— Joseph Pfister	3869.	H. R.
— Lacharme	3870.	H. R.
— Levet	3422.	H. R.
— Michelon	3423.	H. R.
— Olin	3871.	H. R.
— Poisson	6236.	WICH.
— Treyve	3872.	H. R.
— 1er	3511.	H. R.
Françoise de Kerjégu	1473.	TH.
Franz Deegen	2226.	H. TH.
Francesco Ingegnoli	6031.	MULT.
Frau D' Burghardt	2227.	H. TH.
— Geheimrat von Boch	1474.	TH.
— Karl Druschki	4692.	H. R.
— Syndica Roeloffs	2831.	BEN.
— Therese Glück	1475.	TH.
Frédéric Daupias	2228.	H. TH.
— d'Eu	4693.	H. R.
— Schneider II	4516.	H. R.
Frédérick von Schiller	4517.	H. R.
Frère Marie Pierre	4694.	H. R.
Frères Soupert et Notting	1476.	TH.
Friedrich Harms	2229.	H. TH.
Fringed	6173.	MOSC.
Frl Halske	1477.	TH.
Fulgens	2994.	PROV.

Fulgens	6586.	H. N. R. S.
Fürst Bismarck	1478.	TH.
Fürstin Bismarck	1479.	TH.
— von Hohenzollern. Inf.	1480.	TH.
Furtin Joh. Auersperg	4695.	H. R.
Fusion	1481.	TH.

G

Gabriel Tournier	4208.	H. R.
gallica	2950.	PROV.
Garden favourite	4403.	H. R.
— Robinson	1482.	TH.
Gardenia	6237.	WICH.
Gardenia	2230.	H. TH.
Gardeniæ flora	6032.	MULT.
Garibaldi	2643.	I. B.
Gaspard Monge	4696.	H. R.
Gaston Chandon	6399.	H. TH. S.
— Lévêque	3873.	H. R.
Gazella	2995.	PROV.
Géant des Batailles	3483.	H. R.
Général Annenkoff	3874.	H. R.
— Appert	3875.	H. R.
— Baron Berge	3876.	H. R.
— Barral	4697.	H. R.
— Billot	1184.	TH.
— Blanchard	2644.	I. B.
— Changarnier	4698.	H. R.
— Chevert	3578.	H. R.
— Clerc	3242.	C. F. M. R.
— Clerc	3170.	C. F. M.
— de Cissey	4310.	H. R.
— de la Martinière	4311.	H. R.
— de Miribel	3579.	H. R.
— Desaix	3877.	H. R.
— d'Hautpoul	4699.	H. R.
— D. Mertschansky	1483.	TH.
— Drouot	3243.	C. F. M. R.
— Duc d'Aumale	4404.	H. R.
— Dumouriez	3878.	H. R.
— Forey	4700.	H. R.
— Gallieni	1484.	TH.
— Grant	3879.	H. R.
— Henry de Kermartin	2231.	H. TH.
— Jacqueminot	3704.	H. R.
— Kléber	3171.	C. F. M.
— Korolkow	3880.	H. R.
— Labutère	2832.	BEN.
— Miloradowitch	4312.	H. R.
— de Moltke	4701.	H. R.
— Schablikine	1185.	TH.
— Simpson	4313.	H. R.
— Tartas	1485.	TH.
— Terwange	4702.	H. R.
— Voyron	4704.	H. R.
— von Bothania-Andreæ	4703.	H. R.
— Washington	4705.	H. R.
Génie de Chateaubriand	4706.	H. R.
gentilis	6691.	ALP.
Geoffroy Saint-Hilaire	4707.	H. R.
Georges Baker	4405.	H. R.
— Cuvier	2645.	I. B.
— Farber	1186.	TH.
— Moreau	3424.	H. R.
— Patinot	4708.	H. R.
— Paul	4406.	H. R.
— Pernet	1021.	POLY.
— Prince	3881.	H. R.
— Rousset	3580.	H. R.
— Schwartz	1486.	TH.
— Schwartz	1078.	H. POLY.
Georges Simon	4407.	H. R.
— Vibert	2996.	PROV.
Gerbe de Roses	4709.	H. R.
Germaine de Mareste	6322.	TH. S.
Germania	4710.	H. R.
Germanica	5405.	RUG.
Germanica Var B	5406.	RUG.
Gervais Rouillard	4711.	H. R.
Geschwind's Orden	6033.	MULT.
Gewœhnliche Moosrose	3172.	C. F. M.
Gigantea	6545.	GIG.
Gigantesque	1487.	TH.
Gilbert	4408.	H. R.
Gil Blas	2997.	PROV.
Gilda	6034.	MULT.
Gipsy	1025.	POLY.
Gipsy	3882.	H. R.
Giuletta	2649.	I. B.
Gladys Harkness	2232.	H. TH.
glauca	6605.	CANI.
Gloire de Bordeaux	6494.	H. I. B. S.
— de Bourg-la-Reine	3683.	H. R.
— de Dijon	6323.	TH. S.
— de Deventer	1488.	TH.
— de Ducher	4712.	H. R.
— de France	3512.	H. R.
— de l'Exp. de Bruxelles	3884.	H. R.
— de Libourne	6324.	TH. S.
— de Lyon	2513.	H. R.
— de Margottin	4713.	H. R.
— de Montplaisir	3514.	H. R.
— de Puy d'Auzun	1489.	TH.
— de Santenay	3885.	H. R.
— des Charpennes	1022.	POLY.
— des Cuivrées	1490.	TH.
— des Lawrence	2897.	LAW.
— des Mousseuses	3173.	C. F. M.
— des Polyantha	1023.	POLY.
— des Rosomanes	6535.	H. BEN. S.
— d'Étampes	2646.	I. B.
— de Toulouse	4714.	H. R.
— de Vitry	3425.	H. R.
— d'Olivet	2647.	I. B.
— d'Orient	3174.	C. F. M.
— d'Orléans	4314.	H. R.
— du Bouchet	3515.	H. R.
— d'un enfant d'Hyram	3426.	H. R.
— Lyonnaise	2233.	H. TH.
Gloriosa	4715.	H. R.
Glory of Cheshunt	4409.	H. R.
Glory of Waltham	4716.	H. R.
Glush O'Dawn	2234.	H. TH.
glutinosa	6606.	CANI.
G. Nabonnand	1491.	TH.
Golden Fairy	1024.	POLY.
— Gate	1492.	TH.
Goldquelle	1493.	TH.
Golfe Juan	3581.	H. R.
Gonsoli Gaetano	3582.	H. R.
Gontierii	6693.	SEMP.
Gottfried Keller	2235.	H. TH.
Goubault	1494.	TH.
Gourdault	2648.	I. B.
Grace Darling	2236.	H. TH.
Gracieuse	1495.	TH.
Gracilis	6723.	ALP.
Gracilis	3175.	C. F. M.
Gra. Fritz Metternich	3886.	H. R.
Grand cramoisi de Vibert	2998.	PROV.
Gr-duc Adolphe de Luxembourg	2237.	H. TH.
Grand-duc Alexis	3887.	H. R.

Gd-duc hér. Guillaume de Lux	1496.	TH.
Gd-duc Michel Alexandrowitsch.	3888.	H. R.
Grand-duc Nicolas	3889.	H. R.
— Pierre de Russie	1497.	TH.
Gde-duchesse A. de Luxemb.	1498.	TH.
— Anastasie	1499.	TH.
— hér. A.-M. de Luxemb.	1500.	TH.
— — Hilda de Bade	1501.	TH.
— Olga	1502.	TH.
Grandeur of Cheshunt	3891.	H. R.
Grand Mogul	3890.	H. R.
Graulhie	6035.	MULT.
Graziella	1503.	TH.
Graziella	3583.	H. R.
Graziella	6036.	MULT.
Green Mantle	6633.	RUBI.
Grevillii	6037.	MULT.
Gribaldo Nicola	6325.	TH. S.
Gros Provins panaché	2999.	PROV.
Grossherzog Carl Alexander	4717.	H. R.
— Ernst Ludwig	1114.	TH.
Grossherzögin Mathilde	1504.	TH.
— Sophie-Louise	4718.	H. R.
— Victoria Melita.	2238.	H. TH.
Gruss an Pallien	4719.	H. R.
— an Teplitz	6536.	H. BEN. S.
— an Wien	4720.	H. R.
Gudrun	2239.	H. TH.
Guillaume Gillemot	4721.	H. R.
— Koelle	3892.	H. R.
Guillot	1505.	TH.
Gustave Coraux	3516.	H. R.
— Nadaud	1506.	TH.
— Piganeau	4722.	H. R.
— Régis	2240.	H. TH.
— Révilliod	3584.	H. R.
— Thierry	4209.	H. R.
gymnocarpa	6666.	CIN.

H

Haileybury	3893.	H. R.
Hans Mackart	3894.	H. R.
Hardy	1507.	TH.
Hargita	5464.	H. RUG.
Harrison Weir	4410.	H. R.
Harrisonii	5632.	CAP.
Harry Laing	1508.	TH.
Hatchik Effendi	1509.	TH.
Hawrana	6692.	ALP.
Hébé	2833.	BEN.
Hébé	3585.	H. R.
Hector	3000.	PROV.
Heinrich Schultheis	4210.	H. R.
Hélène	6038.	MULT.
Hélène Guillot	2242.	H. TH.
— Paul	3586.	H. R.
— Puyravaud	1510.	TH.
Hélen Gould	2241.	H. TH.
Héliogabale	4518.	H. R.
Hellen Keller	4723.	H. R.
Héloïse Mantin	1511.	TH.
Helvetia	1512.	TH.
Helvetia	5465.	H. RUG.
Henri Bennett	4519.	H. R.
— Brichard	2243.	H. TH.
— V	2834.	BEN.
— Fouquier	3001.	PROV.
— Laurentins	4724.	H. R.
— Lecocq	1513.	TH.
— Ledéchaux	3587.	H. R.

Henri Martin	3176.	C. F. M.
— Meynadier	1514.	TH.
— M. Stanley	1515.	TH.
— Pagès	3588.	H. R.
— Puyravaud	2650.	I. B.
— IV	4411.	H. R.
— Vilmorin	3895.	H. R.
— Ward Beecher	3896.	H. R.
Henriette de Beauveau	6326.	TH. S.
— Duval	4725.	H. R.
— Petit	3897.	H. R.
— Thiel	1516.	TH.
Henry Bennett	1517.	TH.
Her Majesty	4726.	H. R.
Heritieranea	6693.	ALP.
Hermance Louisa de la Rive	1518.	TH.
Hermann Kegel	3244.	C. F. M. R.
Hermenot	6556.	BANK.
Hermine Madelé	1026.	POLY.
Hermosa	2651.	I. B.
Hermosa	2652.	I. B.
Hérodiade	6427.	NO. S.
Héroïne de Vaucluse	2745.	H. I. B.
Héroïque Com' Marchand	1187.	TH.
Herzogin M. von Ratibor	1519.	TH.
Hétérophylla	5466.	H. RUG.
Hetzbletchen	6039.	MULT.
hibernica	5650.	H. PIM.
himalayensis	5407.	RUG.
Himmelsauge	6040.	MULT.
Hippolyte Barreau	2244.	H. TH.
— Flandrin	3898.	H. R.
— Jamain	3589.	H. R.
— Jamain	4727.	H. R.
— Jamin	2653.	I. B.
hispida	5611.	PIM.
Hofgarten-Director Graebener	2245.	H. TH.
Holikensis	5651.	H. PIM.
Homère	1520.	TH.
Honorable Edith Gifford	1521.	TH.
— George Bancroft	2246.	H. TH.
Horace Vernet	4520.	H. R.
Hortense de Beauharnais	3002.	PROV.
— Mignard	4728.	H. R.
— Vernet	3177.	C. F. M.
Hortus tolosanus	1522.	TH.
Hovyn de Tronchère	1523.	TH.
H. Plantagenet C* d'Anjou	1524.	TH.
humilis	6655.	HUM.
humilis × rugosa	5467.	H. RUG.
Hyménée	1525.	TH.
Hypathia	2003.	PROV.

I

iberica	6607.	CANI.
Ida	1115.	TH.
Imbricata	6777.	MICR.
Impératrice Eugénie	4275.	H. R.
— —	3245.	C. F. M. R.
— —	2780.	H. I. B.
— —	2654.	I. B.
— —	2655.	I. B.
— —	1526.	TH.
— Maria Feodorowna	1527.	TH.
— Maria Feodorowna	3590.	H. R.
Improved favorite	6238.	WICH.
inaperta	6081.	SEMP.
Indiana	6523.	BEN. S.
Indica Major	6533.	H. BEN. S.
Inermis Morletti	6724.	ALP.

Infanta de Asturias	3004.	PROV.
Ingegnoli prediletta	1183.	TH.
Ingénieur Madelé	3591.	H. R.
Inigo Jones	4412.	H. R.
Innocente Pirola	1528.	TH.
Institutrice Moulins	2835.	BEN.
Intendant général Périé	4729.	H. R.
Involucrata	6757.	BRAC.
Irène Watts	2836.	BEN.
Irish Beauty	6391.	H. TH. S.
— Glory	6392.	H. TH. S.
— Modesty	6393.	H. TH. S.
Isaac Demole	1529.	TH.
Isabella Sprunt	1117.	TH.
Isabelle Gray	6428.	NO. S.
— Nabonnand	1116.	TH.
— Rivoire	1530.	TH.
Isis	2519.	NO.
Ivory	1531.	TH.
Iwara	5468.	H. RUG.

J

Jacob Pereire	3899.	H. R.
Jacques Amyot	2520.	NO.
— Cartier	3354.	PORT.
— Laffitte	4730.	H. R.
— Plantier	3592.	H. R.
J. A. Escarpit	3900.	H. R.
James Bougault	3427.	H. R.
— Brownlow	4731.	H. R.
— Dickson	3901.	H. R.
— Purple	5612.	PIM.
— Sprunt	2837.	BEN.
— Veitch	3246.	C. F. M. R.
— Watt	4413.	H. R.
Janet Lord	1532.	TH.
Janet's Pride	6194.	SETI.
Jardin de la Croix	6778.	MICR.
Jaune ancien	5683.	CAP.
— bicolore	5684.	CAP.
— de Fortune	6471.	H. NO. S.
— d'or	1533.	TH.
— Nabonnand	1118.	TH.
J. B. Browne	3902.	H. R.
— Casati	3428.	H. R.
— Guillot	3903.	H. R.
— M. Camm	2656.	I. B.
— Varonne	1534.	TH.
J. Coquereau	2521.	NO.
J. D. Pawle	4732.	H. R.
Jean André	1535.	TH.
— Bach-Sisley	2838.	BEN.
— Baptiste Josseau	4733.	H. R.
— Bart	3904.	H. R.
— Bart	3005.	PROV.
— Bodin	3178.	C. F. M.
— Cherpin	3905.	H. R.
— Dalmais	3429.	H. R.
— Ducher	1536.	TH.
— Goujon	4315.	H. R.
— Lambert	3906.	H. R.
— Lelièvre	4521.	H. R.
— Liabaud	3907.	H. R.
— Lorthois	2247.	H. TH.
— Pernet	1119.	TH.
— Rosemkrantz	4414.	H. R.
— Sisley	2248.	H. TH.
— Soupert	3908.	H. R.
— Touvais	4734.	H. R.
Jeanie Deans	6634.	RUBI.

Jeanne Abel	1189.	TH.
— Buatois	2876.	H. BEN.
— Chevalier	3593.	H. R.
— Corbœuf	1079.	H. POLY.
— d'Arc	1537.	TH.
— de Montfort	3247.	C. F. M. R.
— de Nègre	1538.	TH.
— Drivon	1027.	POLY.
— Forgeot	1539.	TH.
— Gautier	5469.	H. RUG.
— Gross	4735.	H. R.
— Guillot	3909.	H. R.
— Hachette	3910.	H. R.
— Hachette	3006.	PROV.
— Halphen	4736.	H. R.
— Hardy	2522.	NO.
— Hely d'Oissel	3911.	H. R.
— Masson	4737.	H. R.
— Massop	1540.	TH.
— Naudin	1541.	TH.
— Speltinckx	2249.	H. TH.
— Sury	3912.	H. R.
Jeannie Dickson	4738.	H. R.
Jelina	5470.	H. RUG
Jenny Dauzac	1542.	TH.
— Gay	2746.	H. I. B.
— Lind	3179.	C. F. M.
Jersey Beauty	6239.	WICH.
J.-J.-Pfitzer	3913.	H. R.
Joachim du Bellay	3594.	H. R.
Joao Borges Vieira	1543.	TH.
Joasine Hanet	4739.	H. R.
Johana Sebus	2250.	H. TH.
Johannes Wasselhoft	2251.	H. TH.
John Bright	3914.	H. R.
— Cranston	3180.	C. F. M.
— D. Pawle	3915.	H. R.
— Fraser	3248.	C. F. M. R.
— Fraser	3916.	H. R.
— Gould Veitch	4522.	H. R.
— Grier	3917.	H. R.
— Grow	3181.	C. F. M.
— Harisson	3918.	H. R.
— Hopper	4740.	H. R.
— Keynes	3919.	H. R.
— Laing	3920.	H. R.
— Saul	4741.	H. R.
— Stuart Mills	4415.	H. R.
Jordani	6622.	RUBI.
Joseph Bernachi	6429.	NO. S.
— Chappaz	4211.	H. R.
— Degueld	4742.	H. R.
— Gourdon	6405.	H. I. B. S.
— Metral	1544.	TH.
— Raby	1545.	TH.
— Schwartz	2253.	H. TH.
— Tasson	4316.	H. R.
— Teyssier	1190.	TH.
Joséphine Dauphin	1546.	TH.
— Marot	2252.	H. TH.
— Morel	1028.	POLY.
J. Prowe	3921.	H. R.
Jubilee	3922.	H. R.
Jules Barigny	3923.	H. R.
— Bire	4743.	H. R.
— Bourquin	1547.	TH.
— César	2781.	H. I. B.
— Chrétien	3924.	H. R.
— Dassonville	2254.	H. TH.
— Desponts	3925.	H. R.
— Finger	1548.	TH.

Jules Girodit. . . . . 2255. H. TH.
— Jürgensen . . . . 6396. H. I. B. S.
— Maquinant. . . . . 2212. H. R.
— Margottin . . . . 4183. H. R.
— Roussignihol . . . . . . 4744. H. R.
— Seurre. . . . . 3926. H. R.
— Toussaint . . . . 2256. H. TH.
Julia Dymonier . . . . 1213. H. R.
— Mannering. . . . . . . 6635. RUBI.
— Touvais . . . . 4214. H. R.
Julie de Fontenelle. . . . . . 2657. I. B.
— de Loynes. . . . . . . 2658. I. B.
— de Mersen . . . . . . 2782. C. F. M.
— Krudner. . . . . 3355. PORT.
— Mansais . . . . 1549. TH.
Juliette. . . . . 3007. PROV.
Juliette Ouvière . . . . 6685. CAP.
Julius Finger . . . . 3595. H. R.
Jundzilli . . . . 6608. CANI.
Juno. . . . . 3008. PROV.
Junon . . . . 6587. H. N. R. S.
Jupiter. . . . . 2659. I. B.
Jurana. . . . . 6604. ALP.
Justine. . . . . 3009. PROV.
J. Vandermerch-Merstens . . 1350. TH.

K

Kaiser Krone . . . . 2257. H. TH.
Kaiser Wilhelm . . . . 1551. TH.
Kaiser — . . . . 4745. H. R.
Kaiserin Augusta. . . . . . 1552. TH.
— . . . . 1553. TH.
— — Victoria. . . 2258. H. TH.
— des Norden. . . 5408. RUG.
— Friedrich . . . . 6327. TH. S.
Kamtschatika . . . . 5407. RUG.
Karl Maria von Weber. . . 1554. TH.
Kazanlik. . . . . 3328. DAM.
Katarina Zeimet. . . . . . . 1029. POLY.
Kate Hausburg . . . . 3927. H. R.
Katharine G. Waren . . . . . 1555. TH.
Kathi de Saint-Paul. . . . . 5471. H. RUG.
Kathleen. . . . . 2259. H. TH.
Katkoff . . . . 3928. H. R.
Ketten, frères. . . . . 6328. TH. S.
Killarney . . . . 2260. H. TH.
King of the scotsch . . . . . 5613. PIM.
King's Acre. . . . . 4746. H. R.
Kléber. . . . . 4317. H. R.
Kleine Prinzess . . . . 1030. POLY.
Kleiner Liebling. . . . . . . 1031. POLY.
Kobold. . . . . 2261. H. TH.
Kœnig Oscar II. . . . . . . 3929. H. R.
Kœnigin v. Danmarck. . . . 3113. C. F.
Kœnigin Karola . . . . 4747. H. R.
Krimhilde . . . . 1556. TH.
Kronprinzessin Vikt.v.Preussen 2660. I. B.

L

La Biche. . . . . 6430. NO. S.
L'abondance. . . . . 2523. NO.
La Brillante . . . . 3930. H. R.
La Caille. . . . . 3249. C. F. M. R.
La Caleta . . . . 1557. TH.
La Chanson . . . . 1558. TH.
Lachskonigin. . . . . 1559. TH.
La coquette . . . . 4215. H. R.
Lady Alice. . . . . 2262. H. TH.
— Ardilaun . . . . 4748. H. R.

Lady Arthur Hills . . . . . . 4523. H. R.
— Battersea . . . . 2263. H. TH.
— Castlereagh . . . . . . 1560. TH.
— Clanmorris. . . . . . 2264. H. TH.
— Dorothea. . . . . . . 1561. TH.
— Durmoré. . . . . . . 5614. PIM.
— Edine . . . . 5615. PIM.
— Emily Peel. . . . . . 2563. H. NO.
— Helen Stewart . . . . 4416. H. R.
— Henry Grosvenor . . . 2265. H. TH.
— Mary Corry . . . . . 1562. TH.
— Mary Fitz-William . . 2266. H. TH.
— Moyra Beauclerc . . . 2267. H. TH.
— of the Lake . . . . . 4749. H. R.
— Penzance . . . . . . 6636. RUBI.
— Sheffield . . . . . . 4417. H. R.
— Stanley . . . . 1563. TH.
— Suffield. . . . . . . 4418. H. R.
— Warander . . . . . . 1564. TH.
— Zoé Brougham . . . . 1565. TH.
Lævigata. . . . . 6760. LAEV.
La Favorite . . . . 3596. H. R.
La Favorite . . . . 2268. H. TH.
La Fontaine . . . . 3931. H. R.
La Forcade . . . . 4524. H. R.
La Fraîcheur. . . . . 2269. H. TH.
La France . . . . 2149. H. TH.
La France de 1889 . . . . . . 6394. H. TH. S.
Lagenaria . . . . 6695. ALP.
La Gracieuse. . . . . 2661. I. B.
La Grandeur. . . . . 1566. TH.
La Guirlande. . . . . 6094. SEMP.
La Lune. . . . . 1567. TH.
La Madeleine. . . . . 3597. H. R.
Lamarque . . . . 6431. NO. S.
Lamarque jaune. . . . . . 2524. NO.
La Marquise d'Hervey . . . 4750. H. R.
Lamartine . . . . 3932. H. R.
La mélusine . . . . 5410. RUG.
L'ami Boisset . . . . 1568. TH.
— Loury. . . . . 4419. H. R.
— Maubray. . . . . . 3934. H. R.
La mignonne. . . . . 3933. H. R.
La mignonne. . . . . 1569. TH.
La Motte Sanguin . . . . . 4318. H. R.
La Nantaise . . . . 3935. H. R.
Lane . . . . 3183. C. F. M.
La neige. . . . . 3010. PROV.
La neige. . . . . 2839. BEN.
Laneii . . . . 3184. C. F. M.
La neustrienne. . . . . . . 4216. H. R.
La Ninette. . . . . 2525. N. O.
La noblesse . . . . 3114. C. F.
La nuancée . . . . 1570. TH.
La plus belle des Panachées. 1032. POLY.
La Princesse Véra. . . . . . 1571. TH.
La Prosperine. . . . . . . 6041. MULT.
La pudeur. . . . . 2662. I. B.
La pudeur. . . . . 2782. H. I. B.
La Quintinie . . . . 2663. I. B.
La Reine. . . . . 3400. H. R.
La Revenante . . . . 3012. PROV.
L'Arioste. . . . . 6434. NO. S.
La rosière . . . . 3936. H. R.
La rosière. . . . . 3937. H. R.
La rubanée. . . . . 3013. PROV.
La saumonée . . . . 6588. H. N. R. S.
La Sirène. . . . . 3938. H. R.
La Souveraine. . . . . . . 4751. H. R.
La tendresse. . . . . 3939. H. R.
La Tosca. . . . . 2271. H. TH.

La Toulousaine	3940.	H. R.
La Tour de Crouy	4217.	H. R.
La tulipe	1191.	TH.
Laure Davoust	6042.	MULT.
— de Fénelon	1572.	TH.
— de Saint-Martin	1192.	TH.
— Gravereaux	5472.	H. RUG.
— Wattinne	2272.	H. TH.
Laurent Carle	4525.	H. R.
— de Rillé	3941.	H. R.
— Descourt	3942.	H. R.
Laurette	1573.	TH.
La Vierzonnaise	4218.	H. R.
La ville de Bruxelles	3329.	DAM.
Lawrence Allen	4554.	H. R.
Lawrenceana	2892.	LAW.
Lawrencia Blanc	2898.	LAW.
Lawrencia Rose	2899.	LAW.
laxa	6667.	CIN.
Le Bignonia	1574.	TH.
Le Bourguignon	1033.	POLY.
L'éclatante	3943	H. R.
Lecoq-Dumesnil	4526.	H. R.
Leda	3330.	DAM.
Le florifère	1575.	TH.
Le Havre	3944.	H. R.
Lehmanniana	6668.	CIN.
Le Juif errant	3945.	H. R.
Le Khédive	4527.	H. R.
L'élégante	1193.	TH.
Le Loiret	3946.	H. R.
Lemond	5616.	PIM.
Le Mont-Blanc	1120.	TH.
Le Nankin	1576.	TH.
Lena Turner	3947.	H. R.
L'enfant du Mont Carmel	4753.	H. R.
Léon de Bruyn	1577.	TH.
— Delaville	4528.	H. R.
— Duval	3948.	H. R.
— Kieffer	6497.	H. I. B. S.
— Renault	3949.	H. R.
— Robichon	2273.	H. TH.
— Say	4752.	H. R.
— XIII	1578.	TH.
Léonce Moïse	3517.	H. R.
Léonie Lamesch	1034.	POLY.
— Lartay	3950.	H. R.
— Osterrieth	1579.	TH.
— Verger	2870bis	H. BEN.
Léontine Laporte	1580.	TH.
Léopold II	4219.	H. R.
— Hausburg	3951.	H. R.
— I Roi des Belges	2783.	H. I. B.
— I Roi des Belges	4420.	H. R.
— Vauvel	4754.	H. R.
Léopoldine d'Orléans	6095.	SEMP.
Le Pactole	1581.	TH.
Le Rhône	4421.	H. R.
Le Roitelet	2747.	H. I. B.
Le Royal Époux	4755.	H. R.
Leschenaultiana	6162.	MOSC.
Le Shah	4422.	H. R.
Le Soleil	1582.	TH.
L'Espérance	4319.	H. R.
Léthé	4756.	H. R.
L'Étincelante	4423.	H. R.
L'Étincelante	4529.	H. R.
L'Étoile	3303.	ALBA.
Letty Coles	1583.	TH.
Leuchstern	6043.	MULT.
Leucochroa	6281.	STY.
Le Vésuve	2840.	BEN.
Leweson Gower	2664.	I. B.
Liberty	2274.	H TH.
L'Idéal	2526.	NO.
Lili Dieck	5473.	H. RUG.
Lilliput	1035.	POLY.
Lily Mestchersky	6432.	NO. S.
Linné	4757.	H. R.
L'Innocence	2275.	H. TH.
Lion des Combats	4758.	H. R.
Lios Alfa	6725.	ALP.
Lisette de Béranger	4759.	H. R.
Little Dot	1036.	POLY.
— Gem	3185.	C. F. M.
— White Pet	1037.	POLY.
L'Obscurité	3186.	C. F. M.
Longfellow	4424.	H. R.
Longworth Rambler	2276.	H. TH.
Lord Bacon	4530.	H. R.
— Beaconsfield	3952.	H. R.
— Clyde	3953.	H. R.
— Elgin	3518.	H. R.
— Fréd. Cavendish	3954.	H. R.
— Macaulay	3955.	H. R.
— Napier	3598.	H. R.
— Penzance	6637.	RUBI.
— Raglan	3519.	H. R.
Loreley	6537.	H. BEN. S
L'Orléanaise	6726.	ALP.
Lorna Doone	2665.	I. B.
l'Ouche	2877.	H. BEN.
Louis Barlet	1584.	TH.
— Bonaparte	4760.	H. R.
— Brassac	3956.	H. R.
— Bulliat	4761.	H. R.
— Calla	3957.	H. R.
— Charlin	3958.	H. R.
— Corbie	3599.	H. R.
— de Lapoyade	1585.	TH.
— Donadine	3959.	H. R.
— Doré	3960.	H. R.
— Gigot	1586.	TH.
— Gimard	3187.	C. F. M.
— Gontier	1587.	TH.
— Guillaud	1588.	TH.
— Leveque	1589.	TH.
— Liger	2277.	H. TH.
— Lille	4762.	H. R.
— Neyret	1590.	TH.
— Noisette	4763.	H. R.
— Philippe	2886.	CHIN.
— Philippe-Alb. d'Orléans	4425.	H. R.
— Puyravaud	2527.	NO.
— XIV	3961.	H. R.
— Richard	1591.	TH.
— Rollet	3600.	H. R.
— Spaeth	4764.	H. R.
— Van Houtte	4426.	H. R.
Louisa Wood	3962.	H. R.
Louise Bourbonnaud	1592.	TH.
— d'Arzens	2564.	H. NO.
— d'Autriche	3430.	H. R.
— de Savoie	1593.	TH.
— Magnan	3963.	H. R.
— Margottin	2748.	H. I. B.
— Méhul	3014.	PROV.
— Odier	2740.	H. I. B.
— Perronny	3431.	H. R.
— Verger	3188.	C. F. M.
lucida	6656.	HUM.
Lucien Duranthon	3601.	H. R.

INDEX ALPHABÉTIQUE. — HORT.

Luciole . . . . 1121. TH.
Lucullus. . . . . 2807. CHIN.
Lucy Ashton. . . . . 6638. RUBI.
— Bertram . . . . 6639. RUBI.
— Carnegie. . . . . 1594. TH.
Luise Muller. . . . . 4765. H. R.
Lusiadas. . . . . 6433. NO. S.
lutea. . . . . 5675. CAP.
lutea flora . . . . 1122. TH.
Lycoris . . . . 3015. PROV.
Lydia . . . . 2565. H. NO.
Lydia Marly. . . . . 4766. H. R.
Lyellii . . . . 6738. BRAC.
Lyonnais . . . . 3602. H. R.

M

Mabel Morisson. . . . . 4755. R. H
Ma Capucine. . . . . 1595. TH.
macrophylla . . . . 6669. CIX.
M. Ada Carmody. . . . . . . 1596. TH.
Mme Abel Chatenay. . . . . 2278. H. TH.
— Adélaïde Cote. . . . . . 3520. H. R.
— — de Meynot. . . 3964. H. R.
— — Ristori. . . . . 2666. I. B.
— Adèle de Murinais. . . . 4767. H. R.
— — Huzard . . . . 3965. H. R.
— Adolphe Aynard. . . . . 4768. H. R.
— — Dahair . . . . 1597. TH.
— — de Tarlé . . . 1194. TH.
— — Loiseau. . . . 2279. H. TH.
— A. Etienne. . . . . 1195. TH.
— Agathe Nabonnand . . . 1123. TH.
— — Roux . . . . . 6329. TH. S.
— Albani. . . . . 3603. H. R.
— Albert Bleunard. . . . . 1598. TH.
— — Fitler. . . . . 4769. H. R.
— — Montet. . . . 5474. H. RUG.
— — Patel. . . . . 1599. TH.
— Alégatière . . . . 1080. H. POLY.
— Alexandre Bernaix. . . . 2280. H. TH.
— — Bruel. . . . . 1600. TH.
— — Julien. . . . . 4220. H. R.
— — Pommery. . . 4770. H. R.
— Alexandrine Danowski. . 1601. TH.
— Alfred Bleu. . . . . 3966. H. R.
— — Carrière . . . 6472. H. NO. S.
— — de Rougemont. . 2366. H. NO.
— Alice Dureau. . . . . . . 3432. H. R.
— — van Geert. . . 3367. H. R.
— Alphonse Aubert. . . . . 3604. H. R.
— — Lavallée. . . 3968. H. R.
— — Seux. . . . . . 3605. H. R.
— Alvarez del Campo. . . . 5475. H. RUG.
— Amadieu. . . . . 1602. TH.
— Ambroise Triollet. . . . 4221. H. R.
— — Verschafeldt. . 4771. H. R.
— Amélie Baltet . . . . . . 3969. H. R.
— — Baltet. . . . . 4427. H. R.
— Anatole Leroy. . . . . . 4222. H. R.
— Ancelot. . . . . 5476. H. RUG.
— André Duron . . . . . . 2784. H. I. B.
— — Leroy. . . . . 4772. H. R.
— Angèle Dispott. . . . . . 3521. H. R.
— — Favre . . . . 2281. H. TH.
— — Jacquier. . . . 1603. TH.
— Angelina. . . . . 2667. I. B.
— Angélique Veysset. . . . 2282. H. TH.
— Anna de Bezobrasoff. . . 4774. H. R.
— — de Bezobrasoff. . 4773. H. R.
— — Gérold. . . . . 3606. H. R.

Mme Anna Moreau . . . . . . 3607. H. R.
— Anthérieu Perier. . . . . 1604. TH.
— Anthoine Mari. . . . . . 1605. TH.
— — Rébé. . . . . 1606. TH.
— Antoine Rivoire. . . . . 4775. H. R.
— Antoinette Chrétien. . . 4776. H. R.
— Antony Choquens . . . . 1607. TH.
— Apolline Foulon . . . . . 3608. H. R.
— Arntzenius. . . . . 3970. H. R.
— Arsène Bonneau. . . . . 4777. H. R.
— Arthur Oger. . . . . . . 2668. I. B.
— A. Schwaller. . . . . . . 2283. H. TH.
— Audot . . . . 3309. ALBA.
— Auguste Guillaud . . . . 1608. TH.
— — Perrin . . . . 2567. H. NO.
— — Rodrigues. . . 2785. H. I. B.
— — Van Geert . . 3971. H. R.
— Augustine Bardiaux. . . 1609. TH.
— — Hamont. . . . 2284. H. TH.
— Azélie Imbert . . . . . . 1124. TH.
— Badin . . . . 1610. TH.
— Ballu. . . . . 5477. H. RUG.
— Barillet Deschamps. . . . 1611. TH.
— Baron Veillard. . . . . . 2749. H. I. B.
— Barthélemy Levet . . . . 1612. TH.
— Baulot. . . . . 3972. H. R.
— Bellender Ker . . . . . . 4277. H. R.
— Bellon . . . . 3609. H. R.
— Benet. . . . . 4778. H. R.
— Benoist . . . . 4779. H. R.
— Benoit-Desroches . . . . 1613. TH.
— Benoit Rivière. . . . . . 1614. TH.
— Bérard . . . . 6330. TH. S.
— Berkeley. . . . . 1615. TH.
— Bernard . . . . 1125. TH.
— Bernède . . . . 1616. TH.
— Bernezat. . . . . 2285. H. TH.
— Bernutz. . . . . 3973. H. R.
— Bertaux. . . . . 5478. H. RUG.
— Bertha Mackart. . . . . 4428. H. R.
— Berthe du Mesnil de
Montchaveau. . . . . . 4780. H. R.
— Berthe Fontaine. . . . . 2286. H. TH.
— Bertrand. . . . . 3974. H. R.
— Bessonneau. . . . . . . 1617. TH.
— Bijou. . . . . 3975. H. R.
— Blachet. . . . . 1618. TH.
— Bleu. . . . . 4429. H. R.
— Blondel. . . . . 2287. H. TH.
— Boegner. . . . . 3976. H. R.
— Bois. . . . . 3610. H. R.
— Boll. . . . . 3356. PORT.
— Bonnet-Aymard . . . . . 1619. TH.
— Bonnet des Claustres . . 1620. TH.
— Bonnin. . . . . 4781. H. R.
— Borriglione. . . . . 1621. TH.
— Boutin. . . . . 3977. H. R.
— Bouton. . . . . 3189. C. F. M.
— Bravy. . . . . 1622. TH.
— Brémont. . . . . 1623. TH.
— Brosse. . . . . 4782. H. R.
— Bruel. . . . . 3611. H. R.
— Bruny. . . . . 4783. H. R.
— Buzo. . . . . 6331. TH. S.
— Cadeau Ramey. . . . . . 2288. H. TH.
— Cadel . . . . 3012. H. R.
— Camille . . . . 1624. TH.
— Campbell d'Islay. . . . . 4784. H. R.
— Carle. . . . . 2289. H. TH.
— Carnot. . . . . 6435. NO. S.
— Carnot. . . . . 1625. TH.

Mme Caro	1626.	TH.
— Caroline Schmitt	6473.	H. NO. S.
— — Testout	2290.	H. TH.
— Caslot	5479.	H. RUG.
— Catherine Fontaine	1627.	TH.
— Cécile Berthod	1628.	TH.
— — Daumont	3433.	H. R.
— — Morand	3978.	H. R.
— Celina Noirey	1629.	TH.
— Céline Touvais	4223.	H. R.
— César Brunier	4224.	H. R.
— Chabal	4785.	H. R.
— Chabanne	1630.	TH.
— Chabaud de St-Mandrier	2528.	NO.
— Charles	1126.	TH.
— Charles Baltet	2750.	H. I. B.
— — Boutmy	6498.	H. I. B. S.
— — Crapelet	3979.	H. R.
— — de Rostang	3613.	H. R.
— — Detraux	6499.	H. I. B. S.
— — Franchet	1631.	TH.
— — Frederic Worth	5480.	H. RUG.
— — Genoud	2529.	NO.
— — Lavot	4786.	H. R.
— — Meurice	4430.	H. R.
— — Monnier	2291.	H. TH.
— — Montigny	4787.	H. R.
— — Truffaut	4431.	H. R.
— — Verdier	4788.	H. R.
— — Wood	4789.	H. R.
— Charlotte Wolter	3614.	H. R.
— Chaté	3980.	H. R.
— Chaumer Madeleine	4790.	H. R.
— Chauvry	6332.	TH. S.
— Chavaret	1632.	H. R.
— Chedane Guinoisseau	1127.	TH
— Chevalier	2669.	I. B.
— Chevrier	2751.	H. I. B.
— Chevrot	3615.	H. R.
— Chignard	3981.	H. R.
— Chirard	4791.	H. R.
— Christo Christoff	5481.	H. RUG.
— Claire Jaubert	1633.	TH.
— Claude Guillemaud	2292.	H. TH.
— Claudius Gaze	1634.	TH.
— Clémence Marchix	1635.	H. R.
— Clément Massier	6436.	NO. S.
— Clert	4225.	H. R.
— C. Liger	1636.	TH.
— Clorinde Leblond	4792.	H. R.
— Constans	6240.	WICH.
— Corbœuf	2293.	H. TH.
— Cornelissen	2670.	I. B.
— Corvassier	6333.	TH. S.
— Coulombier	3982.	H. S.
— Cousin	2671.	I. B.
— Couturier Mention	6524.	BEN. S.
— C. P. Strassheim	1637.	TH.
— Crepin	4793.	H. R.
— Creux	6334.	TH. S.
— Crombez	1638.	TH.
— Croz-Cini	1639.	TH.
— Crozy	4794.	H. R.
— Cunisset-Carnot	2294.	H. TH.
— Cusin	1196.	TH.
— Dailleux	2295.	H. TH.
— Damaizin	1640.	TH.
— Damème	4795.	H. R.
— Darblay	6727.	ALP.
— Daru	1641.	TH.
— Daurel	3983.	H. R.
Mme David	1197.	TH.
— Debray	4320.	H. R.
— de Canrobert	4796.	H. R.
— de Chalonge	1642.	TH.
— Decour	4556.	H. R.
— de la Bastie	4797.	H. R.
— de la Boulaye	4798.	H. R.
— de la Collonge	2296.	H. TH.
— de Lamoricière	4799.	H. R.
— Delaroche Lambert	3190.	C. F. M.
— de la Rocheterie	2616.	H. R.
— Delaville	1128.	TH.
— Dellespaul	1643.	TH.
— Dellevaux	4226.	H. R.
— de Loeben Sels	2297.	H. TH.
— de Loisy	1644.	TH.
— Delville	4432.	H. H.
— de Moidrey	1645.	TH.
— de Narbonne	1646.	TH.
— Denis	1647.	TH.
— Derepas-Matrat	1648.	TH.
— de Reynies	1649.	TH.
— de Ridder	3984.	H. R.
— de Rochefontaine	3985.	H. R.
— Derouet	3617.	H. R.
— Derreux-Douville	3986.	H. R.
— Dervieu	5482.	H. RUG.
— de Saint-Fulgent	3987.	H. R.
— de Saint-Joseph	1650.	TH.
— de Sancy de Parabère	6728.	ALP.
— Desbordeaux	4321.	H. R.
— de Selves	3988.	H. R.
— de Selves	1651.	TH.
— de Sevigné	2752.	H. I. B.
— Desir	4800.	H. R.
— Désir Vincent	1652.	TH.
— Désiré Giraud	3477.	H. R.
— Deslongchamps	2530.	NO.
— Desprez	2672.	I. B.
— Desseilligny	1198.	TH.
— de Staël	3191.	C. F. M.
— de Stella	2753.	H. I. B.
— de Tartas	1653.	TH.
— de Terouenne	4801.	H. R.
— de Trotter	4802.	H. R.
— de Vatry	1654.	TH.
— Devert	3618.	H. R.
— Devoucoux	1129.	TH.
— de Watteville	1199.	TH.
— Dewolfs	4803.	H. R.
— d'Hebray	3016.	PROV.
— Docteur Jutté	1655.	TH.
— Domage	4804.	H. R.
— Doré	2673.	I. B.
— Dorgère	1656.	TH.
— Dorlia	3619.	H. R.
— Dos Santos Viana	4805.	H. R.
— Droussant	5483.	H. RUG.
— Dubost	5484.	H. RUG.
— Dubost	2674.	I. B.
— Dubroca	1657.	TH.
— Ducamp	3620.	H. R.
— Duché	4806.	H. R.
— Ducher	1658.	TH.
— Ducher	4807.	H. R.
— Duparchy	3621.	H. R.
— Durand	1659.	TH.
— Durieu	1660.	TH.
— D. Wettstein	3622.	H. R.
— E.-A. Nolte	1638.	POLY.
— E. Bonnevey	5485.	H. RUG.

INDEX ALPHABÉTIQUE. — HORT.

Mme E. de Bonnière de Vrières.	3989.	H. R.
— Edmée Metz	2298.	H. TH.
— Edmond Cavaignac	1661.	TH.
— Laporte	6500.	H. I. B. S.
— Edouard Helfenbein	1662.	TH.
— Michel	3990.	H. R.
— Ory	3250.	C. F. M. R.
— E. Forgeot	4227.	B. R.
— Elie Lambert	1663.	TH.
— Elisa de Vilmorin	4809.	H. R.
— Tasson	4322.	H. R.
— Jaenisch	4808.	H. R.
— Stchegoleff	1664.	TH.
— Elise Reboul	1665.	TH.
— Emain	3991.	H. R.
— E. Mallet	2531.	NO.
— Emile de Girardin	3251.	C. F. M. R.
— Duneau	2563.	H. NO.
— Metz	2299.	H. TH.
— Emilie Charrin	1200.	TH.
— Dupuy	6335.	TH. S.
— Vloeberghs	1666.	TH.
— Emma Combey	4810.	H. R.
— Ernest Calvat	6501.	H. I. B. S.
— Levavasseur	4811.	H. R.
— Perrin	1667.	TH.
— Piard	2300.	H. TH.
— Ernestine Verdier	1668.	TH.
— Errera	1669.	TH.
— E. Souffrain	6437.	NO. S.
— Étienne Levet	2301.	H. TH.
— Eugène Appert	4812.	H. R.
— Chambeyran	3623.	H. R.
— Labruyère	3624.	B. R.
— Resal	2841.	BEN.
— Sebille	3992.	H. R.
— Verdier	3434.	H. R.
— Verdier	3993.	H. R.
— Verdier	1670.	TH.
— Eugénie Boullet	2302.	H. TH.
— Frémy	3478.	H. R.
— Falcimaigne	5486.	H. RUG.
— Falcot	1130.	TH.
— Fanny de Forest	2569.	H. NO.
— Giron	3625.	H. R.
— Pauwels	1671.	TH.
— Farfouillou	4813.	H. R.
— Fauconnier	4814.	H. R.
— Fayolle	1672.	TH.
— Félix Faivre	2303.	H. TH.
— Ferdinand Jamain	2304.	H. TH.
— Feuchère	4815.	H. R.
— Fillion	3626.	H. R.
— Flory	4816.	H. R.
— Forcade La Roquette	4228.	H. R.
— Fortuné Besson	4229.	H. R.
— Francis Buchner	4230.	H. R.
— Francisque Morel	6336.	TH. S.
— François Brassac	1673.	TH.
— Bruel	3627.	H. R.
— Janin	1674.	TH.
— Pittet	2570.	H. NO.
— Frédéric Daupias	2305.	H. TH.
— Daupias	1675.	TH.
— Weiss	1039.	POLY.
— Freemann	4278.	H. R.
— Fresnoy	3522.	H. R.
— Freulon	1676.	TH.
— Furtado	4817.	H. R.
— Furtado-Heine	4818.	H. R.
— Gabriel Luizet	4231.	H. R.

Mme Gabriel Meritte	4819.	H. R.
— Gadel	3628.	H. R.
— Gaillard	1677.	TH.
— Galli-Marie	4820.	H. R.
— Gaston Allard	1678.	TH.
— Arnouilh	2532.	NO.
— Georges Backer	4433.	H. R.
— Benard	2306.	H. TH.
— Bouland	1679.	TH.
— Bruant	5487.	H. RUG.
— Desse	3435.	H. R.
— Durrschmidt	1680.	TH.
— Halphen	1681.	TH.
— Schwartz	3629.	H. R.
— Vibert	4232.	H. R.
— Gevelot	1682.	TH.
— G. Mazuyer	1683.	TH.
— Gomot	4821.	H. R.
— Gonod	4822.	H. R.
— Grandin Monville	4434.	H. R.
— Granla	1202.	TH.
— Grasset	5488.	H. RUG.
— Grawitz	4823.	H. R.
— Grenville Gore Langton	1684.	TH.
— Grondher	3994.	H. R.
— Gustave Bonnet	2571.	NO.
— Gossart	2533.	NO.
— Henry	1685.	TH.
— Pierret	4824.	H. R.
— Guyot de Villeneuve	4323.	H. R.
— Hardon	3995.	H. R.
— Hardy	3331.	DAM.
— H. de Potworowska	1686.	TH.
— Hector Jacquin	4825.	H. R.
— Helye Victoire	4826.	H. R.
— Héléna Fould	4324.	H. R.
— Hélène de Lüsemans	4233.	H. R.
— Henri	2307.	H. TH.
— Berger	1687.	TH.
— Danet	5489.	H. RUG.
— de Vilmorin	1688.	TH.
— Graire	1689.	TH.
— Graveraux	5489bis. H. RUG.
— Greville	1690.	TP.
— Pereire	3996.	H. R.
— Perrin	3997.	H. R.
— Henriette Vapereaux	4827.	H. R.
— Herivaux	3998.	H. R.
— Hermance Conseil	2308.	H. TH.
— Hermann	2534.	NO.
— Hersilie Ortgies	4828.	H. R.
— Hilaire	4829.	H. R.
— Hippolyte Jamain	1691.	TH.
— Hippolyte Jamain	4830.	H. R.
— Hofele	5490.	H. RUG.
— Honoré De resné	1131.	TH.
— Hortense Montefiore	2309.	H. TH.
— Montefiore	2842.	BEN.
— Hoste	1692.	TH.
— Hunnebelle	3630.	H. R.
— Husson	1693.	TH.
— Isabelle Gomel-Pujos	1694.	TH.
— Jacqueminot	1695.	TH.
— Jacques Charreton	1696.	TH.
— James Henessy	3631.	H. R.
— J. Bonnaire Pierre	4831.	H. R.
— Jean André	1697.	TH.
— Bansillon	1698.	TH.
— Favre	2310.	H. TH.
— Sisley	2843.	BEN.
— Jeanne Bouyer	3632.	H. R.

Mme Jeanne Brownlow	4032.	H. R.
— — Cuvier	1699.	TH.
— Jeannine Joubert	2786.	H. I. B.
— Jérôme Onof	2311.	B. TH.
— Jessie Frémont	1700.	TH.
— John Taylor	1132.	TH.
— — Twombly	4833.	H. R.
— Jolibois	3999.	H. R.
— Joseph Bonnaire	2312.	H. TH.
— — Combet	2313.	H. TH.
— — Desbois	2314.	B. TH.
— — Godier	1701.	TH.
— — Halphen	1702.	TH.
— — Laperrière	1703.	TH.
— — Linossier	4834.	H. R.
— — Schwartz	1203.	H.
— Joséphine Mühle	1133.	TH.
— J.-P. Soupert	2315.	H. TH.
— Jules Barandon	2316.	H. TH.
— — Caboche	3633.	H. R.
— — Cambon	1704.	TH.
— — Finger	2317.	H. T.
— — Francke	2535.	XO.
— — Girard	2318.	H. TH.
— — Gravereaux	1705.	TH.
— — Grévy	4835.	H. R.
— — Grolez	2319.	H. TH.
— — Janin	1706.	TH.
— — Margottin	1707.	TH.
— — Siegfried	1708.	TH.
— Julie Lasseu	2536.	XO.
— — Weidmann	2320.	H. TH.
— Just Detrey	2675.	I. B.
— Knorr	3357.	PORT.
— Laborie	5491.	H. RVG.
— Lacharme	4234.	H. R.
— Laffay	4836.	H. R.
— la Générale de Benoist	6337bis.	TH. S.
— — Decaen	4235.	H. R.
— — Gourko	1709.	TH.
— Lagrange	5492.	H. RVG.
— Lambert Detrey	2754.	H. I. B.
— Landeau	3252.	C. F. M. R.
— Langlois Eugène	5493.	H. RVG.
— la Princesse de Radziwill	1711.	TH.
— Laurent	4236.	H. R.
— Laurent Simons	1712.	TH.
— Laurette Messimy	2814.	BEN.
— Lauriol de Barny	689.	H. N. R. S.
— Léa Rousseau	4837.	H. R.
— Lefebvre	4839.	H. R.
— Lefebvre Bernard	3634.	H. R.
— Lefebure de St-Ouen	4838.	H. R.
— Lefrançois	4840.	H. R.
— Legras de St-Germain	3310.	ALBA.
— Lehardelay	1713.	TH.
— Leloir	5494.	H. RVG.
— Lelièvre de la Place	4435.	H. R.
— Lemelles	4841.	H. R.
— Lemesle	4000.	H. R.
— Léonard Lille	2321.	H. TH.
— Léon de St-Jean	1715.	TH.
— — Février	1714.	TH.
— — Halkin	4001.	H. R.
— Léopold Moreau	4842.	H. R.
— Letuvé de Colnet	2676.	H. R.
— Levasseur	5495.	H. RVG.
— Levet	6338.	TH. S.
— Lierval	4843.	H. R.
— Lilienthal	4844.	H. R.
— Livia Freege	3635.	H. R.
Mme Lombard	1710.	TH.
— Longeron	1716.	TH.
— Louis Blanchet	2537.	XO.
— — Donadine	3036.	H. R.
— — Gaillard	1717.	TH.
— — Gravier	1718.	TH.
— — Henry	6438.	XO. S.
— — Laurans	1719.	TH.
— — Lévêque	4237.	H. R.
— — Lévêque	1134.	TH.
— — Paillet	3637.	H. R.
— — Patry	1720.	TH.
— — Plassard	5496.	H. RVG.
— — Poncet	1721.	TH.
— — Reydellet	2677.	I. B.
— — Ricard	2787.	H. I. B.
— Louise Carique	4845.	H. R.
— — Mulson	1722.	T. H.
— — Seydoux	4846.	H. R.
— — Vigneron	4847.	H. R.
— — Lucet	5497.	H. RVG.
— Lucien Chauré	4238.	H. R.
— — Duranthon	1723.	TH.
— — Linden	1724.	TH.
— — Villeminot	5498.	H. RVG.
— Lucile Coulon	1725.	TH.
— Luizet G	2678.	I. B.
— Lureau Escalaïs	3638.	H. R.
— Macker	4848.	H. R.
— Malherbe	2755.	H. I. B.
— Mantel	4849.	H. R.
— Mantin	3639.	H. R.
— Marcel Fauneau	3640.	H. R.
— Margottin	1135.	TH.
— Margottin	1126.	TH.
— Marguerite de Seras	6339.	TH. S.
— — Large	1726.	TH.
— — Marsault	4002.	H. R.
— Marie Bianchi	4850.	H. R.
— — Calvat	1727.	TH.
— — Cirodde	4325.	H. R.
— — Closon	4003.	H. R.
— — Croibier	2322.	H. TH.
— — Duncan	4004.	H. P.
— — Finger	3641.	H. R.
— — Garnier	3642.	H. R.
— — Isakof	2323.	H. TH.
— — Lagrange	4005.	H. R.
— — Lavalley	6474.	H. XO. S.
— — Manissier	4851.	H. R.
— — Pavic	1728.	TH.
— — Roederer	4326.	H. R.
— — Roussin	6340.	TH. S.
— Marius Côte	4852.	H. R.
— Marthe d'Halloy	4006.	H. R.
— — Dubourg	1729.	TH.
— Martin Cahuzac	1730.	TH.
— Massange de Louvrex	4239.	H. R.
— Massicault	4853.	H. R.
— Massot	2679.	I. B.
— Maurice de Fleury	5499.	H. RVG.
— — Rivoire	3643.	H. R.
— — Kuppenheim	1731.	TH.
— Maurin	1732.	TH.
— Max Singer	1733.	TH.
— Mélanie Vigneron	4854.	H. R.
— — Villermoze	1734.	TH.
— Mina Barbanson	2324.	H. TH.
— Molé Truffier	5500.	H. RVG.
— Molin	1735.	TH.
— Montet	3436.	H. R.

Mme Morane, jeune	4855.	H. R.
— Moreau	3253.	C. F. M. R.
— Moreau	3523.	H. R.
— Moreau	1736.	TH.
— Morel	2845.	BEN.
— Moser	6502.	H. I. B. S.
— Mulson	1737.	TH.
— Musset	4007.	H. R.
— Nabonnand	1738.	TH.
— Nachury	3437.	H. R.
— Nancy Dubor	2680.	I. B.
— Narcisse Gravereaux	5501.	H. RUG.
— Nathalie Simon	4008.	H. R.
— Nérard	2681.	I. B.
— Nobecourt	6503.	H. I. B. S.
— Nomann	4856.	H. R.
— Normand-Neruda	4436.	H. R.
— N. Touchet	5502.	H. RUG.
— Ocker Ferencz	1739.	TH.
— Olga	1740.	TH.
— Olympe Terestchenko	2756.	H. I. B.
— Oswald de Kerchove	4279.	H. R.
— Ouvière	5503.	H. RUG
— Paul Gravereaux	5504.	H. RUG.
— — Lacoutière	2325.	H. TH.
— — Marmy	6341.	TH. S.
— — Tanche	4857.	H. R.
— Pauline Labonté	1741.	T. H.
— Pauwert	2846.	BEN.
— Pelisson	1742.	TH.
— Pernet Ducher	2326.	H. TH.
— Perny	1743.	TH.
— Perrier	1744.	TH.
— Petit	4858.	H. R.
— Ph. Cochet	1745.	TH.
— Ph. Dewolfs	4859.	H. R.
— Ph. Kuntz	1204.	TH.
— Ph. Plantamour	5505.	H. RUG.
— Pierre Cochet	2538.	NO.
— — de Beys	4437.	H. R.
— — Guillot	1746.	TH.
— — Liabaud	4860.	H. R.
— — Marguery	4861.	H. R.
— — Oger	2757.	H. I. B.
— — Pitaval	4862.	H. R.
— Plantier	3311.	ALBA.
— Platz	3254.	C. F. M. R.
— Prévost	4863.	H. R.
— Prosper Laugier	4864.	H. R.
— Puissant	3438.	H. R.
— Pulliat	4865.	H. R.
— Rambaux	3644.	H. R.
— Ramet	1747.	TH.
— Raoul Chandon	3645.	H. R.
— Raphaël de Smet	1748.	TH.
— Ravary	2327.	H. TH.
— Rebatel	4009.	H. R.
— Recamier	4272.	H. R.
— Remond	1749.	TH.
— Renahy	4866.	H. R.
— Renard	4240.	H. R.
— Renée de Saint-Marceau	1751.	TH.
— René Gérard	1750.	TH.
— René Gravereaux	5505bis	H. RUG.
— Richaux	4867.	H. R.
— Richer	4868.	H. R.
— Richter	6538.	H. BEN. S.
— Ricois	5506.	H. RUG.
— Rivals	3439.	H. R.
— Rivers	4869.	H. R.
— Robert Garrett	2328.	H. TH.
Mme Rocher	4870.	H. R.
— Rochet	4871.	H. R.
— Roger	4872.	H. R.
— Roiffé	5507.	H. RUG.
— Rolland	4873.	H. R.
— Rollet	4327.	H. R.
— Rosalie de Wincop	4874.	H. R.
— Rosa Monnet	4010.	H. R.
— Rose Caron	3646.	H. R.
— — Charmieux	4328.	H. R.
— — Romarin	1752.	TH.
— Rosine Cavène	1205.	TH.
— Rougier	4011.	H. R.
— Rousset	4012.	H. R.
— Roussin	1753.	TH.
— Rozain Boucharlat	6342.	TH. S.
— Sadi-Carnot	6343.	TH. S.
— Saison Lierval	4875.	H. R.
— Sanglier	4329.	H. R.
— Saportas	3017.	PROV.
— Savary	5508.	H. RUG.
— Schmitt	3440.	H. R.
— Schultz	6439.	NO. S.
— Scipion Cochet	1754.	TH.
— Scipion Cochet	4876.	H. R.
— Simon	1755.	TH.
— S. Mottet	6440.	NO. S.
— Solignac	1756.	TH.
— Sophie Froppot	3441.	H. R.
— Sophie Stern	4877.	H. R.
— Soubeyran	2682.	I. B.
— Souchet	2683.	I. B.
— Sougeron	1757.	TH.
— Soupert	3192.	C. F. M.
— Soupert	4878.	H. R.
— Souveton	3358.	PORT.
— Steffen	2329.	H. TH.
— Stingue	3442.	H. R.
— Stolz	3332.	DAM.
— Suzanne Chavagnon	4879.	H. R.
— Teyssier	1758.	TH.
— Th. Cattier	1759.	TH.
— Théobald Sernin	4880.	H. R.
— Théodore Delacour	4013.	H. R.
— Thérèse de Parieu	3443.	H. R.
— — Deschamps	1760.	TH.
— — Genevay	6344.	TH. S.
— — Vernes	4881.	H. R.
— Thévenot	4882.	H. R.
— Thibault	4241.	H. R.
— Thiébaut, aîné	4014.	H. R.
— Thiers	2684.	I. B.
— Thirion	1761.	TH.
— Tiret	5509.	H. RUG.
— Tixier	1762.	TH.
— Tony Baboud	2330.	H. TH.
— Treyve Marie	4015.	H. R.
— Triévoz	1763.	TH.
— Triffe	6345.	TH. S.
— Tripet	2685.	I. B.
— Tronel	1764.	TH.
— Valembourg	4016.	H. R.
— Valton	2686.	I. B.
— Van Houtte	4883.	H. R.
— Vauvel	4330.	H. R.
— Verdin	5510.	H. RUG.
— Verlot	4884.	H. R.
— Vermorel	1765.	TH.
— Verrier Cachet	4885.	H. R.
— Veuve Alexis Pomery	4242.	H. R.
— — Menier	2331.	H. TH.

INDEX ALPHABÉTIQUE. — HORT.

Mme Victor Caillet.	1266.	TH.
— — Hovart	4830.	H. R.
— — Verdier	4857.	H. R.
— — Wibaut	4887.	H. R.
— Vidot	4888.	H. R.
— Viger	2332.	H. TH.
— Vignat	3047.	H. R.
— Villy	4331.	H. R.
— Viviand Morel	6139.	ARV.
— Von Siemens	1760.	TH.
— Wagram C^{sse} de Turenne.	2783.	H. I. B.
— Welche	1767.	TH.
— William Bull.	4917.	H. R.
— — Paul	3255.	C. F. M. R.
— — Wood	3048.	H. R.
— Wilson	4243.	H. R.
— York	4918.	H. R.
— Zoetmans	3333.	DAM.
Madeleine Chomer	2087.	I. B.
— d'Aoust	1768.	TH.
— de Garnier des Garets	1769.	H. R.
— de Vauzelle	2758.	H. I. B.
— Fillot	5686.	CAP.
— Guillaumez	1770.	TH.
— Huet	2759.	H. I. B.
Mlle Adèle Jourgant	1137.	TH.
— Adélina Viviand Morel.	6441.	NO. S.
— Adeline Outrey	1771.	TH.
— Alice Furon	2333.	H. TH.
— — Leroy	3193.	C. F. M.
— — Marchand	2760.	H. I. B.
— — Morhange	3524.	H. R.
— Amanda	1772.	TH.
— Amélie Halphen	4438.	H. R.
— Anaïs Molin	1040.	POLY.
— Andrée Worth	2761.	H. I. B.
— Anna Chartron	1773.	TH.
— — Viger	1774.	TH.
— Annette Gamon	1775.	TH.
— — Murat	6349.	TH. S.
— Annie Wood	4919.	H. R.
— Antonia Decarli	1776.	TH.
— Antonine Veysset	1777.	TH.
— Augustine Guinoisseau.	2334.	H. TH.
— Barthet	2789.	H. I. B.
— Berger	2762.	H. I. B.
— Bertha Ludi	1081.	H. POLY.
— Berthe Bazterais	3049.	H. R.
— — Clavel	2088.	I. B.
— — Lévêque	4839.	H. R.
— — Saccavin	4439.	H. R.
— Blanche Durrschmidt	2572.	H. NO.
— — Lafitte	0481.	I. B. S.
— Bonnaire	4280.	H. R.
— Brigitte Violet	2335.	H. TH.
— Camille Bigoteau	2650.	H. R.
— — de la Rochetaillée.	1041.	POLY.
— Cécile Brunner	1042.	POLY.
— Cécilie Sergent	1778.	TH.
— Charlotte Card	3444.	H. R.
— Christine de Noue	1779.	TH.
— Claire Jacquier	6044.	MULT.
— — Mathieu	4850.	H. R.
— — Merle	1780.	TH.
— Claudine Perreault	1781.	TH.
— Clémentine Ribault	4020.	H. R.
— Clotilde Perreau	1782.	TH.
— de Kerjégu	2336.	H. TH.
— de la Seiglière	3445.	H. R.
— de Meux	2337.	H. TH.
— Denise de Reversaux	1783.	H. TH.

Mlle Dubost	4891.	H. R.
— Dumaine	4892.	H. R.
— Eléonore Grier	4021.	H. R.
— Elisabeth de Grammont	1784.	TH.
— — de la Rocheterie.	4893.	H. R.
— — Marcel	2539.	NO.
— — Monod	1785.	TH.
— Elisa Lemasson	2338.	H. TH.
— Elise Chabrier	4824.	H. R.
— Emain	2087.	I. B.
— Emélie Verdier	4022.	H. R.
— — Fontaine	4023.	H. R.
— — Vloeberghs	1786.	TH.
— Emma Hall	3446.	H. R.
— — Vercellone	1787.	TH.
— Eugénie Verdier	2651.	H. R.
— — Verdier	4895.	H. R.
— — Wilhelm	4531.	H. R.
— Favart	2763.	H. I. B.
— Félicité Truillot	2690.	I. B.
— Fernande de la Forest	3447.	H. R.
— — Dupuy	1043.	POLY.
— Francisca Krüger	1788.	TH.
— Françoise de Kerjégu	1789.	TH.
— Gabrielle Martel	1790.	TH.
— — Perronny	4024.	H. R.
— Geneviève Godard	6347.	TH. S.
— — Goujon	1791.	TH.
— Germaine Calliot	2339.	H. TH.
— — Molinier	1792.	TH.
— — Raud	1793.	TH.
— — Trochon	6395.	H. TH. S.
— Grevy	4876.	H. R.
— Hélène Cambier	2340.	H. TH.
— — Croissandeau	3052.	H. R.
— — Michel	4025.	H. R.
— Henriette de Beauveau	6348.	TH. S.
— — Mathieu	4897.	H. R.
— Honorine Duboc	4898.	H. R.
— Ilona de Adorjan	4050.	H. R.
— Jeanne Bouvet	4899.	H. R.
— — Ferron	6945.	MULT.
— — Guillaumez	1794.	TH.
— — Philippe	1795.	TH.
— Joséphine Burland	1044.	POLY.
— — Guyot	2091.	I. B.
— — Violet	6442.	NO. S.
— Julie Gaulain	4244.	H. R.
— — Péreard	4245.	H. R.
— Juliette Berthaud	2763.	H. I. B.
— — Doucet	1796.	TH.
— la princesse de Bourbon.	1797.	TH.
— Lazarine Poizeau	1138.	TH.
— Léa Lévêque	4449.	H. R.
— Lemoyne	5511.	H. RUG.
— Léonie Giessen	4027.	H. R.
— — Persin	4028.	H. R.
— Lobry	4281.	H. R.
— Loïde de Falloux	4059.	H. R.
— Louise Aunier	4246.	H. R.
— — Boudin	6504.	H. I. B. S.
— — Boyer	4247.	H. R.
— — Chrétien	4026.	H. R.
— — Morin	6443.	NO. S.
— — Oger	1798.	TH.
— Lucie Chauvin	1799.	TH.
— — Faure	1800.	TH.
— — Joliœur	1801.	TH.
— Lucile Lafitte	1802.	TH.
— Lydia Marty	4921.	H. R.
— Madeleine Delaroche	1803.	TH.

Mlle Madeleine Nonin	4248.	H. R.
— Magdeleine Beauvillain	1804.	TH.
— Marguerite Appert	6396.	H. TH. S.
— — Boudet	4902.	H. R.
— — Chatelain	2764.	H. I. B.
— — de Thesillat	1805.	TH.
— — Fabisch	1806.	TH.
— — Manein	4903.	H. R.
— — Michon	4441.	H. R.
— — Preslier	1807.	TH.
— Maria Castel	287-bis	H. BEN.
— — Verdier	3448.	H. R.
— Marie Achard	4904.	H. R.
— — André	4905.	H. R.
— — Arnaud	1139.	TH.
— — Berton	6349.	TH. S.
— — Chauvet	4906.	H. R.
— — Cointet	4907.	H. R.
— — Crépey	1808.	TH.
— — Dauphin	4908.	H. R.
— — Digat	4030.	H. R.
— — Drivon	2692.	I. B.
— — Gagnier s	1809.	TH.
— — Gaze	6444.	NO. S.
— — Gonod	4909.	H. R.
— — Louise Bourgeois	3194.	C. F. M.
— — Louise Margerand	4031.	H. R.
— — — Pagerie	6350.	TH. S.
— — Magat	4032.	H. R.
— — Métral	4910.	H. R.
— — Moreau	2878.	H. BEN.
— — Page	2765.	H. I. B.
— — Perrin	4911.	H. R.
— — Rady	4033.	H. R.
— — Roë	4912.	H. R.
— — Th. de la Devansaye	2693.	I. B.
— — Thérèse Molinier	1810.	TH.
— — Van Houtte	1811.	TH.
— — Verlot	4034.	H. R.
— Marthe Cahuzac	1045.	POLY.
— — Hirigoyen	6505.	H. I. B. S.
— Mathilde Lennaertz	6351.	TH. S.
— Noëlie Merle	6445.	NO. S.
— Onofrio	1812.	TH.
— Pauline Bersey	2341.	H. TH.
— Philiberte Pellé	4913.	H. R.
— Polonie Bourdin	1813.	TH.
— Rachel	1814.	TH.
— René Denis	1966.	TH. S.
— Sontag	3018.	PROV.
— Sophie de la Villeboisnet	4914.	H. R.
— Suzanne Bouyer	4915.	H. R.
— — Rodocanachi	4442.	H. R.
— Thérèse Appert	287-8bis	H. BEN.
— — Levet	4249.	H. R.
— Victoire Hélye	4443.	H. R.
— Yvonne Gravier	1815.	TH.
Ma Fillette	1046.	POLY.
Ma Frisée	4035.	H. R.
Magdeleine de Chatelier	1047.	POLY.
Magna Charta	4250.	H. R.
Magnafrano	2342.	H. TH.
Magonette	1816.	TH.
Maiden's blush	3312.	ALBA.
Maid of Honour	1818.	TH.
— the Mist	2343.	H. TH.
Mai Fleuri	1817.	TH.
Malesherbes	4916.	H. R.
Malfilâtre	3019.	PROV.
Malmundiariensis	5512.	H. RUG.
Malton	6539.	H. BEN. S.
Malvina	3195.	C. F. M.
Malvina	3020.	PROV.
Malyi	6696.	ALP.
Maman Cochet	1819.	TH.
— Cochet blanche	1820.	TH.
— Loiseau	1821.	TH.
Mamie	2344.	H. TH.
Manda's Triumph	6241.	WICH.
Manetti	6540.	H. BEN. S.
Mansais	1858.	TH.
Ma petite Andrée	1048.	POLY.
— Pivoine	4036.	H. R.
— Ponctuée	3256.	C. F. M. R.
Marbrée	3359.	PORT.
Marcel Bourgoin	3021.	PROV.
— Grammont	4332.	H. R.
Marcelin Roda	1822.	TH.
Marcella	4917.	H. R.
Marchioness of Downshire	4918.	H. R.
— of Dufferin	4037.	H. R.
— of Exeter	4251.	H. R.
— of Londonderry	4919.	H. R.
— of Lorne	4920.	H. R.
Maréchal Bugeaud	1823.	TH.
— Canrobert	4333.	H. R.
— Davoust	3196.	C. F. M.
— de la Brunerie	4921.	H. R.
— de Villars	2695.	I. B.
— du Palais	2694.	I. B.
— Forey	4334.	H. R.
— Niel	6352.	TH. S.
— Niel blanc	6353.	TH. S.
— Robert	1824.	TH.
— Suchet	4922.	H. R.
— Vaillant	4038.	H. R.
Margaret Dickson	4252.	H. R.
— Haywood	4923.	H. R.
Margarita	6446.	NO. S.
Margherita di Simone	1825.	TH.
Margheritae	5513.	H. RUG.
Marguerite	1826.	TH.
— Bonnet	2696.	I. B.
— Boudet	4924.	H. R.
— Brassac	4532.	H. R.
— de Fénelon	1827.	TH.
— de Romans	3653.	H. R.
— de Saint-Amand	4253.	H. R.
— Dombrain	3449.	H. R.
— Jamain	3479.	H. R.
— Juron	2345.	H. TH.
— Ketten	1828.	TH.
— Lartay	2791.	H. I. B.
— Lectureux	3525.	H. R.
— Marchais	1829.	TH.
— Poiret	2346.	H. TH.
— Ramet	1207.	TH.
Maria Christina Reine d'Esp.	1830.	TH.
— Duckhardt	1831.	TH.
— Leonida	6752.	BRAC.
— Scholtz	1832.	TH.
— Thérésa	3450.	H. R.
Marianne	2697.	I. B.
Mariano Vergara	1833.	TH.
Marie Accary	6447.	NO. S.
— Aviat	4925.	H. R.
— Baumann	4039.	H. R.
— Boissée	4282.	H. R.
— Bret	1834.	TH.
— Caroline de Sartoux	1835.	TH.
— de Beaux	1836.	TH.
— de Blois	3197.	C. F. M.

Marie de Bourgogne	3198. C. F. M.		Ma Surprise	2526. H. R.
— Dermar	4926. H. R.		Ma Surprise	6779. MICR.
— de Saint-Jean	3360. PORT.		Mathilde	1857. TH.
— Desmontiers	3022. PROV.		Mathurin Regnier	4931. H. R.
— d'Orléans	1837. TH.		Ma Tulipe	2355. H. TH.
— Ducher	1838. TH.		Maud Little	1211. H. R.
— Finger	2654. H. R.		Maupertuis	3257. C.F.M.R.
— Girard	2347. H. TH.		Maurice Bernardin	4048. H. R.
— Guillot	1839. TH.		— Lepelletier	4335. H. R.
— Hartmann	4040. H. R.		— L. de Vilmorin	4445. H. R.
— Husser	1840. TH.		— Rouvier	1212. TH.
— Jaillet	1841. TH.		Mavourneen	4932. H. R.
— Joly	2698. I. B.		Max Buntzel	1859. TH.
— Lambert	1842. TH.		Maxime Buatois	1050. POLY.
— Louise Marcenot	2348. H. TH.		— de la Rocheterie	4336. H. R.
— — Oger	1843. TH.		Maximilien Emper. du Mexique	4337. H. R.
— — Pernet	4927. H. R.		May Queen	6242. WICH.
— — Poiret	2349. H. TH.		— Quennel	4933. H. R.
— — Puyravaud	1140. TH.		— Rivers	1860. TH.
— Maïd of Honour	1844. TH.		— Turner	4338. H. R.
— Opoix	1845. TH.		Mécène	3024. PROV.
— Page	1208. TH.		Medéa	1861. TH.
— Paré	2699. I. B.		Meermaid	6195. H. R.
— Pavie	1049. POLY.		Meg. Merilles	6040. RUB.
— Pochin	4041. H. R.		Melanie Oger	1862. TH.
— Rambaux	1141. TH.		— Soupert	6354. TH. S.
— Robert	6448. NO. S.		Mélina Peyrusson	1051. POLY.
— Robert	3361. PORT.		Mendox	6046. MULT.
— Sage	2847. BEN.		Menoux	6047. MULT.
— Sisley	1209. TH.		Mercédès	3199. C. F. M.
— Soleau	1846. TH.		Mercédès	5514. H. RUG.
— Thérèse Dubourg	2540. NO.		Mercédès	3025. PROV.
— Tudor	3023. PROV.		Mercédès	6048. MULT.
— Wolkoff	2848. BEN.		Mère de Saint-Louis	4934. H. R.
— Zahn	2350. H. TH.		Mériame de Rothschild	1863. TH.
Mariette de Besobrazoff	1847. TH.		Merry England	4935. H. R.
— Biolley	4254. H. R.		Merveille d'Anjou	4339. H. R.
Marion Dingée	1848. TH.		— de Lyon	4557. H. R.
Marjorie	2351. H. TH.		— des Blanches	4558. H. R.
Marmorata	5017. PIM.		Meta	1864. TH.
Marquès de Aledo	1849. TH.		Meteor	6449. NO. S.
Marquis d'Alex	4042. H. R.		Mexico	4936. H. R.
— d'Aligre	4043. H. R.		Meyerbeer	4937. H. R.
— de la Garde	1850. TH.		Micaëla	3200. C. F. M.
— de Sanina	1851. TH.		Michael Saunders	2356. H. TH.
— of Salisbury	3655. H. R.		Michel Ange	4049. H. R.
Marquise de Balbiano	276. H. I. B.		— Buchner	2357. H. TH.
— Bocella	4028. H. R.		— Strogoff	4533. H. R.
— de Castellane	4255. H. R.		Michigan Miledgewill	6196. SET.
— de Chambon	277. H. I. B.		— Superba	6197. SET.
— de Charonnay	1852. TH.		micrantha	6099. CAN.
— de Forton	1853. TH.		microphylla	6770. MICR.
— de Gibot	4256. H. R.		— var. fourr. de châtaigne	6772. MICR.
— de l'Aigle	1854. TH.		— var. pourpre ancien	6773. MICR.
— de Mac-Mahon	4029. H. R.		— × rugosa	5515. H. RUG.
— de Mortemart	4044. H. R.		— var. chlorocarpa	6771. MICR.
— de Pontoi-Pontcarré	1142. TH.		Mictery Contonny Mitera	4933. H. R.
— de Querhoënt	1855. TH.		Mignonette	1052. POLY.
— de Salisbury	4257. H. R.		Mikado	5411. RUG.
— de Salisbury	2352. H. TH.		Mildred Grant	2358. H. TH.
— de Verdun	4030. H. R.		Miller Hayes	4534. H. R.
— de Vivens	1210. TH.		Miller's Climbing	6140. ARV.
— d'Exeter	4258. H. R.		Mill's Beauty	6198. SET.
— d'Hervey	4045. H. R.		Milton	4939. H. R.
— J.de la Chataigneraye	2353. H. TH.		minutifolia alba	6049. MULT.
— Litta de Breteuil	2354. H. TH.		Miniature	1053. POLY.
Marshal P. Wilder	4444. H. R.		Minna	6641. RUB.
Martin Cahuzac	4946. H. R.		Mirabile	1865. TH.
Mary Cory	1856. TH.		Mirabilis	1869. TH.
massilvanensis	6282. STY.		Miranda	3362. PORT.
Masterpiece	4047. H. R.		Miss. Agnès C. Sherman	1867. TH.

Miss Ellen Willmott	2359.	H. TH.
— Ethel Brownlow	1868.	TH.
— — Richardson	4940.	H. R.
— Frotter	5618.	PIM.
— Hassard	4259.	H. R.
— House	4941.	H. R.
— Ingram	4260.	H. R.
— Katerine G. Warren	1869.	TH.
— Kate Schultheis	1054.	POLY.
— Lizzie	1870.	TH.
— Marston	1871.	TH.
— May Paul	1872.	TH.
— May Paul	6397.	H. TH. S.
— Poole	3656.	H. R.
— Wenn	1873.	TH.
— Willmott	1874.	TH.
Mister John Laing	3451.	H. R.
Mistress Anthony Waterer	5516.	H. RUG.
— Baker	3527.	H. R.
— Bellender Ker	4942.	H. R.
— Bosanquet	2700.	I. B.
— Cleveland	4050.	H. R.
— Cocker	4943.	H. R.
— C. Swailes	3657.	H. R.
— Edward Mawley	1875.	TH.
— Edworgt	6199.	SETI.
— Elliot	4944.	H. R.
— Frank Cant	4945.	H. R.
— F. W. Sanford	3452.	H. R.
— G. Dickson	4946.	H. R.
— Harkness	4947.	H. R.
— Harry Turner	4535.	H. R.
— James Wilson	1876.	TH.
— John Laing	3453.	H. R.
— — Taylor	1877.	TH.
— Jowitt	4051.	H. R.
— Jowitt	4948.	H. R.
— Laing	4052.	H. R.
— Laxton	4446.	H. R.
— Mirabel Gray	1878.	TH.
— Paul	6506.	H. I. B. S.
— Pierpont Morgan	1879.	TH.
— R. B. Cant	1880.	TH.
— Reynols Hole	1881.	TH.
— Robert Peary	4949.	H. R.
— Rob. Garrett	2360.	H. R.
— R.G.Sharm.Crawford	3658.	H. R.
— Rumsey	4950.	H. R.
— Standisch	4951.	H. R.
— S. Treseder	1882.	TH.
— Veitch	3659.	H. R.
— W. C. Whitney	2361.	H. TH.
— W. J. Grand	2362.	H. TH.
— W. Watson	4952.	H. R.
Modèle de perfection	2768.	H. I. B.
Moerenkœning	4953.	H. R.
Moiret	1883.	TH.
Moïse	3026.	PROV.
Molière	2701.	I. B.
Monplaisir	6355.	TH. S.
Mon Rêve	4053.	H. R.
Monseigneur Fournier	4054.	H. R.
— Touchet	1884.	TH.
Monsieur Aimé Colcombet	1885.	TH.
— Albert Patel	1886.	TH.
— Alexis Lépère	3660.	H. R.
— A. Maillé	6507.	H. I. B. S.
— André Wilnat	4055.	H. R.
— Auguste Perrin	4056.	H. R.
— Bacconnier	4054.	H. R.
— Barthélémy Levet	3661.	H. R.
Monsieur Benjamin Druet	4955.	H. R.
— Benoit Comte	4447.	H. R.
— Berthier	4057.	H. R.
— Boncenne	4058.	H. R.
— Briançon	4956.	H. R.
— Bunel	2363.	H. TH.
— Célestin Port	3662.	H. R.
— Chab. de St-Mandrier	1887.	TH.
— Chaix d'Est-Ange	4059.	H. R.
— Chédanne	5412.	RUG.
— Chevallier	4448.	H. R.
— Clerc	2702.	I. B.
— Cordeau	6482.	I. B. S.
— Cordier	4060.	H. R.
— Curth Schulteis	1888.	TH.
— de Kerjégu	4957.	H. R.
— de Montigny	3454.	H. R.
— de Morand	4958.	H. R.
— de Pontbriand	3528.	H. R.
— Désir	6398.	H. TH. S.
— de Syras	3663.	H. R.
— Dorier	1889.	TH.
— Druet	4959.	H. R.
— Édouard Detaille	4960.	H. R.
— — Littaye	1890.	TH.
— — Ory	4061.	H. R.
— Emile Jourdan	4536.	H. R.
— — Lelong	4962.	H. R.
— — Masson	4963.	H. R.
— Étienne Dupuy	4964.	H. R.
— Eugène Petit	4965.	H. R.
— E. Y. Teas	4061.	H. R.
— Faivre d'Arcier	2364.	H. TH.
— Fillion	3664.	H. R.
— Fournier	4449.	H. R.
— Francisque Rive	4062.	H. R.
— François Ménard	1891.	TH.
— Furtado	1892.	TH.
— Georges Chevallier	4966.	H. R.
— Gerberon	4063.	H. R.
— Gonin	4450.	H. R.
— Guillaume Popie	4064.	H. R.
— Hayashi	4967.	H. R.
— Hely	5413.	RUG.
— Hip. Marchand	3665.	H. R.
— Hoste	4065.	H. R.
— J. Niogret	4066.	H. R.
— Joigneaux	4067.	H. R.
— Journaux	4968.	H. R.
— Jules Derouville	4969.	H. R.
— — Lemaitre	4068.	H. R.
— — Monges	4971.	H. H.
— — Priou	2365.	H. TH.
— Just Detrey	4970.	H. R.
— Lapierre	3529.	H. R.
— Laxton	4451.	H. R.
— Loriol de Barny	4069.	H. R.
— Louis Ligier	2366.	H. TH.
— — Ricard	4972.	H. R.
— Mathieu Baron	4070.	H. R.
— Michel Dupré	3666.	H. R.
— Moreau	4071.	H. R.
— Moreau	4973.	H. R.
— Morlet	5414.	RUG.
— Noman	4974.	H. R.
— Paul	4975.	H. R.
— Perrier	1143.	TH.
— Pierre Mercadier	1893.	TH.
— — Migron	1894.	TH.
— Ravel	4977.	H. R.
— Richard	4072.	H. R.

INDEX ALPHABÉTIQUE. – HORT.   221

Monsieur Rosier. . . . . 6356. TH. S.
— Roubaud. . . . . 3667. H. R.
— Tallandier. . . . . 4976. H. R.
— Thouvenel. . . . . 4073. H. R.
— Tillier. . . . . 1895. TH.
— Tony Baboud. . . . . . . 2357. H. TH
— Triévoz. . . . . 3668. H. R.
— Weeb. . . . . 3669. H. H.
— Woodfield. . . . . 3670. H. R.
monspeliaca. . . . . 6697. ALP.
Montalembert. . . . . 3027. PROV.
Monte Christo. . . . . 4978. H. R.
Mont Rosa. . . . . 1896. TH.
Morica. . . . . 5619. PIM.
Morphée. . . . . 4074. H. R.
Mosella. . . . . 1082. H. POLY.
Moser. . . . . 4075. H. R.
moschata. . . . . 6160. MOSC.
moschata d'Angers. . . . . . 6161. MOSC.
— var. alba . . . . 6163. MOSC.
Mousseline. . . . . 3258. C. F. M. R.
Mousseux ancien. . . . . . . 3201. C. F. M.
— du Japon. . . . . 3202. C. F. M.
multiflora. . . . . 6000. MULT.
multiflora flore pleno. . . . . 6002. MULT.
— nana . . . . . . 1000. POLY.
— ×indica . . . . . 6003. MULT.
— ×lucida . . . . . 6004. MULT.
— ×Wichuraiana. . 6005. MULT.
multiflore Rose. . . . . 6050. MULT.
Mundi Selfcolored. . . . . . 3028. PROV.
Muriel Graham. . . . . 1897. TH.
Murillo. . . . . 4076. H. R.
Mursch. . . . . 6141. ARV.
muscosa. . . . . 3129bis C. F. M.
Mutabilis. . . . . 6096. SEMP.
Myriacantha. . . . . 5620. PIM.
Myrianthes renoncule . . . . 6097. SEMP.
Myrrh scented. . . . . 6142. ARV.
Mystère. . . . . 1898. TH.

N

Nabonnand. . . . . 2883. CHIN.
Namenlose Schoene. . . . . . 1899. TH.
Nancy Lée. . . . . 1900. TH.
Nankin. . . . . 5621. PIM.
Nankin nouvelle. . . . . 1901. TH.
Napoléon. . . . . 2849. BEN.
Napoléon Magne. . . . . 2541. NO.
Napoléon III. . . . . 4452. H. R.
Narcisse. . . . . 1902. TH.
Narcisse de Salvandy. . . . . 3029. PROV.
Nardy. . . . . 6357. TH. S.
Nardy frères. . . . . 4079. H. R.
Natascha Mestchersky. . . . 1213. TH.
Nathalie Imbert. . . . . 1903. TH.
Nemesis . . . . 2879. H. BEN.
Neron. . . . . 3030. PROV.
Newton. . . . . 4980. H. R.
Nicolas Belot. . . . . 4981. H. R.
— Leblanc. . . . . . . 3671. H. R.
Niphetos. . . . . 1738bis TH.
nipponensis. . . . . 6670. CIN.
Nitens v. oligotricha. . . . . 5415. RUG.
Noel Jourdain. . . . . 1904. TH.
Noëlla Nabonnand. . . . . . 6358. TH. S.
Noisette. . . . . 2850. BEN.
Noisette de l'Inde. . . . . . 6450. NO. S.
Noisette moschata. . . . . . 2573. H. NO.
Noisettiana. . . . . 2560. NO.

Notaire Bonnefond. . . . . . 4982. H. R.
Nouveau Vulcain. . . . . . . 3031. PROV.
Nouvelle transparente. . . . 3032. PROV.
Nuits d'Young. . . . . 3203. C. F. M.
nutkana. . . . . 6671. CIN.
Nymphea alba. . . . . 2368. H. TH.
Nymphe de Mer . . . . 6200. SETI.
— Egeria. . . . . . . 6051. MULT.
— Tepla. . . . . 6201. SETI.

O

Oakmont. . . . . 4983. H. R.
ochroleuca. . . . . 6698. ALP.
Octavie . . . . 2542. NO.
Octavie Choquet. . . . . . . 4984. H. R.
Oderic Vital. . . . . 3480. H. R.
Œillet . . . . 3115. C. F.
Œillet double. . . . . 3033. PROV.
— Flammand . . . . . 3034. PROV.
— Flamand. . . . . . 2703. I. B.
— panaché . . . . . . 3204. C. F. M.
— parfait . . . . 3035. PROV.
Ola Blach . . . . 3205. C. F. M.
Old Blush. . . . . 2851. BEN.
— Crimson. . . . . . . 2852. BEN.
Olga Marix . . . . 2574. H. NO.
Olivet . . . . 6052. MULT.
Olivier Delhomme. . . . . . 4077. H. R.
— Métra . . . . 4453. H. R.
Olympe Frecinay. . . . . . . 1905. TH.
Ombrée parfaite. . . . . . . 3036. PROV.
Omer Pacha. . . . . 2704. I. B.
omissa. . . . . 6610. CANI.
Omphale. . . . . 3037. PROV.
Ophirie . . . . 2543. NO.
Ordinaire . . . . 3206. C. F. M.
Ordinaire . . . . 2853. BEN
Ordinaire de Dijon. . . . . . 3116. C. F.
Orgueil de Lyon. . . . . . . 4078. H. R.
Oriflamme de Saint-Louis. . 4079. H. R.
Ornement des Jardins . . . 4985. H. R.
— des Bosquets . . . 6729. ALP.
Oscar Chauvry . . . . 2544. N. O.
— Cordel . . . . 4986. H. R.
— Lamarche. . . . . . 3572. H. R.
— Leclerc . . . . . . 2705. I. B.
— Leclerc. . . . . . . 3259. C. F. M. R.
Ovid. . . . . 6202. SETI.
Oxonian . . . . 3673. H. R.
oxyacantha. . . . . 5652. H. PIM.
oxyodon. . . . . 6672. CIN.

P

Palais de Cristal. . . . . . . 4987. H. R.
Palmengarten Director Siebert. 2369. H. TH.
palustris. . . . . 6759. BRAC.
Panachée à fleurs doubles. . 3038. PROV.
— d'Angers. . . . . . 3039. PROV.
— de Bordeaux. . . . 3455. H. R.
— de Luxembourg. . . 4988. H. R.
— de Lyon. . . . . . . 3363. PORT.
— d'Orléans . . . . . . 3481. H. R.
— Langroise . . . . . 4261. H. R.
— pleine . . . . 3040. PROV.
Pan américan. . . . . 2370. H. TH.
Papa Gontier. . . . . 1906. TH.
— Lambert. . . . . . . 2371. H. TH.
— Reiter. . . . . 2372. H. TH.
Papillon . . . . 6525. BEN. S.

INDEX ALPHABÉTIQUE. — HORT.

Papillon . . . . 6359. TH. S.
Pâquerette. . . . . 1055. POLY.
paradysica. . . . . 6099. ALP.
Parfait. . . . . 2705. I. B.
Parnassiana . . . . 5416. RUG.
partheniodora . . . . 6700. ALP.
parviflora . . . . 6657. HUM.
parvifolia . . . . 3583bis PARV.
parvula . . . . 6653. MULT.
patens . . . . 6611. CANI.
Paul Bestion. . . . . 2707. I. B.
— de Fabry . . . . 4454. H. R.
— de la Meilleraye . . . . 4455. H. R.
— Dupuy . . . . 4989. H. R.
— et Virginie. . . . . . . 2708. I. B.
— Floret . . . . 1214. TH.
— Ginouillac . . . . 1907. TH.
— Jamain . . . . 4537. H. R.
— Joseph. . . . . 2709. I. B.
— Marot. . . . . 2373. H. TH.
— Nabonnand. . . . . . . 1908. TH.
— Neyron. . . . . 3456. H. R.
— Perras . . . . 4971. H. R.
— Ricault. . . . . 4792. H. R.
— Transon . . . . 6243. WICH.
— Verdier. . . . . 4493. H. R.
Pauline Bonaparte. . . . . 2710. I. B.
— Lanzezeur. . . . . . . 4994. H. R.
— Nodet. . . . . 1056. POLY.
— Plantier. . . . . 1909. TH.
Paulin Talabot. . . . . 4156. H. R.
Paul's Carmine Pilar . . . . 6573. H. R. S.
— Cheshunt scarlet . . . 4089. H. R.
— Early . . . . 4990. H. R.
— Early Blush . . . . . . 4262. H. R.
— Single Crimson . . . . 4995. H. R.
— Single White. . . . . . 4996. H. R.
— Tea Rambler. . . . . . 6360. TH. S.
Pavillon de Prégny. . . . . . . 2575. H. NO.
Paxton. . . . . 6508. H. I. B. S.
Paysanne . . . . 3117. C. F.
Peach Blossom. . . . . 4263. H. R.
Pearl . . . . 2374. H. TH.
Pearl Rivers. . . . . 1910. TH.
Peintre Achille Cesbron . . . . 3530. H. R.
Pélisson . . . . 3207. C. F. M.
Pellonia . . . . 1911. TH.
pendulina . . . . 6701. ALP.
Penelope Mayo. . . . . 4081. H. R.
Péonia. . . . . 4993. H. R.
Pepita . . . . 3041. PROV.
Perfection de Lyon. . . . . . . 4997. H. R.
— de Montplaisir. . . 1912. TH.
— des Blanches. . . . 2576. H. NO.
Perle Blanche. . . . . 3457. H. R.
— d'Angers . . . . 2769. H. I. B.
— de Feu. . . . . 1913. TH.
— de la Thuringe . . . . 1914. TH.
— de Lyon. . . . . 1144. TH.
— des Blanches. . . . . . 2577. H. NO.
— des Jardins. . . . . . . 1145. TH.
— des Panachées . . . . 3042. PROV.
— des Rouges. . . . . . 1057. POLY.
— d'or. . . . . 1058. POLY.
Perrieri . . . . 6703. ALP.
Persian Yellow. . . . . 5687. CAP.
pervirens . . . . 6130. ARV.
Peter Lawson. . . . . 4082. H. R.
petiolata. . . . . 6702. ALP.
Petit Constant. . . . . 1059. POLY.
— postillon. . . . . 6054. MULT.

Petite Amante. . . . . 2770. H. I. B
— de Hollande. . . . . . . 3118. C. F.
— Écossaise. . . . . 5622. PIM.
— Léonie . . . . 1060. POLY.
— Madeleine. . . . . 1061. POLY.
— Rose de Mai. . . . . . . 3119. C. F.
Phaloé. . . . . 6451. NO. S.
Pharisaër. . . . . 2375. H. TH.
phœnicia. . . . . 6270. PHŒ.
Phœnix . . . . 3043. PROV.
Philémon Cochet. . . . . 6509. H. I. B. S.
Philippe Bardet. . . . . 2999. H. R.
Philomèle . . . . 2545. NO.
Pie IX. . . . . 5000. H. R.
Pierre Caro . . . . 4538. H. R.
— Cuillerat . . . . 2376. H. TH.
— de Saint-Cyr. . . . . . 2711. I. B.
— Durand. . . . . 4457. H. R.
— Guillot . . . . 2377. H. TH.
— Izambart . . . . 5001. H. R.
— Liabaud . . . . 4083. H. R.
— Notting. . . . . 4084. H. R.
— Seletzky . . . . 5002. H. R.
— Wattine . . . . 2378. H. TH.
Pilar Domedel. . . . . 1915. TH.
Pimpinellifolia. . . . . 5500. PIM.
— × alpina . . . . 5653. H. PIM.
— V. albida . . . . 5627. PIM.
— V. albo pleno . . 5629. PIM.
— V. chlorocarpa . 5628. PIM.
— V. maxima . . . 5630. PIM.
— V. purpur pleno. 5631. PIM.
— V. rubro pleno. 5632. PIM.
— V. sulphurea . . 5633. PIM.
Pimprenelle des Anglais. . . . 5623. PIM.
— des Landes. . . . . . . 5624. PIM.
— lutea . . . . 5625. PIM.
— lutea pleno . . . . 5626. PIM.
Pink Pearl. . . . . 6244. WICH.
— Perle des Jardins. . . . 1916. TH.
— Roamer. . . . . 6245. WICH.
— Rover . . . . 6510. H. I. B. S.
— Soupert . . . . 1062. POLY.
pinnatifolia . . . . 5654. H. PIM.
pisocarpa . . . . 6673. CIN.
Pissardi . . . . 6165. MOSC.
Pitord . . . . 5003. L. H.
platyacantha. . . . . 5661. XAN.
platyphylla. . . . . 6006. MULT.
Pline. . . . . 5004. H. R.
polyantha . . . . 6008. MULT.
— grandiflora. . . . . . . 6166. MOSC.
— × semperflorens. . . . 6007. MULT.
Pompon . . . . 2854. BEN.
Pompon . . . . 3266. C. F. P.
Pompon . . . . 3044. PROV.
Pompon ancien. . . . . 2900. LAW.
— Bijou . . . . 2901. LAW.
— blanc . . . . 3267. C. F. P.
— blanc parfait. . . . . . 3313. ALBA.
— de Bourgogne blanc. . 3268. C. F. P.
— de Bourgogne rose. . . 3269. C. F. P.
— de Paris. . . . . 2902. LAW.
— de St-François blanc. . 3059. PARV.
— de St-François rouge . 3060. PARV.
— de St-François violet. . 3061. PARV.
— Perpétuel . . . . 3270. C. F. P.
Pomponnette. . . . . 2771. H. I. B.
Ponctuée . . . . 3045. PROV.
Portlandica . . . . 3350. PORT.
Potager du Dauphin. . . . . . 5517. H. RUG.

INDEX ALPHABÉTIQUE. — HORT.

Pourpre	2546.	NO.
Pourpre d'Orléans	4085.	H. R.
— du Luxembourg	3208.	C. F. M.
Prairie belle	6203.	SETI.
— de Terrenoire	5005.	H. R.
— queen	6655.	MULT.
— Reine	6204.	SETI.
Preciosa	2379.	H. TH.
Précoce	3209.	C. F. M.
Préfet Limbourg	4086.	H. R.
— Monteil	1917.	TH.
— Rivaud	4087.	H. R.
Premier essai	6780.	MICR.
Président	1918.	TH.
— Carnot	4458.	H. R.
— Constant	1215.	TH.
— de la Rocheterie	6511.	H. I. B. S.
— de Lestrade	1919.	TH.
— de Rochefontaine	2712.	I. B.
— d'Olbecque	2855.	BEN.
— Dutailly	3046.	PROV.
— Gaussen	2713.	I. B.
— Grévy	4539.	H. R.
— Hardy	4088.	H. R.
— Joachim Crespo	3340.	H. R.
— Lenaertz	5006.	H. R.
— Léon St-Jean	4459.	H. R.
— Lincoln	4341.	H. R.
— Mas	4342.	H. R.
— Schlachter	4540.	H. R.
— Sénelar	7089.	H. R.
— Thiers	3074.	H. R.
— Willermoz	5007.	H. R.
Pride of Reigate	3375.	H. R.
— the Valley	3458.	H. R.
— Waltham	3676.	H. R.
— Washington	6205.	SETI.
Primerose Dame	1920.	TH.
Primula	1063.	POLY.
Prince A. de Wagram	4090.	H. R.
— Albert	2714.	I. B.
— Albert	5008.	H. R.
— de Beira	4092.	H. R.
— de Bulgarie	2380.	H. TH.
— Camille de Rohan	4091.	H. R.
— Charles	2856.	BEN.
— Charles d'Aremberg	5007.	H. R.
— Cretwertinsky	6452.	NO. S.
— de Joinville	4093.	H. R.
— de Porcia	4094.	H. R.
— Esterhazy	1921.	TH.
— Eugène	2889.	CHIN.
— Eugène de Beauharnais	4095.	H. R.
— Henri des Pays-Bas	4096.	H. R.
— — d'Orléans	4460.	H. R.
— Humbert	4097.	H. R.
— Hussein Kamil Pacha	1922.	TH.
— Impérial	4459.	H. R.
— Léon Kotschoubey	5010.	H. R.
— Napoléon	2715.	I. B.
— Noir	3531.	H. R.
— Paul Demidoff	3460.	H. R.
— Prosper d'Aremberg	6361.	TH. S.
— Riffaut	1923.	TH.
— Surbey	5011.	H. R.
— Théodore Galitzine	1924.	TH.
— Waldemar	4541.	H. R.
— Wassilchikoff	1925.	TH.
Princess Bonnie	2381.	H. TH.
— Marie of Cambridge	4264.	H. R.
— May	2382.	H. TH.
Princess of Wales	1950.	TH.
— of Wales	4462.	H. R.
— of Wales	5012.	H. R.
Princesse Adélaïde	1926.	TH.
— Adélaïde	3260.	C. F. M. R.
— Alice de Monaco	1927.	TH.
— Amédée de Broglie	4343.	H. R.
— Amélie	3210.	C. F. M.
— Amélie d'Orléans	3677.	H. R.
— Anna Loewenstein	1216.	TH.
— Antoinette Strozzio	4098.	H. R.
— Bacchiochi	3211.	C. F. M.
— Béatrix	1928.	TH.
— Béatrix	3678.	H. R.
— Blanche d'Orléans	4099.	H. R.
— Charles d'Aremberg	5013.	H. R.
— — de la Trémoille	3679.	H. R.
— Christian	5014.	H. R.
— Clémentine	4461.	H. R.
— de Bassaraba de Brancovan	1929.	TH.
— de Béarn	4100.	H. R.
— de Bourbon	1930.	TH.
— de Hohenzollern	1931.	TH.
— de Joinville	2879bis	H. BEN.
— de Metternich	5015.	H. R. TH.
— de Monaco	1932.	H. TH.
— de Naples	1933.	TH.
— de Naples	5016.	H. R.
— de Nassau	6174.	MOSC.
— de Nassau	3047.	PROV.
— de Sagan	1934.	TH.
— de Sarsina	1935.	TH.
— de Venosa	1936.	TH.
— Élisabeth Lancellotti	1064.	POLY.
— Étienne de Croy	1937.	TH.
— Hélène du Luxemb.	1938.	TH.
— — d'Orléans	5017.	H. R.
— Henriette de Flandre	1065.	POLY.
— Impériale Clothilde	3461.	H. R.
— — du Brésil	2383.	H. TH.
— — Victoria	2716.	I. B.
— Joséphine de Flandre	1066.	POLY.
— Julie d'Aremberg	6362.	TH. S.
— Lise Troubetzkoy	5018.	H. R.
— Louise	5019.	H. R.
— Louise	6098.	SEMP.
— Louise Victoria	5021.	H. R.
— Ma	1939.	TH.
— Marguerite	1940.	TH.
— Marguerite d'Orléans	3463.	H. R.
— Marie	6099.	SEMP.
— Mar.-Adél. de Luxemb.	1067.	POLY.
— Marie Dagmar	1217.	TH.
— de Lusignan	2547.	NO.
— de Roumanie	1941.	TH.
— Dolgorouky	3462.	H. R.
— Clémentine	4101.	H. R.
— Mathilde	1942.	TH.
— N. Troubetskoï	1943.	TH.
— Olga Altiéri	1944.	TH.
— Olympie	5021.	H. R.
— Ouroussoff	1218.	TH.
— Radziwill	4102.	H. R.
— Radziwill	1945.	TH.
— Stéphanie	6363.	TH. S.
— Steph. et arch. Rodolp.	1946.	TH.
— Théodore Ouvaroff	1947.	TH.
— Ther. Thurn et Taxis	1948.	TH.
— Vera	1949.	TH.
— Wilhel. des Pays-Bas	1068.	POLY.

INDEX ALPHABÉTIQUE. — HORT.

Principessa di Napoli . . . . . 3680. H. R.
— di Napoli . . . . . 1951. TH.
Prinz Friedr. Aug. von Sachsen 4104. H. R.
Prinzessin Egon von Ratibor. 1952. TH.
— Luise von Sachsen. 1953. TH.
— Vikt. Luise von Preus. 1069. POLY.
— W. von Preussen. 4103. H. R.
Professeur Bazin. . . . . 4344. H. R.
— Charguéreau. . . . 4463. H. R.
— Chevreul. . . . . . 4105. H. R.
— Ducharlre. . . . . 5022. H. R.
— Édouard Regel. . 4106. H. R.
— Ganiviat. . . . . . . 1054. TH.
— Jolibois. . . . . . . 4107. H. R.
— Jules Courtois. . . 4108. H. R.
— Lambin. . . . . . . 4345. H. R.
— Maxime Cornu. . . 4346. H. R.
Professor Dr. Schmidt. . . . . 4109. H. R.
Progress. . . . . 2384. H. TH.
Proserpine. . . . . 2717. I. B.
Prosper Laugier. . . . . 4110. H. R.
Provins ancien. . . . . 3048. PROV.
Prudence Besson . . . . 5023. H. R.
— Rœser. . . . . . 2554. H. NO.
— Rœser. . . . . . 5024. H. R.
pseudo Alpina. . . . . 6704. ALP.
psilophylla. . . . . 6612. CANI.
Psyché. . . . . 6056. MULT.
pubescens. . . . . 6705. ALP.
pumila alba. . . . . 2857. BEN.
— rosea . . . . 2858. BEN.
punicea. . . . . 6741. LUT.
Purity. . . . . 6483. I. B. S.
Purple Earst. . . . . 6526. BEN. S.
Purpur von Weilburg. . . . . 2859. BEN.
Purpurea rubra. . . . . 3212. C. F. M.
pyrenaica. . . . . 6706. ALP.

Q

Quatre saisons blanc. . . . . . 3119bis C. F.
Quatre saisons blanc moussu. 3213. G. F. M.
Queen Alexandra. . . . . 6057. MULT.
— Eléanor. . . . . 4111. H. R.
— Mab. . . . . 2860. BEN.
— of Autumn. . . . . . 4464. H. R.
— of Bedders. . . . . . 2718. I. B.
— of Edgely. . . . . . . 5025. H. R.
— of Queens. . . . . . 3464. H. R.
— of the prairies . . . 6206. SETI.
— of Waltham. . . . . 4465. H. R.
— Olga of Grece. . . . 1955. TH.
— Victoria. . . . . . . 5090. H. R.
— Victoria. . . . . . . 1956. TH.

R

Rainbow. . . . . 1957. TH.
Rampante. . . . . 6100. SEMP.
Raoul Chauvry. . . . . 1958. TH.
— Guillard. . . . . . . 4112. H. R.
Raphaël. . . . . 3261. C.P.M.R.
Ravellæ. . . . . 5655. H. PIM.
R. B. Cater . . . . 5026. H. R.
R. C. Sutton. . . . . 5027. H. R.
Rebecca. . . . . 3532. H. R.
Red Damask. . . . . 3334. DAM.
— Dragon . . . . 4113. H. R.
— Gauntlet . . . . 4114. H. R.
— Pet . . . . 2861. BEN.

Regeliana alba . . . . 5418. RUG.
— rubra . . . . 5417. RUG.
Regierungsrath Stockert. . . . 5028. H. R.
Régulus . . . . 1959. TH.
Reichsgraf E. v. Kesselstatt . . 1960. TH.
Reine des Amateurs. . . . . . 3681. H. R.
— des Amateurs. . . . 3049. PROV.
— des Ayrshires. . . . 6143. ARV.
— Blanche. . . . . . . 3214. C. F. M.
— Blanche. . . . . . . 3465. H. R.
— de Castille . . . . . 2772. H. I. B.
— de Danemark . . . . 3466. H. R.
— de Portugal. . . . . 1961. TH.
— des Belges . . . . . 1962. TH.
— des Belges . . . . . 6101. SEMP.
— des Blanches . . . . 5029. H. R.
— des Français . . . . 5030. H. R.
— des Françaises . . . 6102. SEMP.
— des Iles Bourbon. . 2719. I. B.
— des Massifs. . . . . 2548. NO.
— des Massifs. . . . . 1963. TH.
— des Reines . . . . . 5031. H. R.
— des Vierges . . . . . 2720. I. B.
— des Violettes . . . . 5032. H. R.
— du Midi. . . . . . . 3467. H. R.
— Emma des Pays-Bas . 1146. TH.
— Hortense. . . . . . . 2721. I. B.
— Isabelle II. . . . . . 4265. H. R.
— Maria Christina. . . 1964. TH.
— Pia. . . . . 6399. H. TH. S.
— Marie Henriette. . . 6400. H. TH. S.
— Mathilde . . . . . . 4115. H. R.
— Nathalie de Serbie . 2385. H. TH.
— Olga . . . . 1965. TH.
— Olga de Wurtemberg. 6475. H. NO. S.
— Victoria. . . . . . . 2773. H. R.
Rembrandt. . . . . 3364. PORT.
René André . . . . 6246. WICH.
— Daniel. . . . . 5033. H. R.
— d'Anjou . . . . 3262. C.F.M.R.
— Denis . . . . 1966. TH.
repens. . . . . 6131. ARV.
repens. . . . . 2549. NO.
Rêve d'or . . . . 6453. NO. S.
Réveil . . . . 2722. I. B.
Réveil du Printemps. . . . . 5034. H. R.
Révérend Alan Cheales . . . 5035. H. R.
— H. Dombrain . . . 6484. I. B. S.
— J. B. M. Camm . . 4116. H. R.
— Reynolds Hole . . 4466. H. R.
— Trautmann . . . . 4117. H. R.
reversa. . . . . 6707. ALP.
Reynier de Toulouse. . . . . 2723. I. B.
Rheingold. . . . . 1967. TH.
Richard Laxton . . . . 4467. H. R.
— Wagner. . . . . . . 2386. H. TH.
— Wallace. . . . . . . 4118. H. R.
Riparti. . . . . 5634. PIM.
Rival de Poestum . . . . . . 2862. BEN.
Rivers. . . . . 6175. MOSC.
Robert de Brie. . . . . 4119. H. R.
— Duncan . . . . 5036. H. R.
— Lebaudy. . . . . . . 4120. H. R.
— Marnock . . . . . . 3682. H. R.
— perpétuel. . . . . . 3365. PORT.
— Scott. . . . . 2387. H. TH.
Robusta . . . . 6485. I. B. S.
Rodophile Graveraux . . . . 6742. LUT.
Roger Lambelin. . . . . 4121. H. R.
Roi des Aunes . . . . 6058. MULT.
— d'Espagne . . . . . . 5037. H. R.

INDEX ALPHABÉTIQUE. — HORT.

Roi Franç. d'Assise d'Espagne	4266.	H. R.
Rosabelle	6454.	NO. S.
Rosa Bonheur	4122.	H. R.
Rosa hybrida foliis tricoloribus.	4123.	H. R.
Rosa Monnet	5038.	H. R.
Rosaria Castel	1068.	TH.
Rosa Superba	6207.	SETI.
Rose à bois jaspé	4124.	H. R.
Rosea Corymbosa	6730.	ALP.
Rose à feuille de laitue	3120.	C. F.
Rosea Flora	1069.	TH.
Rose à parfum de l'Hay	5518.	H. RUG.
Rosea plena	6103.	SEMP.
Rose de France	4125.	H. R.
— de Puteaux	3121.	C. F.
— d'Evian	1070.	TH.
— du Roi	3366.	PORT.
— Nabonnand	1971.	TH.
— Perfection	4126.	H. R.
Roseraie de l'Hay	5419.	RUG.
Rose Romarin	1972.	TH.
Rosette de la Légion d'Honneur	2388.	H. TH.
Rosier du Saint-Sacrement	6676.	CIN.
Rosiériste Chauvry	3683.	H. R.
— Harms	4468.	H. R.
— Jacobs	4127.	H. R.
— Max Singer	6059.	MULT.
Rosiers de Léonard Lille	1083.	POLY.
Rosine Navaux	5039.	H. R.
Rosomane Alix Hugier	2389.	H. TH.
— Gravereaux	2390.	H. TH.
— Hubert	6364.	TH. S.
Rosslyn	5040.	H. R.
Rosy Morn	3684.	H. R.
Rotkappchen	1070.	POLY.
Rotrou	3215.	C. F. M.
Rougier Chauvière	4128.	H. R.
Rovelli Charles	1219.	TH.
Roxelane	6590.	H. N. R. S.
Royal Cluster	6060.	MULT.
— marbré	3050.	PROV.
— Scarlet	4129.	H. R.
— Standard	4130.	H. R.
Royat Mondain	5041.	H. R.
rubella	6708.	ALP.
rubella	5635.	PIM.
Rubens	1973.	TH.
rubifolia × Noisettiana	6181.	SETI.
rubifolia × stylosa	6182.	SETI.
rubiginella	6623.	RUBI.
rubiginosa	6620.	RUBI.
Rubin	6061.	MULT.
Rubra	1974.	TH.
— plena	6144.	ARV.
— superba	6145.	ARV.
Rubricarpa	5636.	PIM.
Rubygold	1975.	TH.
Ruby Queen	6247.	WICH.
Rudolph Einhard	4131.	H. R.
Rudolphus	6104.	SEMP.
Ruga	6146.	ARV.
Rugosa	5400.	RUG.
— alba plena	5421.	RUG.
— alba simplex	5420.	RUG.
— Ferox	5422.	RUG.
— foliis augustioribus.	5423.	RUG.
— foliis undulatis	5424.	RUG.
— Glabrinscula	5425.	RUG.
— latifolia	5426.	RUG.
— Lindleyana	5427.	RUG.
— rugosa pomifera	5428.	RUG.

rugosa Rubra pleno	5430.	RUG.
— Rubra simplex	5429.	RUG.
— Thibetiana	5431.	RUG.
— Thunbergiana	5432.	RUG.
— semis, Cochet. B. J.	5519.	H. RUG.
— — — B. K.	5520.	H. RUG.
— — — B. L.	5521.	H. RUG.
— — — B. X	5522.	H. RUG.
— — — C. H.	5523.	H. RUG.
— — — C. J.	5524.	H. RUG.
— — — C. L.	5525.	H. RUG.
— × cinnamomea	5526.	H. RUG.
— × Gallica	5527.	H. RUG.
— × Hermosa	5528.	H. RUG.
— × indica	5529.	H. RUG.
— × lutea	5530.	H. RUG.
— × noisettiana	5531.	H. RUG.
— × nutkana	5532.	H. RUG.
— × pimpinellifolia	5533.	H. RUG.
— × pomifera (Hermann)	5534.	H. RUG.
— × rubiginosa	5535.	H. RUG.
— × rubrifolia	5539.	H. RUG.
— × virginiana blanda	5536.	H. RUG.
— × virginiana repens	5538.	H. RUG.
— × virginiana sterilis	5537.	H. RUG.
Rushton Radcliff	5042.	H. R.
Russelliana	6062.	MULT.
Russells Cottage	6208.	SETI.
rusticana	6283.	STY.

S

Sabini	5656.	H. PIM.
Safrano	1100.	TH.
Safrano à fleurs rouges	1147.	TH.
St-Georges	4132.	H. R.
St-Prist de Breuze	2863.	BEN.
Salamander	4542.	H. R.
Salet	3263.	C. F. M. R.
Salmonea	2391.	H. TH.
Salevensis	6709.	ALP.
Sancta	3122.	C. F.
Sanglant	2864.	BEN.
Sanguin	2890.	CHIN.
Sanguinea	2891.	CHIN.
Sans sépales	3216.	C. F. M.
Santa Rosa	2865.	BEN.
Sapho	1148.	TH.
Sarah Isabelle Gill	1976.	TH.
S. A. R. Ferdinand Ier	5541.	H. RUG.
scandens	6082.	SEMP.
Schloss Luegg	6063.	SEMP.
Schneelicht	5540.	H. RUG.
Schneewitchten	1071.	POLY.
Scipion Cochet	1977.	TH.
Scipion Cochet	2774.	H. T. B.
Scipion Cochet	4133.	H. R.
Scotia	5637.	PIM.
Secrétaire Général Delaire	4134.	H. R.
Secrétaire J. Nicolas	4135.	H. R.
Secrétaire Noé	1978.	TH.
Secrétaire Tenant	2724.	I. B.
Seguier	3051.	PROV.
semi simplex	6710.	ALP.
semperflorens	2800.	BEN.
sempervirens	6080.	SEMP.
sempervirens remontant	6105.	SEMP.
Sénateur Favre	4136.	H. R.
— Loubet	1979.	TH.
— Réveil	3533.	H. R.
— Vaïsse	4469.	H. R.

15

Serafini	6613.	CANI.
sericea	6745.	SERI.
sericea ramis pubescent	6746.	SERI.
— tetrapelata	6647.	SERI.
setigera	6186.	SETI.
Setina	6527.	BEN. S.
Setina	6486.	J. B. S.
setosa	6711.	ALP.
Shandon	2392.	H. TH.
Sheila	2393.	H. TH.
Shirley Hibbert	1980.	TH.
sicula	6614.	CANI.
Sidonie	3217.	C. F. M.
Sidonie	5043.	H. R.
Siegfried	1981.	TH.
Silver queen	3685.	H. R.
Simkowicsii	5657.	H. PIM.
Simon de St-Jean	4137.	H. R.
Single Crismon Bedder	4138.	H. R.
Sinica	6763.	LÆV.
Sir Garnet Wolseley	4139.	H. R.
Sisi Ketten	1072.	POLY.
Sir Rowland Hill	4543.	H. R.
Skobeleff	4140.	H. R.
S. M. I. Abdul Hamid	5542.	H. RUG.
Smith's yellow	1982.	TH.
Sté d'hort. de Melun et Fontaineb.	5044.	H. R.
Socrate	1983.	TH.
Sœurs Chevandier	5045.	H. R.
— de Bernède	5046.	H. R.
— des Anges	3468.	H. R.
— Marthe	3218.	C. F. M.
— Séverin	1984.	TH.
Soleil d'Or	5688.	CAP.
Solfatare	2550.	NO.
Sombreuil	6365.	TH. S.
Sophie de Marsilly	3219.	C. F. M.
Souchet	2734.	I. B.
Soupert et Notting	3220.	C. F. M.
South Orange Perfection	6248.	WICH.
Souvenir d'Abraham Lincoln	3534.	H. R.
— d'Adèle Launay	2775.	H. I. B.
— d'Adolphe Thiers	3686.	H. R.
— d'A. Terrel des Chênes	2866.	BEN.
— d'Albert la Blotais	4141.	H. R.
— d'Alexandre Hardy	5047.	H. R.
— d'Aline Fontaine	3687.	H. R.
— d'Alphonse Lavollée	4470.	H. R.
— d'André Raffy	4142.	H. R.
— d'Anselme	2792.	H. I. B.
— d'Arthur de Sansal	4267.	H. R.
— d'Auguste Legros	1985.	TH.
— — Métral	2394.	H. TH.
— — Rivière	4143.	H. R.
— de Belicant-Gibay	1986.	TH.
— de Béranger	3469.	H. R.
— de Bertr. Guinoisseau	4144.	H. R.
— de Blanche Rameau	1073.	POLY.
— de Brod	6269.	SETI.
— de Caillat	4145.	H. R.
— de Camille Godde	1987.	TH.
— — Massat	1988.	TH.
— de Catherine Guillot	1989.	TH.
— de Cécile Velin	4146.	H. R.
— de Charles Montaut	3535.	H. R.
— — Verdier	4471.	H. R.
— — Verdier	3688.	H. R.
— de Christ. Cochet	5433.	RUG.
— de Clairvaux	1990.	TH.
— de Coulommiers	5048.	H. R.
— de David d'Angers	5049.	H. R.

Souvenir de David d'Angers	1991.	TH.
— de Douai	1992.	TH.
— de Ducher	5050.	H. R.
— de Ferike d'Antunovics	1149.	TH.
— de François Gaulain	1993.	TH.
— de François Ponsard	5051.	H. R.
— de Franz Déak	1994.	TH.
— de Gabrielle Drevet	1995.	TH.
— de G. de St-Pierre	1996.	TH.
— de Genev. Godard	2395.	H. TH.
— de Georges Sand	1150.	TH.
— de Grégoire Bordillon	4147.	H. R.
— d'Hélène Gambier	2396.	H. TH.
— de H. Lév. de Vilmor	5052.	H. R.
— d'Henri Puyravaud	2397.	H. TH.
— de Henry Clay	5638.	PIM.
— de J.-B. Guillot	1997.	TH.
— de Jean Ketten	1998.	TH.
— — Ketten	2398.	H. TH.
— — Sisley	5054.	H. R.
— de Jean[ne] Balandreau	5053.	H. R.
— de Jeanne Cabaud	1999.	TH.
— de Jenny Pernet	2000.	TH.
— de John Gould Veitch	4544.	H. R.
— de Joseph Pernet	3689.	H. R.
— de Jules Godard	2001.	TH.
— de Kaiser Wilhelm I.	5055.	H. R.
— de Katia Mertscherky	2002.	TH.
— de Lady Ashburton	2003.	TH.
— — Hardley	5056.	H. R.
— de Laffay	4545.	H. R.
— de la Malmaison	2725.	I. B.
— de la Malmaison jaune	2725bis.	I. B.
— — rose	2726.	I. B.
— — rouge	2727.	I. B.
— de l'ami Labruyère	3690.	H. R.
— de l'ami Pancher	4347.	H. R.
— de l'amiral Courbet	2004.	TH.
— de la Prss Swiatopolk Cretwertinsky	2005.	TH.
— de la Reine d'Anglet.	3470.	H. R.
— — des Belges	3471.	H. R.
— de Laurent Guillot	2006.	TH.
— de l'Emp. Maximilien	2007.	TH.
— de Léon Gambetta	3691.	H. R.
— de Lewson Gower	5057.	H. R.
— de l'Exp. de Darmstad	4148.	H. R.
— de l'Exp. de Londres	2728.	I. B.
— d'Elisa Vardon	2008.	TH.
— d'Elise Chatelard	1074.	POLY.
— de Louis Gaudin	2793.	H. I. B.
— — Moreau	4149.	H. R.
— — Van Houtte	4472.	H. R.
— — Vilin	4150.	H. R.
— de Lucie	6475.	H. NO. S.
— de Ludovic de Talancé	2009.	TH.
— de L. Xavier Granger	2010.	TH.
— de Mme Alexis Michaud	4348.	H. R.
— — Alfred Vy.	4473.	H. R.
— — A. Henneveu	2011.	TH.
— — André Theuriet	2399.	H. TH.
— — Artoit	5058.	H. R.
— — Auguste Charles	2729.	I. B.
— — Berthier	3692.	H. R.
— — Bruelle	2730.	I. B.
— — Bruel	2776.	H. I. B.
— — Campenon	5543.	H. RUG.
— — Camusat	2400.	H. TH.
— — Ch. Guinoisseau	3693.	H. R.
— — de Corval	5059.	H. R.
— — de Sablayrolles	2012.	TH.

INDEX ALPHABÉTIQUE. — HORT.

Souvenir de Mme Dor	4151. H. R.	Souvenir du Baron de Semur.	4478. H. R.
— — Ernest Cauvin	2401. H. TH.	— du Capit. des Mares.	3696. H. R.
— — Eugène Verdier	5060. H. R.	— du Capitaine Marc.	4156. H. R.
— — Verdier	2402. H. TH.	— du Centenaire de Lord Brougham.	2867. BEN.
— — Faure	4152. H. R.	— du Champ de Mars.	4157. H. R.
— — Fillot	5544. H. RUG.	— du Comte de Cavour.	5068. H. R.
— — Frogère	5061. H. R.	— du D' Abel Bouchard.	2406. H. TH.
— — Gaston Menier	2403. H. TH.	— — Jamain	4549. H. R.
— — G. Delahaye	2404. H. TH.	— — Passot	2031. TH.
— — Hélène Lambert	6366. TH. S.	— — Payen	4158. H. R.
— — Hennecart	5062. H. R.	— du Gange	2732. I. B.
— — J. Métral	6367. TH. S.	— du Général Charreton	2032. TH.
— — Ladvocat	2551. NO.	— — Douai	5069. H. R.
— — Léonie Viennot	6368. TH. S.	— — Richard	4352. H. R.
— — Levet	1220. TH.	— du Lieutenant Bujon	6514. H. I. B. S.
— — Ludmilla Schulz	2013. TH.	— d'un Ami	1225. TH.
— — L. Weber	2014. TH.	— du Monceau	3537. H. R.
— — Marie Detrey	2015. TH.	— d'une Mère	5070. H. R.
— — Pernet	1221. TH.	— du père Lalanne	2033. TH.
— — Robert	4263. H. R.	— du Président Carnot	2407. H. TH.
— — Sadi Carnot	4474. H. R.	— — Lincoln	2733. I. B.
— — Victor Verdier	4175. H. R.	— — Lincoln	3539. H. R.
— Mlle Gourdin	2016. H. R.	— — Porcher	4353. H. R.
— — Marie Drivon	2405. H. TH.	— du P'' Ch. d'Aremberg.	6455. NO. S.
— — Victor Caillet	2017. TH.	— — Royal de Belgiq.	4354. H. R.
— de Maman Corbœuf.	5063. H. R.	— du Rosiériste Gonod.	4355. H. R.
— de ma petite Andrée	2018. TH.	— — Rambaux	1224. TH.
— de Mère Fontaine	6591. H. N. S. R.	— of Wootton	2408. H. TH.
— d'Emile Peyrard	2019. TH.	Spectabilis	6731. ALP.
— de M' Bol	5064. H. R.	Spectabilis	6106. SEMP.
— — Claude Dupont	2020. TH.	Spenser	4589. H. R.
— — Droche	4349. H. R.	sphærica	6712. ALP.
— — Faivre	3694. H. R.	spinulifolia	6713. ALP.
— — Gomot	4476. H. R.	Splendens	6147. ARV.
— — Poncet	3367. PORT.	Spong	3123. C. F.
— — Rousseau	3536. H. R.	Stanwel	5039. PIM.
— de Nemours	6512. H. I. B. S.	Stanwel perpetual	5040. PIM.
— de Paul Neyron	2021. TH.	Star of Waltham	3697. H. R.
— de Philémon Cochet	5434. RUG.	stenodonta	6715. ALP.
— de Pierre Clemençon	2022. TH.	Stéphanie Chareton	3698. H. R.
— — Dupuy	6592. H. N. R. S.	Sterckmann	3052. PROV.
— — Leperdrieux	5435. RUG.	stylosa	6280. STY.
— — Magne	2023. TH.	suaveolens	6624. RUBI.
— — Notting	2024. TH.	subgallicoïdes	6083. SEMP.
— — Oger	3472. H. R.	subinermis	6714. ALP.
— — Vibert	3264. C. F. M. R.	Sulfureux	1151. TH.
— de Poiteau	4350. H. R.	Sulphurea	2034. TH.
— de Redouté	5065. H. R.	Sultan of Zanzibar	4479. H. R.
— de René Bahaud	2925. TH.	Sunrise	2035. TH.
— — Levêque	4546. H. R.	Sunset	1152. TH.
— de Romain Desprez	5066. H. R.	Suzanna Wood	4480. H. R.
— de R. Terrel des Chênes	1222. TH.	Suzanne Blanchet	2036. TH.
— de Roubaix	2026. TH.	— Leloir	5546. H. RUG.
— de S. A. Prince	1223. TH.	— Marie Rodocanachi	3699. H. R.
— de Spa	4477. H. R.	— Marie Rodocanachi	4481. H. R.
— d'Espagne	2027. TH.	— Schultheis	2037. TH.
— de Solférino	4153. H. R.	Sweetheart	6249. WICH.
— de Thérèse Levet	2028. TH.	Sweet little queen	2038. TH.
— d'Eugène Karr	4547. H. R.	Sylph	2039. TH.
— de Victoire Landeau	3675. H. R.	Sylphide	2040. TH.
— de Victor Emmanuel	3538. H. R.	Sylphide	2041. TH.
— — Gautreau p.	4154. H. R.	Syrène	4269. H. R.
— — Hugo	5067. H. R.	sytnensis	6716. ALP.
— — Hugo	2029. TH.		
— — Landeau	6513. H. I. B. S.	**T**	
— — Verdier	4548. H. R.		
— de William Robinson	2030. TH.	Taikoun	5436. RUG.
— — Wood	4155. H. R.	Tamagled	5547. H. RET.
— de Yeddo	5545. H. RUG.	Tancrede	4159. H. R
— du B" de Rochetaillée	1351. H. R.	Tantine	2042. TH.
— — de Rothschild	2731. I. B.		

Tartarus	4160.	H. R.
T. B. Haywood	4482.	H. R.
Tennyson	2409.	H. TH.
tenuicarpa	6084.	SEMP.
Tetiana Oneguine	5071.	H. R.
Thalia	6064.	MULT.
Théano	6677.	CIN.
The Bride	2043.	TH.
— Garland	6065.	MULT.
— Lion	6066.	MULT.
— Meteor	2410.	H. TH.
— New Century	5548.	H. RUG.
— puritan	2411.	H. TH.
— Queen	2045.	TH.
— sweet little queen of Holland	2052.	TH.
— Wallflower	6067.	MULT.
Thé Noël Jourdain	2044.	TH.
Théodore Buchetet	4550.	H. R.
— Bullier	4483.	H. R.
— Liberton	4161.	H. R.
Thérèse Barrois	2046.	TH.
— Deschamps	2047.	TH.
— Franck	2048.	TH.
— Gluck	2049.	TH.
— Lambert	2050.	TH.
— Loth	1226.	TH.
— Shah	4484.	H. R.
— Stravius	2868.	BEN.
— Wetter	2051.	TH.
Thirion Montauban	2053.	TH.
Thomas Mills	4162.	H. R.
Thoresbiana	6148.	ARV.
Thorin	5072.	H. R.
Thusnelda	5549.	H. RUG.
Thyra Hammerich	5073.	H. R.
thyrsiflora	6009.	MULT.
tomentella	6615.	CANI.
tomentosa	6616.	CANI.
Tom Wood	4356.	H. R.
Toujours Fleuri	2879ᵉʳ	H. BEN.
Tour Bertrand	6369.	TH. S.
— Malakoff	3124.	C. F.
Tournefort	4163.	H. R.
Tourville	5074.	H. R.
Toussaint Louverture	2735.	I. B.
Townsend double	5641.	PIM.
Tricolore	6068.	MULT.
Tricolore	3053.	PROV.
Tricolore de Flandre	3054.	PROV.
Triomphe d'Alençon	3482.	H. R.
— d'Amiens	4164.	H. R.
— d'Angers	5075.	H. R.
— de Bellevue	5076.	H. R.
— de Caen	5077.	H. R.
— de France	5078.	H. R.
— de Gand	2869.	BEN.
— de Guillot fils	2054.	TH.
— de la Duchère	648.	I. B. S.
— de la Guillotière	6781.	MICR.
— de la Terre des Roses	4485.	H. R.
— de l'Exposition	4284.	H. R.
— du Luxembourg	2055.	TH.
— de Milan	2056.	TH.
— de Pernet père	2412.	H. TH.
— de Rennes	2552.	NO.
— de Saintes	5079.	H. R.
— des Beaux-Arts	5080.	H. R.
— des Français	4165.	H. R.
— des Noisette	6456.	NO. S.
— des Rosomanes	4486.	H. R.
— de Toulouse	4166.	H. R.
Triomphe de Villecresne	4167.	H. R.
Triptolème	3549.	H. R.
Turenne	4168.	H. R.
Turkische Rose	5689.	CAP.
Turner's Crimson Rambler	6069.	MULT.
Tuscany	3055.	PROV.
T. W. Girdlestone	4169.	H. R.

U

Ulric Brunner fils	3473.	H. R.
Ulster	5081.	H. R.
umbrella	6167.	MOSC.
una	6617.	CANI.
Unique	2057.	TH.
Unique	3221.	C. F. M.
Unique Blanc	2058.	TH.
— Blanche	3125.	C. F.
— de Provence	3222.	C. F. M.
— jaune	6457.	NO. S.
— panachée	3126.	C. F.
Universal favorite	6250.	WICH.

V

Vainqueur de Goliath	4487.	H. R.
— de Solférino	4170.	H. R.
Valentin Beaulieu	6251.	WICH.
Valentine Altermann	2059.	TH.
— Gaunet	1227.	TH.
— Gaunet	2060.	TH.
Valide	3223.	C. F. M.
Vallée de Chamonix	2061.	TH.
Van Dael	3224.	C. F. M.
Van der Mersch-Mertens	2062.	TH.
Velours pourpre	4171.	H. R.
Velouté d'Orléans	2736.	I. B.
Vénus	4488.	H. R.
vestita	6717.	ALP.
Vick's Caprice	3700.	H. R.
Vicomte de Lauzières	4172.	H. R.
— Fritz de Cussy	2737.	I. B.
— Maison	5082.	H. R.
— Vigier	4173.	H. R.
Vicomtesse d'Avesnes	2553.	NO.
— de Bernis	2063.	TH.
— Decazes	2064.	TH.
— de Chaffaud	2065.	TH.
— de Grassin	2066.	TH.
— de Montesquieu	5083.	H. R.
— de Vezins	4270.	H. R.
— de Wautier	1228.	TH.
— d'Harcourt	2067.	TH.
— d'Hautpoul	1153.	TH.
— Dulong de Rosnay	1229.	TH.
— du Terrail	2777.	H. I. B.
— Laure de Gironde	4174.	H. R.
— R. de Savigny	2068.	TH.
Victoire Fontaine	2778.	H. I. B.
— Helye	4489.	H. R.
Victor Emmanuel	2738.	I. B.
— Hugo	4490.	H. R.
— Le Bihan	4175.	H. R.
— Lemoine	4176.	H. R.
— Pulliat	2069.	TH.
— Trouillard	5084.	H. R.
— Verdier	3541.	H. R.
— Verne	3701.	H. R.
Victorien Sardou	5085.	H. R.
Victory Rose	4177.	H. R.
Vierge de Cléry	3127.	C. F.

INDEX ALPHABÉTIQUE. — HORT.

Vierge de Cléry	5642.	PIM.
Vihorlat	5550.	H. RUG.
Villa Andrée	5551.	H. RUG.
— des Tybilles	5552.	H. RUG.
Village Maid	3056.	PROV.
Villaret de Joyeuse	3702.	H. R.
Ville de Lyon	5696.	H. R.
— de St-Denis	3474.	H. R.
— de Toulouse	3057.	PROV.
villosa	6018.	CANI.
Vincent H. Duval	4178.	H. R.
Violacée	3225.	C. F. M.
Violet queen	4491.	H. R.
Violette Bouyer	4271.	H. R.
Violoniste Émile Lévêque	2413.	H. TH.
Virago	6210.	SETI.
Virginale	4283.	H. R.
Virginian Rambler	6149.	ARV.
Virginia	2070.	TH.
Viridiflora	2870.	BEN.
Viscountess Falmouth	2414.	H. TH.
— Folkestone	2415.	H. TH.
vituperabilis	6085.	SEMP.
Viviand Morel	2071.	TH.
Vivid	6515.	H. I. B. S.
Vorace	2739.	I. B.
V. Vivo E. Hyjos	2072.	TH.
Vulcain	4179.	H. R.

W

Waban	2073.	TH.
Wallensis	5643.	PIM.
Waltham Climber I	6401.	H. TH. S.
— Climber II	6402.	H. TH. S.
— Climber III	6403.	H. TH. S.
— Standard	4492.	H. R.
Wasili Chludoff	6458.	NO. S.
Webbiana	6674.	CIN.
Weisser Herumstreicher	6070.	MULT.
Weisse Seerose	2416.	H. TH.
White Baroness	4559.	H. R.
— Bath	3226.	C. F. M.
— Bon Silène	2074.	TH.
— Bougère	2075.	TH.
— Catherine Mermet	2076.	TH.
— Dawson	6071.	MULT.
— de Meaux	3271.	C. F. P.
— Lady	2417.	H. TH.
— Maman Cochet	2077.	TH.
— Pearl	2078.	TH.
— Pet	1075.	POLY.
— Provence	3128.	C. F.
— Scotch	5644.	PIMP.
White Star	6255.	WICH.
Wichuraiana	6220.	WICH.
— alba	6252.	WICH.
— foliis variegata	6221.	WICH.
— rubra	6254.	WICH.
— × Gl Jacqueminot	6253.	WICH.
Wildling	6072.	MULT.
Wilhelm Hartmann	2079.	TH.
— Koëlle	5087.	H. R.
— Liffa	2418.	H. TH.
— Pfitzer	4180.	H. R.
William Allen Richardson	6459.	NO. S.
— Askew	2419.	H. TH.
— Bull	3703.	H. R.
— Evergreen	6150.	ARV.
— Francis Bennett	2420.	H. TH.
— Griffith	5088.	H. R.
— Grow	3227.	C. F. M.
— Lobb	3228.	C. F. M.
— Paul	4493.	H. R.
— IV	5645.	PIM.
— Rollisson	4494.	H. R.
— Warden	5089.	H. R.
Wilson Saunders	4551.	H. R.
Wodan	6073.	MULT.
Woodsii	6675.	CIN.

X

Xanthina	5658.	XAN.
Xanthina var. duplex	5660.	XAN.
Xavier Olibo	4181.	H. R.

Y

Yellow Scotch	5646.	PIM.
Ye Primrose Dame	2080.	TH.
Yolande d'Aragon	3368.	PORT.
York et Lancastre	3129.	C. F.
Yvonne Corbœuf	4182.	H. R.

Z

Zaïre	3229.	C. F. M.
Zalana	6619.	CANI.
Zelia Pradel	6460.	NO. S.
Zenobia	3230.	C. F. M.
Zenobia	3058.	PROV.
Zéphir	2081.	TH.
Zéphirine Drouhin	6516.	H. I. B. S.
Zigeunerbluth	6517.	H. I. B. S.
Zoé	3231.	C. F. M.
Zoë	3265.	C. F. M. R.
Zuccarinii	5437.	RUG.

TABLE DES MATIÈRES

Avant-Propos de M. André Theuriet de l'Académie française. 7
Lettre de M. Viger, Président de la Société Nationale d'Horticulture de France. 11
Table analytique. 13
Collection Botanique. 19
Tableau synoptique des Sections du *Genre Rosa*. 20
Jardin d'Essai. 53
Roses à parfum. 54
Collection des Roses à essence de Bulgarie 57
Herbier de Rosiers sauvages. 58
Fruits de Rosiers conservés. 58
Graines de Rosiers. 58
Fiches d'identité. 58
Collection Horticole. 59
Collection spéciale de Rosiers sarmenteux. 153
Bibliothèque de la Roseraie 183
Index alphabétique de la Collection Botanique. 189
Index alphabétique de la Collection Horticole 197

TABLE DES ILLUSTRATIONS

PLANS

Plan du Jardin des Collections. 19
Plan du Jardin de roses. 153

HORS TEXTE

Rosier sauvage (*R. lutea*) (AQUARELLE). 25
Guirlandes de Rosiers grimpants (AQUARELLE) 39
Jardin d'Essai. 53
Parterre de Rosiers (M*ᵐᵉ* *Jules Gravereaux*) 71
Rose horticole (Rose à parfum de l'Hay) (AQUARELLE). 91
Guirlande et pylône (*Gloire de Dijon*). 109

TABLE DES ILLUSTRATIONS

Arceaux de Rosiers grimpants (AQUARELLE)..................... 125

Voûte de Rosiers grimpants (AQUARELLE)....................... 141

Pyramides de Rosiers grimpants (AQUARELLE)................... 169

Scène de Rosiers rampants.................................... 179

GRAVURES DANS LE TEXTE

Arceaux de Rosiers sauvages sarmenteux....................... 33

Groupe de Rosiers sauvages greffés sur grande tige........... 45

Distillation des pétales de Roses (alambic bulgare).......... 54

Laboratoire d'essais sur les produits odorants des roses..... 55

Herbier de Rosiers sauvages, fruits et graines............... 57

(*Gaston Chandon*) cultivés en nains, tiges et grimpants..... 67

Rosiers rampants et hautes tiges greffés en plusieurs variétés.. 73

Pergola de rosiers sarmenteux................................ 77

Tonnelle de rosiers sarmenteux (*M*^{me} *de Sancy de Parabère*).. 87

Berceaux de Rosiers grimpants (*Rêve d'Or*).................. 103

Guirlandes de Roses (*M*^{me} *Alfred Carrière*)........ 115

Bureau du jardinier de la Roseraie........................... 133

Rugosa en arbre.. 149

Wichuraiana rampants et grimpants............................ 161

Cottage-Bureau... 173

Bibliothèque de la Roseraie de l'Hay......................... 185

47092. — Imprimerie LAHURE, 9, rue de Fleurus, à Paris.

www.ingramcontent.com/pod-product-compliance
Lightning Source LLC
Chambersburg PA
CBHW070629170426
43200CB00010B/1954